教育部职业教育与成人教育司推荐教材
职 业 院 校 课 程 改 革 系 列 教 材

中小型网站建设与管理

（第3版）

陈学平　熊　伟　主编

電子工業出版社
Publishing House of Electronics Industry
北京 • BEIJING

内 容 简 介

本书主要讲述中小型网站的建设过程及网站后期的管理，内容包含网站建设前期策划，网站目录结构及链接的规划，网站页面规划及页面设计，网站后台数据库的设计及管理，网上空间及域名的申请，网站发布、宣传及网站安全。本书以“房产信息网”网站建设的全过程为实例进行讲解，案例中涉及静态、动态网站的大部分知识，可操作性强。本书还配有电子教学参考资料包（包括教学指南、电子教案、习题答案和网站源文件），详见前言。

本书是教育部职业教育与成人教育司推荐教材，可作为高等职业院校电子信息类，中等职业学校电子信息类、计算机软件及计算机网络类的教材，也可作为短训班网页设计、网站建设类教材。

图书在版编目（CIP）数据

中小型网站建设与管理 / 陈学平，熊伟主编．—3 版．—北京：电子工业出版社，2014.9
职业院校课程改革系列教材
ISBN 978-7-121-24181-9

Ⅰ．①中…　Ⅱ．①陈…　②熊…　Ⅲ．①网站－建设－高等职业教育－教材　Ⅳ．①TP393.092

中国版本图书馆 CIP 数据核字（2014）第 199403 号

策划编辑：肖博爱
责任编辑：徐　萍
印　　刷：北京京师印务有限公司
装　　订：北京京师印务有限公司
出版发行：电子工业出版社
　　　　　北京市海淀区万寿路 173 信箱　邮编：100036
开　　本：787×1 092　1/16　印张：17.75　字数：454 千字
版　　次：2005 年 3 月第 1 版
　　　　　2014 年 9 月第 3 版
印　　次：2016 年 11月第 3 次印刷
定　　价：35.00 元

凡所购买电子工业出版社图书有缺损问题，请向购买书店调换。若书店售缺，请与本社发行部联系，联系及邮购电话：（010）88254888。

质量投诉请发邮件至 zlts@phei.com.cn，盗版侵权举报请发邮件至 dbqq@phei.com.cn。

服务热线：（010）88258888。

前　言

为了全面落实国务院《关于大力推进职业教育改革与发展的决定》，实施《2003～2007年教育振兴行动计划》提出的“制造业和现代服务业技能型紧缺人才培养培训计划”，深化教育教学改革，推动职业教育与培训全面发展，大力提高教学质量，配合教育部规划职业院校计算机专业动态网站设计开发教材开发的需要，我们组织编写了《中小型网站建设与管理（第3版）》。

本教材讲述企业网站“房产信息网”的建设与管理的全过程。全书根据企业订单式的培养目标，按照项目驱动和案例结合的方式由浅入深地讲述案例网站的设计过程，使学生积累从业的经验，能够从事网站建设与管理工作。书中每章都以案例网站实例进行讲解，配有上机练习，使读者不仅掌握网站建设与管理技术，并且掌握网站建设管理技巧，能够承担网站建设与管理的工程项目。

教材按照“计算机应用及软件专业技能型紧缺人才培养指导方案”，从职业岗位对专业知识的需要来确定教材的深度和广度，坚持“必需”、“够用”原则，教材内容与职业学校学生的知识能力相适应，重点突出职业特色，加强针对性、适应性、实用性。

一、本书的学习目标

（1）构建网站开发环境。

（2）网站数据库设计。

（3）网站建立与发布。

（4）网站日常维护与管理。

读者通过学习掌握建立与发布网站的方法和技巧，熟悉数据库的操作、运行与维护，能够胜任网站的日常管理与维护。

二、本书的主要内容

（1）中小型网站创建概述。

（2）配置IIS、创建数据库并制作第一个测试页面。

（3）会员系统的设计。

（4）房源系统的发布及设计。

（5）首页制作及各个二级页面的制作。

（6）网站后台管理制作。

（7）网站的发布管理。

（8）网站的宣传、维护和管理。

三、本书的编写思路

（1）保证有一个网站案例贯穿全书，增强教材的系统性。

（2）根据订单式需求，按照项目驱动方式来编写教材。

四、本书的主要特色

（1）选取企业网站实际建设项目，根据建设网站的流程来进行开发，应用了动态网站开发的主流技术；并且，为了学习方便，主要采用 Dreamweaver + 代码平台的方式进行网站开发，使读者可以从入门走向提高。

（2）重点突出，实用性强。本书讲述整个网站从无到有的制作流程，从概念、规划，直到制作成品，有一个完整的观念，给读者以感性和理性的认识。本书的每一章都是网站建设的一个步骤，理论和实践相结合；把每一章的实例合在一起，就构成了整个网站——“房产信息网”网站。

（3）叙述图文并茂，可读性强。本书以真实上机操作的全过程来截图说明，可操作性极强，读者按照截图的步骤完全能够上机操作完成书中的任务。

（4）可操作性强。根据本书所述内容能够设计出一个完整的商业网站。同时，读者能够通过本书的学习收到举一反三的学习效果，掌握一技之长，积累从业经验。

本书共分 8 章，由重庆电子工程职业学院的陈学平教授和熊伟老师主编。熊伟编写第 1～4 章，陈学平编写第 5～8 章，陈学平对各章的风格、体例、内容文字、图片进行了统稿及校稿，并对全书的知识点进行了整体把关。本书在编写过程中得到了作者家人的支持，也得到了电子工业出版社领导和编辑的热情帮助，在此表示衷心感谢！

为了方便教师教学，本书配有教学指南、电子教案、习题答案及网站源文件（电子版），请有此需要的教师登录华信教育资源网（http://www.hxedu.com.cn）下载，或与电子工业出版社联系（E-mail：ve@phei.com.cn），我们将免费提供。

由于编者水平有限，错误在所难免，敬请广大读者原谅，并给予批评指正。

读者在学习过程中，如果遇到问题或者需要技术上的帮助，可以给作者发邮件并参与本站论坛讨论。

作者的电子邮箱：41800543@qq.com　　QQ：41800543

编者

目　　录

中小型网站创建概述

学习导读

本章主要讲述网站创建的一些整体性知识，包括网站建设前期的准备工作，即网站建设技术的选用、网站建设的常用术语及技术等，重点要掌握网站创建的流程、网站建设的注意事项及相关术语。本章提供给读者建设一个网站的整体思路，使读者掌握网站建设的全过程。

学习目标

- 了解网站建设的常见技术。
- 了解网站运作的基本原理。
- 掌握网站创建的流程。
- 掌握网站策划的技巧。

1.1 网站建设的目的

企业的主页是企业在 Internet 上展示形象的门户，是企业开展电子交易的基地，是企业网上的“家”，设计制作一个优秀的网站是建站企业成功迈向互联网的重要步骤。

在当今的互联网时代，一个企业没有自己的网站就像一个人没有住址，一个商店没有门脸。随着经济全球化和电子商务经济的到来，企业如果还固守于传统模式则必定不能适应经济全球化的趋势，企业上网和开展电子商务是一个不可回避的现实，当你的竞争对手正在通过 Internet 共享信息，通过电子商务降低成本、拓展销售渠道时，你却只能坐失良机。

因此，网站建设的目的包含以下方面。

1. 竞争的需要

国际互联网的用户在迅猛地增长。中国上网用户由 1995 年的 1 万户速增至 2007 年的近 3 亿用户，这个增长速度是全世界范围的普遍现象。在美国、欧洲、中国的港澳台地区及其他许多国家，网站和电子信箱系统已经成为公司立业不可缺少的重要组成部分。

2. 可以让公司简介、产品说明声情并茂

尽管你的产品非常好，但人们通常总是看到它的样子和它到底怎么工作时才会对它感兴趣。产品画册虽然非常好，但它是静止的，也没有人知道它工作时发出什么声音，如果以上因素对你的准用户非常重要，你就应该利用互联网来介绍你的公司和产品，因为

WWW 技术可以很简便地为一段产品介绍加入声音、图形、动画甚至影像，这些不断涌现出来的多媒体技术已让网络世界变得丰富多彩。

3. 可以迅速树立企业形象

今天，国际互联网络已成为未来生活的代名词，要显示公司的实力，提升公司的形象，没有什么比在员工名片、企业信笺、广告及各种公众能看得到的东西印上自己公司独有的网络地址和专用的集团电子邮件地址更有说服力了。消费者、客户和海外投资者自然对你另眼相看。

4. 可以让客户获得所需的商业信息

什么是商业信息？你的营业时间？你的服务项目？你的联系方法？你的支付方式？你的地址？你新的产品资料?如果你让客户明白与你合作的所有原因和好处，那么何愁生意不上门？更重要的是，你的眼光已经放得非常远，因为在你的销售人员未能到达的许多地方，人们已经可以通过上网这一廉价途径获取你的商业信息，并且不是你花大笔的宣传费用去让客户得到你公司的商业信息，而是客户愿意花钱从你那儿取得所需的商业信息，这样一来，既能使你节约大量不必要的投入，又能使你的现有客户或潜在客户更加满意。

5. 可以为客户提供服务

让客户获得所需的信息是为客户服务的重要方法之一。但是如果你仔细研究了为客户服务的方法，就会发现许多利用 WWW 技术为客户服务的方法。不妨把售后服务项目作为电子表格，让你的员工开发客户感兴趣的产品和服务，并且放在网上，让计算机自动记录客户的查询和订单，无须让员工天天守候在电话机前记录电话内容，你可以让客户在数据库中查询到你生产的产品的颜色、规格。同样，既不费力也无须花费太多就可以在互联网上从事上述活动了。

6. 可以销售产品

许多人认为能够销售产品是使用互联网的主要原因，因为它可以到达推销员和销售渠道无法到达的地方，并且极大地方便了消费者。如果有人想成为你的用户，他们就想了解你是做什么的，你能为他们提供什么样的服务，但是在大多数情况下你的潜在用户总是找不到你的推销员。利用互联网可以轻松廉价地展开销售攻势，你的潜在用户也可以轻松便捷地了解你公司的资料，从而可以与你的销售部门联络。

7. 可以进入一个高需求的市场

据统计，WWW 的使用者们可能是一个需求最高的市场。通常，大学或更高学历的人已经获得一份较高的薪水，或者即将获得一份较高的薪水。进入 Internet 社会的这群人，会主动寻找或接受各种高档新产品的广告。尽管有其他因素影响，但这的确是一个目标高度集中的市场。

8. 可以回答用户经常关心的问题

在你的公司里，任何一个经常接电话的人都会告诉你他们的时间被消耗在一遍又一遍地回答同一个问题上，你甚至要为回答这些售前和售后问题而专门增设人手；而把这些问题的答案放到企业网站上，则既能使用户们弄清楚问题，又节省了大量时间和人力资源。

9. 可以开拓国际市场

你可能对国际潜在市场的信函、电话或法律的含义不太了解，而现在通过访问该国的一些企业站点你可以像与街对面的公司交谈一样方便地了解国际市场。事实上，当你想利用互联网走入国际市场之前，外国的公司可能已经用同样的方法了解过你公司的情况了。当你收到一些外国公司的国际电子邮件的查询时，你就会明白国际市场已经为你打开，而这一切都是你以前认为难以办到的。

10. 可以迅速得到客户的反馈

你向客户发出各类目录和小册子，但是没有顾客上门，这到底是为什么？是产品的颜色、价格还是市场战略出了问题？你没有时间去寻找问题的答案，也没有大量金钱测试市场。有了企业网站，有了你的电子信箱系统，可以极大地方便客户/消费者及时向你反映情况，提出意见。

1.2 有效的网站规划

知道了网站的用途后，我们即可进行网站内容的规划。在规划之前有一个概念很重要——为谁而战，为何而战，很多网站在这一点上做得都不是很好，以下通过一个例子来加以介绍。

据我们观察，在全世界普遍的一个通病就是，不管大网站小网站，都存在一个非常严重的问题，即网站的企划文案是最重要的，但网站中的内容却全然不顾客户的感受。

下面以一个销售音响的公司为例。

大部分的网站，在首页的主要链接项目如下：

公司简介 最新消息 经营理念 产品介绍 联络我们 返回首页

当网友进来后，在最主要的页面，最重要的位置，滔滔不绝地向网友介绍本公司规模如何大、理念有多好、历史有多悠久，甚至做过什么好人好事，以及公司人员图片、厂房、设备，等等，这些都搬到台面上了，或者说我们的服务有多好多好。

如果这个网站是上市公司所有，为了给股东看的，那方向没错，但如果不是，您的公司有多大、理念有多好，关网友何事呢？东西都还没看到咧？大部分的网友是因您的各种广告或搜寻而来到这个网站的。

这样的网站，并非做给网友或顾客看的，而是做给自己看的，完全不理会来到您的网站的准客户感受，不尊重来到您网站的准客户。对网络行销而言，这是非常糟糕的一件事情，绝对不是网络行销的好方法。

网络与传统市场最大的不同是，网络是开放的，你可以把它想象为无政府、无制度可言的世界。因此你无法用原本的传统行销观念来控制市场，所以必须与网友交流互动，这里的交流互动并非只要架设留言板或讨论区，而是指你必须设身处地地了解每一位准客户要知道什么。

应该非常尊重每一位来到你网站的准顾客，提供他们想要的信息与需求。重要的内容不应埋藏太深，不应让顾客在网站来回寻找需要的资料。我们将以上的规则做一些变动，看看是不是比较贴切。

以下内容是改动后的策划。

亲爱的网友，通过本网站，您会了解到以下内容：

- 如何选择一台适合您的音响？
- 音响的好坏要怎么辨别？
- 为何我们的音响这么多人买？
- 本公司出品的音响的优点是什么？与其他品牌有何不同？
- 音响价格性差异如此大，怎样买才不会吃亏？
- 如何买我们的音响？要去哪里购买？
- 买了我们的音响后有没有售后服务？有没有保修？
- 我们的音响如何在本网站中购买？现在买是否有优惠？
- 平时您应该如何保养您的音响，才能让您的音响保持最佳状态？
- 我们的音响功能有哪些？
- 目前最流行的音响是什么？
- 目前国内与国外的比较差异性是什么？
- 我们的不良率为何比同行业低？
- 音响要怎么制造？我们是在哪里制造的？有哪些技术及配备制造？
- 我们公司及厂房的介绍。
- 如何与我们联络呢？

把自己设想成客户，有很多都不懂，都想要了解，以客户最想了解的信息为标题并做相关链接，方便客户寻找解决问题的资料。这样一来，参观你网站的网友便能在最短的时间里了解自己的需求。另外，在每个网页里，尽量使客户可以方便地订购或下单或联络贵公司，例如，每页都出现电话。不要让网友想要成为你的客户时难以找到你的联络方式，那他可能就会放弃了。

另外，尽可能不要在首页上提供无聊的 Flash 动画，除非你的行业真的有需要，因为网友来到你的网站不是为了要看美美的动画，这样对你的形象分数并不会加分。如果真的需要 Flash 动画，也请务必让网页一打开来就可以看到 Skin 或跳过动画等按钮，网友的耐心是有限的，因此不要考验网友的耐心，否则你将可能失去一个可能成为你客户的准顾客。

如果可以的话，将网站中的资料规划得越详尽越好，因为网友如果是通过搜寻引擎来的，必定是想找他想要的信息，这时他不会只比较一个网站，网友的耐心是有限度的，如果你的网站资料详细且准确，容易浏览，线条清楚，那么就可以增加网友在网站的停留时间，这样可以减少网友浏览其他网站的数目。

在网络上一向是越详尽且准确的资料越能够得到形象与信赖度的加分，但是要注意你竞争对手的网站，如果有一模一样的产品，并且价格比贵站还要低，那么客户还是会向低价低头的，除非你提供的服务客户有需要或重视。但如果竞争对手多的话，而且在搜寻引擎上他的排名与你相差甚远，那你可以不必考虑网站的价格或内容，因为你的网友根本没机会比较到他的网站。

1.3 网站建设的方案

1.3.1 自己公司建设

一般非网站建设公司想要建设一套可发挥网络行销效果的网站，其成本是相当高的。

最基本的要有：

（1）美术人员，薪水约为 6 000 元/月；

（2）程序设计师，薪水约为 6 500 元/月。

这是只有两位员工的情形，而以上两种人员若是有点经验的，平均一个月最少需要 12 500 元的薪水。

12 500 元/月×12 月+每月劳健保+公司各项福利成本=18 万元

就算美术人员使用外包，一年也要 9 万元，这还不含各项软硬件的金额，对一般中小企业来说，开销颇大，而且因为只有一位程序人员，因此建置时间自然就非常长。优点是掌握度高，更新也快，但这实在不是很适合中小企业使用，毕竟能使用这种方式的中小企业极少，因此在这里不多介绍。

1.3.2 购买套餐软件建设

1. 套装的优点

让企业轻易进入网络专业，免程序设计、MIS 人员，完全不需要具备技术能力，具有强大的后端管理接口，满足形象优势、产品服务推荐及线上交易机制等各项强大功能，提升了优势与竞争力。

2. 套装的特色

（1）操作简单：操作界面简单易懂，让用户轻松建立网站。

（2）使用便利：无论何种地方，只要能够联机联网，随时随地可架设网站。

（3）实时更新：线上更新网站资料信息，随时掌握资料的实时性与正确性。

（4）目标导向：完整的客户与会员管理功能，针对特定目标进行服务与设定。

（5）成本低廉：轻松建立数据库网站，不仅能降低前置制作成本，更节省了日后的维护花费。

没错，软件包正是适合网络行销所要推行的工具，但是有优点必定也有缺点，而且其陷阱也是最多的。

3. 选购套装数据库软件

如果使用套装数据库软件架设网站，需要注意以下几点重要功能选择：

（1）是否可以量身定做画面或自制画面？（少之又少，大部分为连画面都是套装的样版）

（2）是否可以有独立的网域名称？（有些是租赁制，是不具有独立网址的特性的，在此要小心）

（3）是否可以架设自有主机？（往后若在网络上销售成功，想独立架设自有主机是否有办法）

（4）数据库是否可以导出？（要容易备份）

（5）是否真的可以简单上手？（要有完整的教学及站务交接的解决办法）

（6）是否每年都要负担庞大的费用？（大部分的数据库软件采用租赁制，一年从几千元到几万元不等）

（7）是否符合公司本身需求？

（8）是否具有公信力或知名度？

以上每一点都非常重要，但大部分客户无法辨识。

1.3.3 外包专业网络公司建设

现在一般的网站公司设计团队将根据用户的主营业务特点与网站建设目的，为用户提供一个有别于往常网站的全新一代的网站建设规划：各种高级服务的一体化、建设费用的大众化、系统的定期完善升级、专家季度建议书等。同时将给部分网站内容较多，需要有较复杂的结构设计、较高的艺术表现和整体电子政务或电子商务策划要求的客户出具一套完整的"网站建设方案"。

根据用户对网站建设及信息需求的不同，把网络服务项目融合成一个个完整的网络产品，设置成不同款的经济实惠的网站建设套餐，让用户的企业上网就如同买计算机一样简单、轻松，只要选择适合用户的项目计划，就可以得到网络一体化的服务。

1.4 动态网页和静态网页的区别

静态网页与动态网页的区别可以分别从两者的概念、特点来详细区分。

所谓静态网页，是指没有后台数据库、不含程序和不可交互的网页。你编的是什么它显示的就是什么，不会有任何改变。静态网页更新起来相对比较麻烦，适用于一般更新较少的展示型网站。反之，不符合静态网页概念的就属于动态网页。

静态网页使用的语言有 HTML（超文本标记语言），在网站设计中，一般的静态网页网址都是以.htm、.html、.shtml、.xml 等为后缀的。但是，并不是说静态网页就没有动态效果，有的静态网页也会有动态效果，如.GIF 格式的动画、Flash、滚动字母等。动态网页使用的语言有 HTML+ASP 或 HTML+PHP 或 HTML+JSP 等。

区别静态网页与动态网页最重要的一点是程序是否在服务器运行，这是最重要的标志。

在服务器运行的程序、网页、组件属于动态网页，它们会随着不同的客户、不同的时间返回不同的网页，如 ASP、PHP、JSP、ASP.net、CGI 等。运行于客户端的程序、网页、插件、组件属于静态网页，如 html 页、Flash、JavaScript、VBScript 等，它们是永远不变的。

静态网页和动态网页的特点分别如下所述。

动态网页的特点：

（1）动态网页以数据库技术为基础，可以大大减少网站维护的工作量；

（2）采用动态网页技术的网站可以实现更多的功能，如用户注册、用户登录、在线调查、用户管理、订单管理等；

（3）动态网页实际上并不是独立存在于服务器上的网页文件，只有当用户请求时服务器才返回一个完整的网页；

（4）动态网页中的“?”对搜索引擎检索存在一定的问题，搜索引擎一般不可能从一个网站的数据库中访问全部网页，或者出于技术方面的考虑，搜索蜘蛛不去抓取网址中“?”后面的内容，因此采用动态网页的网站在进行搜索引擎推广时需要做一定的技术处理才能适应搜索引擎的要求。

静态网页的特点：

（1）静态网页的每个网页都有一个固定的 URL，且网页 URL 以.htm、.html、.shtml 等常见形式为后缀，而不含有“?”；

（2）网页内容一经发布到网站服务器上，无论是否有用户访问，每个静态网页的内容都是保存在网站服务器上的，也就是说，静态网页是实实在在保存在服务器上的文件，每个网页都是一个独立的文件；

（3）静态网页的内容相对稳定，因此容易被搜索引擎检索；

（4）静态网页没有数据库的支持，在网站制作和维护方面工作量较大，因此网站信息量很大。

1.5　网站策划书的编写

根据每个网站的情况不同，网站策划书也是不同的，但是最终都不要离开主要的框架。那么在网站建设前期，我们要进行市场分析，然后总结一下，形成书面报告，对网站建设和运营进行有计划的指导和阶段性总结都有很好的效果。

网站策划一般可以按照下面的思路来进行整理，当然特殊情况要特殊对待：我们按照门户网站、企业网站、个人网站的建设来分别进行框架定位。

网站策划的大体思路如下。

1.5.1　网站建设市场分析及网站的定位

我们把市场分析和网站的定位联系起来放在本章讲述，是因为它们之间有所联系，我们要根据市场分析得来的情况对网站进行定位和目标调整。与此同时，还要进行网站服务对象分析。

1. 市场分析

（1）门户网站：门户网站包括综合性门户网站、电子商务类门户网站、行业门户网站、信息服务类门户网站（这里我们将 BBS 归类为综合性门户网站，将博客归类为信息服务类门户网站）。以笔者曾做过的一个汽配行业门户网站为例，建站初期先进行市场调研，找到同行业的汽配网站有哪些，它们的主要栏目有什么，特色服务有什么，发展情况怎么样，等等。然后对它们的栏目进行取舍，再根据自身特点创办栏目。确定自己网站的栏目之后，还要对同行业外的网站进行筛选，找出内容上互补的网站以便日后推广时做链接与合作。对同行业的网站发展情况做一个大致的了解后，根据实际情况检查自己有什么样的优势，有什么不利因素，然后才能对网站进行定位。

（2）企业网站：企业网站的市场分析比较容易，因为企业建站的目的无非是想对企业自身进行更好的宣传，想要在互联网营销中占有一席之地，想要提供产品的技术支持和在线互动，以便更好地为客户服务，同时也提高企业利润。企业网站的建设思路可以参照同行业做得比较好的网站，但同时也要根据自身的发展进行调整，切不可盲目跟从。企业网站同样可以找到一些同行业的互补网站来进行链接。

（3）个人网站：个人网站建设在内容上往往是大同小异的，但是也有一些个人网站可以别出心裁，采用独特的网站类型，这样的建站效果通常可以收到奇效。一般来说个人网站对市场分析是比较忽略的，但是大中型的个人网站应该进行市场调研，和门户网站所做的一样。

2. 网站定位

市场分析做完后，通常要有一个总结。然后要对自己将要做的网站有一个明确的认识，给出目标和定位。

（1）网站目标：网站目标包括短期目标和长期目标。有目标的网站才能在网站建设和运营过程中了解网站的发展情况，根据具体情况制定具体措施。目标可以用多种形式来划分。例如，用 Alexa 排名来划分：一个月后排多少名；半年后排多少名；一年后排多少名；等等。也可以用赢利的形式来划分：一个月赢利将达到多少；半年后赢利多少；一年后赢利多少；等等。同样，还可以用会员数、信息数量、网站流量、PV 值等来划分，但要注意的是，一定要根据实际情况和有效的参考资料来制定目标，不能盲目，新建的一个站一个月就可以达到世界排名前 100 好像不太现实（除非你找到非常厉害的优化公司）。

（2）网站定位：网站的定位也可以说是制定目标，它是为自己的网站制定的一个最终的目标。说得准确一点，网站定位除了包含网站要达到的目标之外，还包括网站的发展方向、网站的文化等因素。

1.5.2 网站服务对象分析

网站建设中不能忽略的是："这个网站究竟在为什么人提供服务？"对于这个问题，网站建设者都要注意。我们在网站建设中通常把网站的服务对象做一个比较，划分出第一梯队服务对象和第二梯队服务对象及其他梯队服务对象（当然，对于某些 Web 2.0 网站来说，这种分析就没有必要了）。

（1）第一梯队服务对象：对网站具有很高的依赖性，或者是网站服务内容主要面向的对象。如汽车配件网站，它的第一梯队服务对象就是汽车配件供应商、汽车配件采购商及汽车配件贸易公司等。

（2）第二梯队服务对象：对网站有兴趣，或者是第一梯队服务对象替补（所谓第一梯队服务对象替补就是一些本来应该是第一梯队服务对象的，但对网站不了解，对互联网不认同的一些企业或个人。他们随时都有可能成为第一梯队服务对象），或者是和本行业互补的一些企业和个人。

（3）其他梯队服务对象：包括行业的研究者、学者、新闻媒体等。

1.5.3　网站的内容建设

在对网站进行市场分析调研和定位之后，我们要做的就是网站的基础设施建设了，它包括网站的前台页面设计制作和网站的后台编程，在网站全部做完之后还要进行网站测试和上传等工作。

1. 网站设计

网站设计主要是对网站前台页面进行制作。所谓前台设计通俗点讲就是浏览者能够看到的那部分，也就是所说的网页。对于不同类型的网站，前台设计情况可能略微不同。

（1）门户网站：门户网站设计主要是简单，界面友好，要追求网页的打开速度。门户网站的首页通常是简单并具有一点独特的风格，在不影响网页速度的前提下保留个性与独到之处。

（2）企业网站：企业网站的设计通常有三种情况，第一种是基于网站制作软件生成的静态的或者半静态的模板。这样的网站通常没有什么独特的地方，一般不会被浏览者轻易地记住。第二种是一些互联网服务类公司为企业建立的所谓“标准首页”的网站首页，采用了大量的图片元素和动画效果，以至于网站的打开速度严重受到影响，这样的网站和一些个人网站一样，追求的是华丽的表现形式。第三类企业网站拥有和门户型网站界面类似的首页，这样有利于提高网站的打开速度，缺点是图片较少，设计上如果没有很好的创意也很难让人记住。

（3）个人网站：个人网站通常有两种形式，一种是爱好型的非营利网站，这种网站通常采用大量的图片来追求炫目的感觉；另一种是个人站长由于资金问题建立的个人门户型网站，和门户型网站的设计属于一类。

2. 网站编程

网站编程是网站安全的基础，一个好的程序可以使网站受到攻击而产生不良后果的问题大大减少。网站编程需要专业的编程技术，一般来说网站流行的编程语言有 JSP、ASP、.NET、PHP 等几种。

网站建设编程语言是一个选择，要用所选的语言编写具有什么功能的程序才是网站建设的基本。通常情况下网站都具有新闻发布系统（信息发布系统）、产品发布系统、会员管理系统、广告管理系统、流量统计分析系统等基本系统。

1.5.4　网站测试和上传

网站的设计和编程全部做完之后，要对网站进行测试和上传。首先应该将网站上传到网站空间，然后对网站进行测试，同时也是对网站空间进行测试。一般来说，网站测试需要进行的是网站页面的完整程度、网站编程代码的繁简程度和完整性、网站空间的链接速度和网站空间的加压承受度测试。

1.5.5 网站内容添加

网站制作完毕了，网站测试也完毕了，那么我们马上就可以进行推广了吗？答案当然是“不”！网站制作刚刚完成，没有内容，你怎么进行推广，又有谁会看呢？所以测试的下一步就是对网站进行数据库填充。用自己原创的文章，或者从网上和书上摘录的文章把数据库填充一下，至少要让浏览者感觉你的网站不是今天才刚刚上线的。同时，数据库中填充的内容越多，在搜索引擎上被收录的页面也就越多，对下一步的推广也是大有好处的。

1.5.6 网站的推广

网站的推广可以说是网站建设中尤为重要的一部分，推广做得好可以认为网站建设就成功了一大半。那么如何进行推广呢？推广的方式有哪些呢？让我们来看一下。

1. 免费推广方式

- 友情链接：和其他网站做友情链接，最好找比自己PR值高的网站来做。
- 登录免费搜索引擎：让搜索引擎收录你的网站，这样网站就可以在互联网上被其他企业或者个人查找到了。
- 论坛广告：到各个论坛去发广告宣传你的网站。
- 群发推广：用QQ群发软件，或者邮件群发软件来进行推广。
- 病毒式推广：这个推广方法通常在推广前要下大功夫，制作出一些比较吸引人的东西来进行网络化传播，如图片、程序代码、常用软件等。
- 加入导航网站：加入导航网站对推广大有好处，不过有一些比较有名的导航网站登录时需要花费资金。

2. 付费推广方式

- 搜索引擎关键词：在比较著名的搜索引擎做关键词推广。
- 活动宣传：如果你做的是一些比较大的门户网站，那么可以选择做一些活动宣传这样的推广，如免费会员月等。
- 网络广告：做网络广告，在流量比较大的网站上做广告宣传。
- 广告联盟：加入一些比较大的广告联盟，做付费广告，效果更好。
- 传统宣传方式：虽然互联网的发展越来越快，但是传统的宣传方式现在还是占主导地位的，所以建议做电视广告、广播、宣传册等宣传，对网站的推广效果很明显。
- 制造事件推广：越来越多的人都发现，互联网时代最快、最有效的其实是炒作，有意制造和自己网站相关联的事件（特别是爆发性事件），可使网站宣传的传播速度非常的快。
- 网吧主页：如果你有能力，这种推广方式完全可以是免费的。在网吧设置IE主页为你的网站，会带来巨大而稳定的流量。

1.6 网页设计的基本原则

任何事物都有其原则性，如果不遵循原则，就会在发展的过程中逐渐失去初衷，网页设计亦然。网页设计的核心是传达信息，基于此网页设计原则确定如下。

（1）明确建立网站的目标和用户需求。根据消费者的需求、市场的状况、企业自身的情况等进行综合分析，以“消费者（customer）”为中心，而不是以“美术”为中心进行设计规划。明确设计站点的目的和用户需求，从而做出切实可行的设计计划。

（2）网页设计主题鲜明。在目标明确的基础上，完成网站的构思创意（即总体设计方案）。对网站的整体风格和特色做出定位，规划网站的组织结构。

（3）版式设计的整体性。即设计作品各组成部分在内容上的内在联系和表现形式上的相互呼应，并注意整个页面设计风格统一、色彩统一、布局统一，即形成网站高度的形象统一，使整个页面设计的各个部分极为融洽。

（4）版式设计的分割性。即按照内容、主题和信息的分类要求，将页面分成若干版块、栏目，使浏览者一目了然。既吸引浏览者的眼球，又能通过网页达到信息宣传的目的，显示出鲜明的信息传达效果。

（5）版式设计的对比性。在设计过程中，通过多与少、主与次、黑与白、动与静、聚与散等对比手法的运用，使网页主题更加突出，鲜明而富有生气。

（6）网页设计的和谐性。网页布局应该符合人类审美的基本原则，浑然一体。如果仅仅是色彩、形状、线条等的随意混合，那么设计出来的作品不但没有生气、灵感，甚至连最基本的视觉设计和信息传达功能也无法实现。如果选择了与主页内容不和谐的色调，就会传递错误的信息，造成混乱。

（7）导向清晰。网页设计中导航使用超文本链接或图片链接，使人们能够在网站上自由前进或后退，而不会让他们使用浏览器上的前进或后退。另外，在所有的图片上使用“ALT”标识符注明图片名称或解释，以便使那些不愿意自动加载图片的观众能够了解图片的含义。

（8）非图形的内容。由于在互联网上浏览的大多是一些寻找信息的人，因此我们建议您要确定您的网站将为他们提供的是有价值的内容，而不是过度的装饰。

1.7 网站页面色彩的规划

网页中色彩的应用是网页设计中极为重要的一环，赏心悦目的网页，其色彩的搭配一定是和谐优美的。在确定网站的主题后，就要了解哪些颜色适合站点使用，哪些不适合，这主要根据人们的审美习惯和站点的风格来定，一般情况下要注意以下几点：①忌讳使用强烈对比的颜色搭配作为主色；②配色简洁，主色要尽量控制在三种以内；③背景和内容的对比要明显，少用花纹复杂的背景图片，以便突出显示文字内容。

如果对颜色的搭配没有经验，可以使用 Dreamweaver 的配色方案来学习简单的配色。开启 Dreamweaver，执行“命令”→“设定配色方案”操作进入配色选择窗口，这里提供了多种背景、文本和链接的颜色，可以根据需要来选择搭配。当然，也可以使用一些专门的网页配色软件如“ColorImpact”、“三生有幸”等来辅助搭配网站的色彩。

1.8 合理的网站栏目结构布局

毫无疑问，网站的结构决定了一个网站的方向和前途，决定了一个网站面向的市场到底有多大，结构是战略层面上的，靠的是技术来表达。

合理的网站栏目结构其实没有什么特别之处，无非是能正确表达网站的基本内容及内容之间的层次关系，站在用户的角度考虑，使得用户在网站中浏览时可以方便地获取信息，不至于迷失。做到这一点并不难，关键在于对网站结构重要性有充分的认识。归纳起来，合理的网站栏目结构主要表现在下面几个方面：

- 通过主页可以到达任何一个一级栏目首页、二级栏目首页及最终内容页面；
- 通过任何一个网页可以返回上一级栏目页面并逐级返回主页；
- 主栏目清晰并且全站统一；
- 通过任何一个网页可以进入任何一个一级栏目首页。

不同主题的网站对网页内容的安排会有所不同，但大多数网站首页的页面结构都会包括页面标题、网站 Logo、导航栏、登录区、搜索区、热点推荐区、主内容区和页脚区。其他页面不需要设置得如此复杂，一般由页面标题、网站 Logo、导航栏、主内容区和页脚区等构成。

做网站设计不是把所有内容放置到网页中就行了，还需要我们将网页内容进行合理的排版布局，以给浏览者赏心悦目的感觉，增强网站的吸引力。在设计布局的时候我们要注意把文字、图片在网页空间上均匀分布，并且不同形状、色彩的网页元素要相互对比，以形成鲜明的视觉效果。

1.8.1 网页布局的基本概念

最开始，网页呈现在你面前的时候，它就好像一张白纸，需要你任意挥洒你的设计才思。在开始的时候，你需要明白，虽然你能控制一切你所能控制的东西，但假如你知道什么是一种约定俗成的标准或者说大多数访问者的浏览习惯，则可以在此基础上加上自己的东西。你当然也可以创造出自己的设计方案，但如果你是初学者，那么最好明白网页布局的基本概念。

1. 页面尺寸

由于页面尺寸和显示器大小及分辨率有关系，网页的局限性就在于你无法突破显示器的范围，而且因为浏览器也将占去不少空间，所以留给你的页面范围变得越来越小。一般分辨率在 800×600 的情况下，页面的显示尺寸为 780×428（单位为像素，下同）；分辨率在 640×480 的情况下，页面的显示尺寸为 620×311；分辨率在 1 024×768 的情况下，页面的显示尺寸为 1 007×600。从以上数据可以看出，分辨率越高页面尺寸越大。

浏览器的工具栏也是影响页面尺寸的原因。目前一般浏览器的工具栏都可以取消或者增加，因此当你显示全部的工具栏和关闭全部工具栏时，页面的尺寸是不一样的。

在网页设计过程中，向下拖动页面是唯一给网页增加更多内容（尺寸）的方法。但我想提醒各位，除非你能肯定站点的内容能吸引大家拖动，否则不要让访问者拖动页面超过三屏。如果需要在同一页面显示超过三屏的内容，那么最好能在上面做上页面内部链接，以方便访问者浏览。

2. 整体造型

什么是造型？造型就是创造出来的物体形象。这里是指页面的整体形象，这种形象应该是一个整体，图形与文本的接合应该是层叠有序的。虽然显示器和浏览器都是矩形，但对于页面的造型，你可以充分运用自然界中的其他形状及它们的组合，如矩形、圆形、三角形、菱形等。

对于不同的形状，它们所代表的意义是不同的。例如，矩形代表着正式、规则，你注意到很多ICP和政府网页都是以矩形为整体造型的；圆形代表着柔和、团结、温暖、安全等，许多时尚站点喜欢以圆形为页面整体造型；三角形代表着力量、权威、牢固、侵略等，许多大型的商业站点为显示它的权威性常以三角形为页面整体造型；菱形代表着平衡、协调、公平，一些交友站点常运用菱形作为页面整体造型。虽然不同形状代表着不同的意义，但目前的网页制作多数是结合多个图形加以设计，在这其中某种图形的构图比例可能占得多一些。

3. 页头

页头又可称为页眉，页眉的作用是定义页面的主题。如一个站点的名字多数都显示在页眉里，这样，访问者能很快知道这个站点是什么内容。页头是整个页面设计的关键，它将牵涉下面的更多设计和整个页面的协调性。页头常放置站点名字的图片和公司标志及旗帜广告。

4. 文本

文本在页面中多数以行或者块（段落）的形式出现，它们的摆放位置决定着整个页面布局的可视性。在过去，因为页面制作技术的局限，文本放置位置的灵活性非常小，而随着DHTML的兴起，文本已经可以按照自己的要求放置到页面的任何位置。

5. 页脚

页脚和页头相呼应。页头是放置站点主题的地方，而页脚是放置制作者或者公司信息的地方。你可以看到，许多制作信息都是放置在页脚的。

6. 图片

图片和文本是网页的两大构成元素，缺一不可。如何处理好图片和文本的位置成了整个页面布局的关键，而你的布局思维也将体现在这里。

7. 多媒体

除了文本和图片，还有声音、动画、视频等其他媒体。虽然它们不是经常能被利用到，但随着动态网页的兴起，它们在网页布局上也变得越来越重要。

1.8.2　网页布局的方法

网页布局的方法有两种，第一种为纸上布局，第二种为软件布局，下面分别加以介绍。

1. 纸上布局法

许多网页制作者不喜欢先画出页面布局的草图，而是直接在网页设计器里边设计布局边加内容。这种不打草稿的方法无法让你设计出优秀的网页来。所以在开始制作网页时，要先在纸上画出页面的布局草图。

准备若干张白纸和一只铅笔，你要设计一个时尚站点。

1）尺寸选择

目前，一般 800×600 的分辨率为约定俗成的浏览模式。所以为了照顾大多数访问者，页面的尺寸以 800×600 的分辨率为准。

2）造型的选择

先在白纸上画出象征浏览器窗口的矩形，这个矩形就是布局的范围。接下来选择一个形状作为整个页面的主题造型，我们选择圆形，因为它代表着柔和，和时尚流行比较相称。然后在矩形框架里随意画出来，你可以试着再增加一些圆形或者其他形状。这样画下来，你会发现很乱。其实，一开始就想设计出一个完美的布局是比较困难的，你要在这看似很乱的图形中找出隐藏在其中的特别的造型来。还要注意一点，不要担心你设计的布局是否能够实现。事实上，只要你能想到的布局如今都能通过 HTML 技术实现。图 1-1 是手画的页面布局。

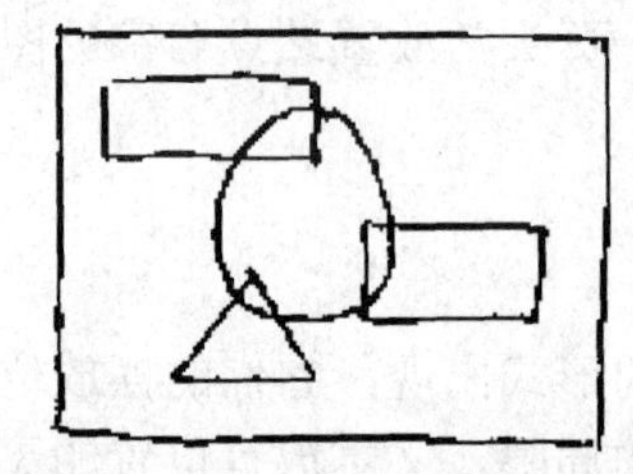
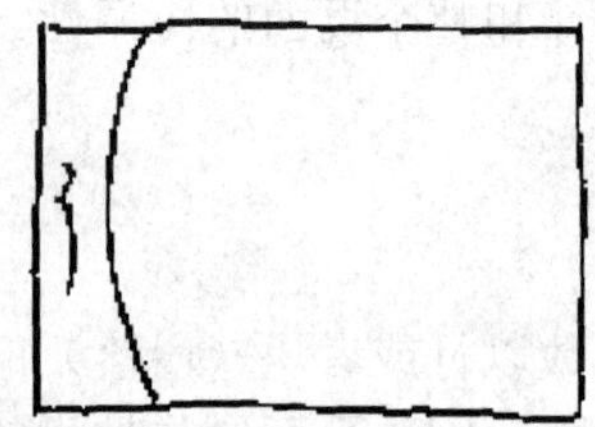

图 1-1　手画的布局

考虑到左边向左凹的弧线，为了取得平衡，我们在页面右边增加了一个矩形（也可以是一条线段）。图 1-2 是改动后的布局。

3）增加页头

图 1-2 是我们从图 1-1 得到的布局造型，接下来该增加页头了。一般页头都位于页面顶部，所以我们为图 1-2 增加了一个页头。为了和左边的弧线及右边的矩形取得平衡，我们增加了一个矩形页头并让页头与左边的弧线相交，如图 1-3 所示。

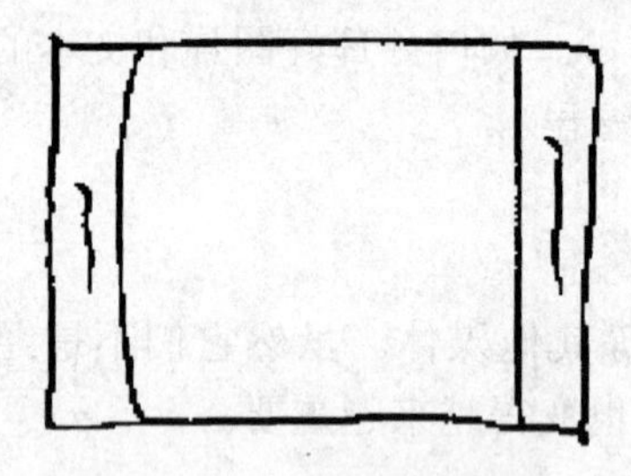

图 1-2　改动后的布局

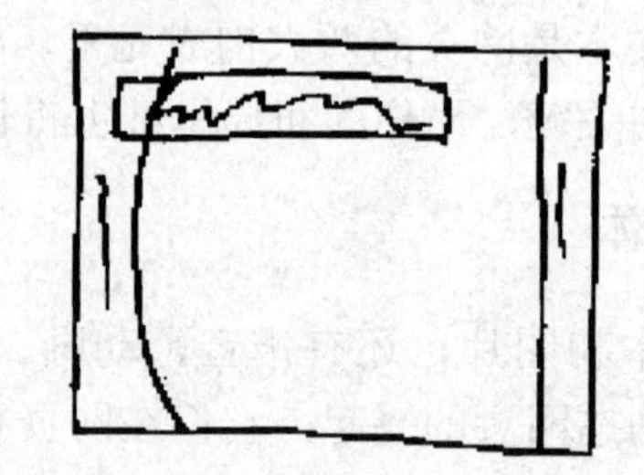

图 1-3　增加页头

4）增加文本

页面的空白部分可以分别加入文本和图形。因为在页面右边有矩形作为陪衬，所以文本放置在空白部分不会因为左边的弧线而显得不协调，如图 1-4 所示。

5）增加图片

图片是美化页面和说明内容必需的媒体。在这里，把图片加入到适当的地方，如图 1-5 所示。

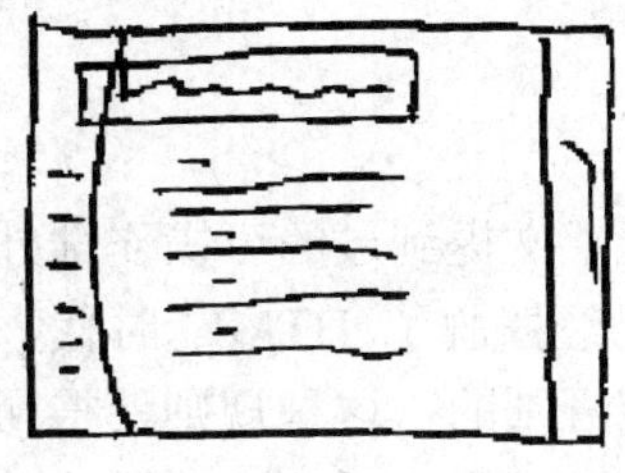

图 1-4　增加文本

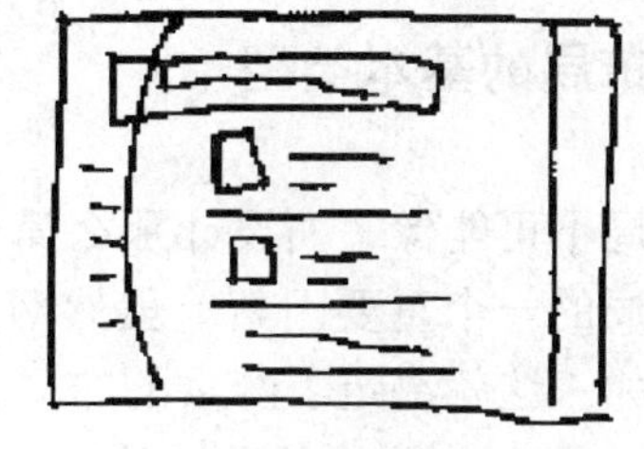

图 1-5　加入图片

经过以上几个步骤，一个时尚页面的大概布局就出现了。当然，它不是最后的结果，而是你以后制作时的重要参考依据。

2. 软件布局法

如果你不喜欢用纸来画出布局意图，那么还可以利用软件来完成这项工作，这个软件就是 Photoshop。Photoshop 所具有的对图像的编辑功能应用到网页布局设计中更显得得心应手。不像用纸来设计布局，利用 Photoshop 可以方便地使用颜色、使用图形，并且可以利用层的功能设计出用纸张无法实现的布局意念。

1.8.3　网页布局的技术

1. 层叠样式表的应用

在新的 HTML 4.0 标准中，CSS（层叠样式表）被提出来，它能完全精确地定位文本和图片。CSS 对于初学者来说显得有点复杂，但它的确是一个好的布局方法。你曾经无法实现的想法利用 CSS 都能实现。目前在许多站点上，层叠样式表的运用是一个站点优秀的体现。你可以在网上找到许多关于 CSS 的介绍和使用方法。

2. 表格布局

表格布局好像已经成为一个标准，随便浏览一个站点，它们一定是用表格布局的。表格布局的优势在于它能对不同对象加以处理，而又不用担心不同对象之间的影响。而且表格在定位图片和文本上比起用 CSS 更加方便。表格布局唯一的缺点是，当你用了过多表格时，页面下载速度受到影响。对于表格布局，你可以随便找一个站点的首页，然后保存为 HTML 文件，利用网页编辑工具打开它（要用所见即所得的软件），你就会看到这个页面是如何利用表格的。

3. 框架布局

不知道什么原故，框架结构的页面开始被许多人不喜欢，可能是因为它的兼容性。但从布局上考虑，框架结构不失为一个好的布局方法。它如同表格布局一样，把不同对象放置到不同页面加以处理，因为框架可以取消边框，所以一般来说不影响整体美观。

我们介绍的布局指南并不是全部的网页布局技术，从某种意义上来说，是想引导你在制作网页时，怎样把图片和文本放置得恰到好处，并且如何拥有一个跳跃的设计思维。

1.8.4 网页布局的基本类型

网页的布局不可能像平面设计那么简单，除了上文提到过的可操作性外，技术问题也是制约网页布局的一个重要因素。虽然网页制作已经摆脱了 HTML 时代，但是还没有完全做到挥洒自如，这就决定了网页的布局是有一定规则的，这种规则使得网页布局只能在左右对称结构布局、“同”字型结构布局、“回”字型结构布局、“匡”字型结构布局、“厂”字型结构布局、自由式结构布局、“另类”结构布局等几种布局的基本结构中选择。

1. 左右对称结构布局

左右对称结构是网页布局中最为简单的一种。“左右对称”所指的只是在视觉上的相对对称，而非几何意义上的对称，这种结构将网页分割为左右两部分。一般使用这种结构的网站均把导航区设置在左半部，而右半部用作主体内容的区域。左右对称性结构便于浏览者直观地读取主体内容，但是却不利于发布大量的信息，所以这种结构对于内容较多的大型网站来说并不合适，如图 1-6 所示。

图 1-6　左右对称结构布局的网站

2. “同”字型结构布局

“同”字结构的网页名副其实，采用这种结构的网页，往往将导航区置于页面顶端，一些如广告条、友情链接、搜索引擎、注册按钮、登录面板、栏目条等内容置于页面两侧，中间为主体内容。这种结构比左右对称结构要复杂一点，不但有条理，而且直观，有视觉上的平衡感，但是这种结构也比较僵化。在使用这种结构时，高超的用色技巧会规避“同”字结构的缺陷，如图 1-7 所示。

图 1-7 “同”字型结构布局的网站

3. “回”字型结构布局

“回”字型结构实际上是对“同”字型结构的一种变形，即在“同”字型结构的下面增加了一个横向通栏。这种变形将“同”字型结构不是很重视的页脚利用起来，增大了主体内容，合理地使用了页面有限的面积，但是这样往往使页面充斥着各种内容，拥挤不堪，如图 1-8 所示。

4. “匡”字型结构布局

和“回”字型结构一样，“匡”字型结构其实也是“同”字型结构的一种变形，也可以认为是将“回”字型结构的右侧栏目条去掉后得出的新结构。这种结构是“同”字型结构和“回”字型结构的一种折中，这种结构承载的信息量与“同”字型相同，而且改善了“回”字型的封闭型结构，如图 1-9 所示。

图 1-8 “回”字型结构布局的网站

图 1-9 “匡”字型结构布局的网站

5. 自由式结构布局

以上 3 种字型结构是传统意义上的结构布局。自由式结构布局相对而言就没有那么“安分守己”了，这种结构的随意性特别大，颠覆了从前以图文为主的表现形式，将图像、Flash 动画或者视频作为主体内容，其他的文字说明及栏目条均被分布到不显眼的位置，起装饰作用。这种结构在时尚类网站中使用得非常多，尤其是在时装、化妆用品的网站中。这种结构富于美感，可以吸引大量的浏览者欣赏，但是却因为文字过少，而难以让浏览者长时间驻足，另外，起指引作用的导航条不明显，因而不便于操作，如图 1-10 所示。

图 1-10　自由式结构布局的网站

6. “另类”结构布局

如果说自由式结构是现代主义的结构布局，那么“另类”结构布局就可以被称为后现代的代表了。在“另类”结构布局中，传统意义上的所有网页元素全部被颠覆，被打散后融入到一个模拟的场景中。在这个场景中，网页元素化身为某一种实物。采用这种结构布局的网站多用于设计类网站，以显示站长前卫的设计理念。这种结构要求设计者要有非常丰富的想象力和非常强的图像处理技巧，因为这种结构稍有不慎就会因为页面内容太多而拖慢速度，如图 1-11 所示。

图 1-11　“另类”结构布局的网站

7. 分栏布局结构

如图 1-12 所示为分栏型布局的网站。

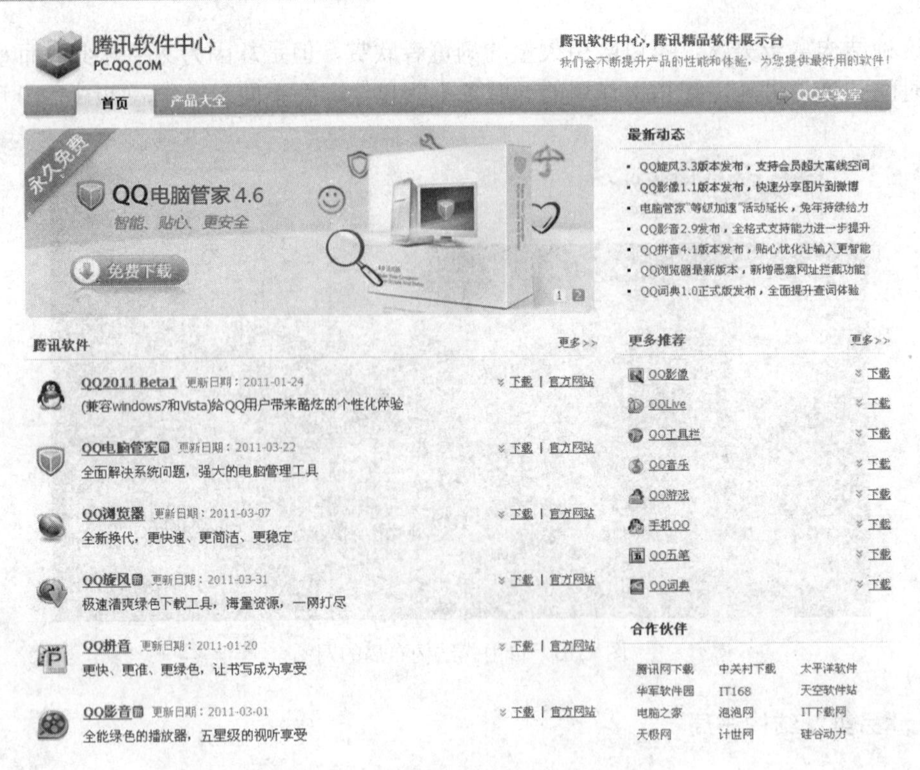

图 1-12　分栏型布局的网站

8. 封面型布局结构

如图 1-13 所示为封面型布局的网站。

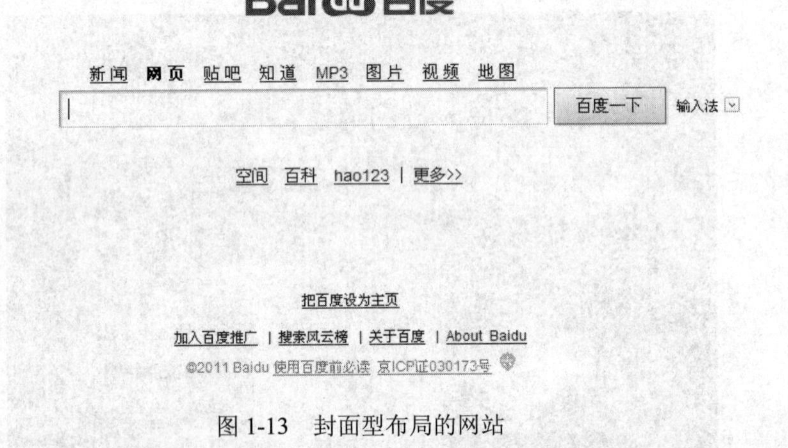

图 1-13　封面型布局的网站

1.8.5　网站首页布局设计

网站首页是网站给用户的第一印象，首页页面布局需从主题、导航、内容等方面入手，下面以百度百科的页面为例进行首页页面布局分析。

1. **首页主题**

首页是网站的核心页面，首页的主题也就是网站的核心内容。首页主题需让用户很容易地了解网站是做什么的。首页主题体现在网站的标题、关键词、描述上，其中最重要的是标题，用户在搜索引擎上看到的搜索结果就是网站的标题和描述内容。例如，图 1-14 所示的百度百科，用户通过图中内容即可了解到百度百科是做中文百科的，以及百科涵盖的知识和服务领域。

图 1-14 百度百科

在首页页面上，首页主题还体现在 Logo 及网站标题上。准确概括的首页主题可以很好地帮助用户选择自己有确切需求的网站。

2. **首页导航**

网站导航可以看作是对网站内容的分类，把网站的内容进行细分，方便用户跟据个人需求选择浏览相应栏目页面。网站首页导航要做到分类清晰，导航栏目间不重复。百度百科的首页导航就做得很好，我们可以学习一下。

3. **首页内容**

布置好网站首页导航就可以进行网站首页内容的布局设计了。页面的内容布局需先对网站的用户群体进行需求分析，把用户关注最多的内容放置在首页的重要位置。一般按照用户的浏览方式，页面内容布局按照内容的重要程度由左上到右下进行布置。也就是说最重要的内容要放置在首页左上位置，而广告或最不重要的内容可以放置在页面的右下位置。

网站首页布局除了做好主题、导航和内容外，还需要注意页面的尺寸、网站打开速度及友情链接布置等方面。

1.8.6 内页与主页风格保持一致

我们在进行网页设计与网页制作时，对内页的把握往往不是很到位，当然有部分韩国网站的内页比较花哨，也用了多种颜色。他们对颜色的运用与布局的设置是可以借鉴的，下面就此归纳出几点建议，希望对读者朋友有所帮助。

1. 内页与主页的结构要一致

网页结构是网页风格统一的重要手段，包括页面布局、文字排版、装饰性元素出现的位置、导航的统一、图片的位置等。在结构的一致性中，我们要强调网页标志性元素的一致性，即网页或公司名称、网页或企业标志、导航及辅助导航的形式和位置、公司联系信息等。

2. 内页与主页的色彩要一致

这一点指的是内页与主页的主体色彩要一样，只改变局部色块。在色彩的一致性中，我们强调的是如果企业有自身的 CI 形象，最好在互联网中沿袭这个形象，给观众网上网下一致的感觉，更有利于企业形象的树立。

3. 内页与主页的导航要统一

导航是网站的一项重要组成部分，一个出色的富有企业特性的导航会给人们留下深刻的印象。

4. 个别具有特色的元素贯穿全部网页

在网站设计中，个别具有特色的元素重复出现，也会给访问者留下深刻印象，如企业的 Logo。

5. 内页与主页的背景要统一

从技术上而言，网页背景包括背景色和背景图像两种，一般来说，我们并不提倡使用背景图像，而是使用背景色或色块。但这个背景色或色块要在全网页内统一，以符合视觉流程的统一性。

1.8.7 网站内页如何布局

新的网站，在设计之初都要考虑到布局的重要性，不管是首页布局、栏目页布局（列表页布局），还是内页布局，这些都要考虑到。合理的网站布局能给网站带来一定的优势，所以，只要你的网站布局合理了，你就能在相同的条件下比你的对手拥有更大的优势。

网站的内页布局，说简单有简单的方法，说难也有难的方法，主要看你是如何考虑的。因为一个内页，正文占去了版块的 70%以上，剩下的那些版块要进行合理的布局，就需要好好动动脑子。

内页布局的简单方法就是只有头部、栏目及文章显示区，说得好听点，这个是简单的布局方法，说得不好听一点，这个就是网站设计者在什么都不懂的情况下设计的，这样的布局会把网站“布死”。

网站内页布局合理的方法，也就是难的方法，包括以下几点内容。

1. 内页的头部

网站内页的头部应该都一样，而且要独立地写出来，然后采取调用的方法，这样就精简了网站的代码，给网站减了肥，对网站有很大的好处。

2. 网站的内页导航

网站的内页导航有两个部分，一个是栏目导航，这个不必多说，大家都知道，主要是通过这个导航去别的栏目，浏览别的栏目的内容，增加网站的 PV（网页浏览量），从而提高网站的权重。

另一个是面包屑导航，这是比较重要的一个环节，它对搜索引擎的蜘蛛友好，同时对于用户的体验也非常好，它能显示用户的当前位置，不至于让用户在网站中迷失方向，从而离网站而去。

3. 网站内页链接的布局

网站内页链接的布局是整个内页布局的关键，做得好，你的网站就做活了，做得不好，结果不言而喻。网站内页链接有三大块，而且出现的位置要合理，要有利于用户体验，否则就印证了这句话：“方法不对，努力白费。”

链接布局主要放在正文的右边或下面，这样最利于用户体验，原因有二：

（1）用户如果通过链接点进某篇文章，看见文章不合其胃口，在正文的右边如果有链接，可能就留住了用户，减少了用户的流失，增加了网站的 PV。

（2）如果用户对某篇文章感兴趣，在看完后，浏览到文章的最底部，同样用户可以通过这样的链接进入别的页面，而不用回到文章的顶部再去其他的页面，节省了用户的时间，同时也增加了网站的 PV，减少了跳出率。

还有一点就是上一页和下一页的布局。

主要的问题就是这么几点，归根结底还是要注重用户体验，只有做到了将用户体验置于首位，你的网站才有用户，才有权重，才有排名。有了这些，你还怕没有盈利吗？

1.9 网站的风格设计

网站的设计必须形成自己的风格特色，特色就是优势。

所谓网站风格，是指网站页面设计上的视觉元素组合在一起的整体形象，展现给人的直观感受。这个整体形象包括网站的配色、字体、页面布局、页面内容、交互性、海报、宣传语等因素。网站风格一般与企业的整体形象相一致，例如，企业的整体色调、企业的行业性质、企业文化、提供的相关产品或服务特点等，都应该能在网站的风格中得到体现。网站风格最能传递企业文化信息，所以说好的网站风格不仅能帮助客户认识和了解网站背后的企业，而且能帮助企业树立别具一格的形象。通过网站风格的独特性，直接给自身网站和所处行业的其他网站之间营造出一种清晰的辨识度。随着互联网的影响力不断提升，网站成了企业让客户了解自身最直接的一个门户，通过网站自身的辨识度，在众多网站中脱颖而出，迅速帮助企业树立品牌，提升企业形象。

网站风格可以从颜色、线条和形状、版式等方面来进行设计。

1. 协调运用颜色

不同的色彩影响着人们对网站的第一感觉，红色系象征着激烈、兴奋，灰色系象征着平淡和低调。因此，旅游和园林类型的网站使用绿色系比较多，蓝色则被誉为企业色，的确，很多企业和政府机关都偏爱使用沉稳而大方的蓝色。另外，有几种颜色在网页设计中是很少被大面积使用的，如紫色。

一个网站不可能单一地运用一种颜色，这会让人感觉单调、乏味；但也不可能将所有的颜色都运用到网站中，因为会让人感觉轻浮、花哨。一个网站必须有一种或两种主题色，既不至于让客户迷失方向，也不会显得单调、乏味。所以，确定网站的主题色也是设计者必须考虑的问题之一。

通常情况下，一个页面内尽量不要使用超过 4 种色彩，太多的色彩容易让人感觉没有方向、没有侧重。当主题色确定好以后，考虑其他配色时，一定要考虑其他配色与主题色的关系，要体现什么样的效果；另外，还要考虑哪种因素可能占主导地位，是明度、纯度还是色相。

2. 适当选择线条和形状

文字、标题、图片等的组合，会在页面上形成各种各样的线条和形状。这些线条与形状的组合，构成了主页的总体艺术效果。必须注意，艺术地搭配好这些线条和形状，才能增强页面的艺术魅力。以下探讨一下几种不同线条和形状的使用方法。

（1）直线（矩形）的应用。直线的艺术效果是流畅、挺拔、规矩、整齐，也就是所谓的有轮有廓。直线和矩形在页面上的重复组合可以呈现井井有条、泾渭分明的视觉效果，一般应用于比较庄重、严肃的主页题材。

（2）曲线（弧形）的应用。曲线的效果是流动、活跃，是具有动感的。曲线和弧形在页面上的重复组合可以呈现流畅、轻快、富有活力的视觉效果，一般应用于青春、活泼的主页题材。

（3）曲线、直线（矩形、弧形）的综合应用。把以上两种线条和形状结合起来运用，可以大大丰富主页的表现力，使页面呈现更加丰富多彩的艺术效果。这种形式的主页适用的范围更大，各种主题的主页都可以应用。但是，在页面的编排处理上，难度也会相应大一些，处理得不好会产生凌乱的效果。最简单的途径是，在一个页面上以一种线条（形状）为主，只在局部的范围内适当用一些其他线条（形状）。

3. 均衡地分割版式

在网页设计中，页面因为内容元素的需要被分割成很多区块，区块之间的均衡就是版式设计上需要着重考虑的问题。均衡并非简单理性的等量不等形的计算，一幅好的、均衡的网页版面设计，是布局、重心、对比等多种形式原理创造性全面应用的结果，是对设计师的艺术修养、艺术感受力的一种检验。在面积对比强烈（不等形）而又均衡（等量）的设计中，我们可以看到对比法则的成功参与；而在一些对比不十分强烈、典雅的不对称设计中，我们则可以感受到设计者儒雅的学者风范。

需要注意的是，传统网页设计的版式控制都是在不超越大众显示器分辨率宽度的前提下，依照内容多少纵向延展设计。而如今流行的产品型网站，更倾向于在一屏内表达最主要的东西，尤其是首页，尽量不出现滚动条。

4. 强调 UI 统筹

除去宏观的色彩版面设计，页面设计里还有一个很重要的环节——UI 元素的设计。在设计人员的理解层面上，所有界面上可视范围内的东西都可以并入 UI 里，但是单说 UI 设计，则更侧重于 Tab 标签、小图标、按钮、控件等。这些细节的优化，通过使用元素来影响整个网站的风格，制造整体性和连续性，能统一整个站点的形象，并且在精致中表达网站的整体格调。

5. 适当美化，去除冗余

在必要的元素都设计完成之后，回顾整个页面，根据网站整体的风格需要，也许你会觉得设计得过于复杂了，或者是设计得不够完美，不能突出想要的风格。这个时候就需要适当调整对页面的美化控制。

简洁的往往是美的，而美的东西不一定简洁。尤其在网页设计上，对于内容很多的门户网站，任何多余的修饰都会加重浏览者眼睛的负担，所以可以看到门户的设计往往特别简单；而某些专业型网站，就首页来说确实没有什么东西可以展示，那么就需要刻意增加一些点缀而不使页面显得特别空洞。当然，这也不是定理，针对不同行业或者突发性事件，适当地对设计进行调整也能够起到很好的效果。

1.10 网站建设的基本条件

网站设计的基本条件分为以下两个方面。

1. 硬件条件

（1）域名。域名是指网站在 Internet 上的网址，别人访问你的网站就是通过你的域名来访问的。当然，世界上没有两个一样的域名，域名可以说是一个网站的世界身份标志，如 www.boosit.cn、www.baidu.com、www.google.com。另外，还有一些二级域名，如 http://good.boosit.cn。

http://www.boosit.cn/love 域名通常分为三个部分，www 代表是 Web 网络，boosit 代表网站所在空间（也就是服务器名字），com 是后缀，代表是哪一类型的网站，商业型的为 com，免费资源的为 net，政府为 gov，中国为 cn 等。做网站的前提是要有自己的域名，这样别人才能访问你的网站，域名的申请可以让网站建设商帮忙完成，并完成域名的指向等工作，也可以直接到其他的域名服务商那里去申请。

（2）网站空间。网站除了域名以外还得有空间，空间是用来存储网页文件的。如果把域名比作一个地图，那么网站空间就是仓库了，你要找到仓库里的货物（网页文件），就得先通过地图找到仓库，然后再到仓库里拿货（网页文件）。

2. 软件条件

（1）网站资料的准备。网站的目的是把你所要展示的东西放到网上，网站资料可以为文档，如 Word 文档、记事本文档，也可以为图片、多媒体、程序等。

（2）网站的结构安排。网站也像房子一样要先安排模块和结构，这样网站内容才比较分明，对于查看者来说比较容易找到所要的东西。合理的布局不但能给网站带来美感，而且会给网站带来流量。

（3）网页设计的工具。如果你是自己设计，就有必要考虑设计工具，如果是给网站设计商去做则不用考虑，这些工具硬件有计算机，软件有 Frontpage、Dreamware、Flash、Firework、Photoshop 等。还有一些软件可能要装，这得看你要编辑哪些资料了，如 Word、Excel 等。如果要写服务器脚本的网站，那么调试是很有必要的，你需要安装 IIS 网站发布服务器。

（4）网站上传。网站做好以后就是上传了，上传网站可以用 cutftp、ftp 等工具，现在很多的网页编辑器都有上传功能，有的还是很好用的。

1.11 网站建设的常用方法

网站设计的方法很多，常用的一般有以下几种。

（1）静态网页组成的网站。这种网页是静态的，不能进行交互，也就是说设计时是什么样就是什么样，没有后台，更新必须重新改动原页面，而不能通过后台进行修改。不能执行发布产品、新闻等交互性的操作。

（2）动态网页组成的网站。动态网页现在流行的有很多，如 ASP、PHP、JSP 等，最常用的就是这三种。ASP 应用于 Windows 平台上，ASP 的服务器必须是 Windows；PHP 是应用于 UNIX 或 Linux 上的动态网页技术；JSP 可应用于以上三种系统（Windows、UNIX、Linux），不过 JSP 的设计难度大一点。这几种环境通常和相对应的数据库进行联系：

ASP+Access，ASP+SQLServe

PHP+MySQL，PHP+Oracle

JSP+SQLServe，JSP+Oracle

（3）动态网页数据库。动态网页之所以能进行交互是因为有数据库的支持，数据库就是一种结构化的存储数据的仓库，目前流行的有 Access、MySQL、SQLServer、Oracle 等，它们都能实现数据存储的功能，只是性能和使用环境不太一样。

（4）Web 应用程序组成的动态网站。这种文件有些特别，它不像 JS 脚本一样通过解释才能运行，这种文件可以直接运行，并且是.exe、.dll 文件，采用的数据库同样为以上几种数据库。这种文件的执行效率高，一般应用于一些要求比较高的系统中，它们同样能实现三层架构。

1.12 网站建设的常用技术

目前流行的建站技术多种多样，本节将介绍几种常见的建站技术。读者可以根据自己的喜好和建站的软件、硬件资源，选择其中的一种或者几种来建设自己的网站。我们介绍的是 ASP 技术，在此基础上再学习 ASP.NET、PHP、JSP 技术。

1. HTML 语言

HTML（Hyper Text Markup Language）是 WWW 的描述语言，即超文本标记语言，利用它可以生成超文本文件。

设计 HTML 语言的目的是为了能够把存放在一台计算机中的文本或图形，与另一台计算机中的文本或图形方便地联系在一起，形成有机的整体，从而使人们不用考虑具体信息是在当前计算机上还是在网络的其他计算机上。这样，用户只要使用鼠标在某一文档中单击一个图标，Internet 会马上转到与此图标相关的内容上，而这些信息可能存放在网络的另一台计算机中。

HTML 文本是由 HTML 命令组成的描述性文本；HTML 命令可以说明文字、图形、动画、声音、表格、链接等。HTML 文档的结构包括头部（Head）、主体（Body）两大部分，头部描述浏览器所需要的信息，主体包含所要说明的具体内容。

著名的搜索引擎网站“www.Google.com”的首页界面如图 1-15 所示。

图 1-15　www.Google.com网站首页界面

将“www.Google.com”网站首页切换到源代码窗口，可以查看 HTML 页面的源代码，如下所示：

```
<html>
<head><meta http-equiv="content-type" content="text/html; charset=UTF-8">
<title>Google</title><style>
<!--
body,td,a,p,.h{font-family:arial,sans-serif;}
.h{font-size: 20px;}
.q{color:#0000cc;}
//-->
</style>
</head>
<body  bgcolor=#ffffff  text=#000000  link=#0000cc  vlink=#551a8b  alink=#ff0000  onLoad=sf()>
```

```
<center><table border=0 cellspacing=0 cellpadding=0>
    ...
    </body>
    </html>
```

可以看出，HTML 源代码是由一些尖括号“< >”标志标记的文本内容。有关 HTML 的知识将会在后面的章节中详细介绍。

2. DHTML

DHTML（Dynamic HTML）即动态 HTML，它是建立在传统 HTML 基础上的客户端动态技术。DHTML 实现了当网页从 Web 服务器下载后不需要再经过服务器的处理，而在浏览器中直接动态地更新网页的内容、排版样式和动画等。例如，当鼠标指针移至文章段落中时，段落能够变成蓝色，或者当鼠标指针移至一个超链接上时，会自动生成一个下拉式的子链接目录等。DHTML 是近年来网络飞速发展进程中最振奋人心、最具有实用性的技术之一。

DHTML 是一种通过各种技术的综合发展而得以实现的概念，这些技术包括 JavaScript、VBScript、文件目标模块（Document Object Model）、Layers 和 CSS（Cascading Style Sheets）样式表等。

IE4.0 以上的大多数浏览器都加入了对 DHTML 的支持，主要包括以下内容。

（1）动态内容（Dynamic Content）：动态地更新网页的内容，可“动态”地随时插入、修改或删除网页的元件，如文字、标记等。

（2）动态排版样式（Dynamic Styles Sheets）：通过 W3C 的 Cascading Style Sheets（串联式排版样式，简称 CSSl 或 CSS），提供了设定 HTML 标记的字体大小、字形、粗细、样式、行高度、文字颜色、加底线或加中间横线、与边缘距离、靠左右或置中、缩排、背景图片或颜色等排版功能，而“动态排版样式”可以“动态”地随时改变排版样式。

（3）动态定位（Dynamic Positioning）：通过 CSS，提供 HTML 元件在 X 轴、Y 轴、Z 轴的定位功能，让设计者可以将影像、控件、文字等放置在网页的任何位置。如果放置在不同的 Z 轴上，设计者可以设计出重叠的效果。

（4）内置数据处理（Data Awareness）：无须复杂的程序，无须花费服务器太多资源，即可让网页设计者即时处理文档。

（5）内置多媒体支持：结合 CSS 与内置的 ActiveX Controls 技术提供多媒体支持的功能，包括转换特效、滤镜特效、路径控制、顺序控制、动画、制图、播放声音和影像等多媒体功能。

3. Java 与 JavaApplet

Java 是新一代的编程语言，它具有很多优点；而 JavaApplet 小程序则是目前颇受网页爱好者及编程者欢迎的一项应用技术。

Java 语言是 SUN 公司开发的新一代面向对象的跨平台程序设计语言。它最初的设计宗旨为开发用于家用电器的编程环境。自从其在 1995 年 5 月 Sun World 大会上发布后，很快便成为伴随 Internet 发展而流行的程序设计语言，并以其强大的生命力吸引了大量的软件开发人员。

Java 最大的特色就是它面向 Internet 网络设计，为开发 Web 应用程序提供了应用简便而功能强大的编程接口。

Java 学习简单、完全面向对象而且跨平台可移植。它支持分布性、多线程、数据库等操作，还具有动态特性的支持，因而特别适合于 Internet 上的应用程序开发。

JavaApplet 是一种特殊的 Java 程序，它嵌入在 HTML 中，随页面一起发布到 Web 上。利用它，用户可以非常简单地实现 Web 程序的编写，从页面实现多媒体的用户界面和动态交换功能。

JavaApplet 的结构简单，代码少，节省了下载时间。

4. ActiveX

ActiveX 控件是网页编制中的又一动态交互技术。

ActiveX 是 Microsoft 提出的一组使用 COM（Component Object Model，构件对象模型）使软件部件在网络环境中进行交互的技术，它与具体的编程语言无关。作为针对 Internet 应用开发的技术，ActiveX 被广泛应用于 Web 服务器及客户端的各个方面；同时，ActiveX 技术也被用于方便地创建普通的桌面应用程序。用户可以像使用 JavaApplet 一样，把写好的 ActiveX 控件组件（ActiveX Control Object）直接放到网页中实现动态交互功能。

在 JavaApplet 中也可以使用 ActiveX 技术，可以直接嵌入 ActiveX 控件，或者以 ActiveX 技术为桥梁，将其他开发商提供的多种语言的程序对象集成到 Java 中。与 Java 的字节码技术相比，ActiveX 提供了“代码签名”（CodeSigning）技术来保证其安全性。

随着 ASP 动态网页技术的迅速发展，为了避免源代码泄露造成的损失，ActiveXDLL 技术实现的代码封装也在 Web 开发中得到应用。目前只有 IE 浏览器支持 ActiveX。

5. CGI

CGI 是 Common Gateway Interface（公共网关接口）的缩写，它可以称为一种机制，主要是让 WWW 服务器调用外部程序来执行相关指令。在 ASP、PHP、JSP 等技术出现以前，要处理浏览器输入的窗体数据或者访问数据库，就必须使用 CGI。

用户可以使用不同的编程语言编写适合的 CGI 程序，这些程序语言包括 Visual Basic、Delphi 或 C/C++等。工作时将已经写好的可运行程序放在 Web 服务器中，用户通过浏览器调用，再将其运行结果通过 Web 服务器传输到客户端的浏览器上。事实上，这样的编制方式比较困难而且效率较低，因为每一次修改程序都必须重新将 CGI 程序编译成可执行文件。

目前，CGI 是 WWW 上各种计数器较为常用的技术，但是由于它开发困难，将逐渐被 ASP、PHP、JSP 等技术取代。

6. ASP

ASP 是 Active Server Page（动态服务器页面）的缩写，是 Microsoft 开发的动态网页技术标准，它类似于 HTML、Script、CGI 的结合体，但是其运行效率却比 CGI 更高，程序编制也比 HTML 更方便、灵活，程序安全及保密性也比 Script 好。

ASP 的原理是：在原来的 HTML 页面中加入 JavaScript 或 VBScript 代码，服务器在送出网页之前首先执行这些代码，完成如查询数据库一类的任务，再将执行结果以 HTML 的形式返回浏览器。

ASP 不需要重新编译成可执行文件就可以直接运行，而且 ASP 内置的 ADO 组件允许用户通过客户端浏览器访问各种各样的数据库。此外，ASP 与 CGI 最大的不同在于对象向导和组件重用，ASP 除了内置的 Request、Response、Server、Session、Application、ObjectContext 等基本对象外，还允许用户以外挂的方式使用 ActiveX 控件。

有关 ASP 的基本知识，将在后面章节中详细介绍。

7. ASP.NET

由于 ASP 程序和网页的 HTML 混合在一起，这就使得程序看上去相当杂乱。在现在的网站设计过程中，通常是由程序开发人员做后台的程序开发，前面有专业的美工设计页面，这样，在相互配合的过程中就会产生各种各样的问题。同时，ASP 页面是由脚本语言解释执行的，使得其速度受到影响。受到脚本语言自身条件的限制，我们在编写 ASP 程序的时候不得不调用 COM 组件来完成一些功能。由于以上种种限制，微软推出了 ASP.NET。

ASP.NET 提供了一个全新而强大的服务器控件结构。从外观上看，ASP.NET 和 ASP 是相近的，但是从本质上是完全不同的。ASP.NET 几乎全部基于组件和模块化，每一个页、对象和 HTML 元素都是一个运行的组件对象。在开发语言上，ASP.NET 抛弃了 VBScript 和 JScript，而使用.NET Framework 所支持的 VB.NET、C#.NET 等语言作为其开发语言，这些语言生成的网页在后台被转换成了类并编译成了一个 DLL。由于 ASP.NET 是编译执行的，所以它比 ASP 拥有更高的效率。

8. PHP

虽然 ASP 的功能强大，但是只能在微软的服务器软件平台上运行，而大量使用 UNIX/ Linux 的用户要制作动态网站，则首选的是 PHP 技术。

PHP（Hypertext PreProcessor）是一种跨平台服务器解释执行的脚本语言。与 ASP 类似，它也是基于服务器用于产生动态网页而且可嵌入 HTML 中的脚本程序语言。PHP 用 C 语言编写，可运行于 UNIX/Linux 和 Windows 9x/NT/2000。

在 HTML 文件中，PHP 脚本程序可以使用特别的 PHP 标签进行引用，这样网页制作者不必完全依赖 HTML 生成网页。由于 PHP 在服务器执行，客户端是看不到 PHP 代码的。PHP 可以完成任何 CGI 脚本可以完成的任务，但功能的发挥取决于它和各种数据库的兼容性。PHP 除了可以使用 HTTP 进行通信外，还可以使用 IMAP、SNMP、NNTP、POP3 协议。

随着 Linux 操作系统的快速发展，到 1998 年，已经出现了大量商业化的 PHP 产品。据估计，世界上约有 150 000 个站点采用了 PHP 技术，如 RedHat 公司、搜狐网站的聊天室等都是用 PHP3 制作的。

著名的重庆婚介网就采用了 PHP 技术。

9. JSP

同 Java 一样，JSP 也是由 SUN 公司开发的。它是一种新的 Web 应用程序开发技术，是 ASP 技术强劲的竞争者。

JSP 是 Java Server Pages 技术的缩写，是由 Java 语言的创造者 SUN 公司提出、多家公司参与制定的动态网页技术标准。它通过在传统的 HTML 网页“.Html”与“.html”中加入 Java 代码和 JSP 标记，最后生成后缀名为“.jsp”的 JSP 网页文件。

Web 服务器在遇到访问 JSP 页面的请求时，首先执行其中的程序代码片断，然后将执行结果以普通 HTML 方式返回给客户端浏览器。JSP 页面中的程序代码在客户端是看不到的，这些内嵌的 Java 程序可以完成数据库操作、文件上传、网页重新定向、发送电子邮件等功能，所有的操作均在服务器执行，客户端得到的仅仅是运行结果。因此，JSP 对客户浏览器的要求较低。

JSP 也是一种很容易学习和使用在服务器编译执行的 Web 设计语言。其脚本语言采用 Java，完全继承了 Java 所有的优点。自从 SUN 公司正式发布 JSP 之后，这种新的 Web 应用程序开发技术很快成为市场瞩目的对象，它以其强大的功能、稳定的性能、高可靠安全性和平台可移植性成为 Microsoft ASP 技术的强劲竞争者。JSP 为 Web 应用提供了独特的开发支持，它能够适应目前市场上绝大多数服务器产品，包括 Apache Web Server、IIS5.0、resin、Tomcat 等。ASP 可以实现的功能 JSP 都能胜任。从发展趋势看，JSP 大有取代 ASP 之势。

JSP 和 ASP 的不同之处在于以下两个方面：

（1）JSP 技术基于平台和服务器的相互独立，采用 Java 语言开发。

（2）ASP 技术主要依赖于 Microsoft 的平台支持，采用 VBScript 和 JavaScript 语言开发。

JSP 作为当今流行的动态网页制作技术，得到了许多商业网站的支持。

10. Flash

Flash 是目前颇受欢迎的一款优秀的网页设计软件，因此各种 Flash 作品在网上也极为流行。

Flash 是美国的 Macromedia 公司于 1999 年 6 月推出的优秀网页动画设计软件，它可以让许多动画专业知识较少的人简单方便地制作出动画和互动的网页。为了适应网络传输的特点，使用 Flash 制作的动画和网页文件特别小，从而可以让网络上的其他用户轻松地打开、浏览和下载。

11. 数据库

数据库是按一定的结构和规则组织起来的相关数据的集合，是综合各用户数据形成的数据集合，是存放数据的仓库，它的根本作用是存储数据和共享这些数据。

数据库的作用就是用户利用浏览器作为输入接口，浏览器将这些数据传送给网站，而网站再对这些数据进行处理。例如，将数据存入数据库，或者对数据库进行查询操作等，最后网站将操作结果传回给浏览器，通过浏览器将结果告知用户。

目前在虚拟主机上常用的数据库有三种，分别是微软公司的 Access 数据库、MS SQL 2005/MSSQL 2008 数据库和自由代码的 MySQL 数据库。

1.13 常用网站模块功能及说明

1.13.1 信息发布系统功能说明

1. 信息发布系统说明

网站信息发布系统，又称为内容发布系统，是将网页上的某些需要经常变动的信息，类似新闻和业界动态等更新信息集中管理，并通过信息的某些共性进行分类，最后经系统化、标准化并发布到网站上的一种网站应用程序。网站信息通过一个操作简单的界面加入数据库，然后通过已有的网页模板格式与审核流程发布到网站上。它的出现大大减轻了网站更新维护的工作量，通过网络数据库的引用，将网站的更新维护工作简化到只需录入文字和上传图片，从而使网站的更新时间大大缩短。在某些专门的网上新闻站点，如新浪的新闻中心等，新闻的更新速度已经是即时更新，从而大大加快了信息的传播速度，也吸引了更多的长期用户群，可时时保持网站的活动力和影响力。

2. 功能说明

信息管理：信息管理实现网站内容的更新与维护，提供在后台输入、查询、修改、删除各新闻类别中的具体信息的功能。具体包括增添、修改、删除各栏目信息（包括文字与图片）的功能。

3. 功能模块

基本功能如下。

（1）客户端功能：新闻浏览、新闻列表自动分页、新闻标题搜索、访问量统计。

（2）管理端功能：新闻发布、上传图片、在线编辑、在线删除、支持 HTML、统计数管理、信息位置推荐、热点新闻、按时间排序。

（3）新闻层级：动态二级分类、无限分类。

（4）新闻类别：专题新闻、图片新闻、视频新闻。

（5）标题字体格式设置：重点信息标题会加粗、以特殊样式显示，或加 HOT 和 NEW 图标，以突出显示。

（6）标题排序：自定义顺序、推荐置顶。

（7）新闻检索：高级检索、复合检索。

（8）新闻属性：相关新闻。

（9）管理功能：单用户管理、多用户管理。

（10）新闻审核。

（11）定时发布、定时删除。

（12）设定新闻访问权限。

（13）新闻评论。

（14）内容页面分页（手动&自动）。

（15）栏目访问统计。

（16）新闻附件下载。

（17）批量移动：支持信息在信息分类间的批量移动。

1.13.2　产品发布系统功能说明

1. 产品发布系统说明

企业的产品数据会经常变化，以静态网页形式发布产品已经不能适应这种变化需求，产品发布系统是一套基于数据库的即时发布系统，可用于各类产品的实时发布，并可以灵活多样地对产品进行分类和上架、下架的管理，使企业展示最新的产品信息给用户。网站管理人员可以在后台管理产品的价格、简介、样图等多类信息，前台用户则可以通过页面浏览查询到图文并茂的产品信息。

2. 功能说明

产品管理：产品管理实现网站内产品信息的动态更新与维护，提供在后台输入、查询、修改、删除各产品类别中的具体信息的功能。具体包括增添、修改、删除各栏目信息（包括文字与图片）的功能。

3. 功能模块

基本功能如下。

（1）产品编辑支持所见即所得的可视化编辑方式。

（2）产品发布系统的操作界面简单，风格统一。

（3）支持在产品编辑时插入多种类型的元素，如图片、表格、链接、图形、Excel、Word 文档、Flash、音视频、特殊字符、动态时间等。

（4）支持 HTML 语言。

（5）支持上传产品缩略图和产品大图。

（6）支持定制产品属性，如首页显示、其他页显示、是否通过审核等。

（7）支持对产品内容的颜色、字体、背景、内容组织方式和风格的设定。

（8）支持代码、设计、文本和预览 4 种编辑方式的转换。

（9）支持产品的点击率统计，支持静态分类。

（10）支持产品的模糊检索和指定属性的高级检索。

（11）支持多种产品管理权限，如添加、修改、删除、审核、发布等。

（12）支持多种信息状态，如已发布/未发布、已审核/未审核、回收站、彻底删除等。

（13）产品层级：动态二级分类、无限分类。

（14）标题字体格式设置：重点信息标题会加粗、以特殊样式显示，或加 HOT 和 NEW 图标，以突出显示。

（15）标题排序：自定义排名顺序、标题置顶、推荐产品、热点产品。

（16）产品图片展示：用多张图片对同一产品进行不同方位的展示，进行后台管理，如添加、修改、删除图片等。

（17）产品检索：高级检索、复合检索。

1.13.3 会员管理系统说明

1. 会员管理系统说明

在网站运营的过程中，有一批稳定的用户群体是很重要的，因此为了将用户群体的信息进行保存，同时也为能够给用户群体提供更好的服务，会员管理系统就成为网站不可缺少的组成部分。会员管理系统允许浏览者在线填写注册表，经系统审核后实时成为网站会员，页面添加登录验证功能，前台会员可自行维护个人注册信息，后台设置会员管理界面，管理员可对会员信息进行分类查询和相关的操作。网站内容可以针对会员进行个性化设置，可针对会员级别进行显示限制。后台管理人员可对会员依据一定规则（如性别、年龄段、所在地区、购物累计等）进行分类统计，可设定会员级别，支持会员级别依据规则自动升级。对某些信息加密后，设置会员等级查看的权限。

2. 功能说明

会员管理：用户可以在网站上登记注册，选择会员的类别、查看的权限范围并成为预备会员，并提交到用户管理数据库。待网站审核通过后成为正式会员，享有网站提供的相应服务。

3. 功能模块

基本功能如下。

（1）支持会员登录或注册，MD5 加密。

（2）支持会员在登录成功后，随时修改自己的信息。

（3）支持“忘记密码”功能，会员可通过此功能查找忘记的密码。

（4）支持对会员的审核功能。

（5）支持管理员手动更改会员状态或删除会员，支持会员按注册日期排序。

（6）支持管理员按照不同条件检索会员。

（7）支持不同的会员组。

（8）支持自动升级。

（9）支持手动升级或降级。

（10）支持对会员的批量操作。

（11）支持管理员通过后台查看或修改会员信息。

（12）会员检索：高级检索、复合检索。

（13）管理功能：会员审核。

1.13.4 论坛管理系统说明

1. 论坛管理系统说明

论坛软件系统也称电子公告板系统，是互联网上的交流社区，它为互联网站提供了一种极为常见的互动交流服务。论坛可以向网友提供开放性的分类专题讨论区服务，网友们可以在此发表自己的某些观感，交流某些技术、经验乃至人生的感悟与忧欢。近年来，很多企业也通过论坛进行市场调查、市场反馈、在线服务、在线讨论、在线问卷、技术支持等活动，有效地增强了对市场的了解程度，也提高了对客户的服务水平。

2. 功能说明

论坛管理：论坛系统服务已经是互联网站一种极为常见的互动交流服务。论坛可以向网友提供开放性的分类专题讨论区服务，网友们可以在此发表自己的某些观感，交流某些技术、经验，论坛也可以作为用户与商家交流的渠道，商家可在此回答用户提出的问题或发布某些消息。

3. 功能模块

基本功能如下。

（1）支持论坛设置和主题分类。

（2）支持多用户组和管理员组。

（3）支持用户管理，如屏蔽用户、删除用户、移动用户、更改用户属性。

（4）支持积分设置和奖惩设置。

（5）支持审核管理。

（6）支持批量帖子管理。

（7）支持自定义论坛公告。

（8）支持广告管理。

（9）支持自定义论坛名称、网站名称、Logo 等相关网站信息。

（10）支持论坛开关。

（11）支持用户注册和修改个人信息。

（12）支持可视化编辑。

（13）支持管理员设置。

（14）支持数据备份和恢复。

（15）支持相关扩展功能。

1.13.5　在线招聘管理系统说明

1. 在线招聘管理系统说明

本系统可以使客户在其网站上增加在线招聘的功能，通过后台管理界面将企业招聘信息加入数据库，再通过可定制的网页模板将招聘信息发布，管理员可以对招聘信息进行管理、统计、检索、分析等。网站动态提供企业招聘信息，管理员可进行更新维护，应聘者将简历提交后存入简历数据库，并可依据职位、时间、学历等进行检索。求职者可发布自己的工作经历、培训经历等，并自动生成简历，供招聘企业参考，求职者还可管理自己的简历等。

2. 功能说明

在线招聘管理系统：对发布招聘信息的企业进行管理，对填写简历的个人求职者进行管理，还可在后台对各类信息进行检索。

3. 功能模块

基本功能如下。

（1）支持职位分类。

（2）支持添加、修改和删除招聘职位。

（3）支持职位的模糊查询和精确查询。

（4）支持职位的批量删除和审核操作。

（5）支持职位的多种状态，如已发布/未发布、已审核/未审核、回收站、彻底删除等。

（6）支持按照条件检索应聘者简历。

（7）支持对应聘者简历的查看和删除。

（8）支持对应聘者简历的批量操作。

（9）可屏蔽应聘者对同一职位的多次提交。

（10）可根据客户需要实现给应聘者的邮件回复。

（11）可根据客户需要实现简历的多状态，如已查阅、已面试等。

（12）行业分层：无限分层。

（13）重点企业标题重点突出：重点信息标题会加粗、以特殊样式显示，或加 HOT 和 NEW 图标，以突出显示。

（14）职位排序：时间倒序、自定义位置、标题置顶、推荐职位、热点职位。

（15）职位检索：高级检索或复合检索。

1.13.6 网上购物系统说明

1. 网上购物系统说明

网上购物系统是在互联网上建立的一个购物平台，使客户的购物过程变得轻松、快捷、方便，很适合现代人快节奏的生活方式；同时又能有效地控制成本，开辟了一个新的销售渠道。

2. 功能说明

用户前台购物功能：产品浏览、搜索，提供简单搜索和详细搜索，多种方式排序，多个产品比较，购物车。

网上购物管理系统：订单统计、管理；产品发布、管理。

3. 功能模块

基本功能如下。

（1）产品浏览、搜索，快速找到用户需要的产品。

（2）多种排序、产品对比，让用户直观地挑选产品。

（3）用户浏览产品历史信息，记录用户最近浏览的产品，方便用户查找。

（4）收藏产品，以便下次购物时对商品进行快速定位。

（5）购物车，用户选中的产品放入购物车，统一结账。

（6）产生订单，会员选择包装方式、送货时间、送货地址、联系人电话、送货方式、付款方式、产生订单。

（7）订单管理：审核订单、通过订单、通知用户修改不合格订单、删除订单。

（8）统计功能，对订单涉及的商品、金额等信息进行统计、分析，辅助商城经营人员决策。

1.13.7　博客系统说明

1. 博客系统说明

Blog 就是以网络作为载体，简易、迅速、便捷地发布自己的心得，及时、有效、轻松地与他人进行交流，再集丰富多彩的个性化展示于一体的综合性平台。

2. 功能说明

注册用户发表文章、对文章发表评论、创建圈子、加入圈子、管理圈子，管理博客的风格。

3. 功能模块

基本功能如下。

（1）注册会员上传文章和图片。

（2）文章发布、管理，支持文章、评论、分类等多种形式的 RSS 输出。提供链接的添加、归类功能。

（3）评论管理，发表评论可以自定义电子邮件通知，高效防垃圾功能。

（4）用户自定义风格，模板可选。

（5）安全可靠的插件，可以通过激活插件，对各种参数进行设置，可提供多种特殊的功能。

（6）数据备份，只要点一下，数据就能备份到计算机中。

（7）圈子创建、加入、管理。

1.13.8　网上拍卖系统说明

1. 网上拍卖系统说明

网上拍卖系统是在互联网上建立一个虚拟的拍卖场，在一定的周期内对物品进行网上竞价拍卖，避免了传统拍卖商品的烦琐过程，使拍卖过程变得轻松、快捷、方便，很适合现代人快节奏的生活方式，让普通人之间的交易变得简单而有趣，享受竞拍的乐趣，同时又能有效控制“拍卖”运营的成本。

2. 功能说明

网上拍卖系统：对生成的拍卖商品进行数据统计及管理，并统计出总价，管理拍卖物品所处状态，如“拍卖进行中”、“拍卖锁定”、“拍卖结束”等各种状态，可批量删除、锁定所拍商品，可设置拍卖截止时间，到此时间自动为“拍卖结束”状态。

3. 功能模块

基本功能如下。

（1）会员可按规定出价，只能出比前一次高的价，后台可设置每次出价的规则。会员可随时查看所拍商品所处状态，如果在结束前五分钟有人出价，则系统会自动延长后台设置的拍卖时间。

（2）最高价竞拍模式中加入一口价购买的功能。

（3）后台管理员分权限管理（管理、添加、查看）。

（4）注册用户可参与竞拍，或者拍卖自己的商品，开设自己的店铺，管理员后台审核开通等。

（5）后台商品首页推荐，店铺首页推荐功能。

（6）商品可实现多级分类处理。

（7）增加店铺分类功能。

（8）图片上传，缓存更新，MD5 加密等后台管理功能。

（9）首页商品和店铺的自助推荐功能。

可选功能如下。

（1）积分管理：拍买所得商品后增加相应的积分，积分规则可在后台设置。

（2）三种拍卖模式共存（包括最高价拍卖模式、一口价拍卖模式、唯一最低价拍卖模式三种）。

（3）在线支付管理：生成订单后直接通过网上银行进行网上交易。

（4）用户店铺的自主管理，包括店铺基本信息、公告、新闻、链接、推荐商品等。

（5）拥有用户注册邮件、账户激活邮件、交易提醒邮件、商品成交提醒等邮件发送功能。

（6）拥有信用积分制度，交易双方进行信用评价的功能。

（7）拥有安全稳定的用户虚拟币平台，可以实现商品登录收费、商品成交付费和求购信息登录费用，以及完成唯一最低价拍卖模式的出价扣点。

（8）拥有强大的后台管理功能（包括商品、分类、用户、新闻、求购信息、留言、评价、广告、友情链接、系统管理等）。

（9）信息字符脏话过滤功能。

（10）商品首页推荐，掌柜推荐和店铺的首页推荐功能。

（11）用户 IP 地址限制功能。

（12）首页信息 JS 调用功能。

（13）商品信息自动更新和自动清理过期商品的功能。

1.13.9　网上留言系统说明

1. 网上留言系统说明

后台在线管理、删除留言内容；留言内容搜索；留言自动分页，并可以设定分页页数；网站客户可以通过留言板系统向公司提出问题和自己的建议。留言通过管理员审核后可发布到前台。

2. 功能说明

可前台管理留言，如执行修改、删除、锁定、隐藏等操作，并可锁定某会员的留言权限。

3. 功能模块

基本功能如下。

（1）支持多用户在线申请即时生效。
（2）版主可以在线删除、回复、修改回复。
（3）版主可以在线修改留言板资料。
（4）强大的留言板自动排行功能。
（5）强大的后台管理功能。
（6）高级管理员管理功能。
（7）用户不能恶意重复发言。
（8）美化了留言板用户的头像。
（9）留言板在线帮助功能。
（10）版主可锁定某会员的留言权限。
（11）版主在线回复功能。
（12）增加了 UBB 代码。
（13）敏感字词过滤功能。

1.13.10　在线调查管理系统说明

1. 在线调查管理系统说明

客户调查是企业实施市场策略的重要手段之一。在线调查是基于 Web 界面的调查问卷生成系统，操作方便，并可以根据企业需求设计调查问卷的风格。在线调查能够在最短的时间里以最低的成本收集更有效的市场信息，可以根据客户的需要设计新颖活泼的个性化调查方式，在调查的同时也起到良好的推广效果。通过开展行业问卷调查，可以迅速了解社会不同层次、不同行业的人员需求，客观地收集需求信息，调整修正产品策略、营销策略，满足不同的需求，促进公司产品销售，同时也吸引了更多的长期用户群。该系统运行稳定、操作简单、调查的问题不受限制。可以在一个网站上同时进行两个以上的调查。

2. 功能说明

（1）用户可以选择调查答案并提交（单选、多选）。
（2）用户可以自己填写答案。
（3）避免同一用户多次提交。

3. 功能模块

基本功能如下。
（1）增加新的调查题目。
（2）设定每个调查问题的属性，包括是否自填答案、是否需要多行填写、此问题是否允许。
（3）用户多选、查看调查结果时是否需要汇总，用户在填写调查表时是否必答。
（4）可设置调查表的表头及背景颜色等信息。
（5）可以查询、统计调查结果，可以删除废弃的调查表，节省可用的空间。

1.13.11 网站广告管理系统说明

1. 网站广告管理系统说明

对网站不同的页面或地区发布不同的广告内容，相同的页面会根据地区的不同，展示的广告也不一样，达到广告精确定位的目的，并可对广告进行点击率的统计，后台可发布任意形式的广告，如浮动广告、对联广告等。

2. 功能说明

对广告进行管理，包括位置推荐，以及修改、删除、增加、锁定广告等操作。

3. 功能模块

基本功能如下。
（1）增加广告类别或增加广告关键词或地区。
（2）按不同的地区显示不同的广告内容。
（3）统计广告被访问的次数。
（4）定制广告发布的形式，如浮动广告、对联广告等。
（5）推荐广告在首页显示的位置。
（6）同一位置添加的多个广告，可选择其中任意一个广告显示。

1.13.12 邮件订阅管理系统说明

1. 邮件订阅管理系统说明

该系统通过对用户邮件的收集和整理，可以迅速将企业的最新产品和服务信息发送给目标客户，极大地节约了人力和时间，浏览者可以自主申请和退订邮件。

2. 功能说明

对用户的邮箱进行管理，包括修改、删除、增加、锁定等操作，而用户可对邮箱设置订阅本站信息或退订本站信息。

3. 功能模块

基本功能如下。

（1）邮件订阅功能。

（2）邮件退订功能。

（3）生成邮件列表功能。

（4）浏览者可在网上实时登记索取由网站提供的各类邮件，登记注册者可随时关闭邮件的订阅，可随时更换订阅邮箱，可更改登记信息。

（5）后台管理员可分类查询邮件订阅者的信息，并可加以删除，可定义邮件发送时间，可动态增加邮件类别，动态观察邮件发送进程。

（6）邮箱数据导成 Excel 文件。

1.13.13 站内短信息管理系统说明

1. 站内短信息管理系统说明

包括用户之间的短信息管理和系统短信息管理，用户之间可在站内进行有效沟通，以及能及时掌握网站发布的最新动态等信息。用户可对短信息进行批处理、批转移。

2. 功能说明

对短信息进行批量管理，包括修改、删除、增加、锁定等操作，而用户可对短信息设置接收某人短信息或拒收某人短信息。

3. 功能模块

基本功能如下。

（1）根据会员的等级不同，可使用短信息群发功能。

（2）用户可对短信息设置接收某人短信息或拒收某人短信息。

（3）生成所有短信息列表功能，供管理员审核。

（4）进行过滤设置。

（5）用户可定义短信息发送时间。

（6）转发。

（7）设置组，可以对该组的人群发短信息。

1.14 中小型网站建设的基本流程

中小型网站的建设流程如下。

1. 联系网站建设公司并提交要求

（1）向网站建设公司提出网站建设基本要求。

（2）提供相关文本及图片资料，包括以下内容：

➢ 公司介绍；

➢ 项目描述；

➢ 网站基本功能需求；

➢ 基本设计要求。

2. 制定网站建设方案

（1）双方就网站建设内容进行协商，修改、补充，以达成共识。

（2）网站建设方制定“网站建设方案”。

（3）双方确定建设方案具体细节及价格。

3. 签署协议并支付预付款

（1）双方签订“网站建设协议”。

（2）客户支付预付款。

（3）客户提供网站相关内容资料。

4. 完成初稿，经客户确认后进行建设

（1）根据“网站建设方案”完成初稿设计，包括以下内容：

➢ 首页风格；

➢ 频道首页风格；

➢ 网站架构图。

（2）客户审核确认初稿设计。

（3）网站建设方完成整体网站制作。

5. 网站开通，客户浏览验收

（1）客户根据协议内容实施验收工作。

（2）验收合格，由客户签发“网站建设验收合格确认书”。

（3）客户支付余款，网站开通。

（4）为客户注册域名、开通网站空间、上传制作文件、设置电子邮箱。

6. 网站交付使用

（1）验收通过后，网站正式交付使用。向客户移交所有的管理和登录权限，以便以后的网站更新和维护。

（2）网站建设公司提供免费的电话技术支持。

1.15 网站内容制作的流程

前面介绍了网站建设过程中双方的工作流程，下面将简述网站内容的制作流程。

（1）网站策划。

网站策划包括主题策划、内容策划、风格策划、网站创意、目录设计、布局策划等。

（2）明确网站开放对象。

当一个网站主题确定后，我们所要考虑的就是确定网站服务对象，即网站的真正浏览者是哪些群体。只有正确地定位了网站浏览群体后，才能真正体现网站的可观性。

（3）绘制网站草图。

绘制网站草图，就是把网页的平面效果图画在一张纸上，便于以后的设计和排版。说起来很容易，但实际上较为复杂，这往往是一个网站成功的关键因素。当人们浏览网站时，网页的精彩度是把握也是吸引浏览者的关键。

在做网站前，一定要先设计好平面效果图，把所有栏目摆放的具体位置和将要用到的图片全部计划好，这样便于收集和制作。

（4）建立网站文件夹。

（5）收集建站资源。

收集网络资料、针对网站平面效果图及版块内容准备好所要用到的资料，然后存放在对应的文件夹中，以便在建站时调用。

（6）设计网站页面内容。

（7）网上安家及域名申请。

（8）网站发布。

（9）网站宣传维护及管理。

1.16 网站内容制作的详细步骤

1.16.1 网站主题策划

设计一个站点，首先遇到的问题就是网站主题的策划。

所谓主题也就是网站的题材。网络上的网站题材多种多样，常见题材有以下 11 类。

第 1 类：网上求职。

第 2 类：网上聊天/即时信息/ICQ。

第 3 类：网上社区/讨论/邮件列表。

第 4 类：计算机技术。

第 5 类：网页/网站开发。

第 6 类：娱乐网站。

第 7 类：旅行。

第 8 类：参考/资讯。

第 9 类：家庭/教育。

第 10 类：生活/时尚。

第 11 类：网上交易类。

每个大类都可以继续细分，如娱乐类再分为体育/电影/音乐类；还有许多专业的、另类的、独特的题材可以选择，如中医、天气预报等。同时，各个题材相联系和交叉结合可以产生新的题材，如旅游论坛（旅游+讨论）、经典足球赛事播放（足球+影视）。按照这种划分方法，题材可以有成千上万个。

选择题材要注意以下事项：

（1）主题要小而精。定位要小，内容要精。网络的最大特点就是新和快，目前最热门的个人主页都是天天更新甚至几小时更新一次。最新的调查结果也显示，网络上的“主题站”比“万全站”更受人们喜爱，这就好比专卖店和百货商店一样。

（2）题材最好是自己擅长或者喜爱的内容。

（3）题材不要太滥或者目标太高。

如果网站题材已经确定，就可以给网站起名字了。网站名称也是网站设计的一部分，而且是很关键的一个要素。如“电脑学习室”和“电脑之家”相比，显然后者更简练。

网站名称是否正气、响亮、易记，对网站的形象和宣传推广也有很大影响。

确定网站名称要注意以下事项：

（1）名称要正。网站名称要合法、合理、合情。

（2）名称要易记。根据中文网站浏览者的特点，除非特定的需要，网站名称最好用中文名称，不要使用英文或者中、英文混合型名称。例如，“beyond studio”和“超越工作室”相比较，后者更亲切好记。另外，网站名称的字数应该控制在 6 个字（最好是 4 个字）以内，如“重庆婚介网”、“龙口房产网”。

（3）名称要有特色。名称能够体现一定的内涵，给浏览者更多的视觉冲击和空间想象力，则为上品，如“音乐前卫”、“网页陶吧”、“天籁绝音”等。

总之，策划网站题材和名称是设计一个网站的第一步，也是很重要的一步。

1.16.2　网站风格和网站创意

网站的整体风格和创意设计是网站设计者难以掌握的技术，难在没有一个固定的模式可以参照和模仿。给出一个主题，任何两个人不经商量都不可能设计出完全一样的网站。若我们说：“这个站点很 cool，很有个性！”那么，是什么让人们觉得很 cool 呢？它到底和一般的网站有什么区别呢？实际上这就是网站的风格问题。

风格（style）是抽象的，是指站点的整体形象给浏览者的综合感受。

网站的“整体形象”包括站点的 CI（标志、色彩、字体、标语）、版面布局、浏览方式、交互性、文字、语气、内容价值、存在意义、站点荣誉等诸多因素。例如，人们觉得网易是平易近人的、迪斯尼是生动活泼的、IBM 是专业严肃的，这些都是网站给人们留下的不同感受。

风格是独特的，是自己站点与其他网站不同的地方，或者色彩，或者技术，或者是交互方式，能让浏览者明确分辨出这是你的网站独有的。

风格是有人性的。通过网站的外表、内容、文字、交流，可以概括出一个站点的个性与情绪是温文儒雅还是执着热情，是活泼易变还是放任不羁，还是像诗词中的“豪放派”和“婉约派”。可以用人的性格来比喻站点。

有风格的网站与普通网站的区别在于：普通网站看到的只是堆砌在一起的信息，只能用理性的感受来描述，如信息量的大小、浏览速度的快慢。但浏览过有风格的网站后能有更深一层的感性认识，如站点有品位、和蔼可亲，是老师，也是朋友。

其实，风格就是一句话：与众不同！

创意（idea）是网站生存的关键。

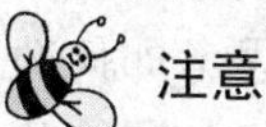

注意

这里说的创意是指站点的整体创意（因为这个创意而产生这个站点，或者相同的内容，推出的创意不同）。

创意到底是什么，如何产生创意呢？

创意是引人入胜，精彩万分，出奇不意；

创意是捕捉出来的点子，是创作出来的奇招……

这些讲法都说出了创意的一些特点，实质上，创意是传达信息的一种特别方式。如 Webdesigner（网页设计师），我们将其中的 E 字母大写一下：wEbdEsignEr，感觉怎么样？这其实就是一种创意！创意并不是天才者的灵感，而是思考的结果。

创意的过程分为 5 个阶段。

（1）准备期：研究所收集的资料，根据经验，启发新创意。

（2）孵化期：将资料消化，使意识自由发展，任意结合。

（3）启示期：意识发展并结合，产生创意。

（4）验证期：将产生的创意予以讨论、修正。

（5）形成期：设计制作网页，将创意具体化。

创意是将现有的要素重新组合。例如，网络与电话结合，产生 IP 电话。而且，资料越丰富，越容易产生创意，就好比万花筒，筒内的玻璃片越多，所呈现的图案就越多。读者可以发现，网络上最多的创意来自与现实生活的结合（或者虚拟现实），如在线书店、电子社区、在线拍卖等。

1.16.3 网站内容规划

在确定了网站主题和网站风格后，还需要考虑规划网站的内容。

目前，全世界的网站在不断增加，搜索引擎对于那些在互联网上寻找信息的人们已经变得越来越重要。如何使自己的网站脱颖而出并取得成效，关键是提升网站的知名度和浏览率，而对网站内容进行详细规划则是提高网站浏览量的重要途径。

企业网站如同企业在网上的产品橱窗，一是要让网站很容易被找到；二是要让感兴趣的客户找到有用的资料和得到想要的服务。

从最新的网络统计分析报告中得知，80%的网站访问量来自于搜索引擎，而网站在搜索引擎中的排位与网站的内容有很大的关系。

1. 网站内容的组织原则

网站内容的组织并不是现成的企业简介和产品目录的翻版。很多企业的网站并没有很好地组织网站的内容，这是造成网站访问量小的一个重要原因。

建站之初，网站建设者必须花力气，通过搜索引擎找出同类网站排名前 20 位的名单，逐个访问名单上所有的网站，然后做一个简单的表格，列出认为是竞争对手的企业名称、所在地、产品搜索、产品价格、网站特点等，从中找出自己产品优于或不同于其他竞争对手产品的优点或特色；同时，也应该清楚地认识到自己产品的不足之处，思考如何改进使产品更具有竞争力，并制定出改进的方案。这实际上也是一个企业找出如何与网络相结合的经营策略，以适应日益竞争的国际化市场的过程。

在充分了解了网上竞争对手的情况并研究了他们的产品和网页的基础后，可以集众家之所长，参照以下的组织原则，制定出更能体现产品特点的网页内容。

网站内容的组织原则如下。

（1）清晰性：网站内容必须简洁明了，直奔主题，非常有效地讲清楚所要宣传的内容。

（2）创造性：网站观点会使访问者产生认同，发出共鸣吗？这是访问者判断一个公司是否有实力，从而影响到购买动机的重要因素。

（3）突出三个重点：突出产品的优点和与众不同的特色；突出帮助访问者辨别与判断同类产品优劣方面的内容；突出内容的正确性。

2. 网站内容的组织方法——栏目设置

网站内容的组织或取舍的方法是将网站想象成企业的产品陈列室，将自己当成推销员，向客户推销产品。

网站栏目的设置一定要突出重点、方便用户。

网站栏目实质上是一个网站内容的大纲索引，就好比一本书的目录，集中了各个章节的名称及页码，索引应该引导浏览者寻找网站内最主要、最有用的东西。

在设置栏目时，要仔细考虑内容的轻重缓急，合理安排，突出重点。

1.16.4 网站设计的技术路线

网站设计采用什么技术路线是网站策划的一部分。在动手制作网页之前，应该首先明确网站的定位，从而选择适当的技术路线。互联网上的网站，按照功能和性质大致可以分为个人网站、商业网站、学术机构和政府团体网站。

1. 个人网站

如果只打算做个人主页，介绍自己，结交网友或者展示自己的爱好，没有交互的要求，则只需要简单的静态网页制作技术，如用 HTML 就可以应付了，使用网页制作工具 FrontPage 2000 与 DreamweaverMX 也都可以方便地完成。

如果还需要文字滚动、显示时间和欢迎词等动态效果来吸引访客，则需要在页面中加入 JavaScript 代码来实现上述功能。在一些介绍 Java 的网站上有不少写好的 JavaScript 代码段，用它们可以实现丰富的动态效果，可以直接下载之后插入到 HTML 代码中。如果需要水中倒影、五彩礼花或者万年历的功能，还可以在HTML源码中加入JavaApplet小程序或者ActiveX控件来完成，也可以使用Dreamweaver来完成。

一般的免费个人主页空间出于安全考虑，不支持ASP、JSP、PHP等动态网页技术，也不提供数据库功能。但也有些免费空间提供这类服务，而相当多的拥有PC和IP地址的校园网用户则愿意自己架设服务器软件平台，使用ASP、JSP、PHP技术开发功能强大的个人网站，提供留言板、讨论区、校友录、网上购物等功能。从使用的操作系统、编程语言、Web服务器软件和数据库组合来看，主要有如下3种技术路线：

（1）Microsoft Windows XP/2003/Windows 7/Windows 8+ASP-IIS+MSSQLServer/Access

（2）Windows/Linux+JSP+Tomcat/Resin/JSWDK+MSSQLServer/Access/MySQL

（3）Linux+PHP+Apache+MySQL

2. 商业网站

商业网站和个人网站使用的技术比较相似，所不同的是商业网站能够更多地使用动态网页技术和数据库技术，使用较高配置的专业服务器硬件和软件平台，如IBM的eServer+Websphere+Lotus+DB2。开发过程需要仔细考虑用户的访问需求。另外，网络安全防护和电子商务认证也是必须考虑的。

商业网站中制作页面的人员分工细致，各负其责。网页设计师负责设计精美的页面，程序员负责编写和测试后台程序。大型的商务网站发布以后还需要投入更多的人力和资金来维护网页，更新系统。

3. 学术机构和政府团体网站

学术机构和政府团体网站从风格上来说，不需要像个人网站那样千变万化，也不需要像商业网站那样奢华绚丽，应该更多地体现出严谨、科学和庄重的气氛。它在技术上采用和个人网站相类似的路线。

这类网站的首页通常简洁明了，分类醒目，并提供丰富的学术资源和准确的信息。浏览著名大学、研究机构、政府团体网站的访客都有比较明确的目的，如了解机构设置、教学情况、科研动态、录取信息、行业规章、政策法规等，并且希望得到最新的实用信息，所以，这类网站最好由专人维护，并在网站上提供信息发布的区域。

1.16.5 网站栏目规划及布局目录设计

1. 栏目与版块的划分

网站建设者在对网站主题、内容、风格进行策划后，后续工作则需要对网站栏目进行规划，从而吸引网友浏览网站。

划分栏目和版块的实质是给网站编制大纲索引，将网站的主题明确地显示出来。在制定栏目的时候，要仔细考虑，合理安排。

规划网站栏目时要注意以下几个方面。

（1）紧扣主题。一般的做法是将主题按一定的方法分类，并将它们作为网站的主栏目，如以一个动画网站为例，可以将栏目分为动物动画、标志动画、三维动画、卡通动画等，并在首页上标明最近更新的动画。一定要记住，主题栏目的个数在总栏目中要占绝对优势，这样的网站才显得专业，主题突出，而且容易给人留下深刻的印象。

（2）设定更新或网站指南栏目。如果在首页上没有安排版面放置最近的更新信息，就有必要设立一个“最近更新”的栏目。这样做是为了照顾常来的访客，让主页更具有人性化。

如果主页内容、层次较多，又没有站内的搜索引擎，建议设置“本站”指南栏目，可以在其中绘制一个站点的结构图，用来帮助初访者快速找到他们想要的内容。

（3）设定可以双向交流的栏目。双向交流的栏目不需要很多，但一定要有，这样可以让浏览者留下他们的信息，如设定一个论坛、留言本、聊天室或者 E-mail。

（4）设定下载或常见问题回答栏目。如果在主页上设置一个资料下载栏目，一定会得到大家的喜欢。设置下载栏目也需要与网站的整体风格和主题相协调，并需要网站空间比较大，才能存放较多的资源供网友下载。

另外，如果站点经常收到网友关于某方面问题的来信，最好设立一个常见问题回答（FAQ）的栏目，这样既方便了网友，也可以节约自己的时间。

（5）至于其他的辅助内容，如“关于本站”、“版权信息”等可以不放在主栏目里，以免冲淡主题。

下面通过案例来分析如何划分网站的栏目，如图 1-16 所示为“重庆婚介网”的首页栏目设置。

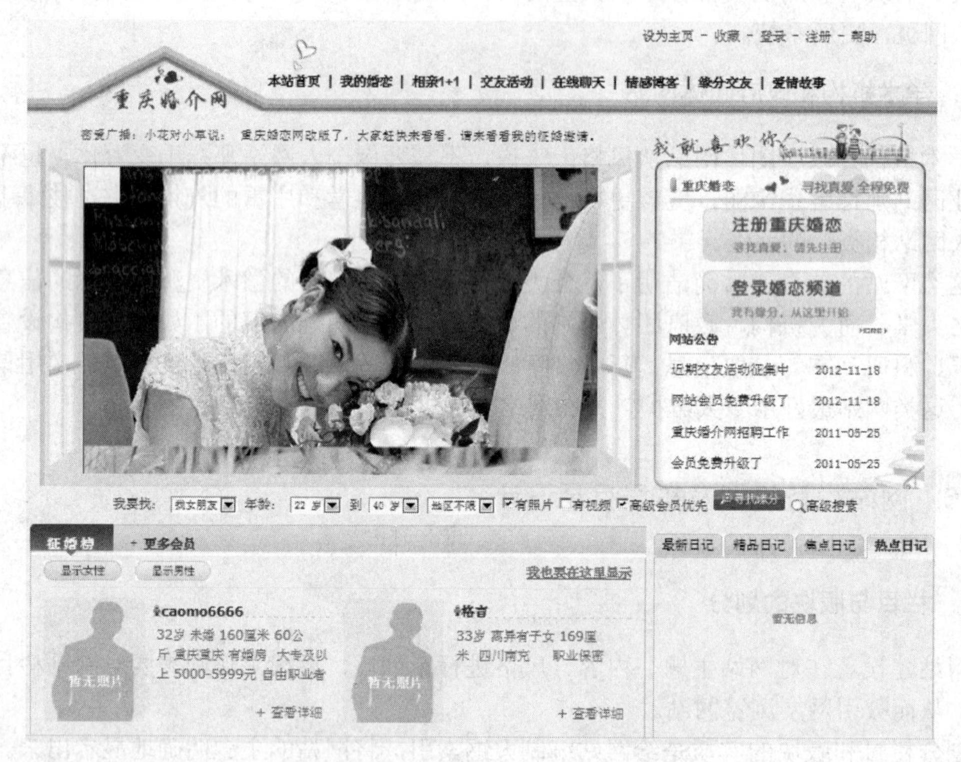

图 1-16 “重庆婚介网”首页栏目设置

简单分析如下。

- 网站 Logo 图标及 CI 宣传栏目：设计了 Logo 图标和 Flash 动画，作为本网站的宣传动画。

- 导航栏目：设计了本站首页、我的婚恋、相亲 1+1、交友活动、在线聊天、情感博客、缘分交友、爱情故事。
- 主内容区的栏目规划：主内容区采用“左右”结构。

主内容区左侧栏目主要是推荐会友的设计和一个动画界面。

主内容区右侧栏目规划如下。

  - 网站公告：发布提醒会员及网友的注意事项和网站的最新动态。
  - 网站注册和网站登录区域：让会员注册和登录的入口。

2. 网站的目录结构策划

网站的目录是指在建立网站时所创建的目录。网站的目录设计与网站的栏目版块设计密切相联，网站的目录结构要根据网站的主题和内容来进行分类规划，不同的栏目对应不同的目录。

规划网站目录可以按照如下要点进行。

（1）尽量不要在网站本地根目录下存放文件。有的网页设计者喜欢将网页的所有文件都存放在根目录下，这样容易造成文件管理混乱，常常不知道哪些文件需要编辑，要编辑一个文件需要浏览查找，比较麻烦；也不知道哪些文件需要删除，同时影响服务器的工作效率。网站设计好后，需要上传文件到服务器主机，如果全部文件存放在本地根目录下，将会耗费大量的上传时间。

（2）目录层次不要太深。一般来说，网站的目录层次不要超过 3 层。

（3）根据栏目内容建立子目录。子目录的建立应该按照主菜单的栏目建立，如企业站点可以按公司简介、产品介绍、价格、在线订单、反馈联系等建立相应目录；而其他的次要栏目，如友情链接等内容较多或需要经常更新的栏目可以建立独立的子目录；一些相关性强、不需要经常更新的栏目，如关于本站、关于站长、站点经历等可以合并放在一个统一的目录下。所有数据库建立一个单独的文件夹，CSS 存放样式文件，Media 存放多媒体文件。

（4）建立目录时一般不要使用中文来建立文件夹和文件。建立目录可以使用英文或者中文拼音来建立文件夹或文件，使用中文目录可能会使浏览器无法识别文件而无法显示。

3. 网站页面的布局规划

设计网页不仅仅是把相关的内容放到网页中就行了，还要求设计者能够对这些内容进行合理组织和安排，以给浏览者赏心悦目的感觉。只有这样才能达到内容与形式的完美结合，增强网站的吸引力。因此网页设计不但是一项技术性工作，还是一项艺术性工作。它要求设计者具有较高的艺术修养和审美情趣，否则无法设计出高水平的网页。现在一般公司在招聘网页设计师时对网页设计师的要求是熟练使用网页设计软件，同时还要求有美工创意基础。

网页的排版布局是决定网站美感的重要方面。通过合理的、有创意的布局，可以把文字、图像等内容完美地展现在浏览者面前，而布局的好坏在很大程度上取决于设计者的艺术修养水平和创新能力。

一般来说，网页布局遵循一定的原则，再加上自己的奇特创意，设计一个吸引浏览者的网页布局是可以成功的。

1.16.6 导航设计

导航是网页设计中的重要部分，也是整个网站设计中的一个独立部分。一般来说，网站导航在案例网站中各个页面出现的位置是固定的，风格较为统一。导航的位置对于网站的结构及各个页面的布局起着举足轻重的作用。

导航的位置一般有 4 种常见的显示位置，在页面的左侧、右侧、顶部、底部。有的在一个页面中用多种导航，如有的在顶部设置主导航菜单，在页面的左侧设置折叠菜单，以增强网站的可访问性。

当然导航在页面中的出现不是越多越好，要合理运用网页，达到协调和一致。如果页面较长，最后页面底部也设置一个导航，这样浏览者浏览到页面底部时就不用拖动滚动条来选择页面顶部的导航条了。

子页面的导航设计是较为重要的。子页面一定要有上一级目录的链接，直到首页，这样浏览者访问起来才比较方便，不用单击“后退”按钮即可回到首页或上一级页面。对于子页面，如果页面比较长，可在页面上部设置一个简单的目录，并设置几个页面的跳转链接，以方便浏览。常见的导航设计如图 1-17 所示。

首页	科技	通信	亚洲杯	房产	娱乐	时尚	健康
论坛	财经	IT	体育	租房	视听	星座	商城
邮箱	军事	手机	重庆	汽车	江湖	女性	建站

图 1-17　导航设计

1.16.7 链接设计

网站的链接设计是指网站页面之间相互链接的拓扑结构，建立在目录结构的基础上。网站的链接结构有两种基本方式：树状结构和星状结构。这两种基本结构都只是理想方式，在实际的网站设计中，总是这两种结构混合起来。比较好的方案是：首页和一级页面之间用星状链接结构，一级页面和以下各级页面之间用树状结构。

树状链接结构如图 1-18 所示。星状链接结构如图 1-19 所示。

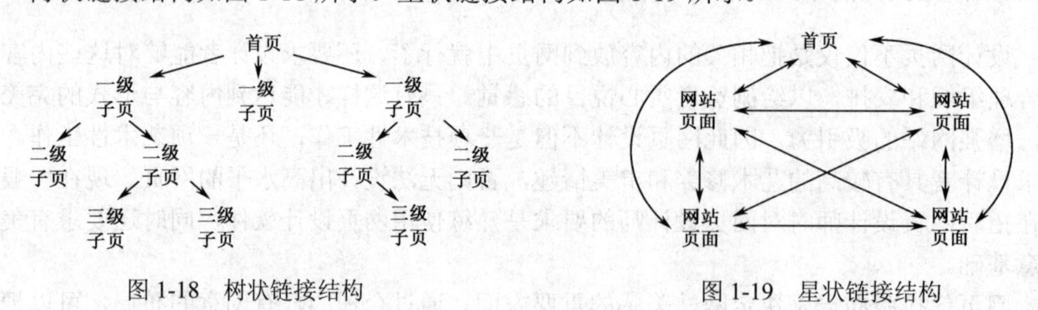

图 1-18　树状链接结构

图 1-19　星状链接结构

1.16.8 网站资料收集

网站制作在目录、导航、链接策划后，需要收集准备网站资料，为动手进行网站设计做准备。

个人网站的大多数内容除了自己的独创外，还需要依赖于资料收集。收集不完整，可能在设计中途就会停下来。同时，在收集资料时主要是借鉴其他精典网站的页面布局技巧、导航设计技巧、链接设计技巧、网站色彩处理技巧及网站具体内容。

商业网站虽然不像个人网站那样从网上收集内容，但是可以吸取其他同类网站的设计风格精华，如布局风格、导航技巧、色彩处理、同类产品的宣传技巧等，有比较才有鉴别。在收集时不能照搬其他网站的风格，应该有自己的独创。

1.16.9　网页设计

在网站规划工作完成后，就可以开始网页设计了。网页设计首先需要进行首页设计。首页是网站的灵魂，一定要在首页设计上多下功夫，然后再设计一级页面、二级页面，将一级页面、二级页面做成模板或者库进行保存，然后在设计其他一级、二级页面时即可从模板新建网页或者插入库项目，这样维护起来较为方便，设计网页的速度也较快。

设计网页时要注意版面的规划。版面规划主要是如何突出主题内容，如何提高网页下载打开的速度。

在本书后面章节将以一个企业网站“房产信息网”的建立来讲解网页设计的基本技巧。

1.16.10　网上安家

网站在本地计算机上建成以后，需要为网站找一个家，这个家就是空间。

关于空间的概念及申请空间的方法参见第 7 章的相关内容。

1.16.11　域名申请

在申请网站空间后，接下来要考虑的问题是选择域名。域名被视为企业的网上商标，其重要性不言而喻。

域名的申请知识及方法参见第 7 章的相关内容。

1.16.12　网站发布

网站在空间申请及域名申请好以后，就可以进行站点发布了，将网站上传到服务器上。发布站点的方法有很多，可以采用 Dreamweaver 8/CS3/CS4/CS5/CS6 自带的发布站点功能，或者采用专门的 FTP 发布工具进行网站发布。以上两种发布网站的方法将在网站项目工程建设过程中进行详细讲解。

1.16.13　网站宣传维护管理

网站上传到服务器上，如果在本地测试正确，远程服务器正常，则可以正常浏览网页。

网站做好上传后，不等于网站设计工作已经完成，还需要进行宣传、更新、维护及管理。

关于网站宣传、维护及管理的方法请参见第8章的相关内容。

本章小结

本章主要简单介绍了网站建设的目的、网站建设的规划及网站建设的方案，网站的常用建设技术及常用术语，网站创建的流程，企业网站的设计原则及方法等。

主要知识点如下。

（1）网站大体包括个人网站、企业网站、学术机构及政府团体网站等。不同网站的建站目的不完全相同。

（2）网页包括静态网页和动态网页。静态网页可以采用软件来设计，也可以用HTML来实现。静态网页只是网站页面的静态发布，用户基本上不能参与互动。动态网页技术根据程序运行的地点不同，分为客户端动态技术和服务器动态技术。常见的客户端动态技术包括JavaScript、JavaApplet、DHTML、ActiveX、Flash、VRML等；典型的服务器动态技术包括ASP、PHP、JSP、CGI等。

（3）常用的建站技术有HTML、DHTML、Java与JavaApplet、ActiveX、CGI、ASP、PHP、JSP、Flash。本书推荐采用ASP技术。

（4）网站策划包括网站主题、内容、风格等。策划不仅包括内容组织，还包括页面的目录结构、链接设计、导航设计、布局设计等。小型企业网站的规划与设计包括建站目的分析、调查分析，确定网站的内容结构、表现形式等。

（5）中小型网站的创建流程包括网站策划、明确网站开放对象、绘制网站草图、建立网站文件夹、收集建站资源、设计网站页面内容、网上安家及域名申请、网站发布、网站宣传维护及管理。

（6）设计站点，首先遇到的问题就是定位网站的主题。所谓主题也就是网站的题材。网络上的网站题材多种多样，只要你想得到，就可以把它制作出来。

（7）网站的整体风格及创意设计是最难以学习的技术。风格（style）是抽象的，它是指站点的整体形象给浏览者的综合感受。创意要引人入胜，精彩万分，出奇不意。创意思考的过程分为5个阶段：准备期、孵化期、启示期、验证期和形成期。

（8）网站内容的组织原则：清晰性、创造性，突出三个重点。网站内容的组织方法通过栏目设置来实现。

（9）互联网上的网站，按照功能和性质大致可以分为个人网站、商业网站、学术机构和政府团体网站。网站建设主要有如下3种技术路线：

- MicrosoftWindowsXP/Windows2003/Windows7/Windows 8+ASP-IIS+MSSQLServer/Access
- Windows/Linux+JSP+Tomcat/Resin/JSWDK+MSSQLServer/Access/MySQL
- Linux+PHP+Apache+MySQL

（10）划分栏目和版块的实质是给网站建设一个大纲索引。索引应该使网站的主题明确突出。

（11）网页的排版布局是决定网站美感的重要方面。

（12）导航是网页设计中重要而独立的部分。导航在案例网站中各个页面出现的位置是固定的，风格较为统一。导航的位置对于网站的结构及各个页面的布局起着举足轻重的作用。导航一般有 4 种常见的显示位置，分别在页面的左侧、右侧、顶部、底部。

（13）网站的链接结构有两种基本方式：树状结构和星状结构。

思考与练习

1．网站建设的常见技术有哪些？

2．静态网站和动态网站的区别是什么？

3．网站的创建流程是什么？

4．如何有效地进行网站策划？

5．网站的常用建设技术有哪些？

6．什么是虚拟主机？什么是空间、域名、脚本、流量等？

7．设计企业网站的原则是什么？

8．如何选择虚拟主机？

上机练习

1．学生上网比较静态网站和动态网站的页面，并将页面实现技术进行总结。

2．学生完成以下主题的内容、风格、栏目、布局设计：

（1）招聘求职网站系统；

（2）网上百货公司；

（3）保健品市场；

（4）房产信息网站的策划；

（5）酒店管理系统网站的策划；

（6）婚庆公司网站的策划。

第2章

配置IIS并进行数据库的连接与测试

学习导读

本章主要讲述网站创建的一些前期准备工作，内容包括网站建设的 IIS 运行环境的安装与配置、数据库的创建、Dreamweaver 站点的建立、ODBC 数据源连接、Dreamweaver 站点中各种数据连接方法的应用、Dreamweaver 站点中建立一个网页并进行数据显示等基本知识。

学习目标

- 掌握网站建设的 IIS 运行环境的安装与配置。
- 掌握数据库的创建。
- 掌握 Dreamweaver 站点的建立。
- 掌握 ODBC 数据源连接。
- 掌握 Dreamweaver 站点中各种数据连接方法的应用。

2.1 安装配置 IIS

2.1.1 Windows XP 下安装与配置 IIS

虽然，读者朋友自己配置计算机现在安装 Windows XP 系统的已经不多了，但是在学校的机房环境中使用 Windows XP 系统来上课的还是占大多数，所以，本节还是要讲一下 Windows XP 系统中 IIS 的安装与配置。

操作步骤如下：

（1）单击“开始”按钮，打开“控制面板”，双击“添加或删除程序”，如图 2-1 所示。

（2）双击“添加/删除 Windows 组件”，如图 2-2 所示。

（3）勾选“Internet 信息服务（IIS）”复选框，如图 2-3 所示。

（4）单击“下一步”按钮，开始配置组件，如图 2-4 所示。

（5）单击“下一步”按钮，直到完成“Windows 组件向导”，如图 2-5 所示。

图 2-1 选择“添加或删除程序”

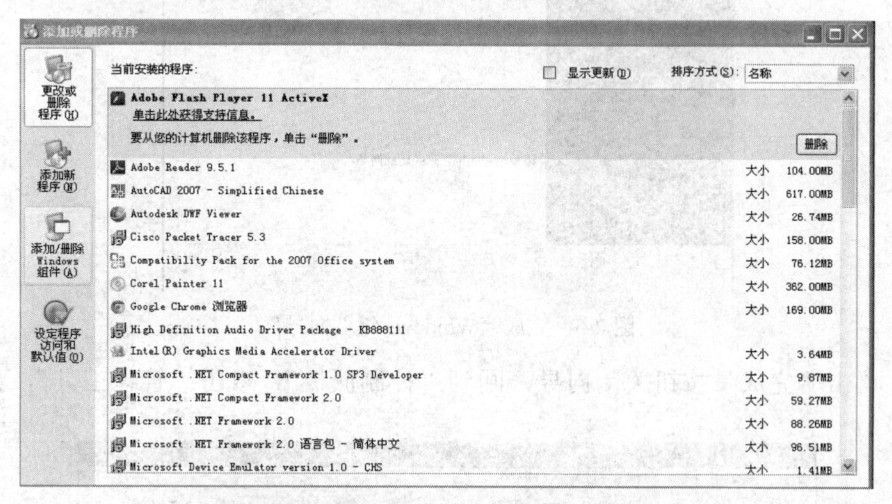

图 2-2 双击“添加/删除 Windows 组件”

图 2-3 勾选“Internet 信息服务（IIS）”复选框

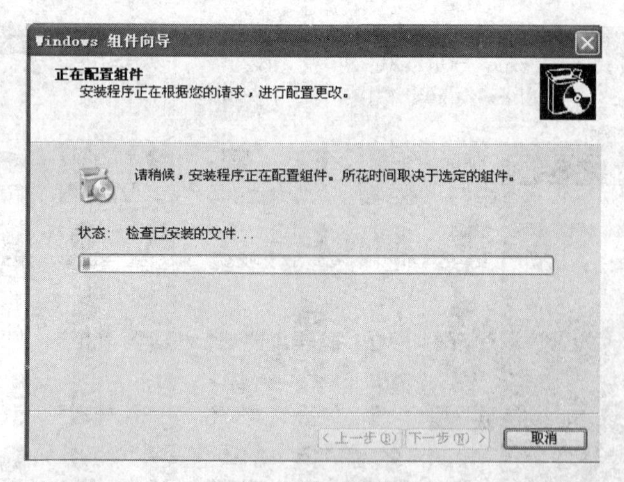

图 2-4　开始配置组件

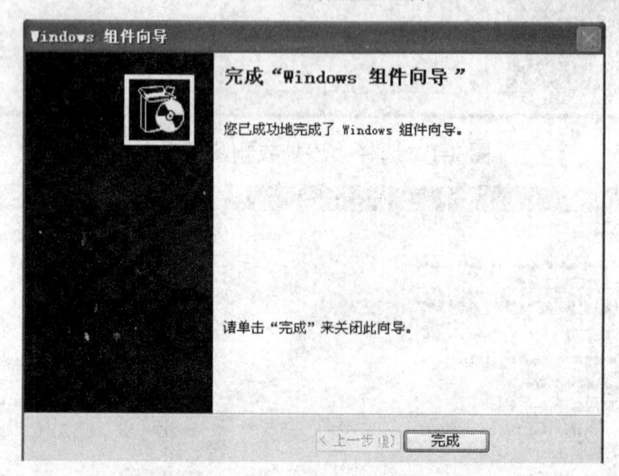

图 2-5　完成“Windows 组件向导”

（6）单击“完成”按钮关闭向导，回到“控制面板”，双击“管理工具”，如图 2-6 所示。

图 2-6　选择“管理工具”

（7）双击“Internet 信息服务快捷方式”，如图 2-7 所示。

图 2-7　双击“Internet 信息服务快捷方式”

（8）如图 2-8 所示，打开其中的子菜单，右键单击“默认网站”，选择“浏览”命令。

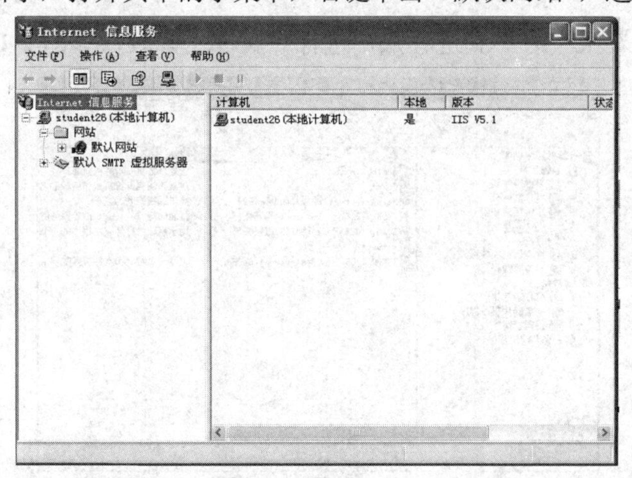

图 2-8　选择默认网站

（9）浏览的结果是“无权查看网页”，如图 2-9 所示，说明 IIS 还未搭建成功。

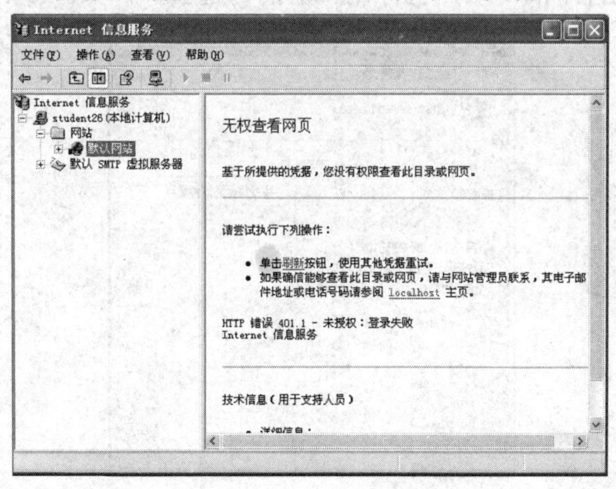

图 2-9　无权查看网页

（10）回到“管理工具”，双击“计算机管理”，如图 2-10 所示。

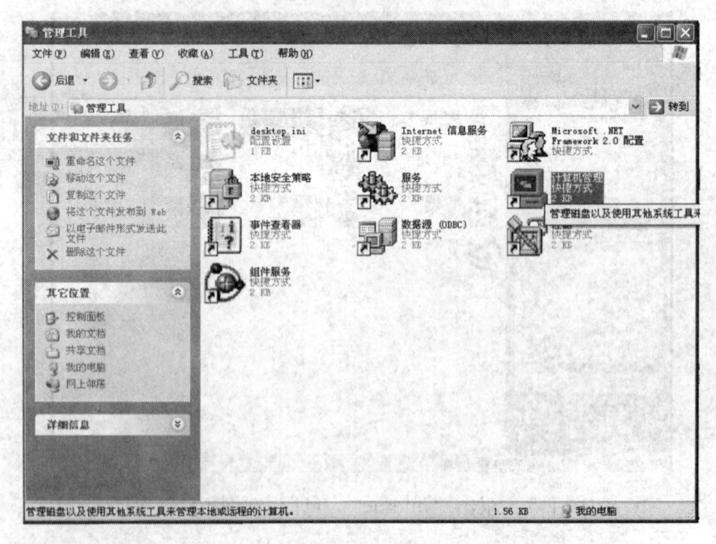

图 2-10　双击“计算机管理”

（11）在用户中对来宾账户和进程账户进行“属性”修改，如图 2-11 所示。

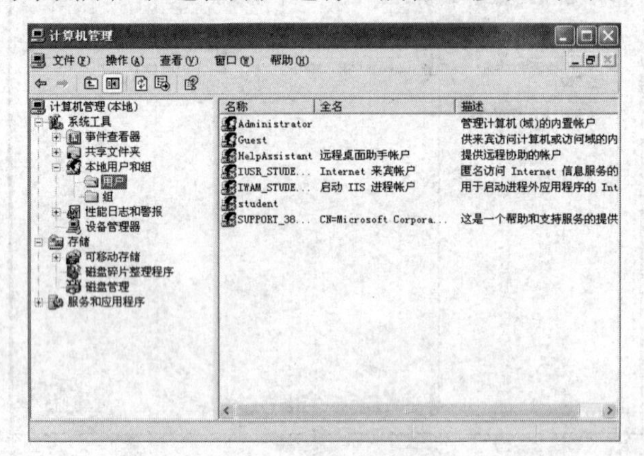

图 2-11　更改账户属性

（12）将两账户属性中的“账户已停用”前的勾选去掉，如图 2-12、图 2-13 所示。

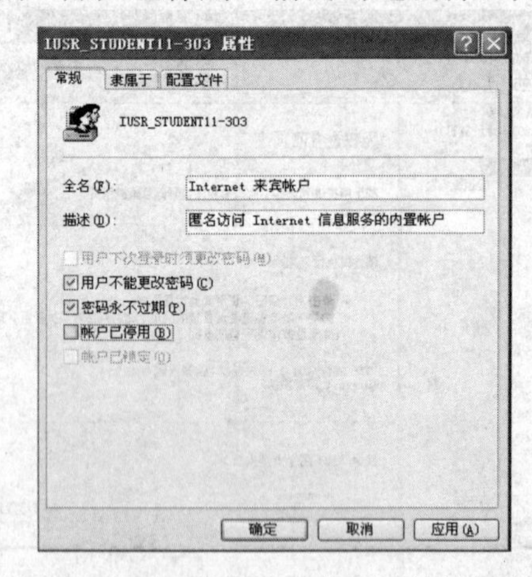

图 2-12　去掉账户属性中的“账户已停用”前的勾选（来宾账户）

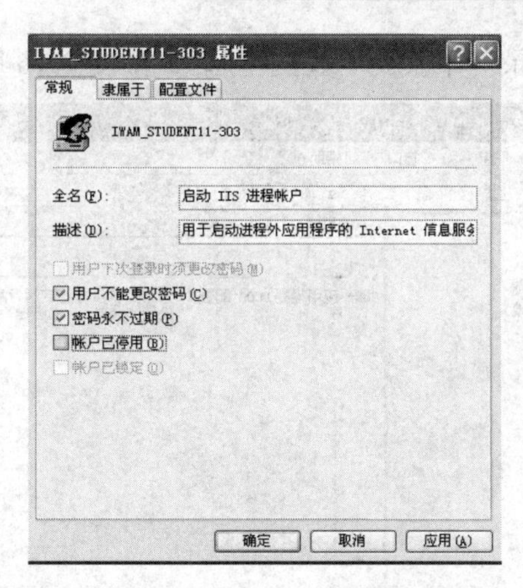

图 2-13　去掉账户属性中的"账户已停用"前的勾选（进程账户）

（13）回到"管理工具"|"用户"的窗口中，发现两个账号已经启用了，如图 2-14 所示。

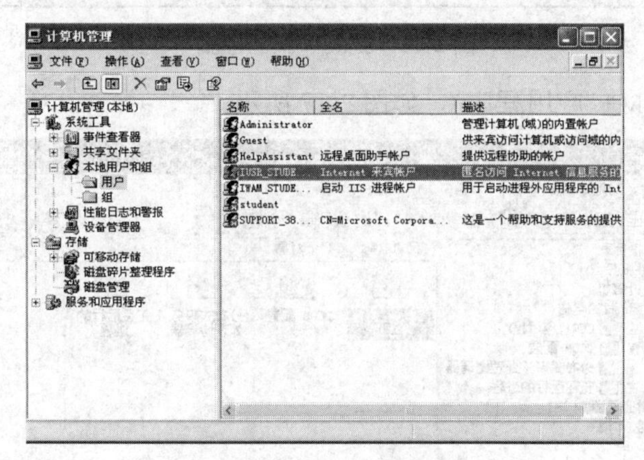

图 2-14　启用了进程账户和来宾账户

（14）返回"管理工具"，对"组件服务"进行修改，如图 2-15 所示。

图 2-15　选择"组件服务"

（15）在“控制台根目录”中找到“我的电脑”，如图 2-16 所示。

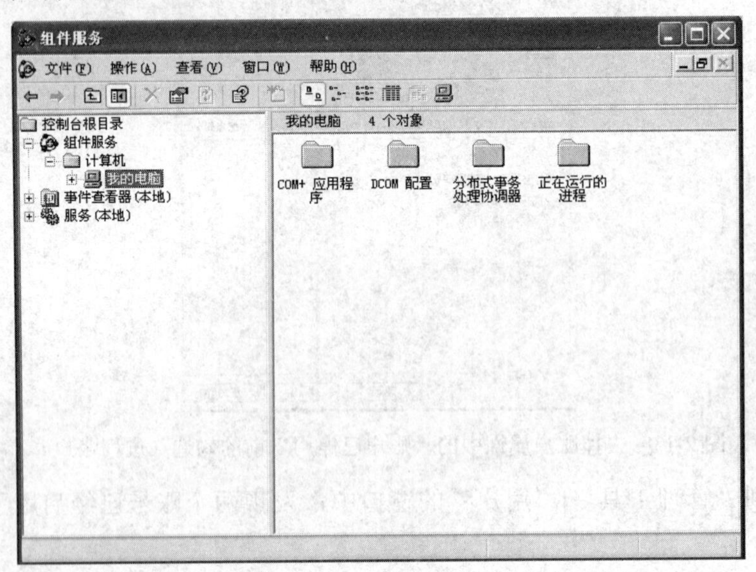

图 2-16　找到“我的电脑”

（16）找到“COM+ 应用程序”，如图 2-17 所示。

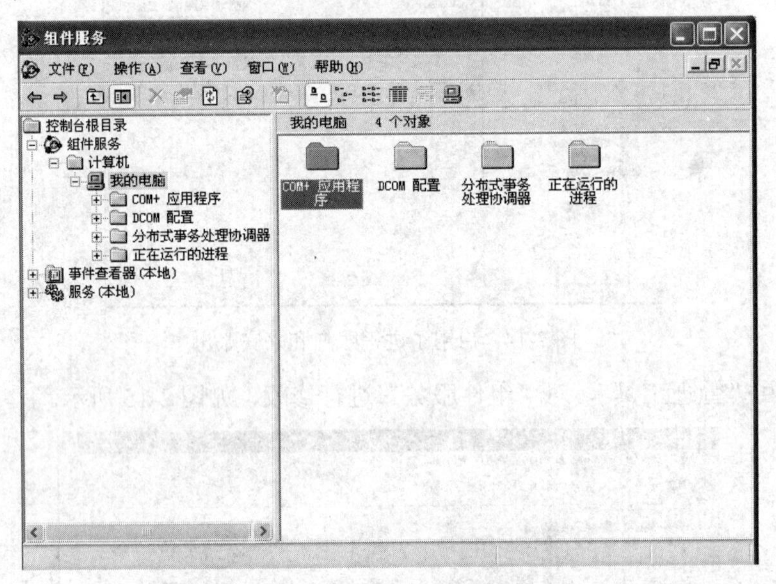

图 2-17　找到“COM+ 应用程序”

（17）双击“COM+ 应用程序”，右键单击“IIS Out-of…”图标，然后选择属性，在“IIS Out-of…”属性窗口中切换到“标识”选项卡，然后选择“系统帐户”选项，如图 2-18 所示。

（18）在“IIS Out-of…”图标上单击右键选择“运行”即可。

（19）回到 IIS 控制台，再次右键单击“默认网站”，浏览结果如图 2-19 所示，表示“IIS”已经安装成功。

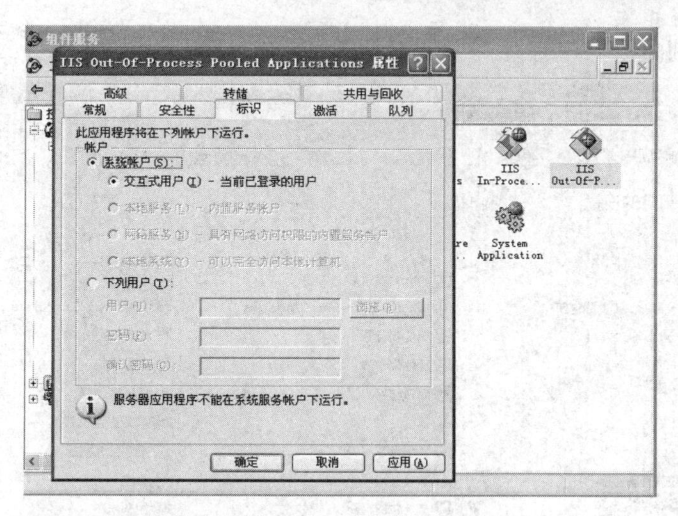

图 2-18　选择“系统账户”选项

图 2-19　IIS 安装成功

2.1.2　Windows 7 下安装与配置 IIS

Windows 7 下安装与配置 IIS 的步骤如下：

（1）打开“控制面板”，如图 2-20 所示。

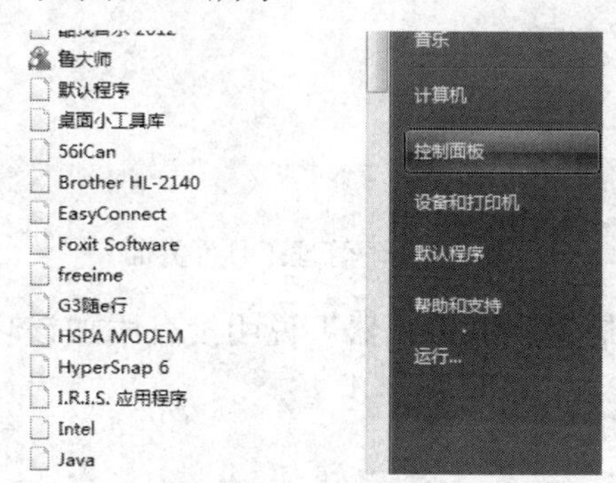

图 2-20　打开“控制面板”

（2）在“控制面板”中打开“管理工具”，如图2-21所示。

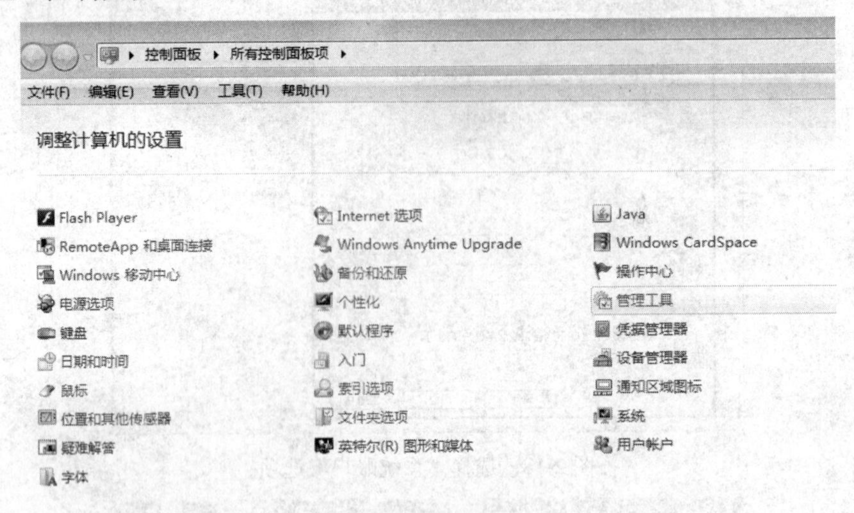

图2-21 找到“管理工具”

（3）打开“管理工具”后，没有找到“Internet 信息服务管理器”，说明 IIS 没有安装，如图2-22所示。

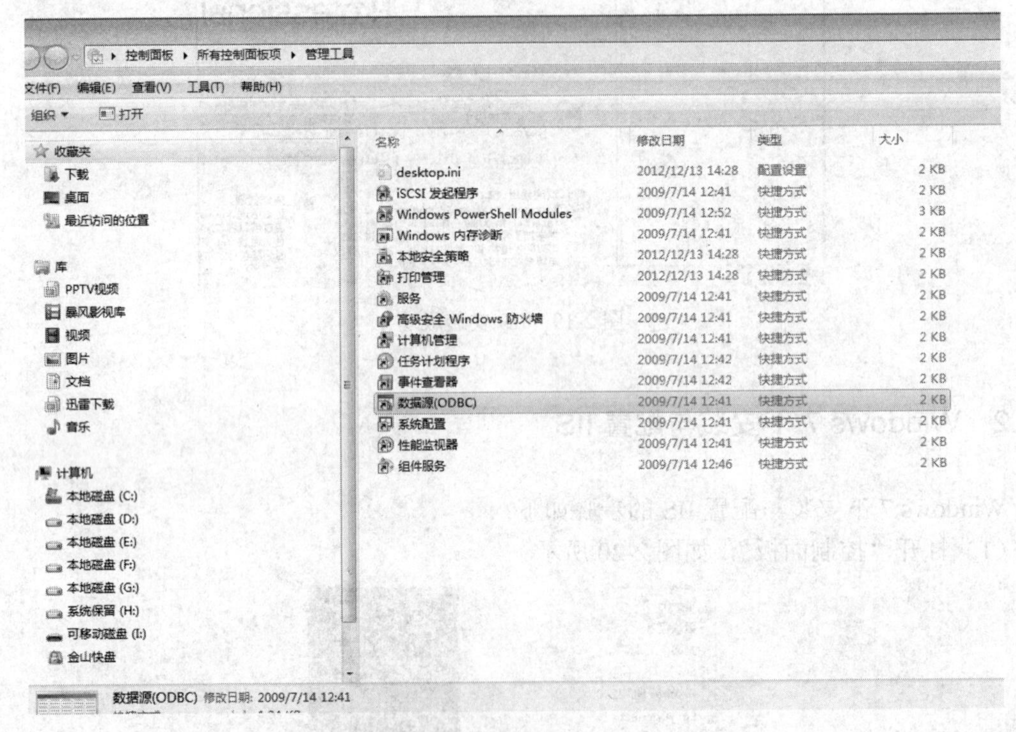

图2-22 “管理工具”界面

（4）找不到“Internet 信息服务管理器”说明没有添加该功能，则在“控制面板”中单击“程序和功能”，如图2-23所示。

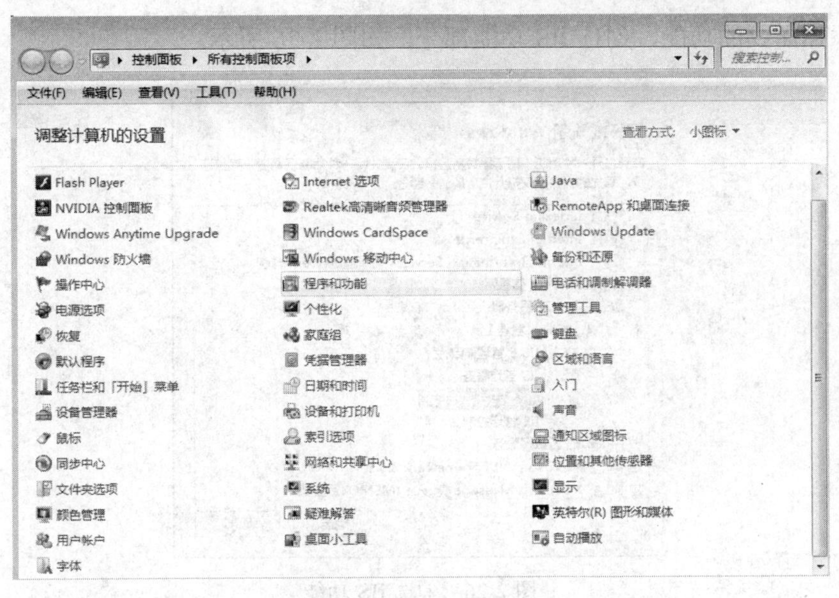

图 2-23　打开“程序和功能”

（5）单击“打开或关闭 Windows 功能”，如图 2-24 所示。

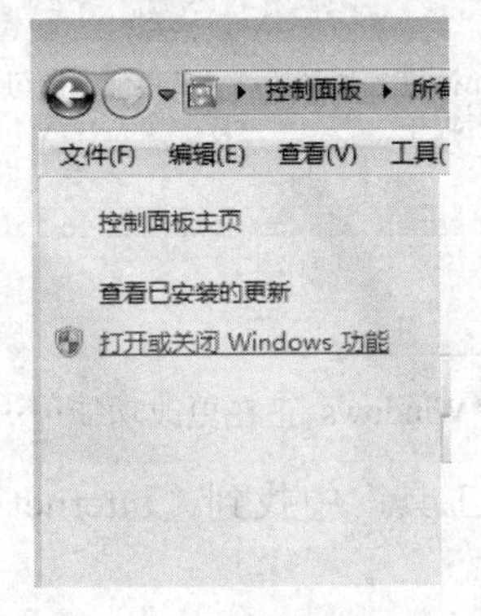

图 2-24　单击“打开或关闭 Windows 功能”

（6）正在加载“打开或关闭 Windows 功能”，如图 2-25 所示。

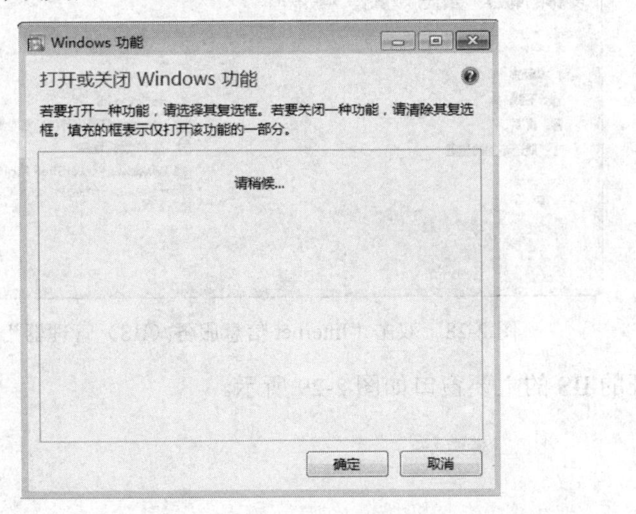

图 2-25　“打开或关闭 Windows 功能”正在加载

（7）添加需要的功能，勾选 IIS 功能部分，如图 2-26 所示。

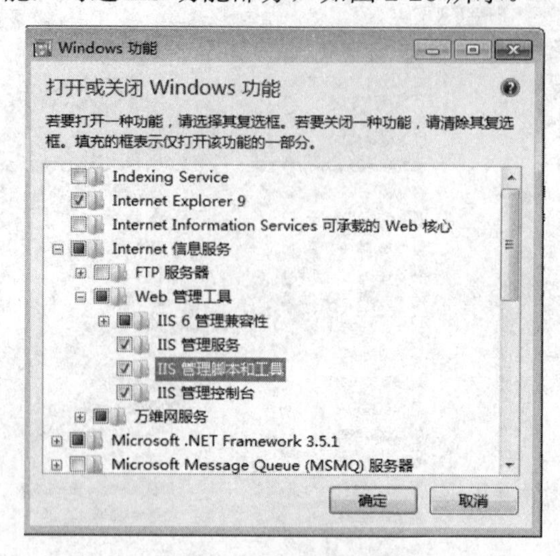

图 2-26　勾选 IIS 功能

（8）出现“Windows 正在更改功能……”提示框，如图 2-27 所示。

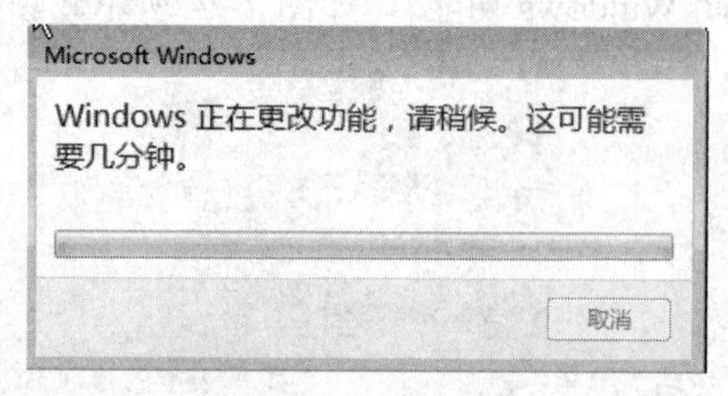

图 2-27　“Windows 正在更改功能……”提示框

（9）安装完成后，在“管理工具”中找到“Internet 信息服务（IIS）管理器”，然后双击，如图 2-28 所示。

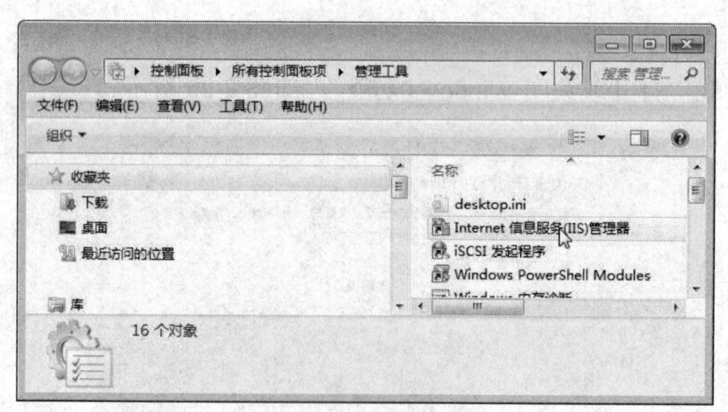

图 2-28　双击“Internet 信息服务（IIS）管理器”

（10）打开的 IIS 的主要窗口如图 2-29 所示。

图 2-29　打开的 IIS 的主要窗口

（11）在图 2-29 中单击“基本设置”，如图 2-30 所示。

图 2-30　单击“基本设置”

（12）出现“编辑网站”对话框，如图 2-31 所示。

图 2-31　“编辑网站”对话框

在图 2-31 中，“物理路径”下有一个“G:\龙口房产网”，这是原来设置的物理路径，现在可以更改。

（13）将“物理路径”下的“G:\龙口房产网”更改为“G:\龙口房产网 1”，如图 2-32、图 2-33 所示。

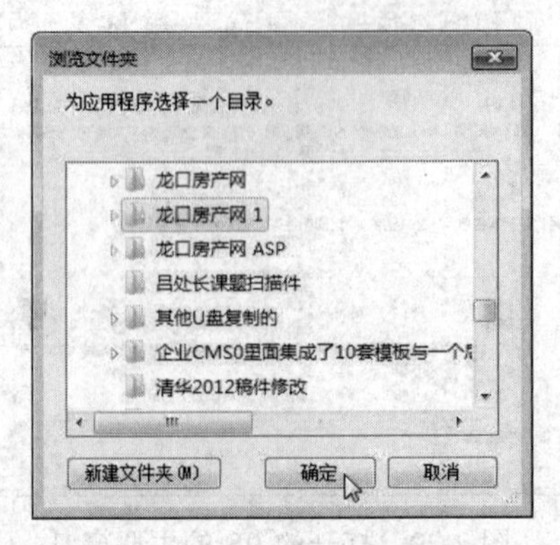

图 2-32　更改物理路径

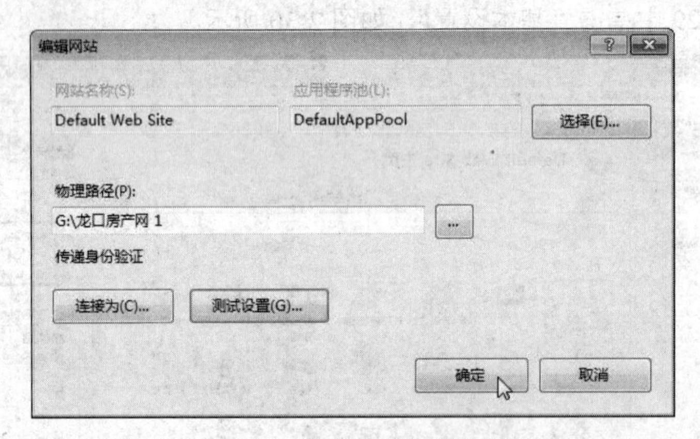

图 2-33　更改后的物理路径

（14）找到图 2-29 所示 IIS 窗口中的“ASP”，然后右键单击并选择“打开功能”，如图 2-34 所示。

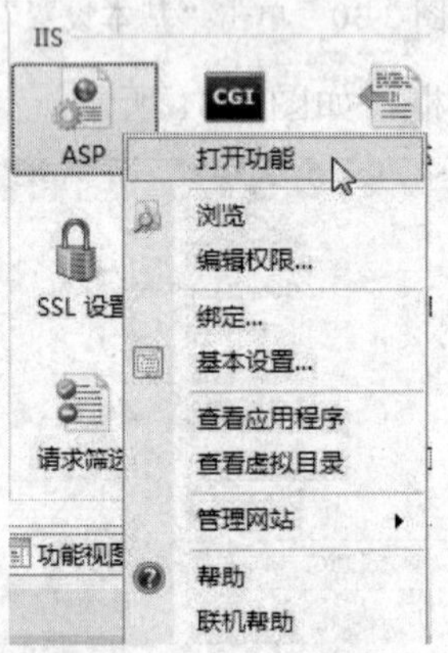

图 2-34　选择“打开功能”

（15）在 ASP 主窗口中，进行如图 2-35、图 2-36 所示的设置。

（16）单击图 2-37 中的“高级设置”。

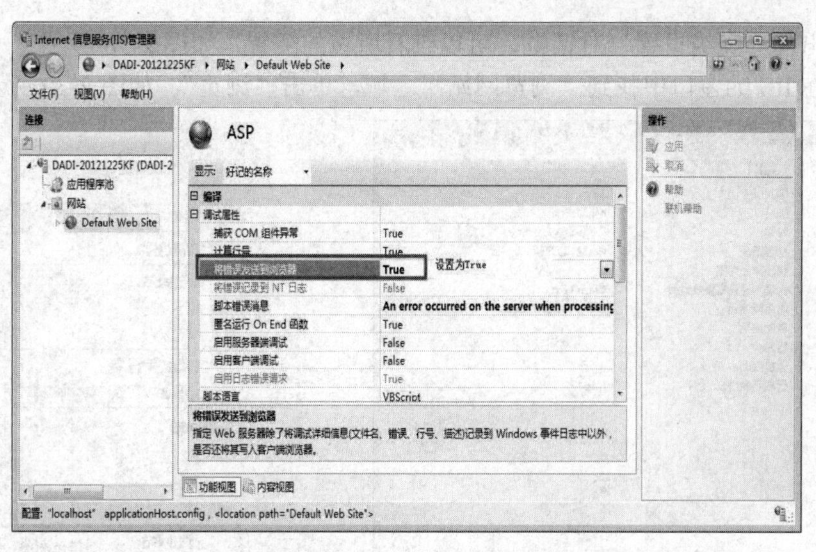

图 2-35 设置“将错误发送到浏览器”为 True

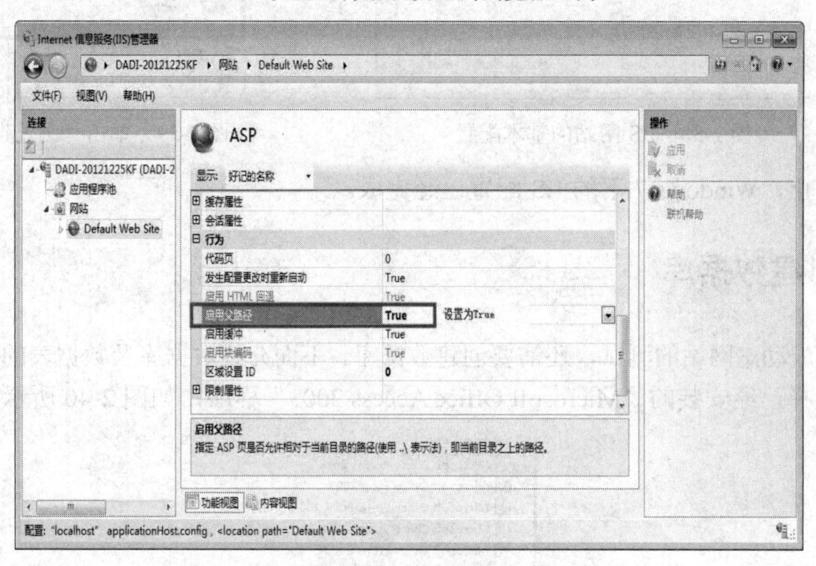

图 2-36 设置“启用父路径”为 True

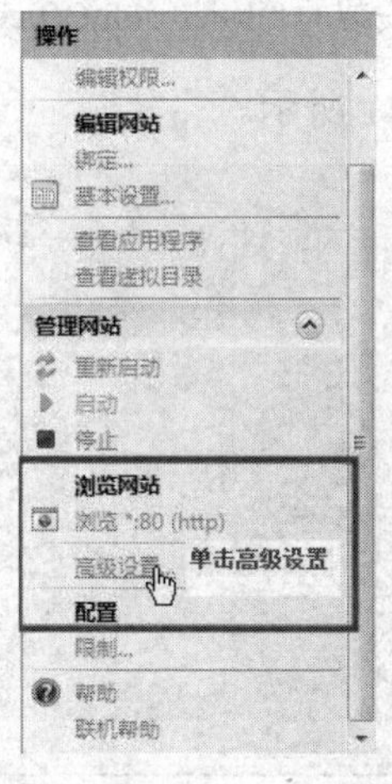

图 2-37 单击“高级设置”

（17）出现“高级设置”对话框，可以查看所做的配置，如图 2-38 所示。

（18）在 IIS 的窗口中找到“浏览网站”区域，单击“浏览”，如图 2-39 所示。

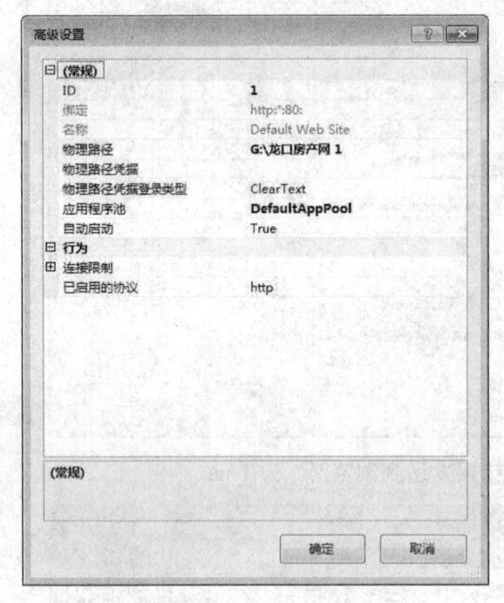

图 2-38　IIS 网站的基本配置

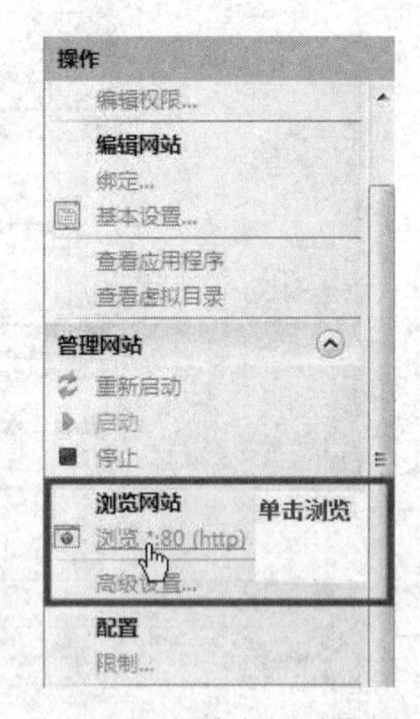

图 2-39　单击“浏览”

到此为止，Windows 7 下的 IIS 配置已经完成。

2.2 创建数据库

为了完成动态网站的测试，还需要创建数据库。下面介绍数据库及数据表的操作。

（1）选择已经安装的“Microsoft Office Access 2003”程序，如图 2-40 所示。

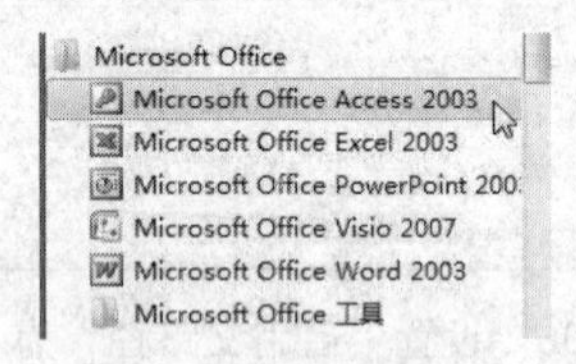

图 2-40　选择已经安装的“Microsoft Office Access 2003”程序

（2）打开后的初始窗口如图 2-41 所示。

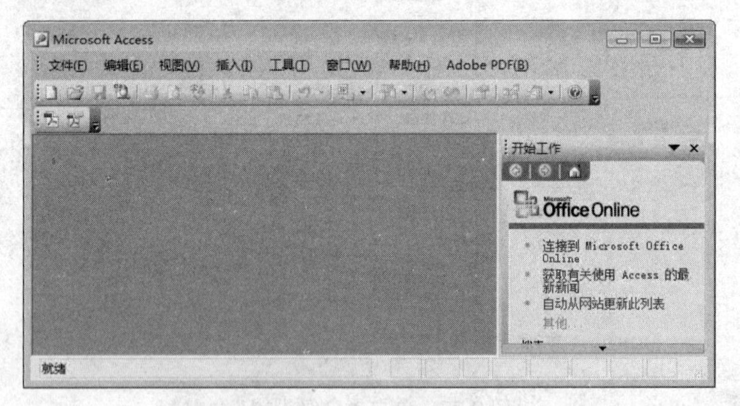

图 2-41　打开后的初始窗口

（3）选择“文件”|“新建”命令，如图 2-42 所示。

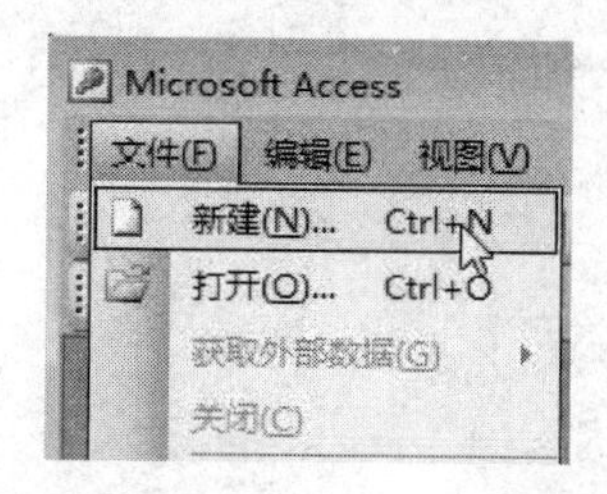

图 2-42　选择“文件”|“新建”命令

（4）单击“空数据库”，如图 2-43 所示。

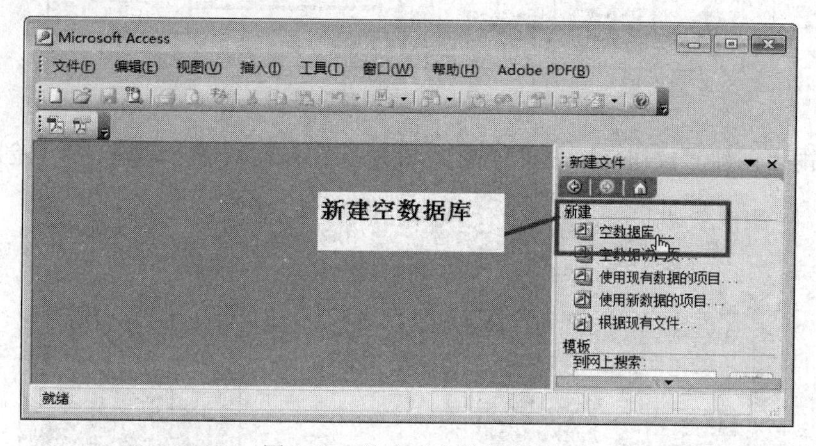

图 2-43　单击“空数据库”

（5）出现“文件新建数据库”对话框，选择“龙口房产网 1”的“data”，然后输入一个数据库名“qhousedb.mdb”，如图 2-44 所示。

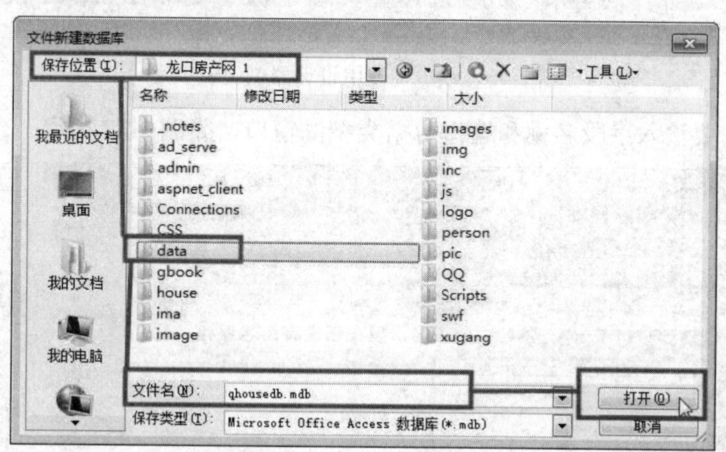

图 2-44　输入数据库名

（6）在图 2-45 所示对话框中单击“创建”按钮。

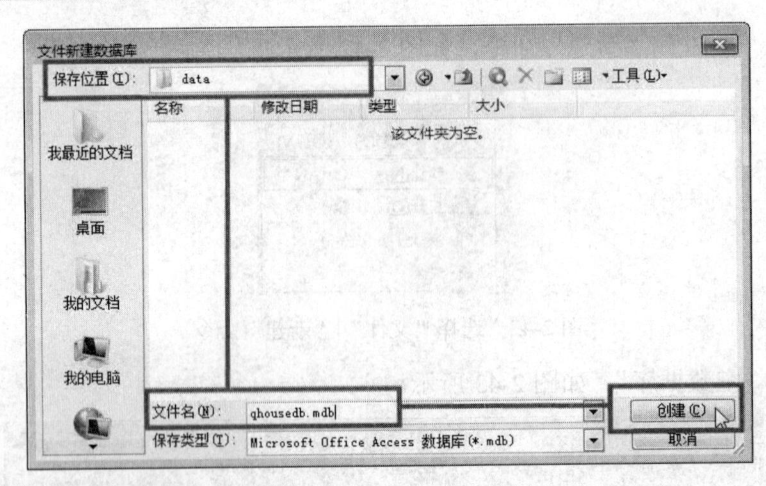

图 2-45　单击“创建”按钮

（7）单击“创建”按钮后，出现如图 2-46 所示窗口，双击“使用设计器创建表”。

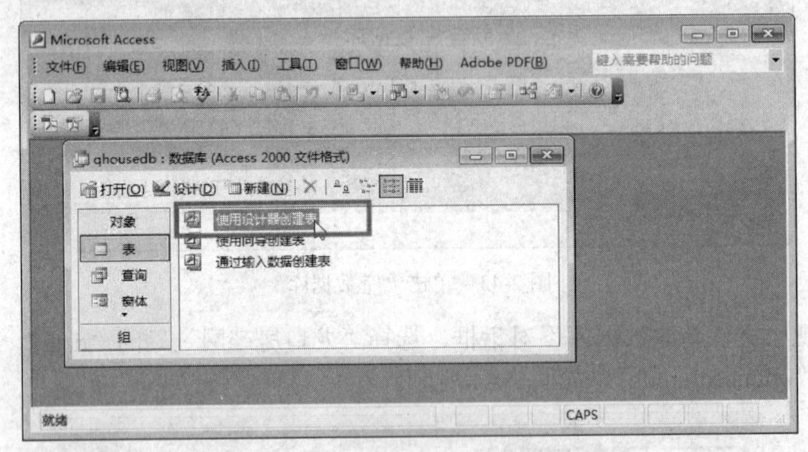

图 2-46　双击“使用设计器创建表”

（8）出现需要输入字段名称和选择数据类型的窗口，如图 2-47 所示。

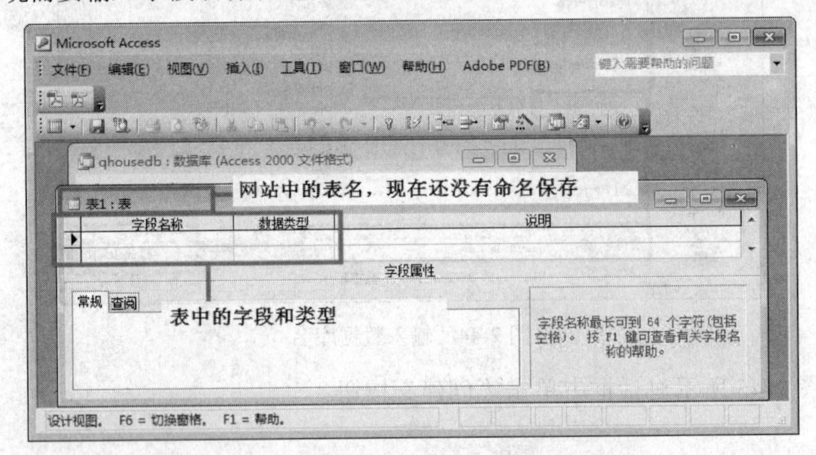

图 2-47　输入字段名称和选择数据类型

（9）打开网上下载的一个数据库，如图 2-48 所示。

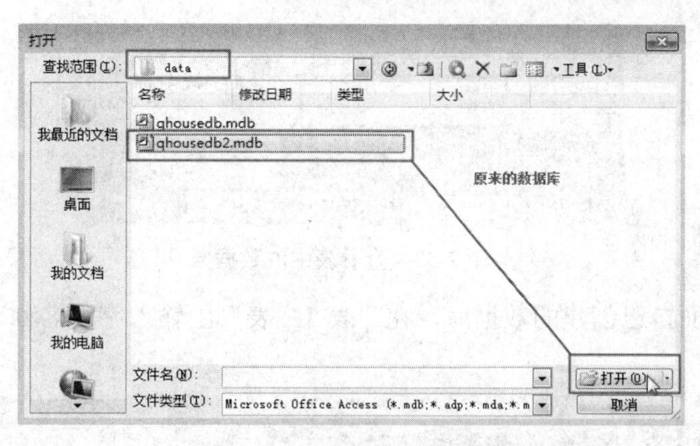

图 2-48　打开下载的数据库

（10）出现一个警告对话框，提示“是否阻止不安全表达式？”，单击“否”按钮，如图 2-49 所示。

（11）在出现的安全警告对话框中单击“打开”按钮，如图 2-50 所示。

图 2-49　单击“否”按钮

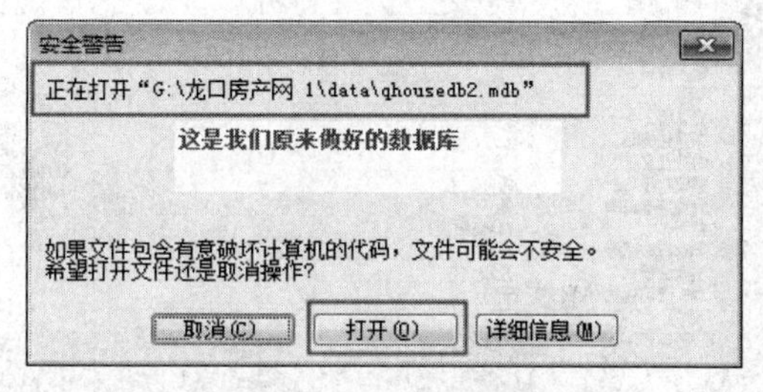

图 2-50　单击“打开”按钮

（12）打开数据库后，可以看到原来的表，如图 2-51 所示。

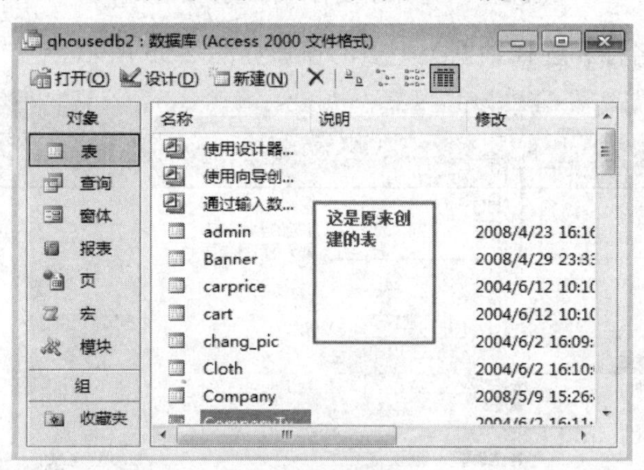

图 2-51　原来的表

（13）找到一个“admin”的表，右击并选择“打开”，如图 2-52 所示。

图 2-52　打开“admin”的表

（14）可以看到里面的数据，同时还可以看到里面的字段名称，如图 2-53 所示。

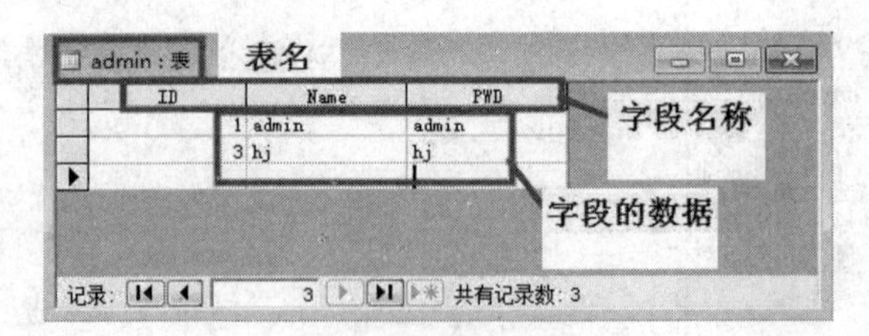

图 2-53　查看表中的数据

（15）打开前面自己创建的数据库，在“表 1：表”中输入字段名称和选择数据类型，如图 2-54 所示。

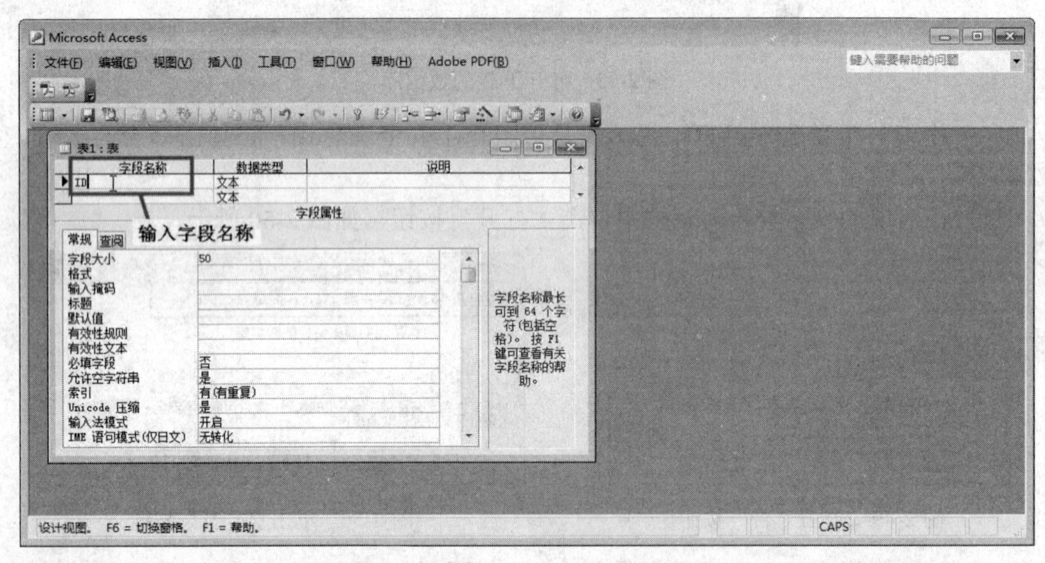

图 2-54　输入字段名称和选择数据类型

（16）输入字段名称和选择数据类型后的窗口如图 2-55 所示。

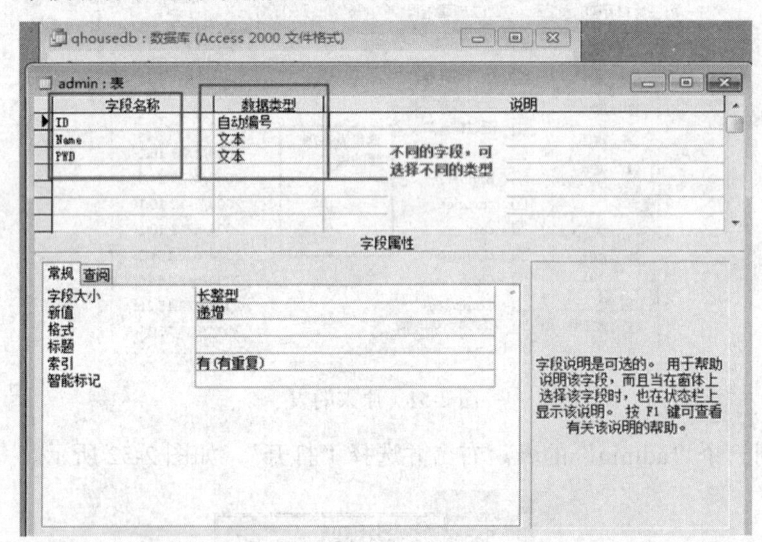

图 2-55　输入字段名称和选择数据类型后的窗口

（17）单击“保存”按钮保存表，出现一个“另存为”对话框，如图 2-56 所示。

（18）在“另存为”对话框中输入表名称“admin”，如图 2-57 所示。

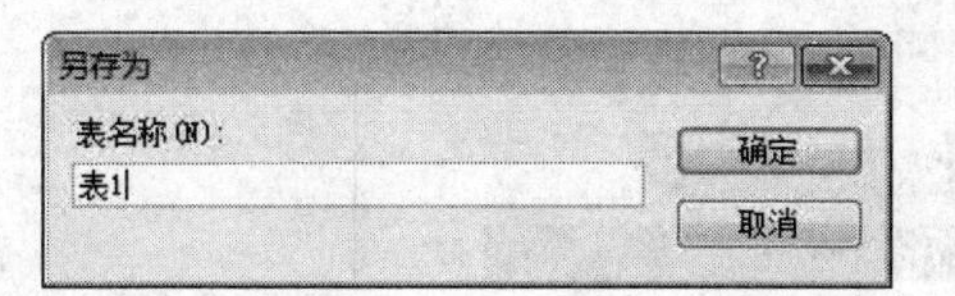

图 2-56　“另存为”对话框

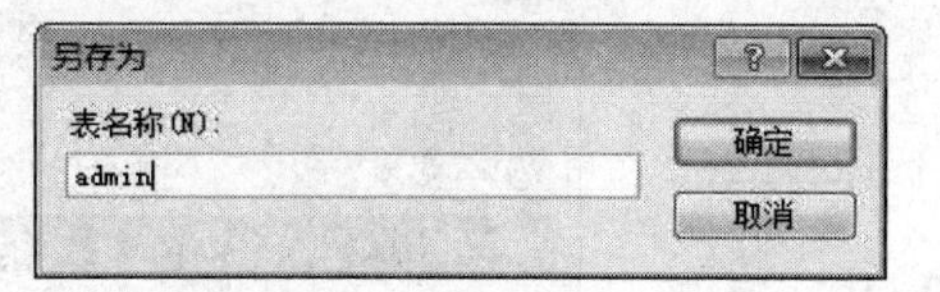

图 2-57　输入表名称

（19）单击“确定”按钮后，出现一个尚未定义主键的对话框，单击“是”按钮创建主键，如图 2-58 所示。

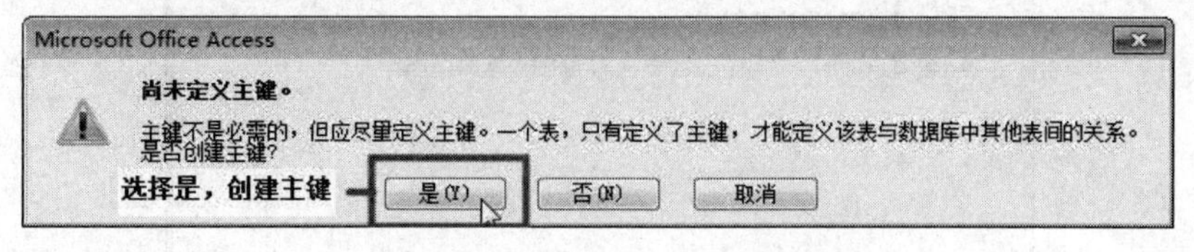

图 2-58　选择“是”创建主键

至此为止，表创建完成，出现一个钥匙图标，如图 2-59 所示。

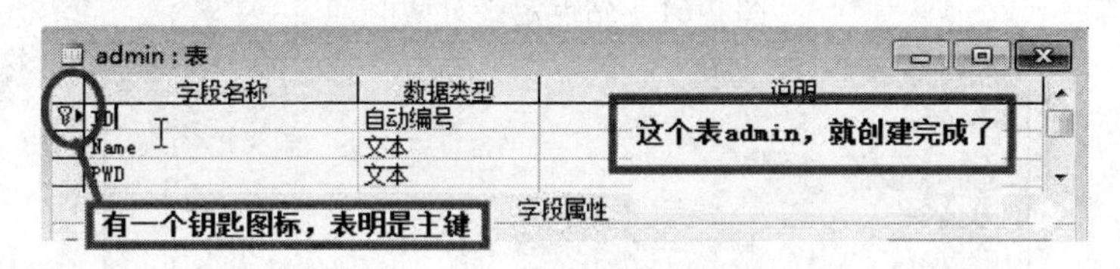

图 2-59　表创建完成

2.3　建立站点

在数据库创建完成后，需要通过网页制作软件来创建要制作的网站的站点，步骤如下：

（1）打开 Dreamweaver，选择“站点”|“新建站点”命令，如图 2-60 所示。

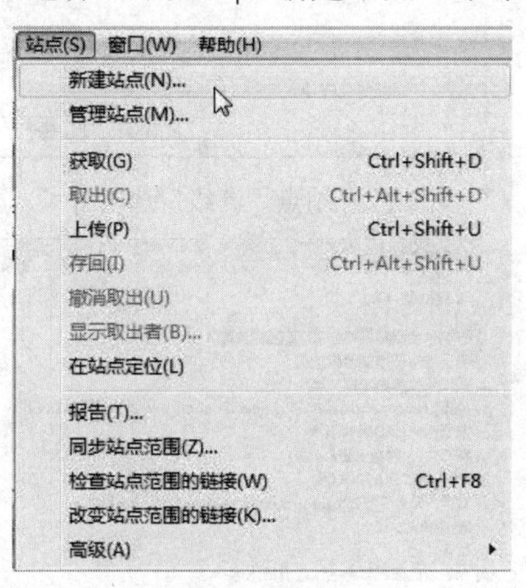

图 2-60　建立站点

（2）出现“未命名站点 2 的站点定义为”对话框，如图 2-61 所示。

（3）切换到“高级”选项卡，如图 2-62 所示。

（4）单击图 2-62 中的“本地根文件夹”后面的浏览按钮，选择“龙口房产网 1”网站，并单击“打开”按钮，如图 2-63 所示。

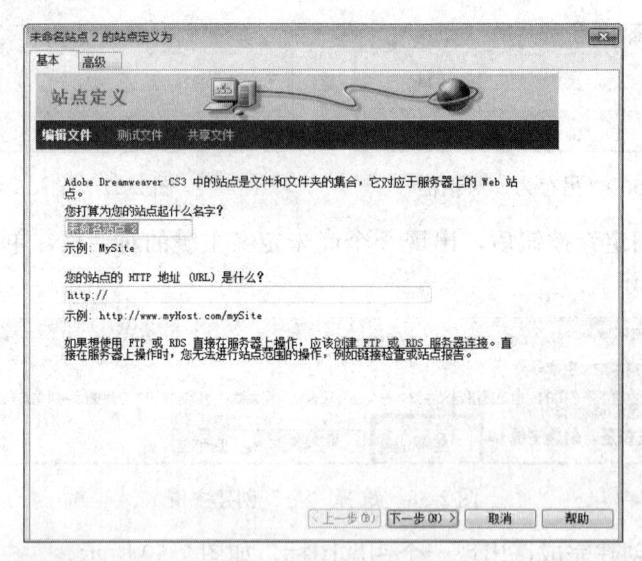

图 2-61　站点定义对话框

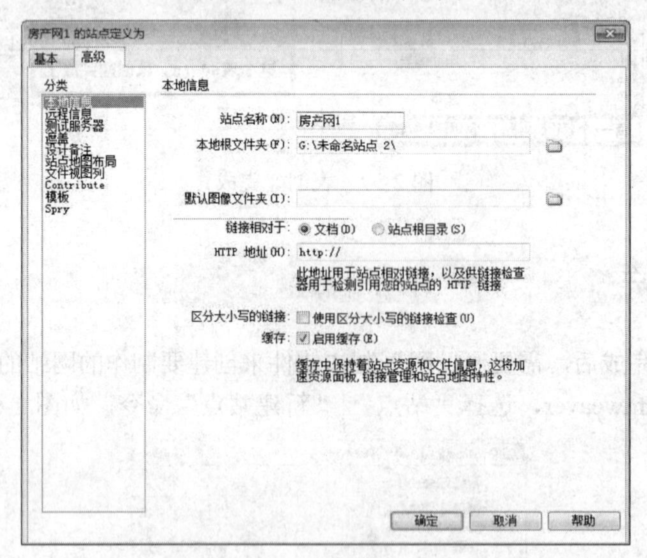

图 2-62　站点“高级”选项卡

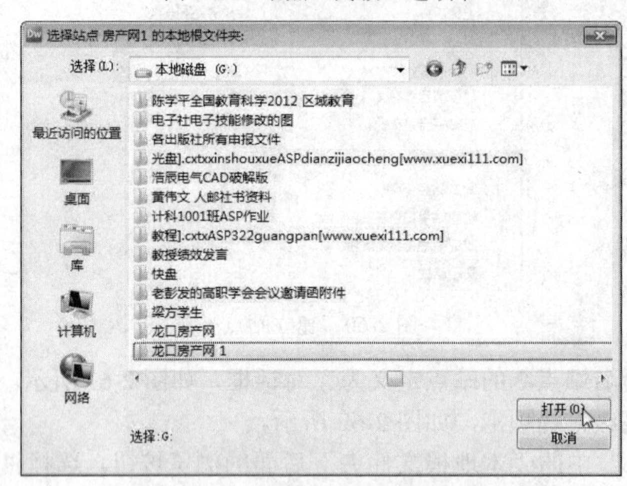

图 2-63　选择“龙口房产网 1”

注意：这里只是选择要创建的站点，如果读者自己的站点名字不是这个名称，则要选择自己创建的名称。

（5）在图 2-64 所示对话框中单击“选择”按钮。

图 2-64　单击“选择”按钮

（6）选择完成后定义站点的高级选项，如图 2-65 所示。

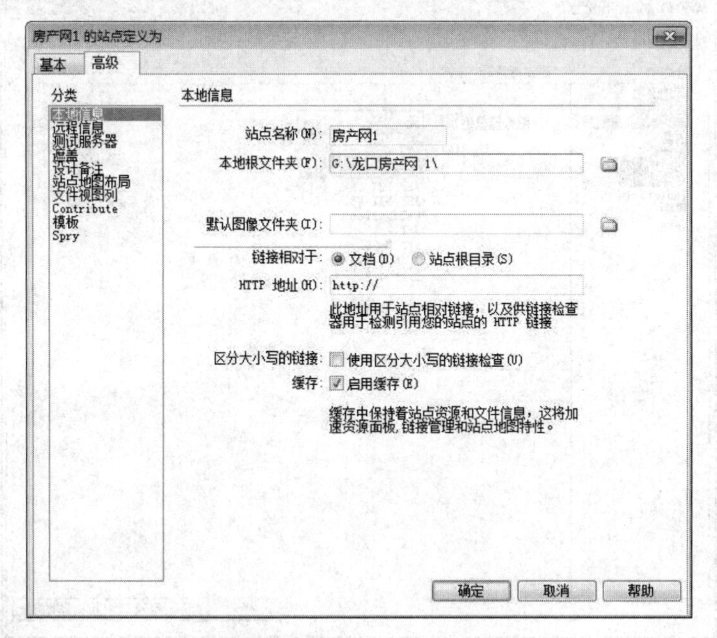

图 2-65　定义站点的高级选项

（7）在图 2-66 中的“远程信息”选项，可以不作改变。

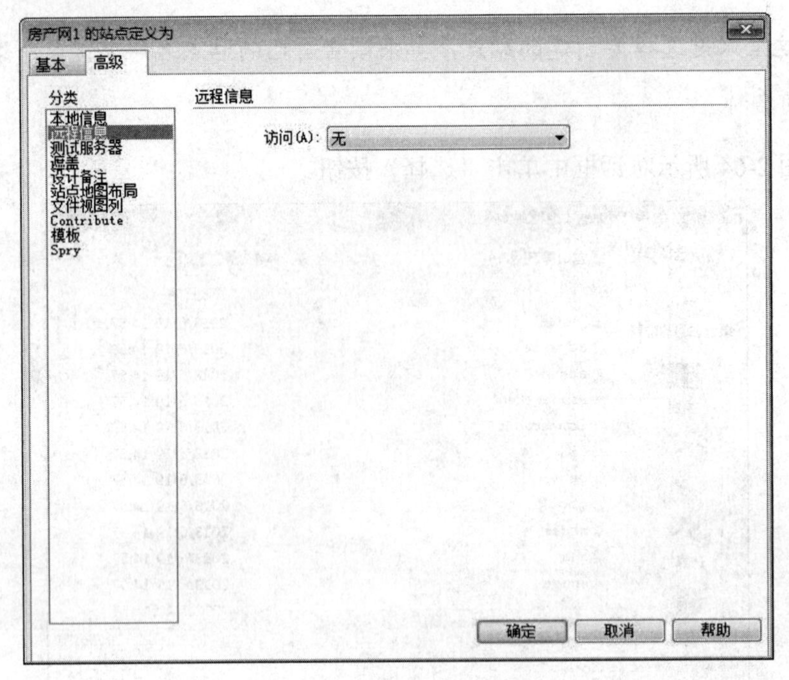

图 2-66 “远程信息”选项

（8）切换到“测试服务器”选项，在“服务器模型”下拉列表中选择“ASP VBScript”，如图 2-67 所示。

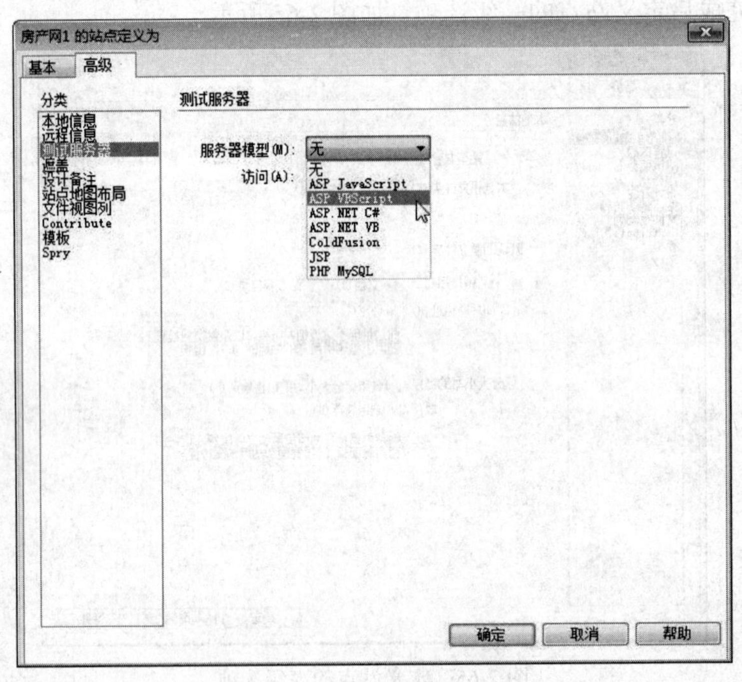

图 2-67 选择“ASP VBScript”

（9）在“访问”下拉列表中选择“本地/网络”，如图 2-68 所示。

（10）完成后的“测试服务器”选项如图 2-69 所示。

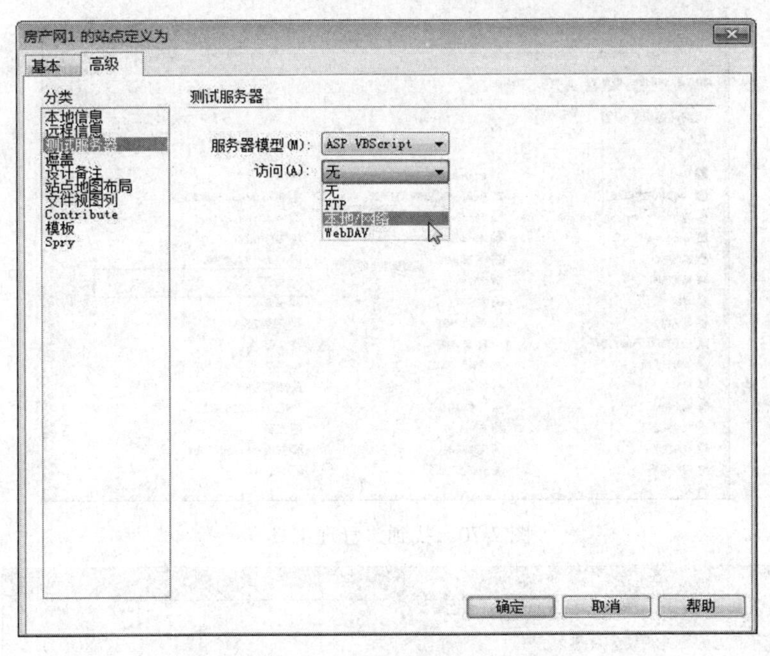

图 2-68　选择“本地/网络”

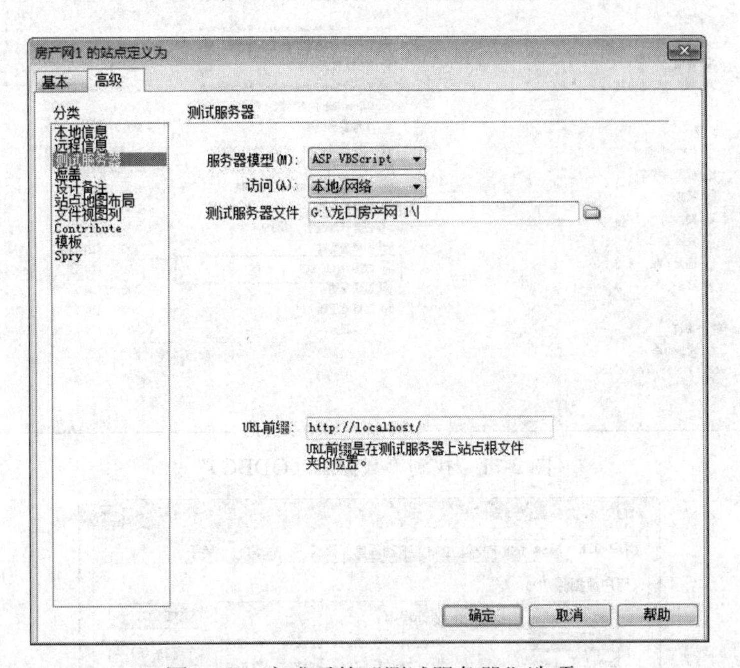

图 2-69　完成后的“测试服务器”选项

2.4 ODBC 数据源创建与连接

完成了站点的配置，完成了数据库的创建，就可以创建 ODBC 数据源了。步骤如下：

（1）找到“控制面板”中的“管理工具”，如图 2-70 所示。

（2）双击“管理工具”，找到“数据源（ODBC）”，如图 2-71 所示。

（3）出现“ODBC 数据源管理器”对话框，如图 2-72 所示。

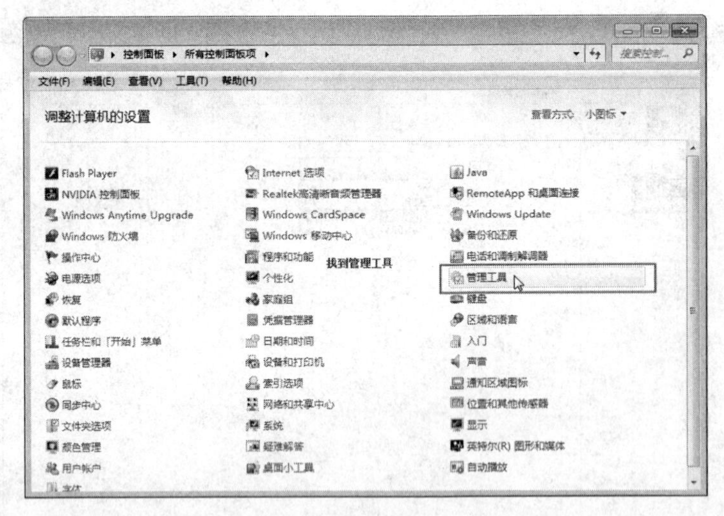

图 2-70　找到“管理工具”

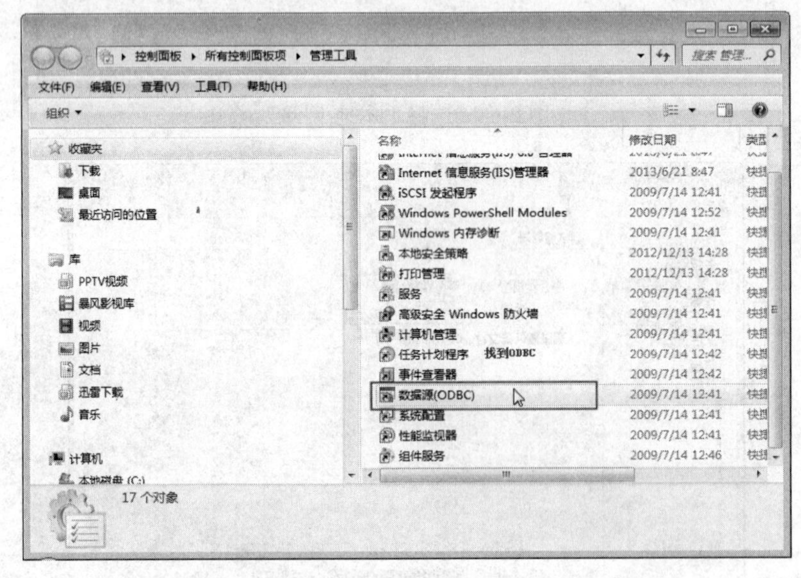

图 2-71　找到“数据源（ODBC）”

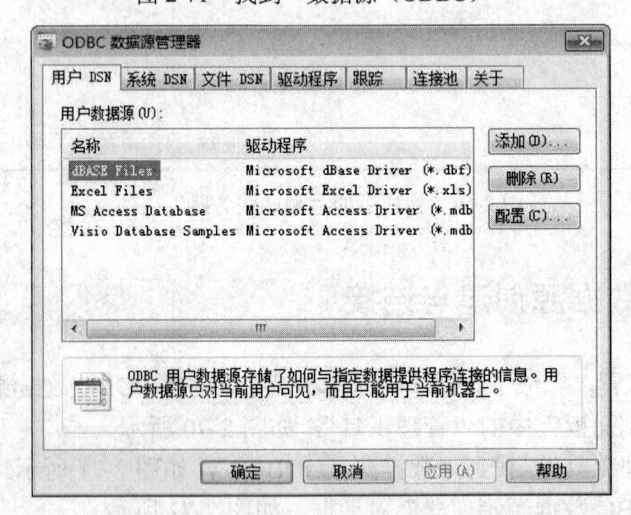

图 2-72　“ODBC 数据源管理器”对话框

（4）切换到“系统 DSN”选项卡，并单击“添加”按钮，如图 2-73 所示。

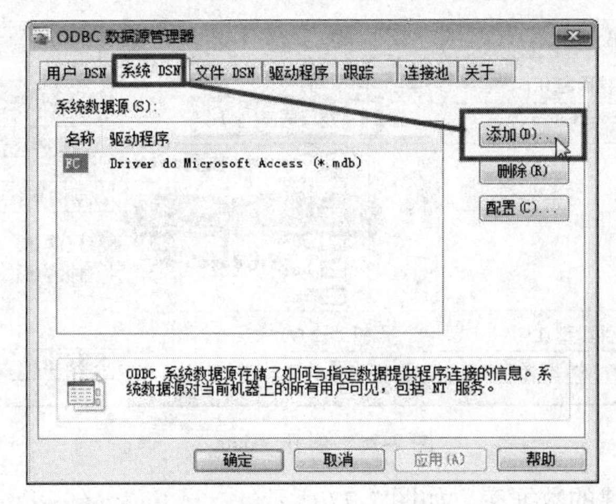

图 2-73　单击“添加”按钮

（5）出现“创建新数据源”对话框，在其中选择第二行，再单击“完成”按钮，如图 2-74 所示。

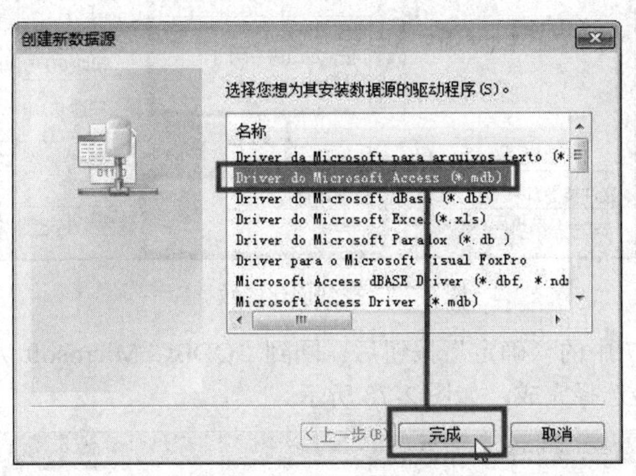

图 2-74　选择创建新数据源

（6）出现“ODBC Microsoft Access 安装”对话框，在“数据源名”栏输入数据源的名称，并单击“选择”按钮，如图 2-75 所示。

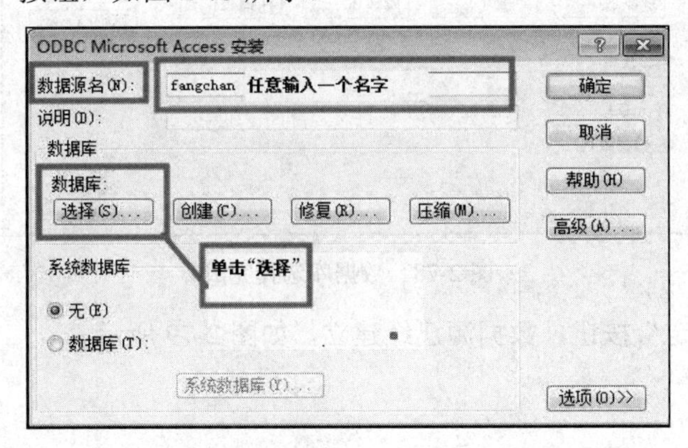

图 2-75　输入数据源的名称并单击“选择”按钮

（7）在“选择数据库”对话框中，展开“龙口房产网 1”的“data”，如图 2-76 所示。

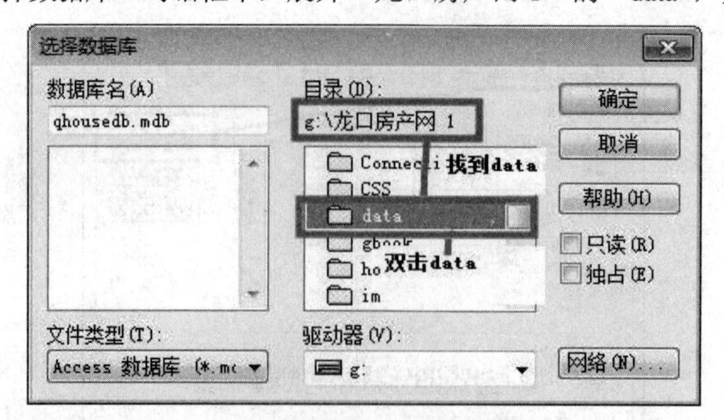

图 2-76　展开“data”

（8）找到前面创建的数据库，如图 2-77 所示。

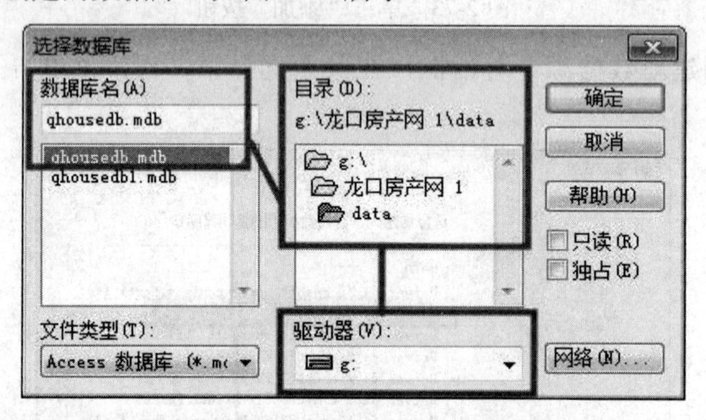

图 2-77　找到创建的数据库

（9）单击图 2-77 中的“确定”按钮后，回到“ODBC Microsoft Access 安装”对话框中，发现数据库已经选择完成，如图 2-78 所示。

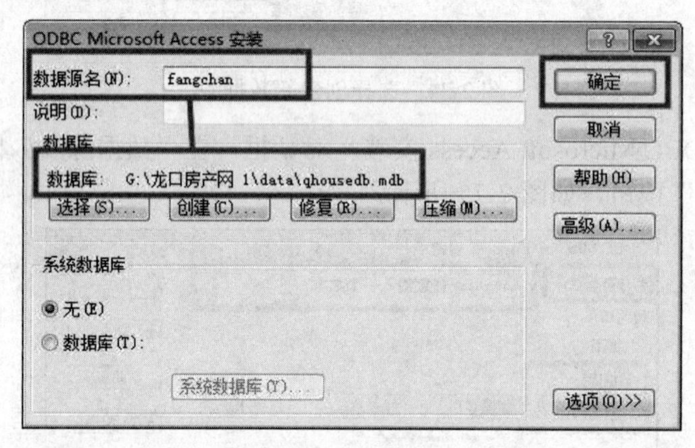

图 2-78　数据库选择完成

（10）单击“确定”按钮，数据源已经建立，如图 2-79 所示。

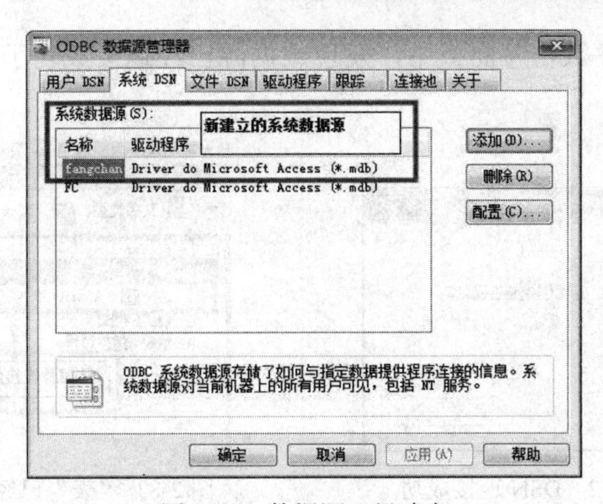

图 2-79　数据源已经建立

2.5　Dreamweaver 建立数据库的连接

在 ODBC 中创建数据源后，就可以在 Dreamweaver 中创建 DSN 数据连接了。在 Dreamweaver 中连接数据的方法较多，下面逐一介绍。

2.5.1　使用 DSN 连接数据源

（1）打开 Dreamweaver 中“应用程序”下的“数据库”选项，展开“+”按钮，选择“数据源名称（DSN）”，如图 2-80 所示。

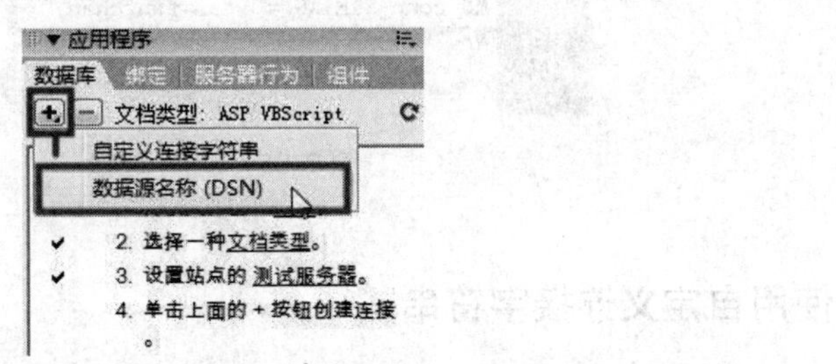

图 2-80　选择“数据源名称（DSN）”

（2）出现“数据源名称（DSN）”对话框，在其中进行如图 2-81 所示的选择和输入，并单击“测试”按钮。

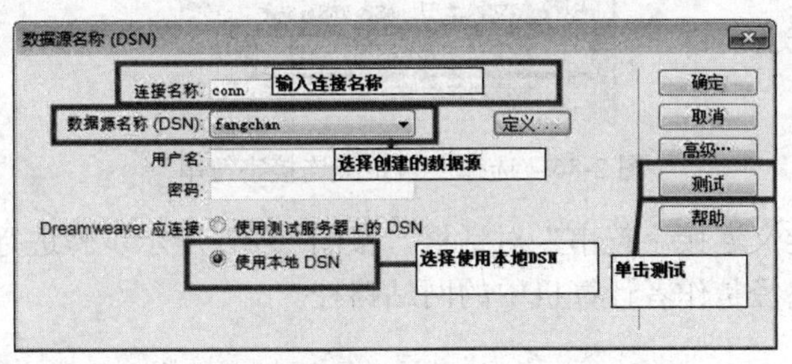

图 2-81　“数据源名称（DSN）”对话框

（3）测试 DSN 连接成功，如图 2-82 所示。

（4）回到应用程序数据库面板中，发现数据源已经连接成功了，“表”也出现了，如图2-83所示。

图2-82　DSN连接成功

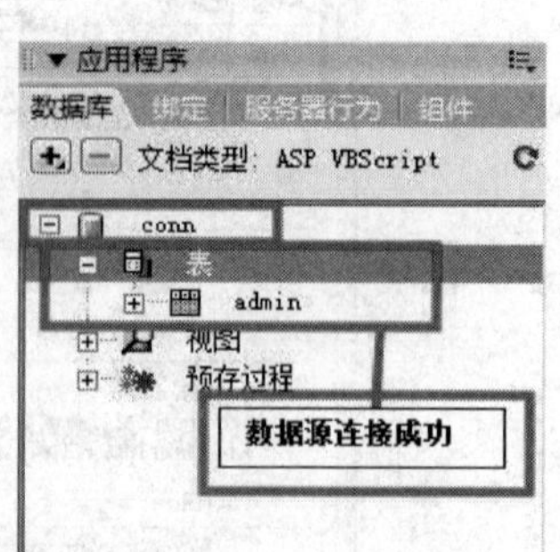

图2-83　“表”已经连接

（5）找到网站文件夹中的连接文件夹，查看连接文件也有了，如图2-84所示。

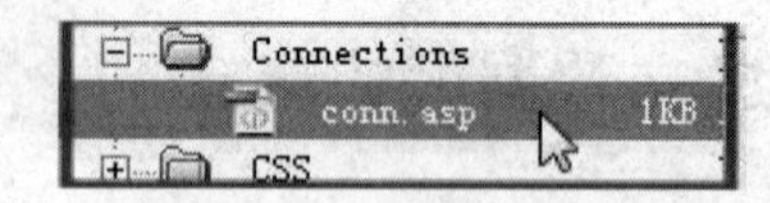

图2-84　出现了连接文件

（6）查看连接中的代码，可以看到是DSN的连接方式，如图2-85所示。

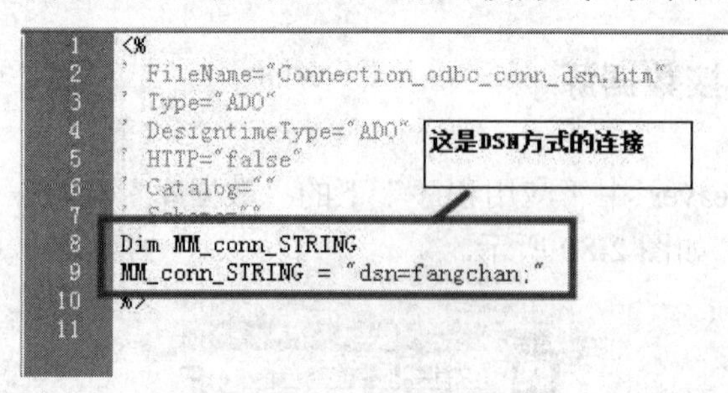

图2-85　DSN连接

2.5.2　使用自定义连接字符串

（1）在数据库面板中，选择“自定义连接字符串”，如图2-86所示。

图2-86　选择“自定义连接字符串”

（2）出现“自定义连接字符串”对话框，按图2-87所示步骤进行设置。其中，“连接字符串”一栏中的路径是作者计算机中的网站路径。

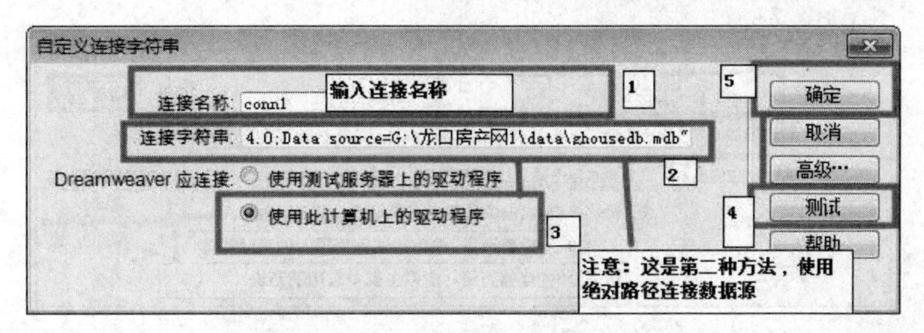

图 2-87 “自定义连接字符串”的设置

（3）单击“测试”按钮，显示测试成功，如图 2-88 所示。

图 2-88　测试成功

（4）查看连接文件的源代码，可以看到完整的连接代码，如图 2-89 所示。

```
<%
' FileName="Connection_ado_conn_string.htm"
' Type="ADO"
' DesigntimeType="ADO"
' HTTP="false"
' Catalog=""
' Schema=""
Dim MM_conn1_STRING
MM_conn1_STRING = "Provider=Microsoft.Jet.OLEDB.4.0;Data source=G:\龙口房产网 1\data\ghousedb.mdb"
%>
```

图 2-89　完成的连接代码

2.5.3 “自定义连接字符串”服务器连接

在 2.5.2 节中介绍的第二种方法使用的是“自定义连接字符串”中的“使用此计算机上的驱动程序”，本节介绍第三种方法，即“自定义连接字符串”服务器连接。

（1）选择“自定义连接字符串”，如图 2-90 所示。

图 2-90　选择“自定义连接字符串”

（2）在出现的“自定义连接字符串”对话框中，“Dreamweaver 应连接”选择“使用测试服务器上的驱动程序”，同时在“连接字符串”栏中输入的路径是一个相对路径，如图 2-91 所示。

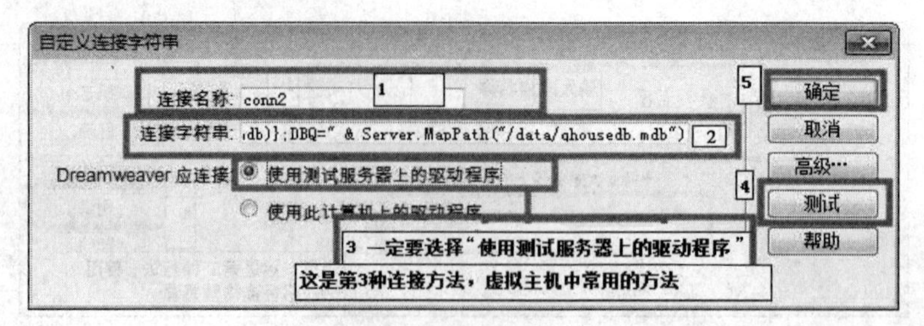

图 2-91 “自定义连接字符串”方法二

（3）查看连接代码，如图 2-92 所示。

```
1  <%
2  ' FileName="Connection_ado_conn_string.htm"
3  ' Type="ADO"
4  ' DesigntimeType="ADO"
5  ' HTTP="true"
6  ' Catalog=""
7  ' Schema=""
8  Dim MM_conn2_STRING
9  MM_conn2_STRING = "Driver={Microsoft Access Driver (*.mdb)};DBQ=" & Server.MapPath("/data/qhousedb.mdb")
10 %>
11
```

图 2-92 查看连接代码

2.5.4 使用纯代码连接数据库

可以建立一个连接文件，手动输入以下代码。

```
<%
set conn=server.createobject("adodb.connection")      //创建连接对象
connstr="Provider=Microsoft.jet.oledb.4.0;data source="&server.mappath("../data/qhousedb.mdb")
 //数据库驱动字符串


conn.open connstr      //链接数据库
%>
```

以上代码的解释见代码后面的批注。

2.6 创建第一个测试页面

（1）单击“文件”|“新建”命令，如图 2-93 所示。

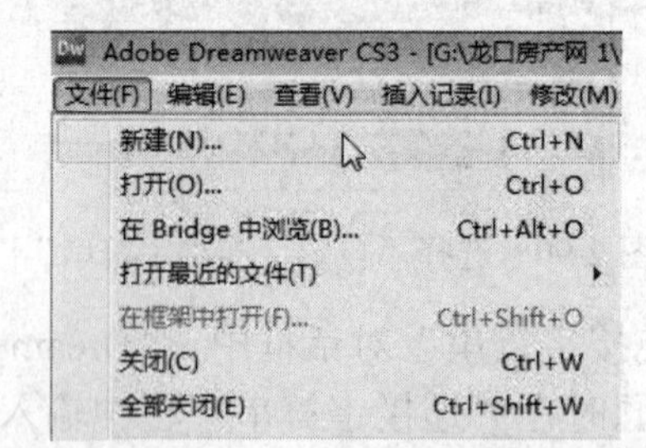

图 2-93 单击“文件”|“新建”命令

（2）出现“新建文档”对话框，如图 2-94 所示。

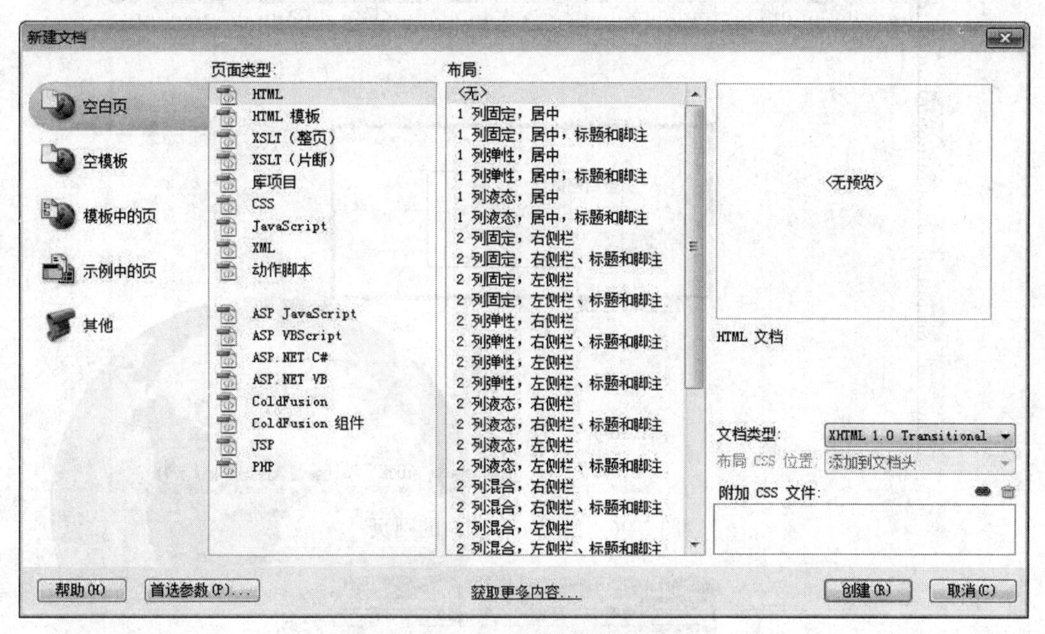

图 2-94　“新建文档”对话框

（3）选择“ASP VBScript”，并单击“创建”按钮，如图 2-95 所示。

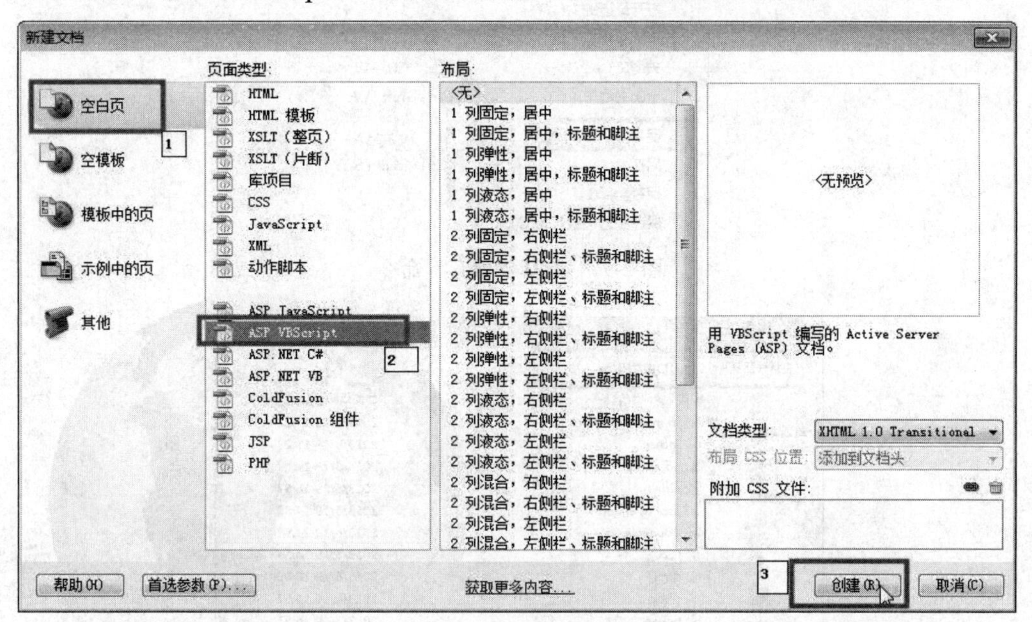

图 2-95　创建新文档

（4）出现一个空白的网页，如图 2-96 所示。

（5）单击“文件”|“保存”命令，如图 2-97 所示。

（6）保存在前面创建的站点下，并输入一个网页的名称，如图 2-98 所示。

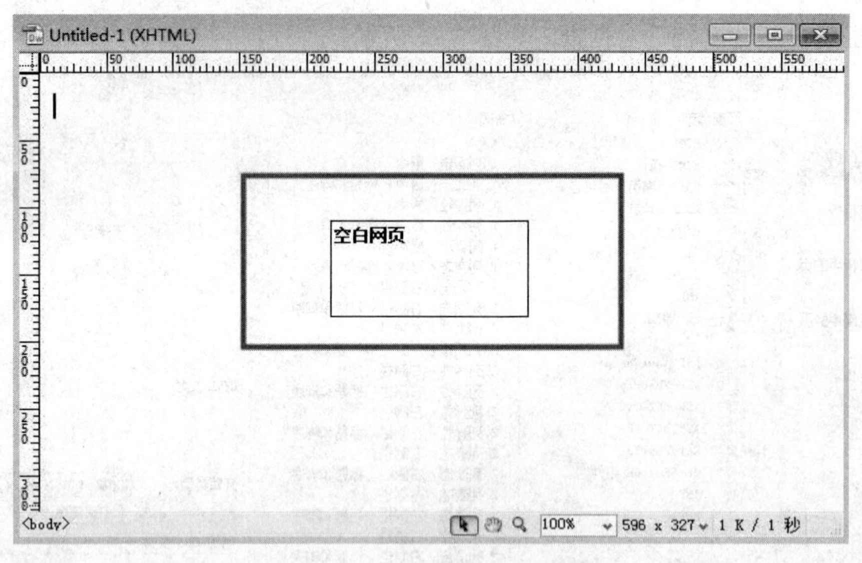

图 2-96　出现一个空白的网页

图 2-97　选择“保存”命令

图 2-98　输入网页名称

（7）在该网页中输入以下内容，如图 2-99 所示。

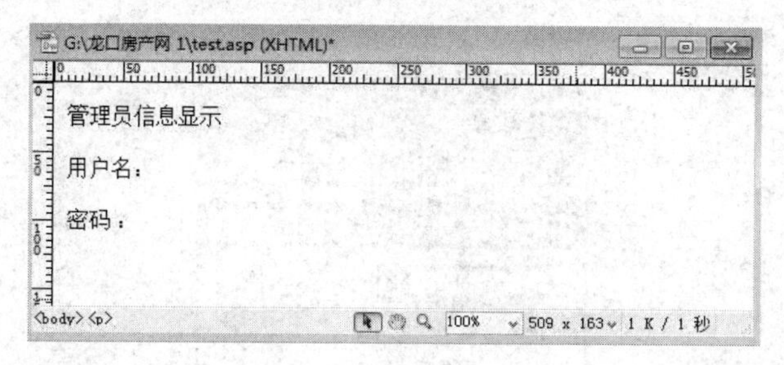

图 2-99　输入网页的内容

（8）选择“应用程序”面板中的“绑定”选项，展开“+”按钮，选择“记录集（查询）”，如图 2-100 所示。

（9）在出现的“记录集”对话框中进行设置，如图 2-101 所示。

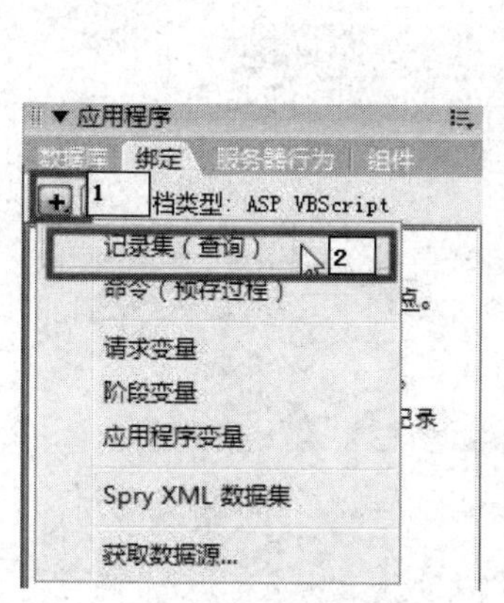

图 2-100　选择记录集

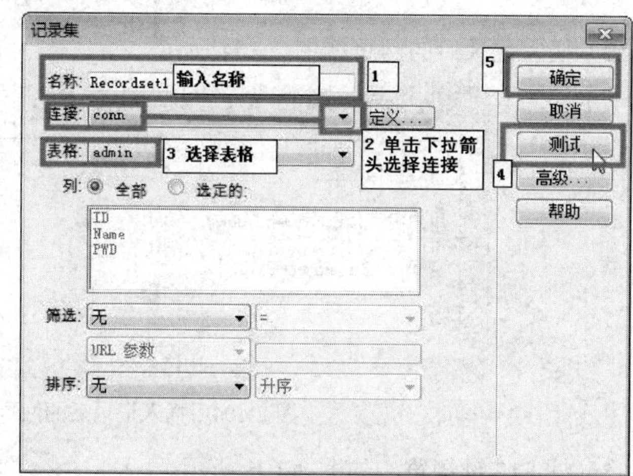

图 2-101　设置记录集

（10）单击“测试”按钮，可以发现里面有一条数据，如图 2-102 所示。

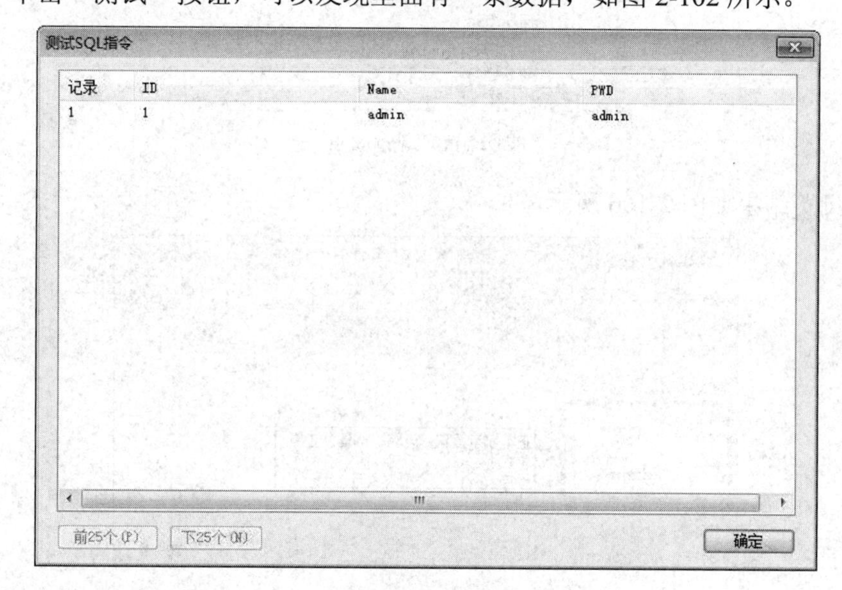

图 2-102　测试数据

（11）回到记录集面板，展开记录集，选择各个字段并单击“插入”按钮，如图 2-103 所示。

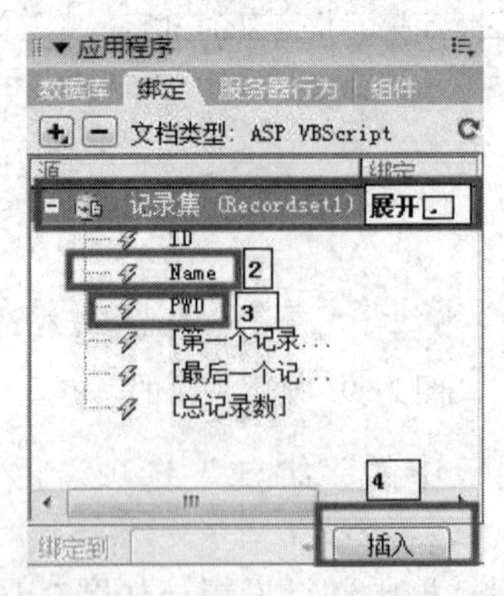

图 2-103　单击“插入”按钮

（12）插入记录后的网页如图 2-104 所示。

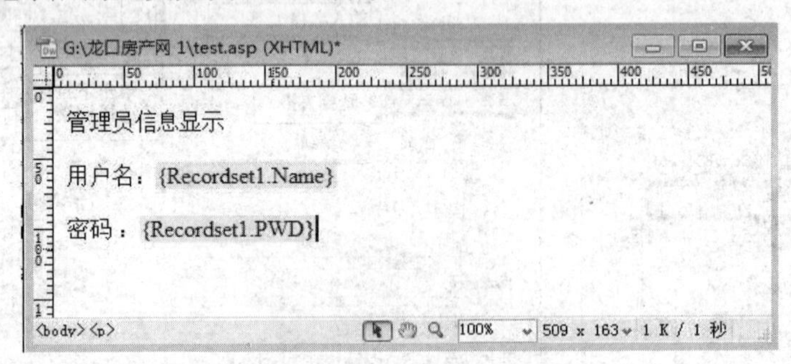

图 2-104　插入记录后的网页

（13）按 F12 键浏览，如图 2-105 所示。

图 2-105　浏览网页

（14）浏览结果如图 2-106 所示。

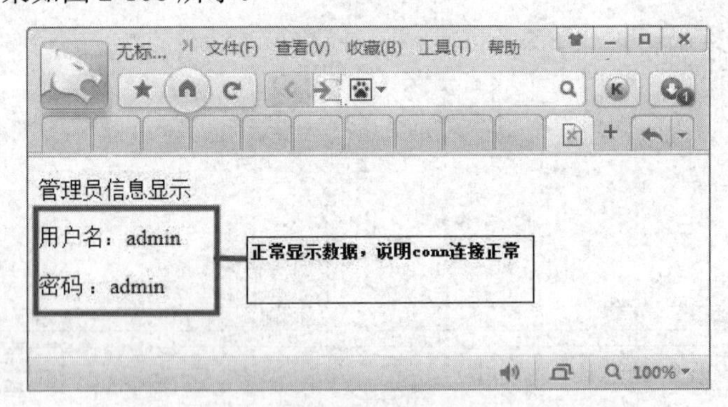

图 2-106　浏览结果

（15）保存网页，如图 2-107 所示。

图 2-107　保存网页

（16）通过第二个连接 conn1 来连接，建立记录集，如图 2-108 所示。

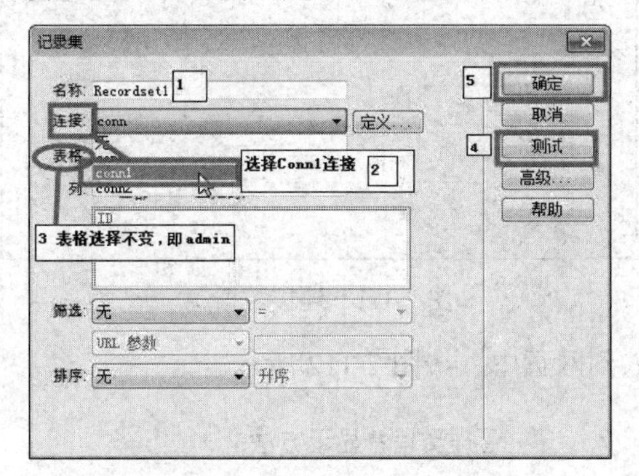

图 2-108　建立第二个连接的记录集

（17）同样测试数据，有一条数据，如图 2-109 所示。

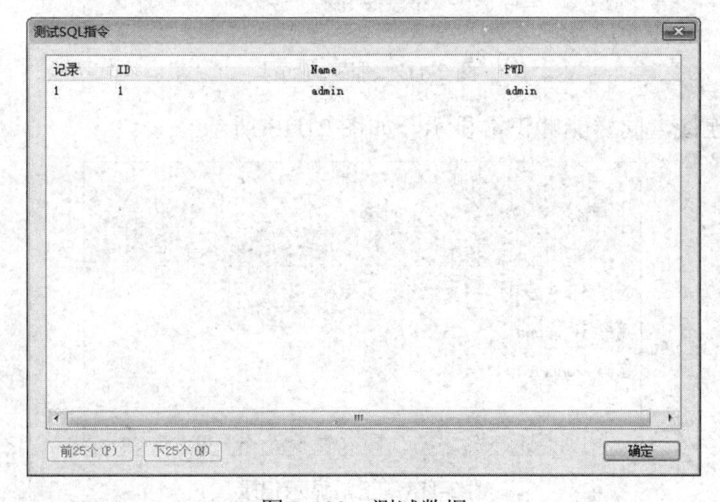

图 2-109　测试数据

（18）将记录集插入到网页中，同样能够显示，如图 2-110 所示。

无标...
文件(F) 查看(V) 收藏(B) 工具(T) 帮助
管理员信息显示
用户名：admin
密码：admin
100%

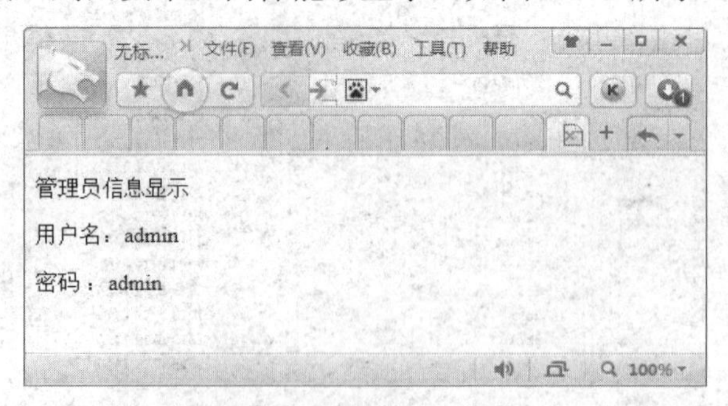

图 2-110　同样正常显示

（19）按第三个连接源进行连接，建立记录集，如图 2-111 所示。

记录集
名称: Recordset2
连接: conn2
定义...
表格: admin
列: 全部 选定的:
ID
Name
PWD
筛选: 无
=
URL 参数
排序: 无
升序
确定
取消
测试
高级...
帮助

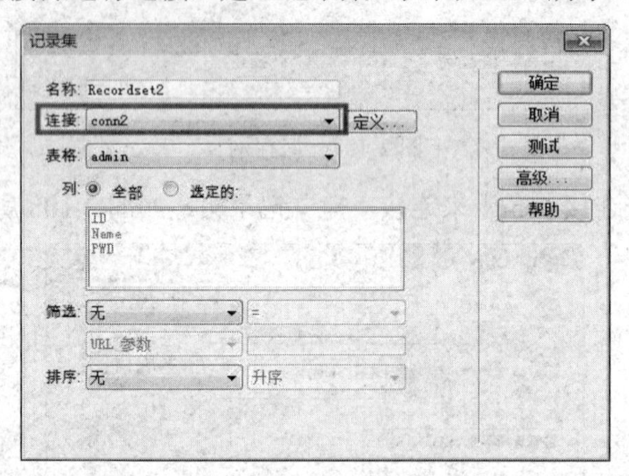

图 2-111　连接数据源

（20）将记录集插入到网页中，如图 2-112 所示。

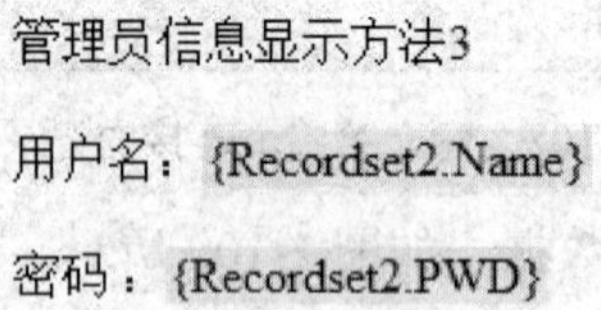

管理员信息显示方法3
用户名：{Recordset2.Name}
密码：{Recordset2.PWD}

图 2-112　插入记录集

（21）测试连接，同样能够正常显示，如图 2-113 所示。

无标...
文件(F) 查看(V) 收藏(B) 工具(T) 帮助
管理员信息显示方法3
用户名：admin
密码：admin
100%

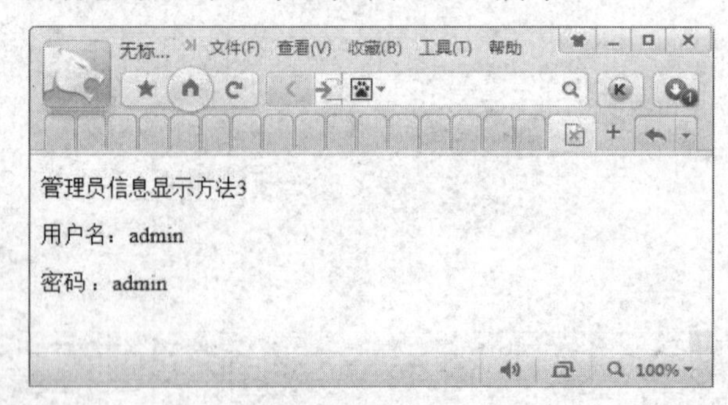

图 2-113　正常显示记录

本章小结

本章介绍了六个方面的内容：

（1）IIS 的安装与配置。分别介绍了 Windows XP 和 Windows 7 下的安装方法，可以适合不同的应用环境，如学校上课环境和自己家用计算机环境。

（2）数据库的建立。详细介绍了数据库的制作、数据库表的设计、字段的设计及类型选择、表的保存及关键字的加入。

（3）站点的建立与配置。重点介绍了本地信息和测试服务器的路径要一样，同时重点介绍了服务器中下拉列表的选择。

（4）ODBC 数据源配置。重点介绍了添加数据源的方法。

（5）Dreamweaver 站点中连接数据源配置。介绍了 4 种方法，并进行了举例说明。

（6）建立一个测试网页。建立测试网页并测试了数据显示的情况，成功实现了数据的显示。

思考与练习

1．在 Windows XP 下安装 IIS 的步骤有哪些？如何解决 IIS 浏览时没有查看目录的权限的问题？

2．在 Windows 7 下安装 IIS 的步骤有哪些？

3．如何建立一个 Access 数据库？如何在表中输入字段和选择数据类型？

4．如何建立一个 Dreamweaver 站点？

5．如何配置 Dreamweaver 站点的本地和测试服务器信息？

6．如何在 ODBC 中进行数据源连接？

7．在 Dreamweaver 站点中如何进行数据源的连接？

8．如何通过几种不同的方法测试数据的显示？

9．上机操作：完成书中的练习。

第3章

会员管理设计

学习导读

在第 1 章介绍了网站创建的流程，第 2 章介绍了网站开发的环境搭建及第一个测试页面的制作，初步领会了网站制作的过程，本章将以房产信息网为例进行介绍。首先介绍房产信息网的会员系统，该系统包含用户注册、登录、修改注册资料、修改密码、找回密码功能。

学习目标

- 掌握会员系统数据表的设计方法。
- 掌握个人和企业会员注册页面的设计方法。
- 掌握个人和企业会员登录页面的制作方法。
- 掌握个人和企业会员登录后修改注册资料页面的制作方法。
- 掌握会员修改密码页面的制作方法。
- 掌握找回密码页面的制作方法。

3.1 会员数据表的设计

用户注册和登录页面、修改注册资料、修改密码、找回密码功能页面需要的数据表为 Company，该表的制作步骤如下。

（1）打开提供的数据库，复制数据表，如图 3-1 所示。

图 3-1 复制数据表

（2）到需要的数据库中进行粘贴，如图 3-2 所示。

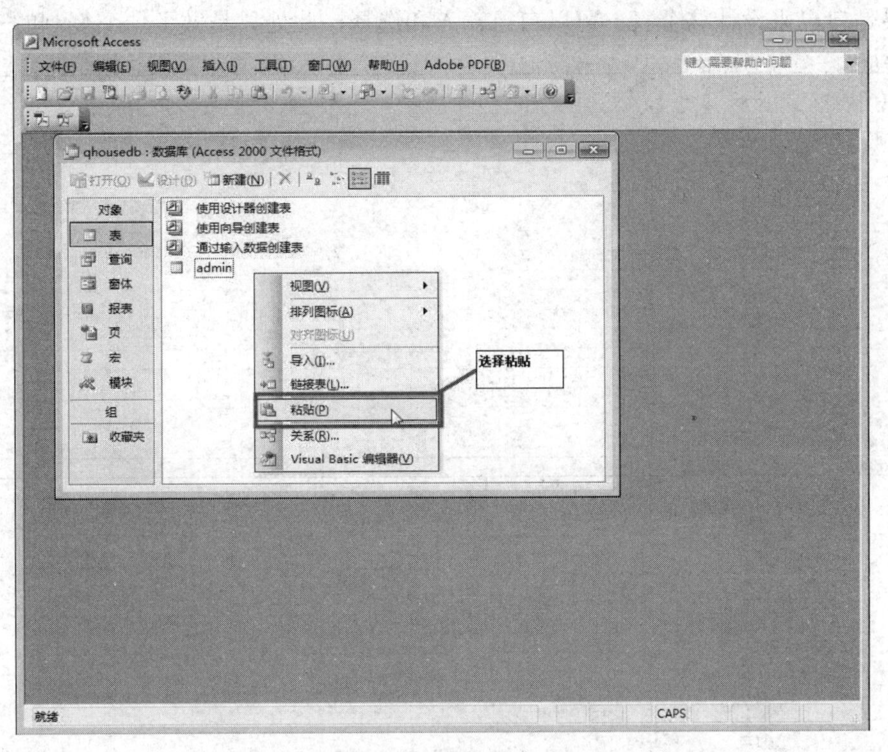

图 3-2　粘贴数据表

（3）出现“粘贴表方式”对话框，输入表名称，选择粘贴选项，如图 3-3 所示。

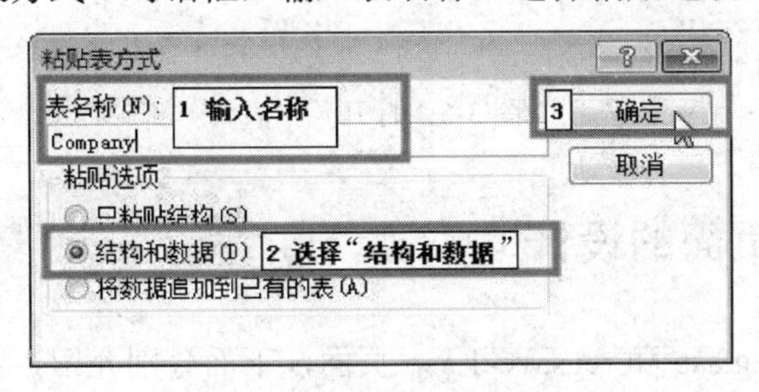

图 3-3 “粘贴表方式”对话框

（4）单击“确定”按钮后，粘贴成功，如图 3-4 所示。

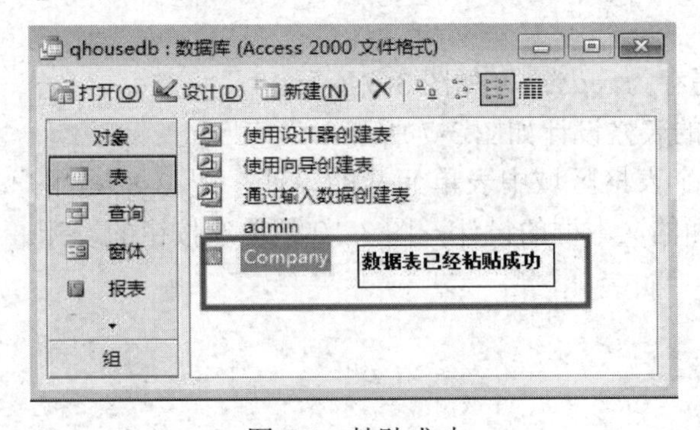

图 3-4　粘贴成功

（5）打开该表查看数据表中的字段，如图 3-5 所示。这些字段名称和字段的数据类型，如果是自己来设计这个表，可以自己输入和选择，此处只是做了一个复制的工作。

字段名称	数据类型	说明
ID	自动编号	
Userid	文本	
Pwd	文本	
Name	文本	
Company	文本	
country	文本	
Province	文本	
City	文本	
zip	文本	
Address	文本	
phone	文本	
tel	文本	
mphone	文本	
fax	文本	
email	文本	
url	文本	
emp	文本	
typeid	文本	
dnt	日期/时间	

字段名称	数据类型	说明
LastIP	文本	
LastDate	日期/时间	
AllTimes	数字	
Cloth	文本	
Question	文本	
answer	文本	
post	文本	
info	备注	
recommend	文本	
mmode	文本	
jibie	文本	
ismember	数字	
reg_type	文本	
place	数字	

图 3-5　打开数据表

3.2 会员注册页面的设计

会员注册页面是 reg.asp 和 regsave-1.asp 页面，下面分别介绍。

3.2.1　reg.asp 页面的设计

（1）将 reg.htm 另存为 reg.asp，如图 3-6 所示。

（2）reg.asp 页面的表格设计如图 3-7 所示。

（3）这里介绍一个表格区域中表单元素的设计，图 3-8 是用户名后面的文本框的设计，图 3-9 是密码后面的文本框的设计，图 3-10 是单选按钮的设计。

图 3-6　文件另存

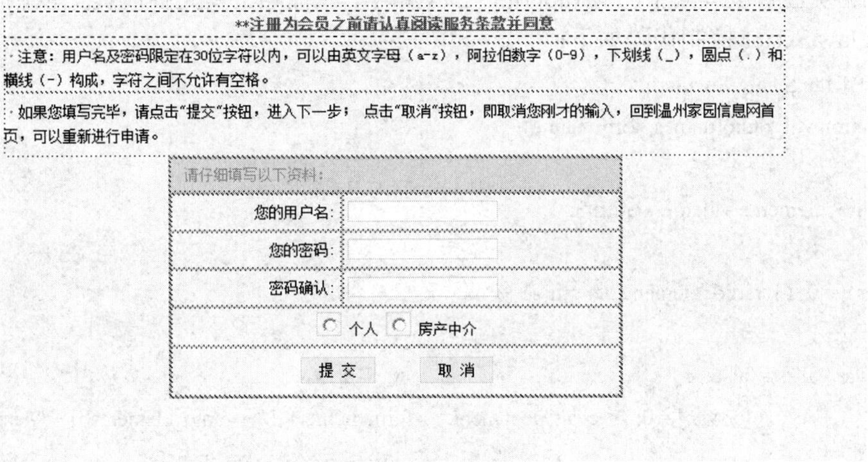

**注册为会员之前请认真阅读服务条款并同意

· 注意：用户名及密码限定在30位字符以内，可以由英文字母（a-z），阿拉伯数字（0-9），下划线（_），圆点（.）和横线（-）构成，字符之间不允许有空格。

· 如果您填写完毕，请点击“提交”按钮，进入下一步； 点击“取消”按钮，即取消您刚才的输入，回到温州家园信息网首页，可以重新进行申请。

请仔细填写以下资料：

您的用户名：

您的密码：

密码确认：

○ 个人 ○ 房产中介

提 交　　取 消

图 3-7　reg.asp 的表格区域设计

图 3-8　用户名的表单元素

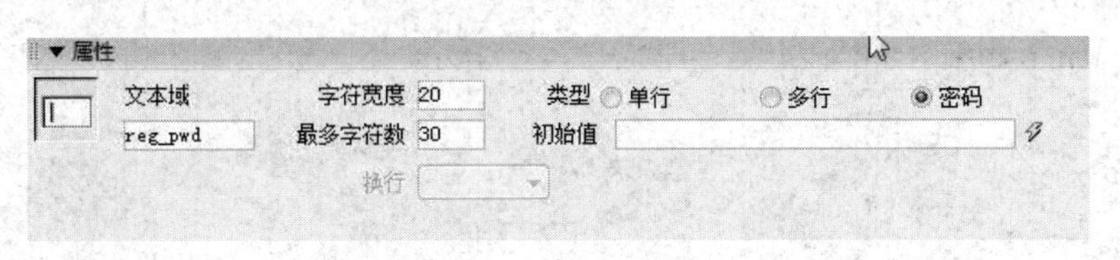

图 3-9　密码的表单元素

图 3-10　单选按钮的表单元素

（4）切换页面到源代码下面，可以看到表单的提交动作是到 regsave-1.asp 页面，如图 3-11 所示。

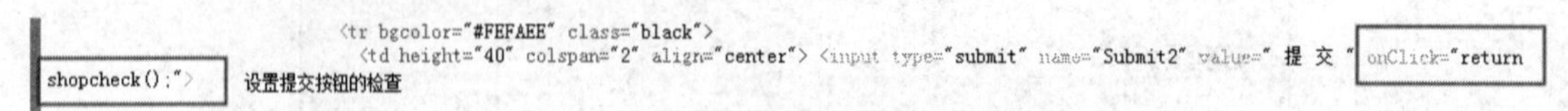

图 3-11　表单的提交动作

（5）设置提交按钮的动作检查行为，如图 3-12 所示。

```
<tr bgcolor="#FEFAEE" class="black">
  <td height="40" colspan="2" align="center"> <input type="submit" name="Submit2" value=" 提 交 " onClick="return
shopcheck();">
```

设置提交按钮的检查

图 3-12　检查提交按钮

（6）继续查看该页面中的 JavaScript 控制代码，该代码主要是控制提交按钮的动作。

加入 JavaScript 控制代码如下：

```
<SCRIPT language=JavaScript>
   function val_radio(names, form_name)
{
 var radio_elements = names.split(':');

 for(var i = 0; i < radio_elements.length; i++)
 {
       var valid = false;
                  for(var j = 0; j < eval("document." + form_name + "." + radio_elements[i] + ".length"); j++)
       {
            if (eval("document." + form_name + "." + radio_elements[i] + "[j].checked"))
            {
                  valid = true;
                  break;
            }
       }
       if (!valid)   {
            return false;
       }
       return true;
 }
}
//以上是控制单选按钮
```

```
function shopcheck()
{

    if (document.reg.reg_user.value=="")        //如果表单中的用户名文本框中输入为空
    {
        alert ("请填写用户名！");       //提示需要输入用户名
        document.reg.reg_user.focus();
        return false;
    }
        if (document.reg.reg_pwd.value=="")        //如果表单中的密码文本框中输入为空
    {
        alert ("请输入密码！");       //提示输入密码
        document.reg.reg_pwd.focus();
        return false;
    }
    if ( document.reg.reg_pwd.value.length < 5)      //检查密码长度
    {
        alert("输入密码少于 5 位");
        document.reg.reg_pwd.focus();
        return false;
    }
         if (document.reg.reg_pwd2.value=="")       //检查确认密码是否输入
    {
        alert ("请再次输入密码！");
        document.reg.reg_pwd2.focus();
        return false;
    }
    if (document.reg.reg_pwd.value != document.reg.reg_pwd2.value)       //检查两次密码是否一样
    {
        alert ("输入密码和确认密码不一样！");
        document.reg.reg_pwd2.focus();
        return false;
    }
            if (!val_radio('reg_type', 'reg')) {
        alert("请选择会员类别！个人还是房产中介？");
        return false;
    }
return true;
 }
</SCRIPT>
```

（7）测试 reg.asp 页面，测试结果如图 3-13 所示。

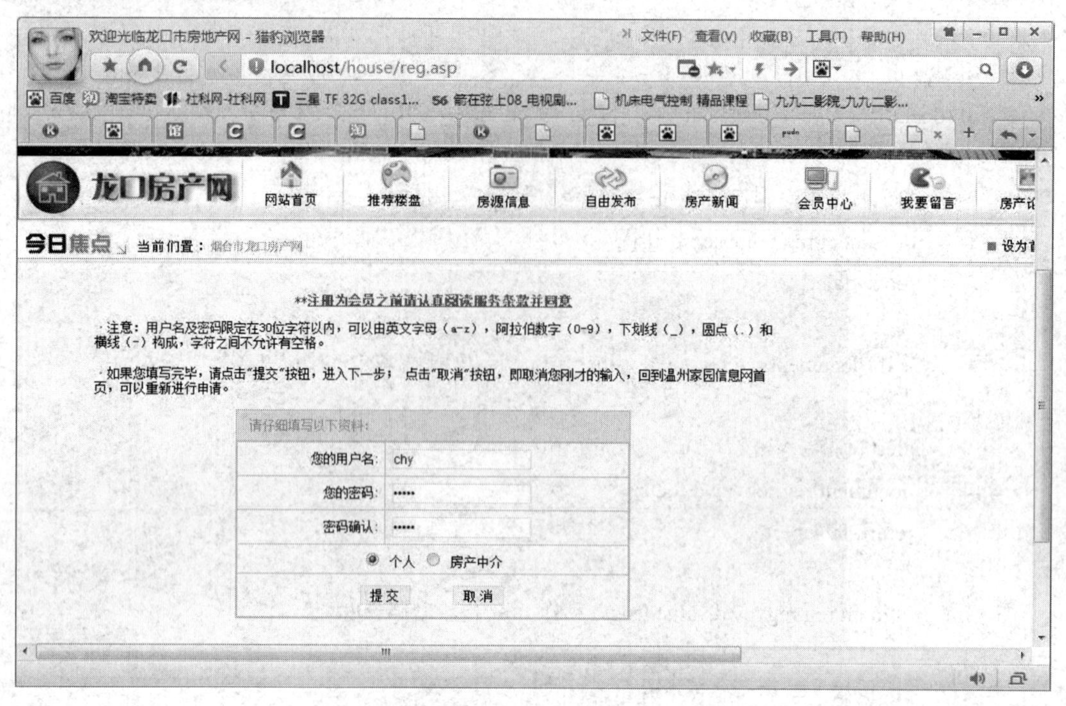

图 3-13　测试页面

3.2.2　regsave-1.asp 页面的设计

（1）将 regsave-1.htm 另存为 regsave-1.asp，如图 3-14 所示。

图 3-14　另存为 regsave-1.asp

（2）regsave-1.asp 的表格区域如图 3-15 所示。

用户注册个人信息：	**为必填写字段
您的用户名：	
您的密码：	0 = 点击修改密码 =
真实姓名：	**
联系电话：	**
手 机：	**
E-mail：	**（此电子邮件非常重要，请认真填写！）
密码提示问题：	**需要找回密码的时候，提示的问题“您叫什么名字？”
问题回答：	**您自设问题的答案，如您的答案是“小黄”
	提 交

图 3-15　regsave-1.asp 的表格区域

（3）将光标移动到如图 3-16 所示的用户名处。

图 3-16　移动光标到用户名处

（4）切换到源代码视图，增加如图 3-17 所示的代码，接收上一个页面表单元素。

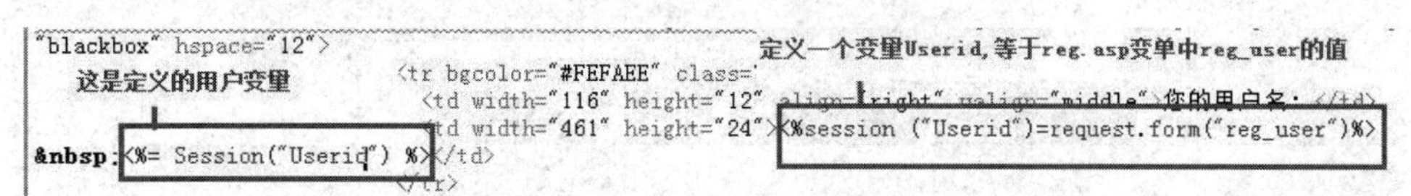

图 3-17　增加代码

（5）移动光标到“您的密码”处，如图 3-18 所示。

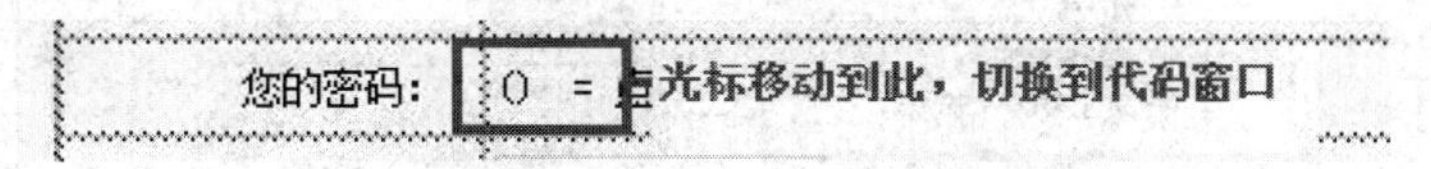

图 3-18　移动光标到密码处

（6）增加密码的代码，用于接收上一个页面传送来的参数，如图 3-19 所示。

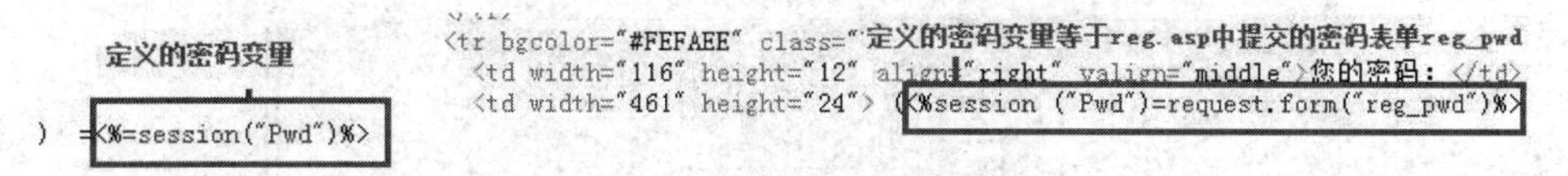

图 3-19　增加密码代码

（7）光标移动到“真实姓名”处，如图 3-20 所示。

图 3-20　光标移动到姓名处

（8）增加代码，用于接收用户类型，如图 3-21 所示。

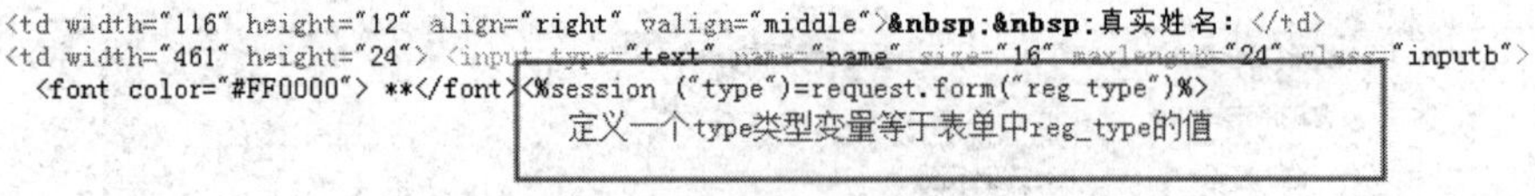

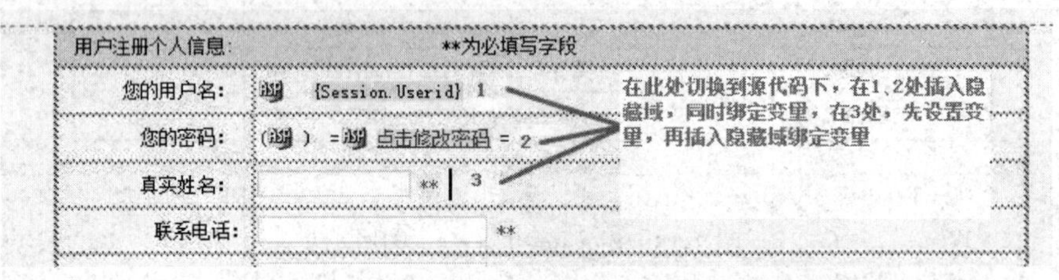

图 3-21　增加接收用户类型代码

（9）切换到源代码下，插入隐藏域，如图 3-22 所示。

图 3-22　切换到源代码下

（10）选择“插入记录”|“表单”|“隐藏域”命令，如图 3-23 所示。

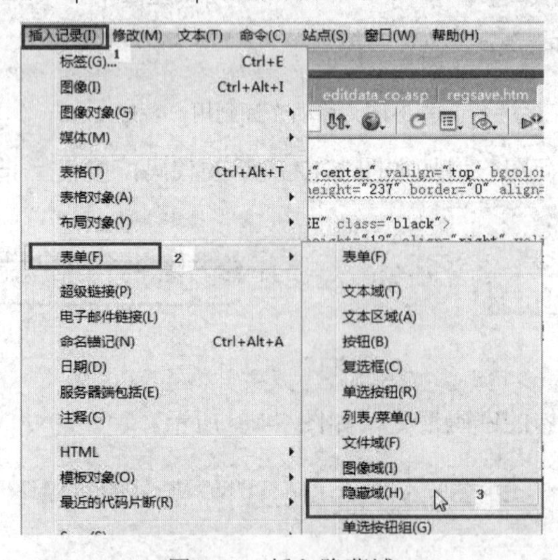

图 3-23　插入隐藏域

（11）设置各个隐藏域的参数，如图 3-24、图 3-25、图 3-26 所示。

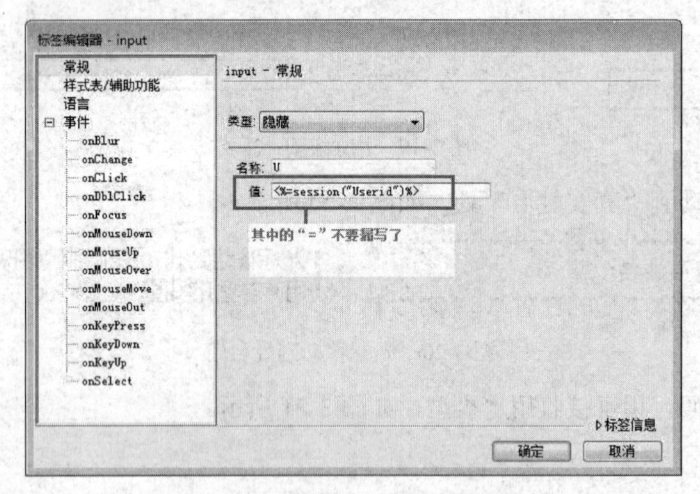

图 3-24　设置用户名的隐藏域

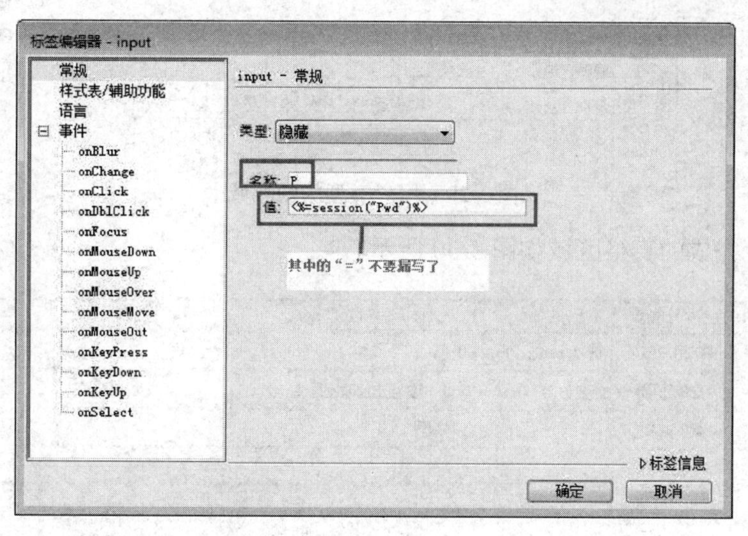

图 3-25　设置密码的隐藏域

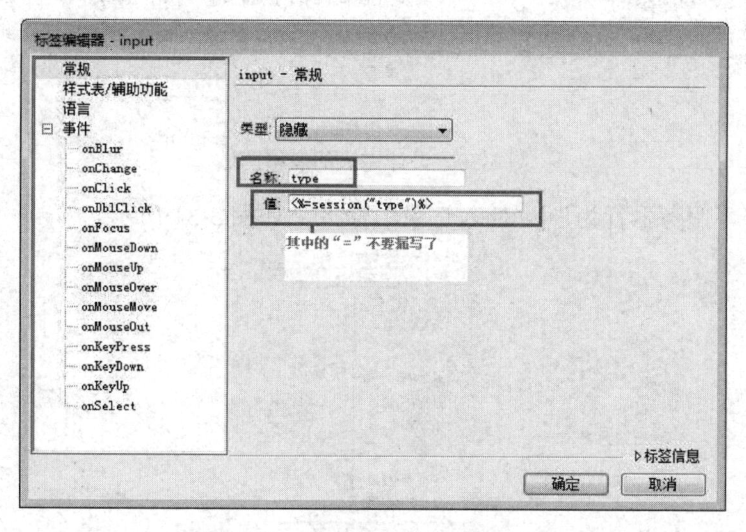

图 3-26　设置用户类型的隐藏域

（12）回到设计模式，查看几个隐藏域的值，可以看到几个隐藏域的表单元素的值如图 3-27～图 3-29 所示。

图 3-27　用户名的隐藏域

图 3-28　密码的隐藏域

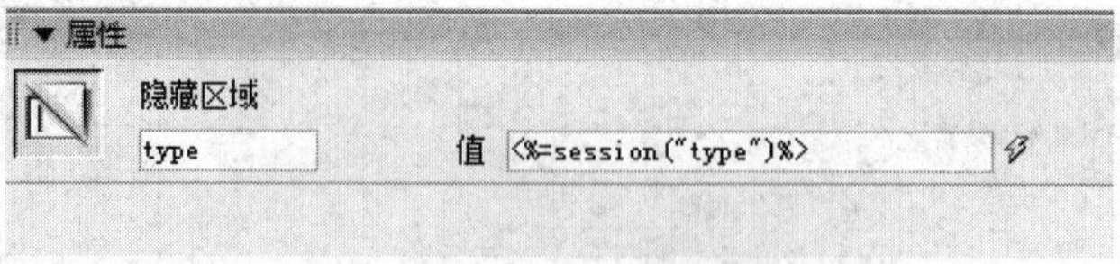

▼ 属性

隐藏区域

type　　值 <%=session("type")%>

图 3-29　用户类型的隐藏域

（13）设计完成的表格区域如图 3-30 所示。

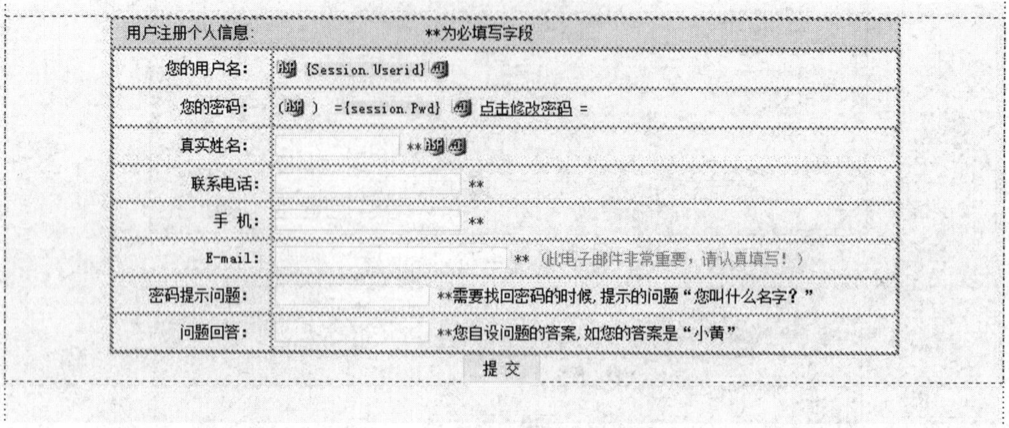

用户注册个人信息:	**为必填写字段
您的用户名:	{Session.Userid}
您的密码:	( ) ={session.Pwd} 点击修改密码 =
真实姓名:	**
联系电话:	**
手 机:	**
E-mail:	** (此电子邮件非常重要，请认真填写！)
密码提示问题:	**需要找回密码的时候,提示的问题“您叫什么名字？”
问题回答:	**您自设问题的答案,如您的答案是“小黄”

提 交

图 3-30　设计完成的表格区域

（14）选择“服务器行为”|“插入记录”命令，如图 3-31 所示。

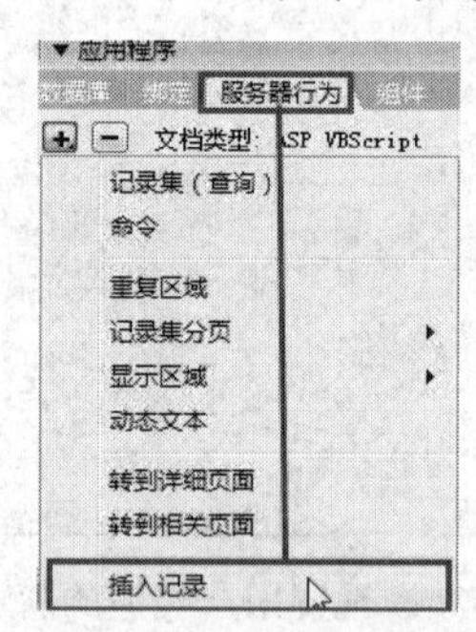

图 3-31　插入记录

（15）在“插入记录”对话框中按图 3-32 所示进行设置。

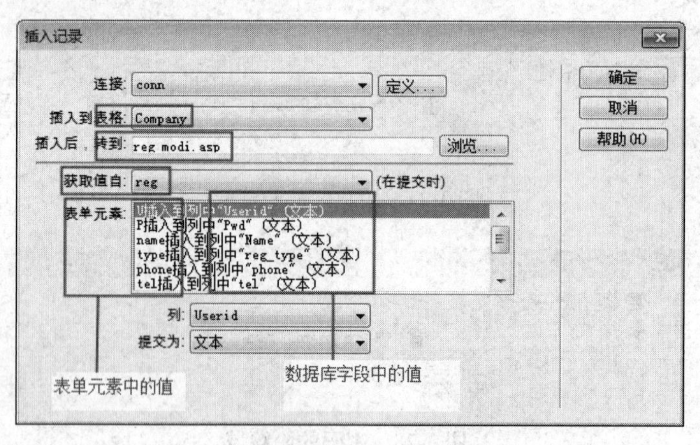

图 3-32　插入记录的设置

其中，reg_modi.asp 是个人用户修改资料的页面。

（16）个人用户注册页面使用插入记录行为后设计完成的表格区域如图 3-33 所示。

用户注册个人信息:	**为必填写字段
您的用户名:	{Session.Userid}
您的密码:	( ) ={session.Pwd} 点击修改密码 =
真实姓名:	**
联系电话:	
手 机:	
E-mail:	** (此电子邮件非常重要，请认真填写！)
密码提示问题:	**需要找回密码的时候, 提示的问题“您叫什么名字？”
问题回答:	**您自设问题的答案, 如您的答案是“小黄”
	提 交

图 3-33　设计完成的表格区域

（17）给该页面加入控制代码：

```
<%
if request.form("reg_type")="1" then
response.redirect "editdata_co.asp"
response.end
end if
%>
```

该段代码的含义是：如果在表单中传送的用户类型是“1”，则转到企业用户界面。

editdata_co.asp 是企业会员的注册页面，如果用户在 reg.asp 页面选择的是企业用户，则会直接转到企业用户注册页面。

（18）测试用户注册页面，如图 3-34 所示。

用户注册个人信息:	**为必填写字段
您的用户名:	chy
您的密码:	( ) =12345 点击修改密码 =
真实姓名:	chy **
联系电话:	13108981102
手 机:	13108981102
E-mail:	41800543@qq.com ** (此电子邮件非常重要，请认真填写！)
密码提示问题:	我的职业是什么 **需要找回密码的时候, 提示的问题“您叫什么名字？”
问题回答:	老师 **您自设问题的答案, 如您的答案是“小黄”
	提交

图 3-34　测试用户注册页面

（19）出现如图 3-35 所示的错误，经过检查发现源代码有问题。

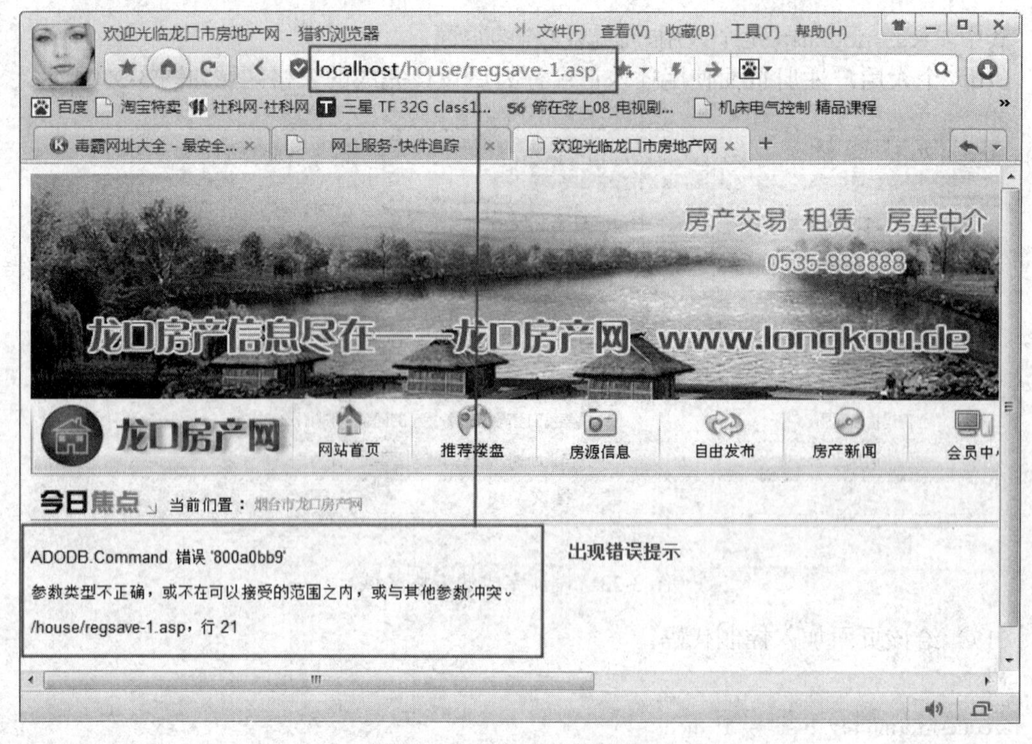

图 3-35 测试出现的错误

（20）将连接文件的代码移动到插入记录的语句代码的前面，如图 3-36 和图 3-37 所示。

插入记录形成的代码

```
11 <%
12 ' *** Redirect if username exists
13 MM_flag = "MM_insert"
14 If (CStr(Request(MM_flag)) <> "") Then
15   Dim MM_rsKey
16   Dim MM_rsKey_cmd
17
18   MM_dupKeyRedirect = "regfail.asp"
19   MM_dupKeyUsernameValue = CStr(Request.Form("U"))
20   Set MM_rsKey_cmd = Server.CreateObject ("ADODB.Command")
21   MM_rsKey_cmd.ActiveConnection = MM_conn_STRING
22   MM_rsKey_cmd.CommandText = "SELECT Userid FROM Company WHERE Userid = ?"
23   MM_rsKey_cmd.Prepared = true
24   MM_rsKey_cmd.Parameters.Append MM_rsKey_cmd.CreateParameter("param1", 200, 1, 30, MM_dupKeyUsernameValue) ' adVarChar
25   Set MM_rsKey = MM_rsKey_cmd.Execute
26   If Not MM_rsKey.EOF Or Not MM_rsKey.BOF Then
27     ' the username was found - can not add the requested username
28     MM_qsChar = "?"
29     If (InStr(1, MM_dupKeyRedirect, "?") >= 1) Then MM_qsChar = "&"
30     MM_dupKeyRedirect = MM_dupKeyRedirect & MM_qsChar & "requsername=" & MM_dupKeyUsernameValue
31     Response.Redirect(MM_dupKeyRedirect)
32   End If
33   MM_rsKey.Close
34 End If
35 %>
36 <!--#include file="../Connections/conn.asp" -->
```

这是数据连接文件，将它移动到插入记录形成代码的前面

图 3-36 找到数据连接的代码

```
1  <!--#include file="Top1.Asp" -->
2
3  <%
4  if request.form("reg_type")="1" then
5  response.redirect "editdata_co.asp"
6  response.end
7  end if
8  %>
9  <!--#include file="../Connections/conn.asp" -->
10
```

将这行代码移上来

图 3-37 移动代码

（21）注册成功后，本来是到 reg_modi.asp 页面进行资料修改，但是，我们在 reg_modi.asp 页面增加了控制代码进行检查，就是要让用户注册后进行登录。代码如下：

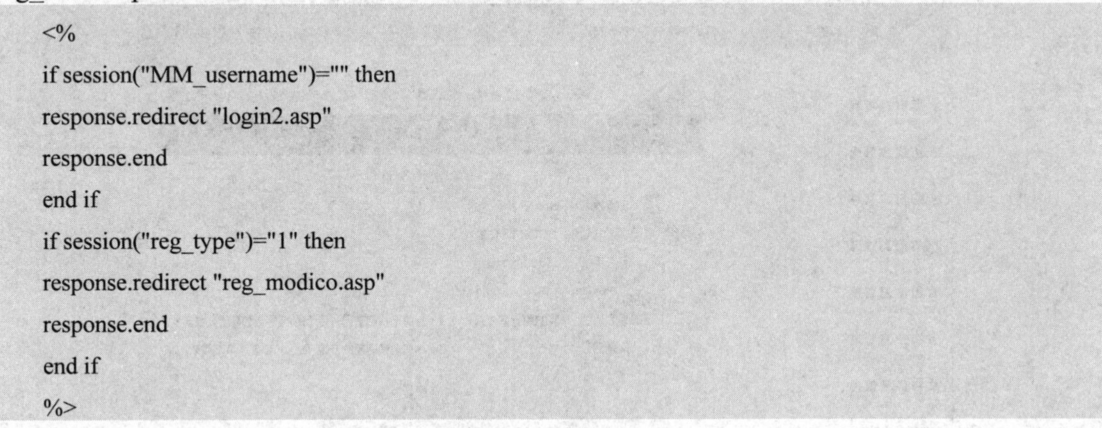

```
<%
if session("MM_username")="" then
response.redirect "login2.asp"
response.end
end if
if session("reg_type")="1" then
response.redirect "reg_modico.asp"
response.end
end if
%>
```

该段代码的含义是：如果用户没有登录则转到 login2.asp 登录页面，如果登录后的用户类型是“1”，则转到 reg_modico.asp 企业用户修改注册资料页面。

（22）再次测试注册页面，注册后直接转到了 login2.asp 登录页面，如图 3-38 所示。

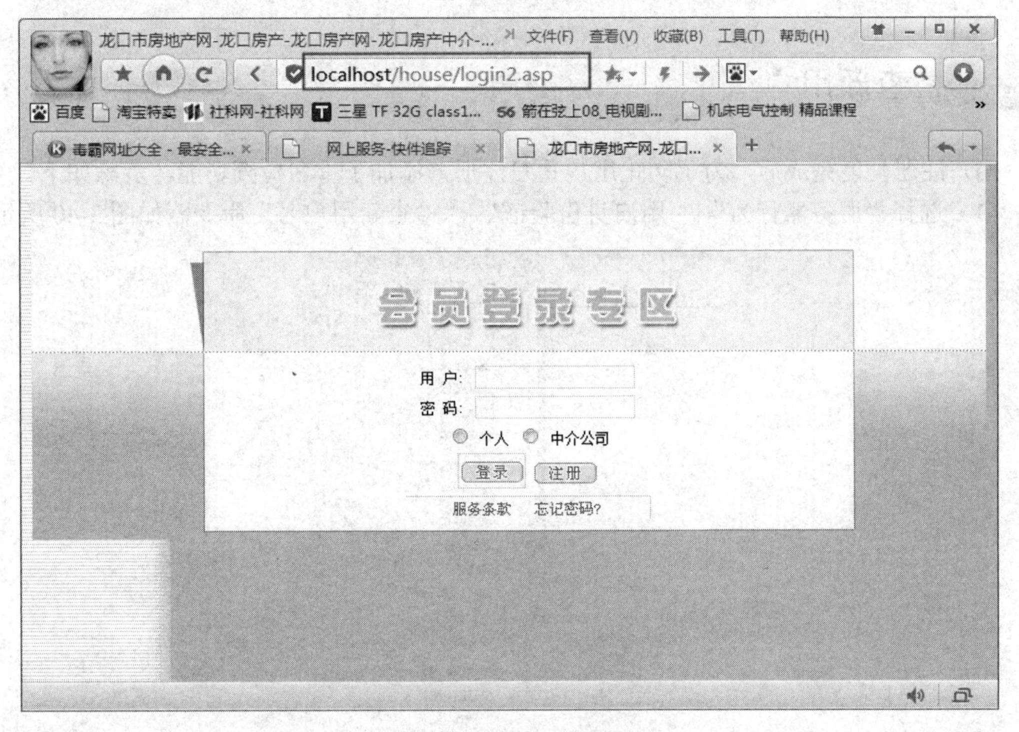

图 3-38　转到登录页面

（23）用注册的用户名和密码登录成功的页面，如图 3-39 所示。

reg_modi.asp 页面在后面的章节予以介绍。

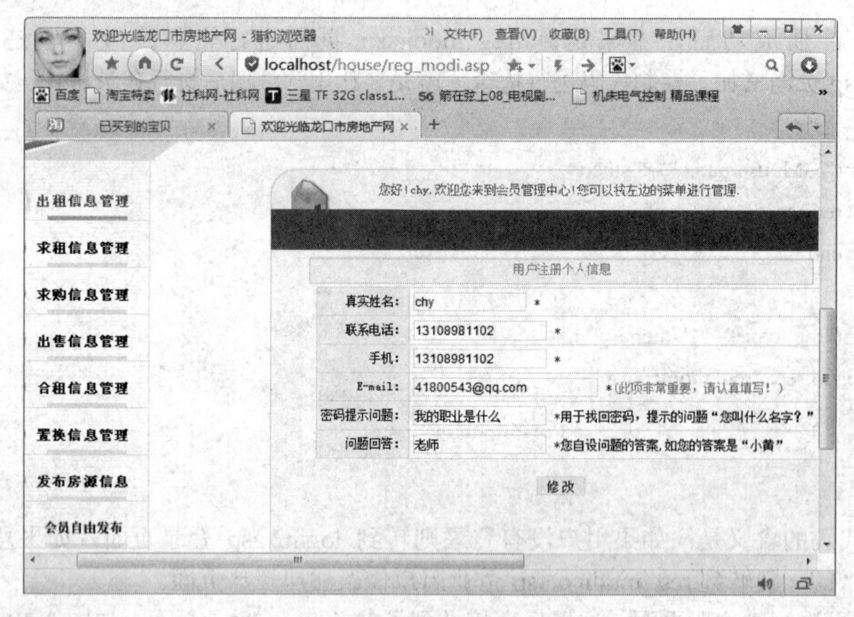

图 3-39　登录成功的页面

3.3 检查新用户

用户注册功能完成后，为了防止用户重复注册，添加了重名检查功能，步骤如下。

（1）选择“服务器行为”|“用户身份验证”|“检查新用户名”命令，如图 3-40 所示。

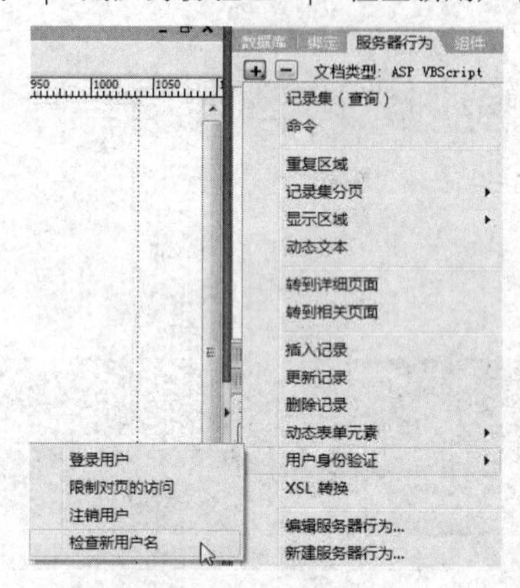

图 3-40　检查新用户名

（2）出现“检查新用户名”对话框，按图 3-41 所示进行设置。

图 3-41　“检查新用户名”对话框

（3）图 3-41 中的转到的页面并不存在，需要新建立一个。单击“文件”|“新建”命令新建一个文档，如图 3-42 所示。

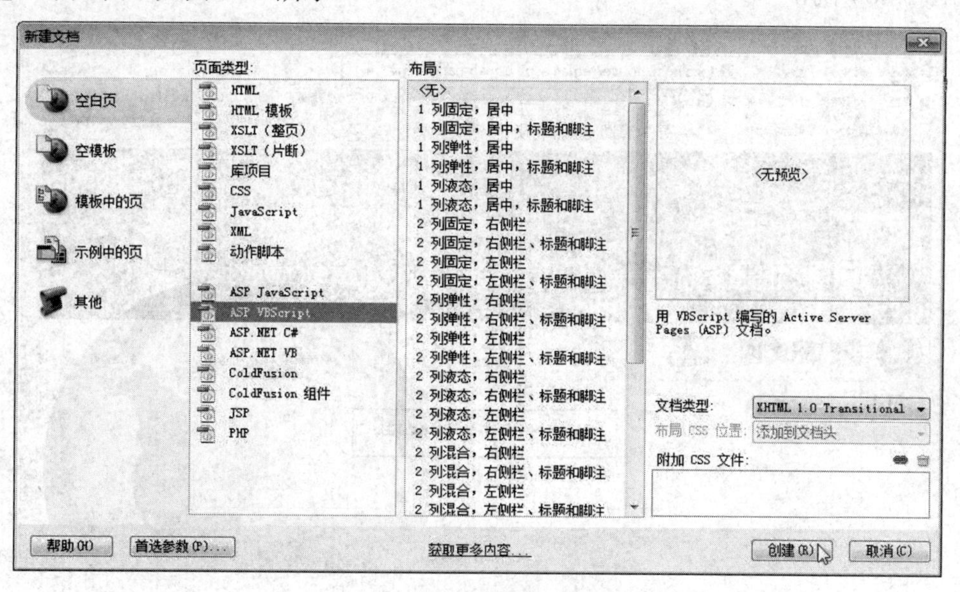

图 3-42　新建文档

（4）将该页面保存为 regfail.asp，并在页面中输入以下内容，如图 3-43 所示。

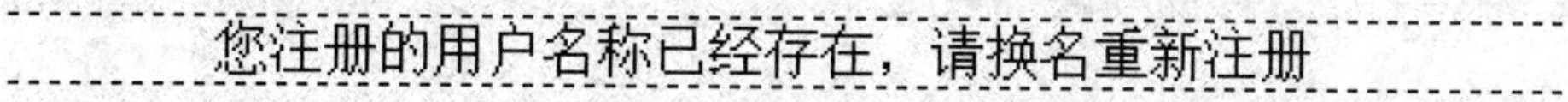

您注册的用户名称已经存在，请换名重新注册

图 3-43　输入内容

（5）测试该页面时显示不正常，发现是因为字体的问题，如图 3-44 所示。

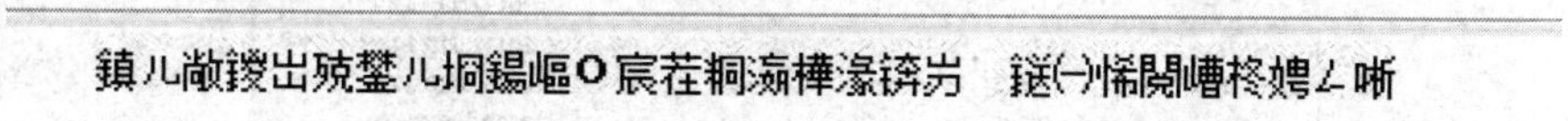

鎮ㄦ敞鍐岀殑鐢ㄦ埛鍚嶇О宸茬粡瀛樺湪　鎹㈠悕閲嶆柊娉ㄥ唽

图 3-44　显示不正常

（6）设置字体，如图 3-45 所示。

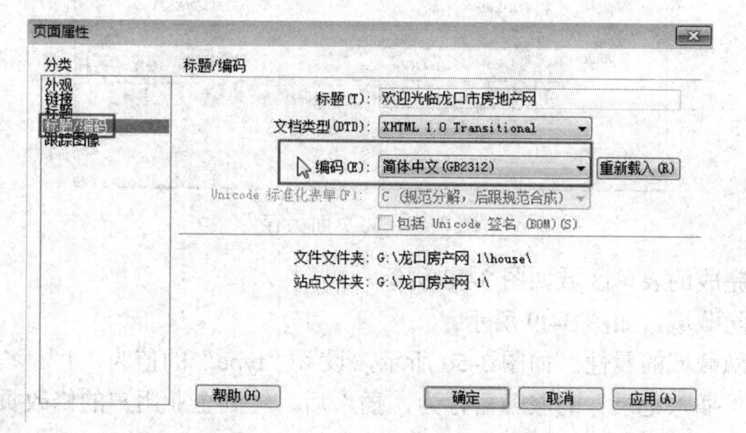

图 3-45　设置字体

（7）再次通过注册页面测试，用一个已经注册过的用户名来注册，出现了设置的提示，如图 3-46 所示。

图 3-46　重名测试

3.4 企业用户注册页面设计

（1）将页面另存，如图 3-47 所示。

图 3-47　将页面另存

（2）设计完成的表单区域如图 3-48 所示。

（3）插入隐藏域，如图 3-49 所示。

（4）设置隐藏域的属性，如图 3-50 所示，设置“type”的值为“1”。

（5）选择“插入记录”的服务器行为，插入后，转到企业用户的修改页面，如图 3-51 所示。

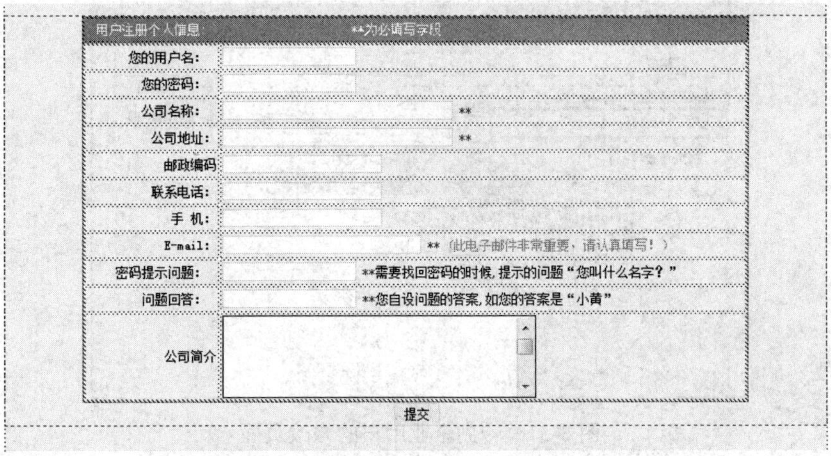

图 3-48　设计完成的表单区域

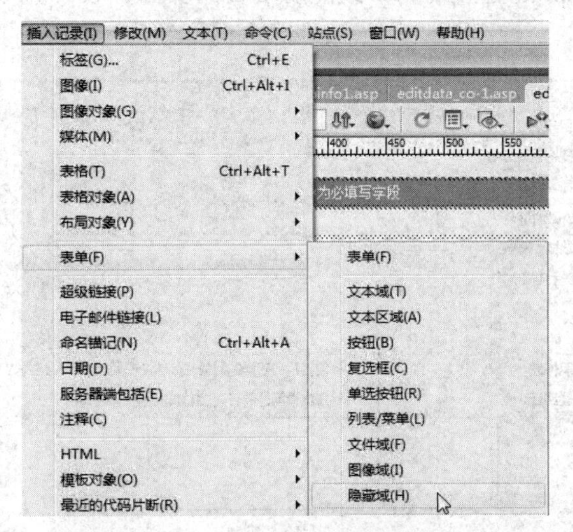

图 3-49　插入隐藏域

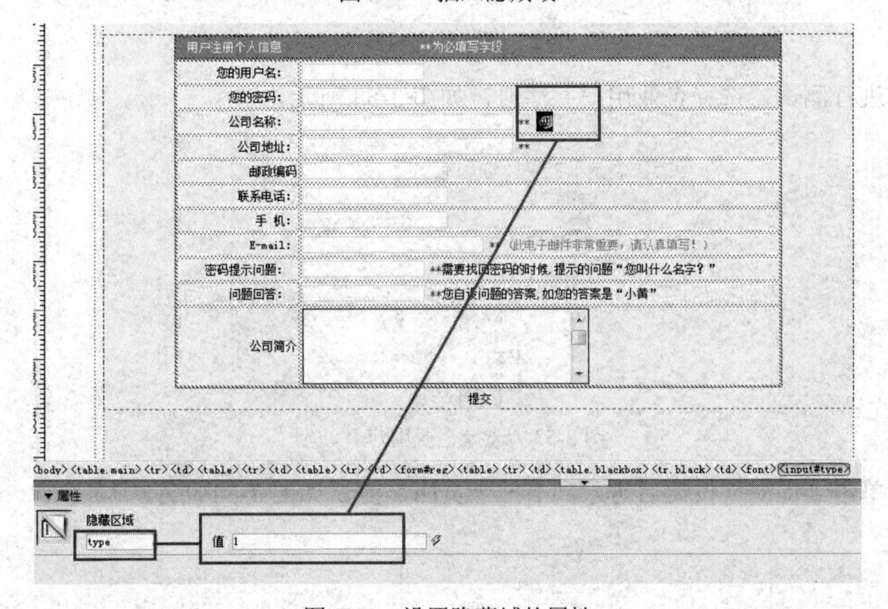

图 3-50　设置隐藏域的属性

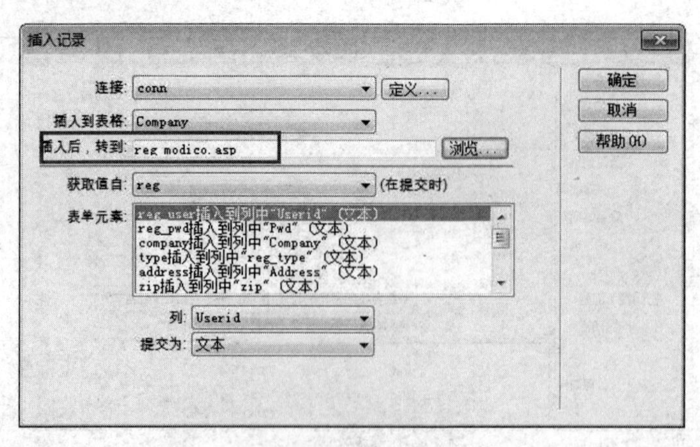

图 3-51　转到企业用户的修改页面

（6）reg_modico.asp 是企业用户修改注册资料的页面。设计完成的表单区域如图 3-52 所示。

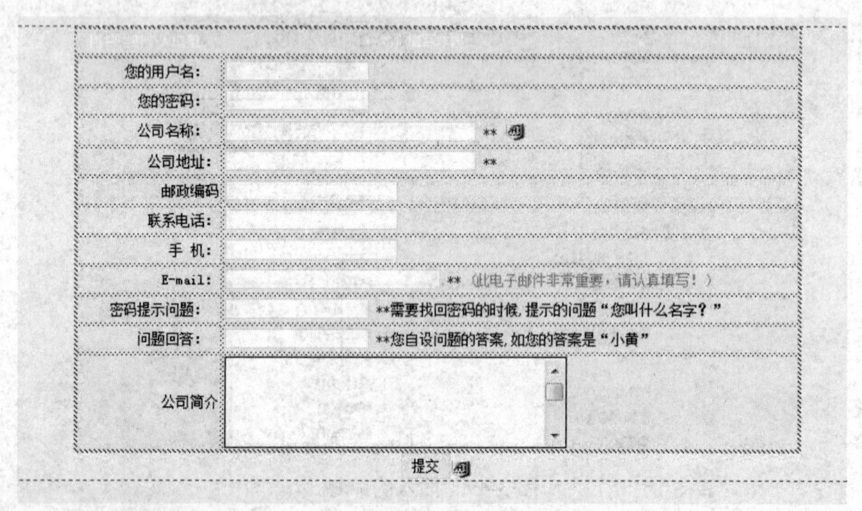

图 3-52　设计完成的表单区域

（7）进行测试，选择企业用户并注册，如图 3-53 所示。

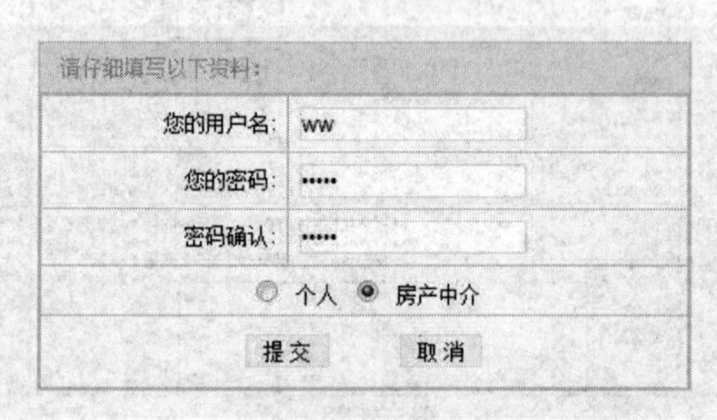

图 3-53　选择企业用户并注册

（8）单击“提交”按钮后进入到下一个页面，测试如图 3-54 所示。

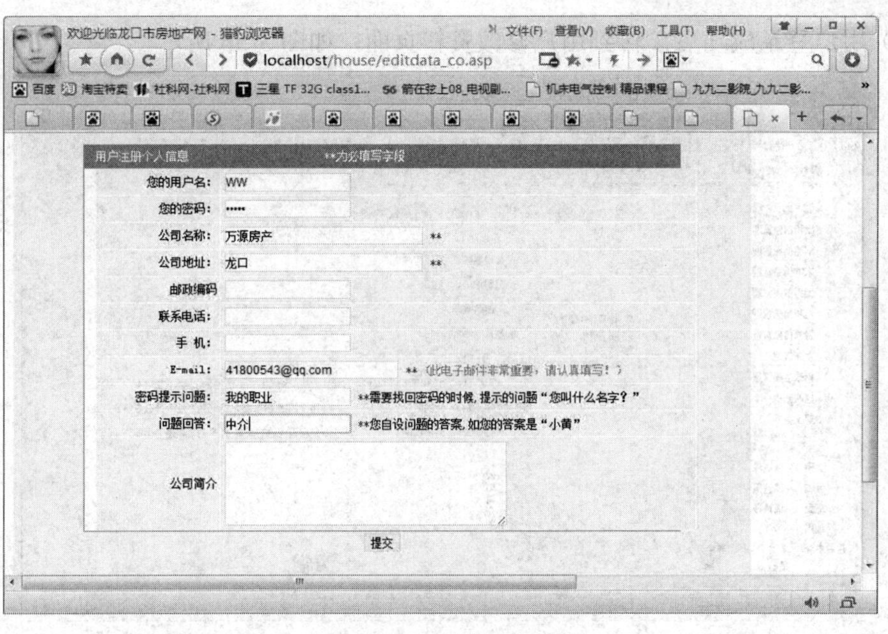

图 3-54　企业用户的注册

（9）注册成功后，本来是到 reg_modico.asp 页面，该页面是企业用户修改资料的页面，但是在该页面增加了控制代码进行检查。代码如下：

```
<%
if session("MM_username")="" then
response.redirect "login2.asp"
response.end
end if
%>
```

代码含义是：如果没有登录则转到 login2.asp 登录页面。

（10）企业用户注册后直接转到 login2.asp 登录页面，用企业用户登录，如图 3-55 所示。

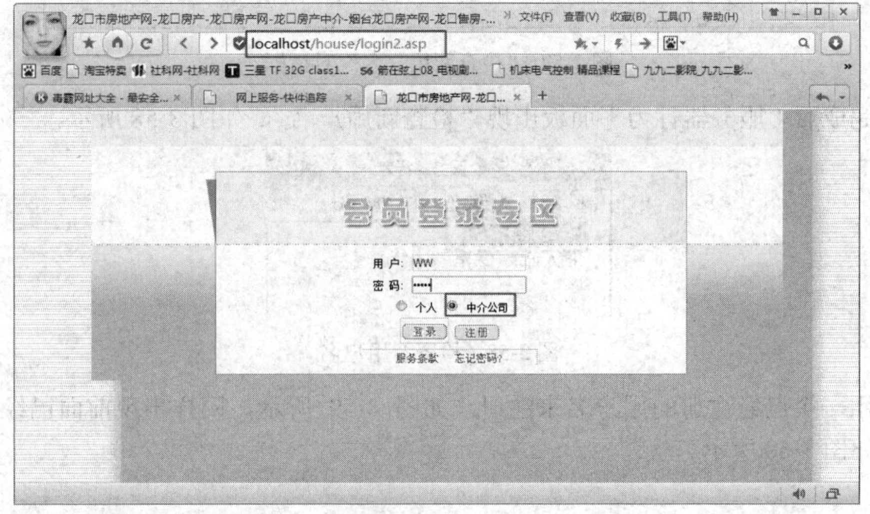

图 3-55　企业用户登录

（11）用户登录成功后，转到用户修改资料页面，如图3-56所示。

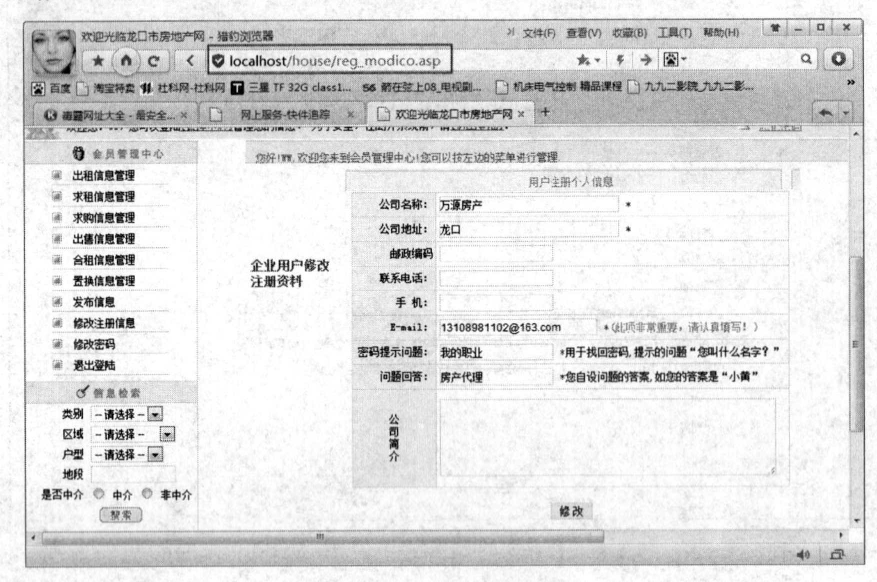

图3-56　用户修改资料页面

3.5 检查企业注册用户重名的设计

检查企业用户注册页面的设计与个人用户注册页面的设计方法完全相同。

（1）在 editdata_co.asp 的“服务器行为”面板中，展开检查新用户名的行为，然后出现“检查新用户名”对话框，按如图3-57所示进行设置。

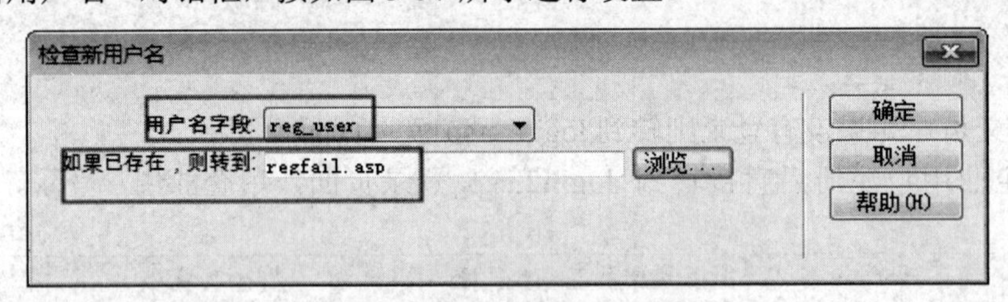

图3-57　“检查新用户名”对话框

（2）完成后“服务器行为”面板出现“检查新用户名”，如图3-58所示。

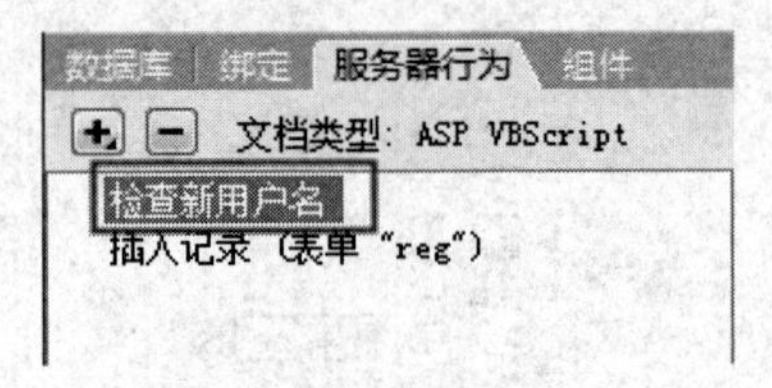

图3-58　检查新用户名

（3）用一个已经注册的用户名来注册，如图 3-59 所示，同样出现前面已经提到的错误提示，如图3-60所示。

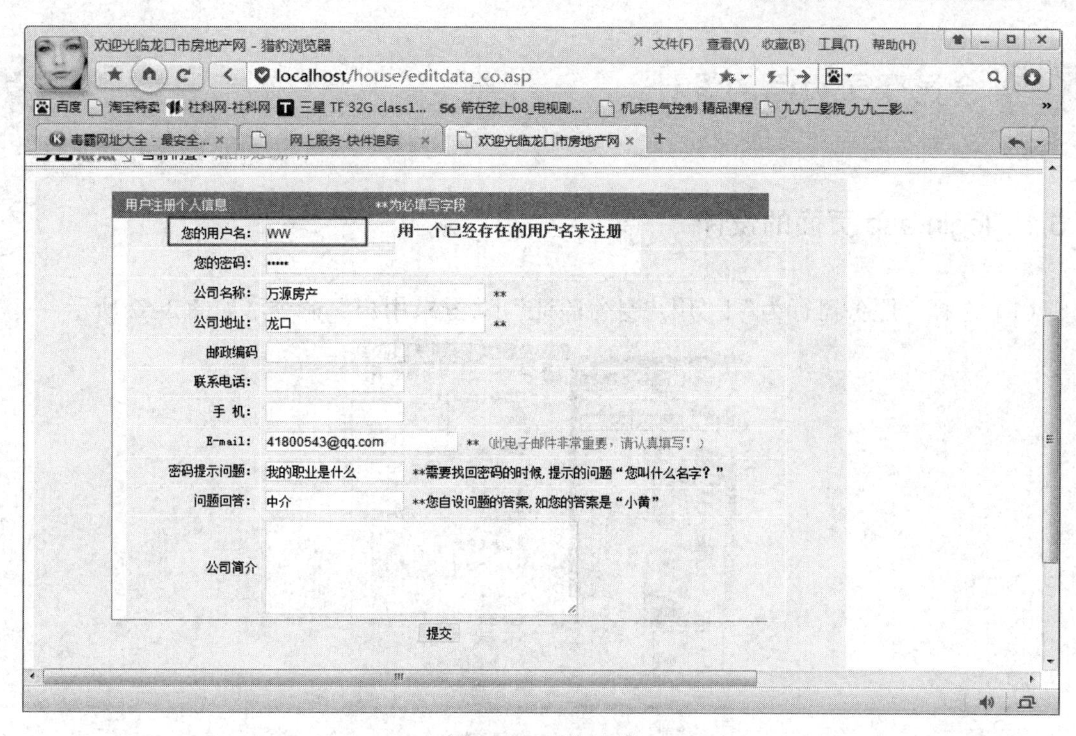

图 3-59　重名注册

ADODB.Command 错误 '800a0bb9'

参数类型不正确，或不在可以接受的范围之内，或与其他参数冲突

/house/editdata_co.asp，行 12

图 3-60　出现错误提示

（4）按前面介绍的方法将数据连接文件移动到插入记录形成的代码前面，再测试，结果如图 3-61 所示。

图 3-61　重名注册页面设计成功

3.6 会员登录页面的设计

3.6.1 login.asp 页面的设计

（1）选择“服务器行为”|“用户身份验证”|“登录用户”命令，如图3-62所示。

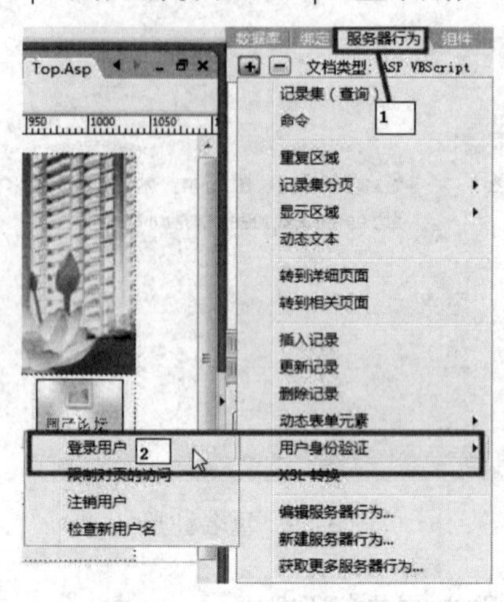

图3-62 选择登录用户

（2）在出现的对话框中进行如图3-63所示的设置。可以选择连接验证的数据源，同时，通过“浏览”按钮选择登录成功和失败后转到的页面，如图3-64和图3-65所示。

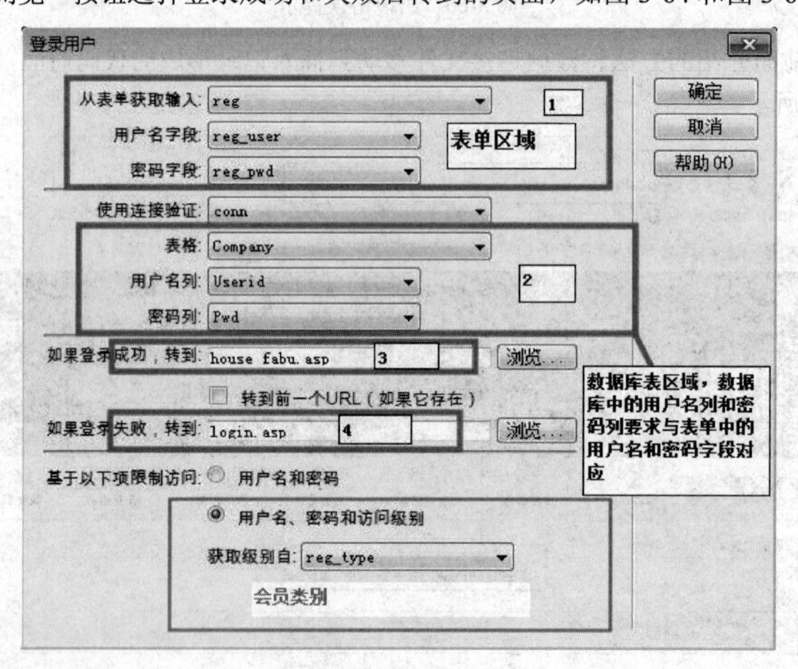

图3-63 登录用户设置

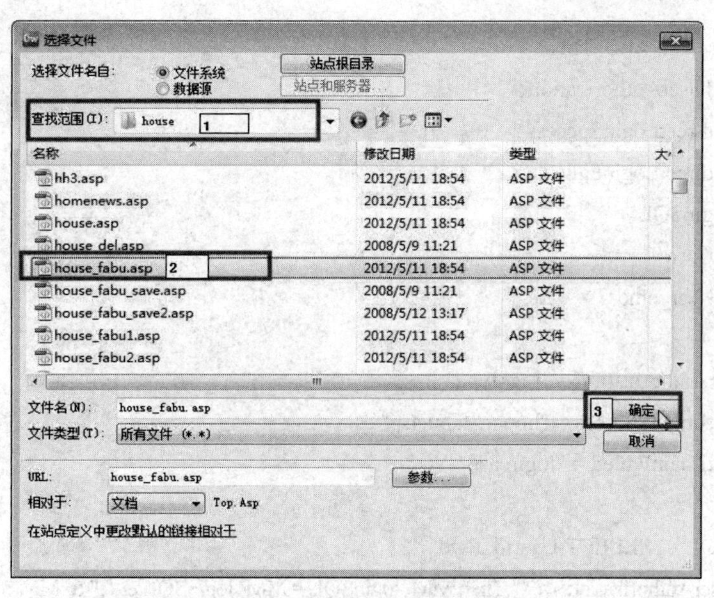

图 3-64　选择登录成功的页面

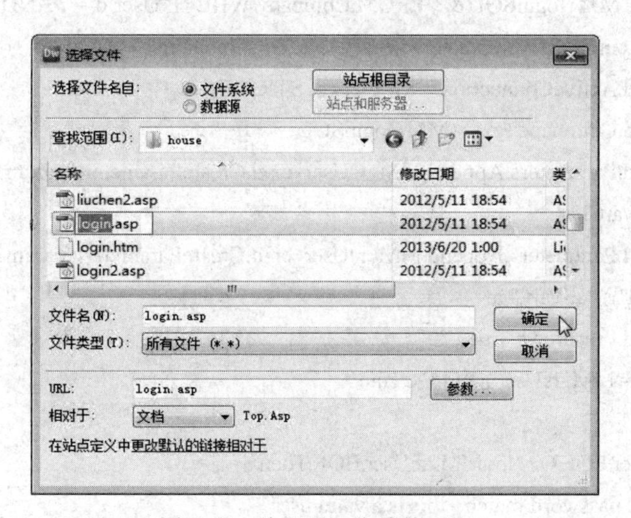

图 3-65　选择登录失败的页面

（3）完成后的“服务器行为”面板，如图 3-66 所示。

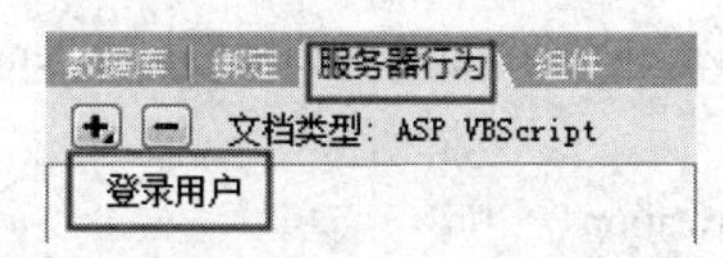

图 3-66　“服务器行为”面板

（4）产生的登录代码如下：

```
<%
' *** Validate request to log in to this site.
MM_LoginAction = Request.ServerVariables("URL")
If Request.QueryString <> "" Then MM_LoginAction = MM_LoginAction + "?" + Server.HTMLEncode
(Request.QueryString)
MM_valUsername = CStr(Request.Form("reg_user"))
```

```
    If MM_valUsername <> "" Then
      Dim MM_fldUserAuthorization
      Dim MM_redirectLoginSuccess
      Dim MM_redirectLoginFailed
      Dim MM_loginSQL
      Dim MM_rsUser
      Dim MM_rsUser_cmd

      MM_fldUserAuthorization = "reg_type"
      MM_redirectLoginSuccess = "house_fabu.asp"
      MM_redirectLoginFailed = "login.asp"

      MM_loginSQL = "SELECT Userid, Pwd"
      If MM_fldUserAuthorization <> "" Then MM_loginSQL = MM_loginSQL & "," & MM_fldUserAuthorization
      MM_loginSQL = MM_loginSQL & " FROM Company WHERE Userid = ? AND Pwd = ?"
      Set MM_rsUser_cmd = Server.CreateObject ("ADODB.Command")
      MM_rsUser_cmd.ActiveConnection = MM_conn_STRING
      MM_rsUser_cmd.CommandText = MM_loginSQL
      MM_rsUser_cmd.Parameters.Append MM_rsUser_cmd.CreateParameter("param1", 200, 1, 30,
MM_valUsername) ' adVarChar
      MM_rsUser_cmd.Parameters.Append MM_rsUser_cmd.CreateParameter("param2", 200, 1, 30,
Request.Form("reg_pwd")) ' adVarChar
      MM_rsUser_cmd.Prepared = true
      Set MM_rsUser = MM_rsUser_cmd.Execute

      If Not MM_rsUser.EOF Or Not MM_rsUser.BOF Then
        ' username and password match - this is a valid user
        Session("MM_Username") = MM_valUsername
        If (MM_fldUserAuthorization <> "") Then
          Session("MM_UserAuthorization") = CStr(MM_rsUser.Fields.Item(MM_fldUserAuthorization).Value)
        Else
          Session("MM_UserAuthorization") = ""
        End If
        if CStr(Request.QueryString("accessdenied")) <> "" And false Then
          MM_redirectLoginSuccess = Request.QueryString("accessdenied")
        End If
        MM_rsUser.Close
        Response.Redirect(MM_redirectLoginSuccess)
      End If
      MM_rsUser.Close
```

```
    Response.Redirect(MM_redirectLoginFailed)
  End If
%>
```

注意：以上代码是通过判断用户名列和密码列的值来实现登录，在登录时还选择了用户类别，因此还需要修改该段代码，实现对用户类别即 reg_type 表单提交值的判断。

（5）修改代码的地方如图 3-67 和图 3-68 所示。

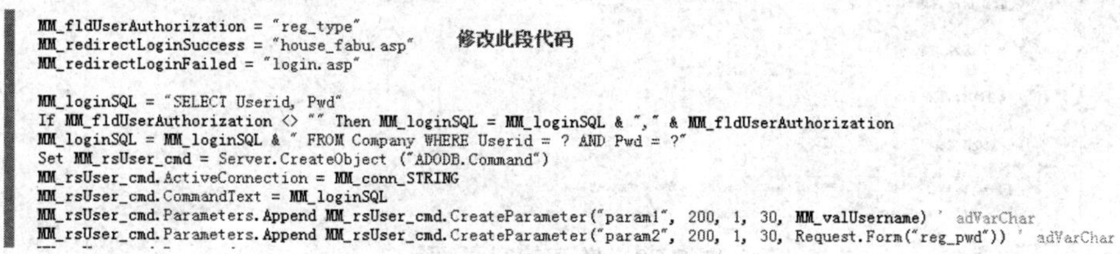

```
MM_fldUserAuthorization = "reg_type"
MM_redirectLoginSuccess = "house_fabu.asp"
MM_redirectLoginFailed = "login.asp"

MM_loginSQL = "SELECT Userid, Pwd"
If MM_fldUserAuthorization <> "" Then MM_loginSQL = MM_loginSQL & "," & MM_fldUserAuthorization
MM_loginSQL = MM_loginSQL & " FROM Company WHERE Userid = ? AND Pwd = ?"
Set MM_rsUser_cmd = Server.CreateObject ("ADODB.Command")
MM_rsUser_cmd.ActiveConnection = MM_conn_STRING
MM_rsUser_cmd.CommandText = MM_loginSQL
MM_rsUser_cmd.Parameters.Append MM_rsUser_cmd.CreateParameter("param1", 200, 1, 30, MM_valUsername) ' adVarChar
MM_rsUser_cmd.Parameters.Append MM_rsUser_cmd.CreateParameter("param2", 200, 1, 30, Request.Form("reg_pwd")) ' adVarChar
```

修改此段代码

图 3-67　找到要修改的代码

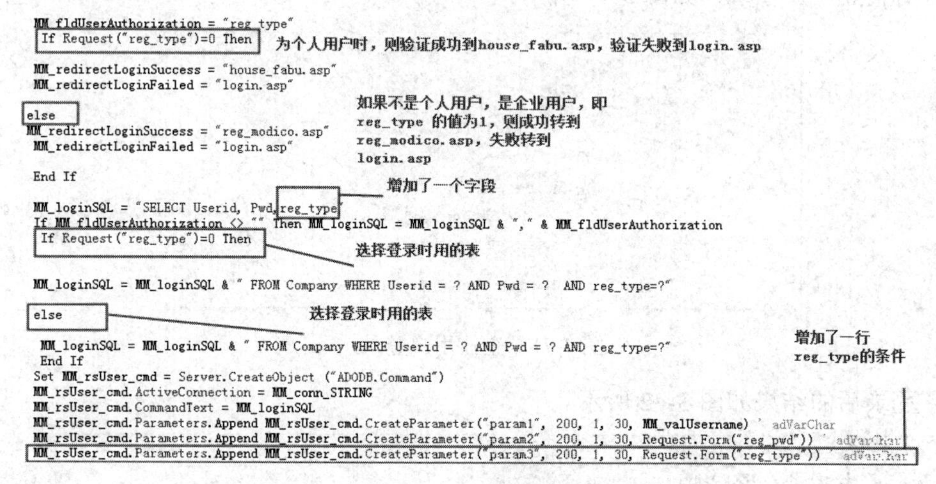

图 3-68　修改代码

（6）进行登录测试，如图 3-69 所示。

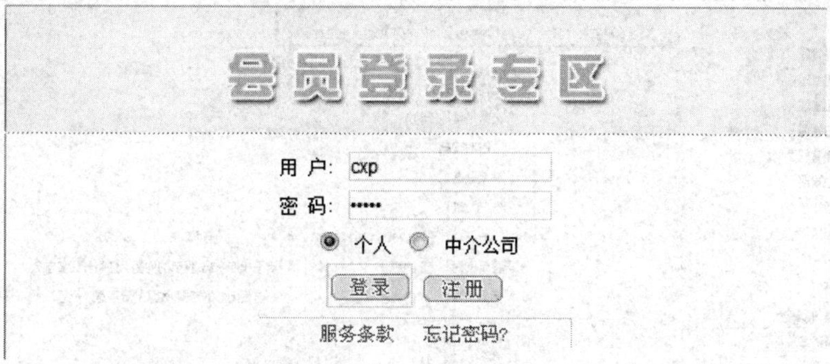

会员登录专区

用 户：cxp

密 码：•••••

个人　中介公司

登录　注册

服务条款　忘记密码?

图 3-69　进行登录测试

（7）登录成功后转到发表信息的页面，如图 3-70 所示。

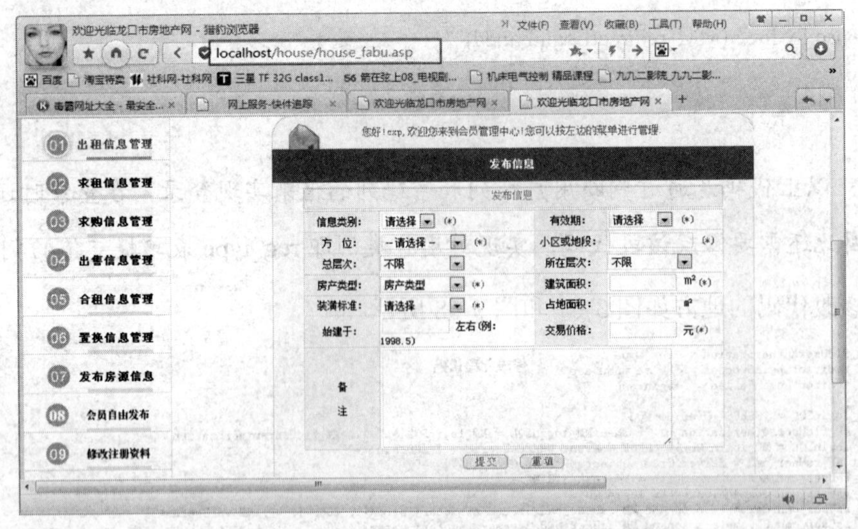

图 3-70　发表信息页面

（8）用企业用户登录，如图 3-71 所示。

图 3-71　企业用户登录

（9）登录后的结果如图 3-72 所示。

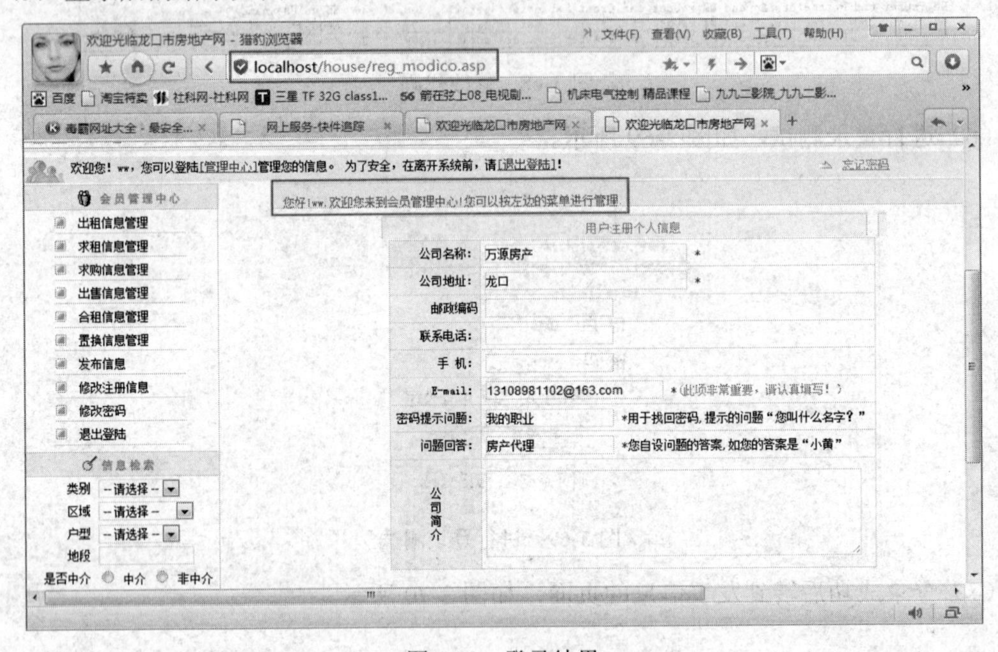

图 3-72　登录结果

3.6.2　login2.asp 页面的设计

用同样的方法设计 login2.asp 页面，但是有一点区别，代码的区别如下：

```
MM_fldUserAuthorization = "reg_type"
  If Request("reg_type")=0 Then    //表单中的用户类型为 0，即个人用户

  MM_redirectLoginSuccess = "reg_modi.asp"        //验证通过，让个人用户到修改资料页面
  MM_redirectLoginFailed = "login2.asp"           //验证失败，则重新登录

 Else     //表单中的用户类型为 1，即企业用户
 MM_redirectLoginSuccess = "reg_modico.asp"       //验证通过，让企业用户到修改资料页面
  MM_redirectLoginFailed = "login2.asp"     //验证失败，则重新登录
```

3.6.3　包含的头文件的制作

Top.asp 页面、Top3.asp 页面的制作与 login.asp 相同。

top2.asp 页面的制作如下。

制作的方法相同，代码的区别如下：

```
MM_fldUserAuthorization = "reg_type"

  If Request("reg_type")=0 Then
  MM_redirectLoginSuccess = "house_fabu2.asp"
  MM_redirectLoginFailed = "login2.asp"
//如果用户类型为个人用户，则成功后到发表信息页面，失败后到登录 login2.asp 页面

  Else     //否则
  MM_redirectLoginSuccess = "reg_modico.asp"
  MM_redirectLoginFailed = "login2.asp"
//如果用户类型为企业用户，则成功后转到用户修改资料的页面，失败后转到登录 login2.asp 页面
```

3.7　个人用户修改资料页面 reg_modi.asp 的制作

（1）将页面另存，如图 3-73 所示。

（2）reg_modi.asp 页面的设计表格如图 3-74 所示。

（3）选择“绑定”|“记录集”，出现“记录集”对话框，如图 3-75 所示。

（4）选择“服务器行为”|“更新记录”，如图 3-76 所示。

图 3-73　另存页面

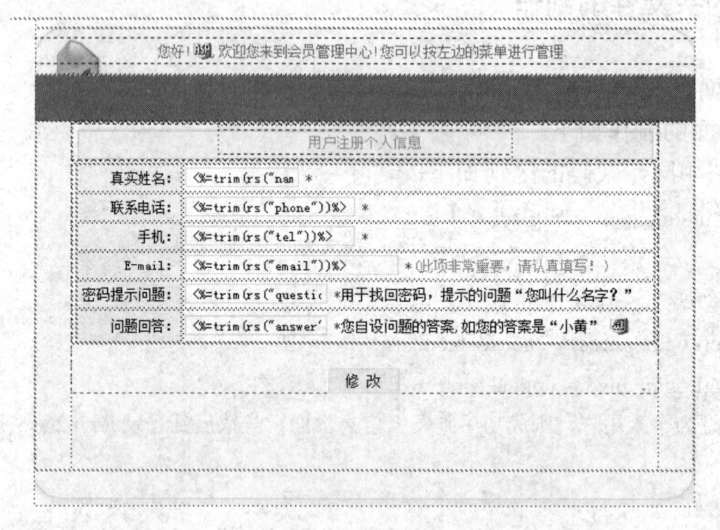

图 3-74　reg_modi.asp 页面的设计表格

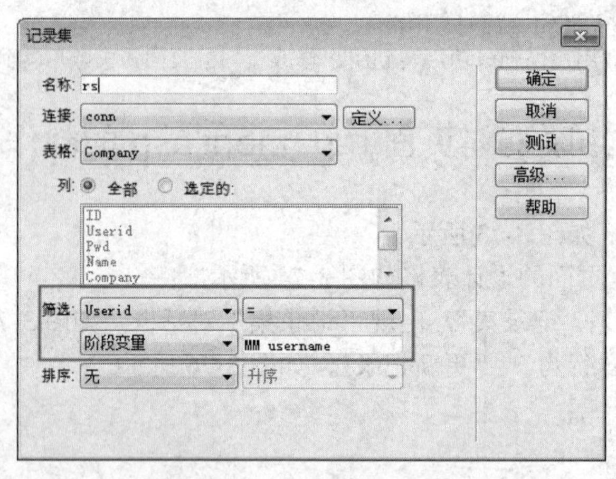

图 3-75　“记录集”对话框

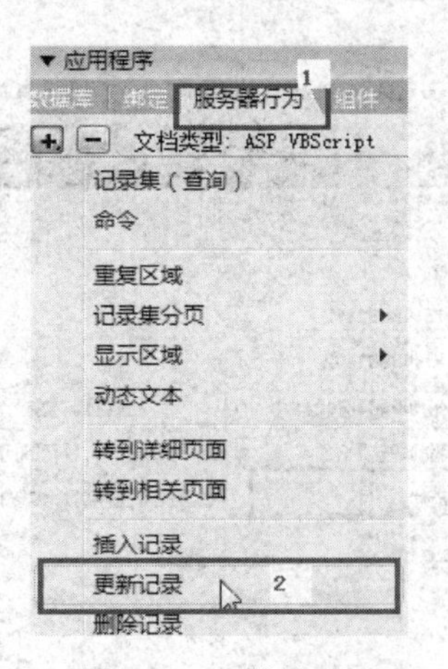

图 3-76　更新记录

（5）出现“更新记录”对话框，如图 3-77 所示。

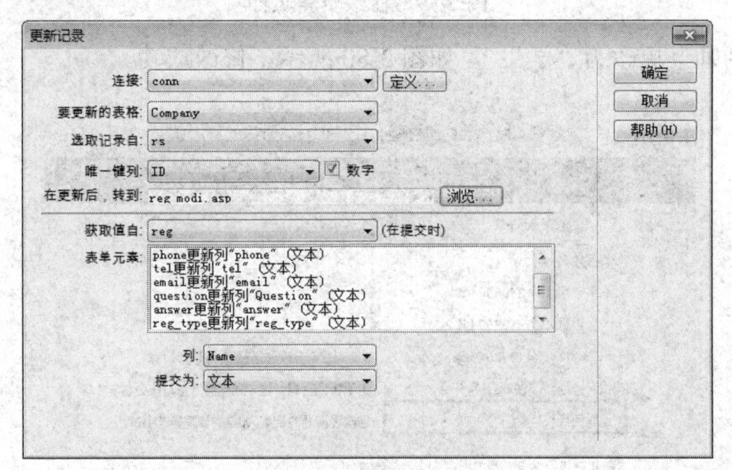

图 3-77　“更新记录”对话框

（6）使用更新记录后的表格如图 3-78 所示。

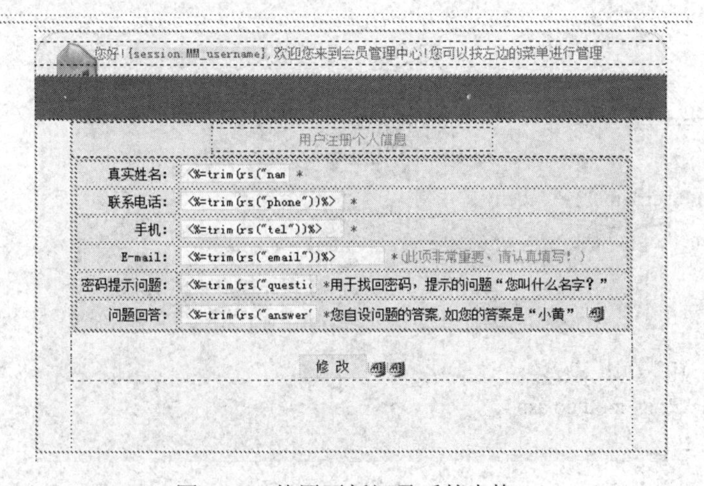

图 3-78　使用更新记录后的表格

（7）测试一下，用“chy”的个人用户登录，出现了修改资料的页面，如图 3-79 所示。

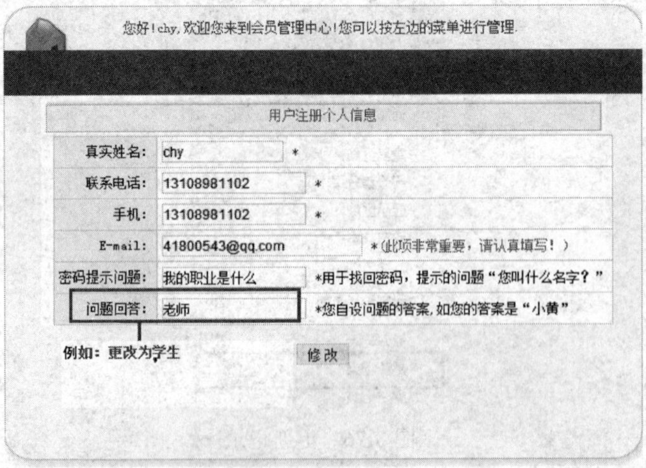

图 3-79　修改资料页面

（8）将“老师”更改为“学生”，如图 3-80 所示，修改成功。

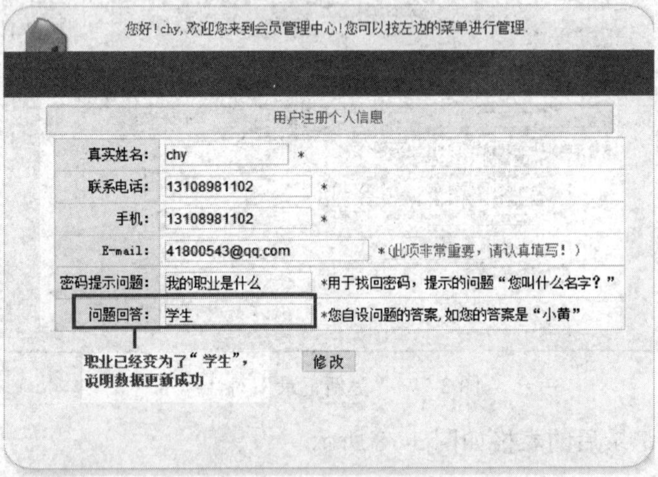

图 3-80　修改成功

（9）添加 reg_modi.asp 个人用户修改资料页面的保护，代码如下：

```
<%
if session("MM_username")="" then
response.redirect "login2.asp"
response.end
end if
if session("reg_type")="1" then
response.redirect "reg_modico.asp"
response.end
end if
%>
```

如果没有登录则让用户登录，如果是企业用户则转到企业用户修改资料页面。

3.8 企业用户修改资料页面 reg_modico.asp 的制作

reg_modico.asp 是企业用户修改资料页面，制作步骤如下：

（1）将页面另存，如图 3-81 所示。

图 3-81　另存网页

（2）reg_modico.asp 页面的设计表格如图 3-82 所示。

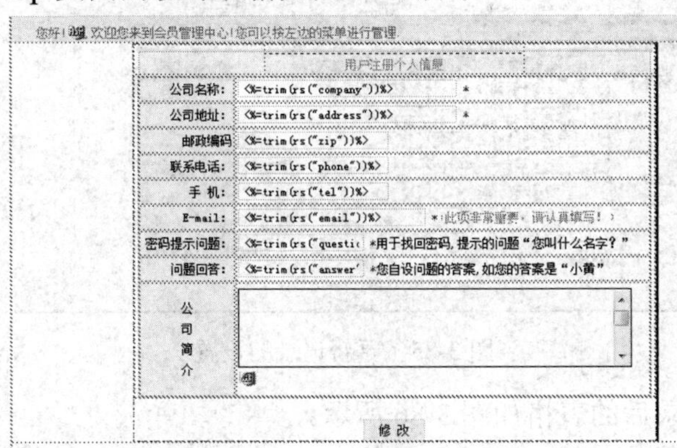

图 3-82　reg_modico.asp 页面的设计表格

（3）选择“绑定”|“记录集”命令，出现“记录集”对话框，如图 3-83 所示。

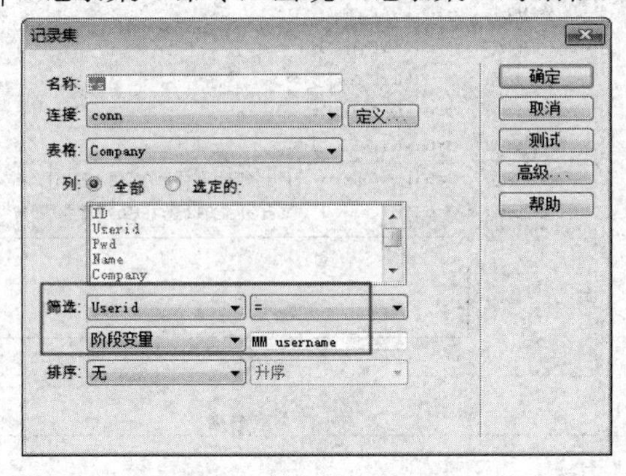

图 3-83　“记录集”对话框

（4）选择“服务器行为”|“更新记录”，如图3-84所示。

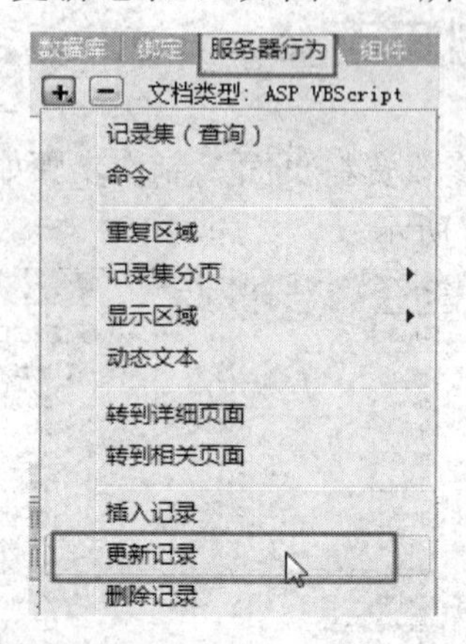

图3-84　更新记录

（5）出现“更新记录”对话框，完成如图3-85所示的设置。

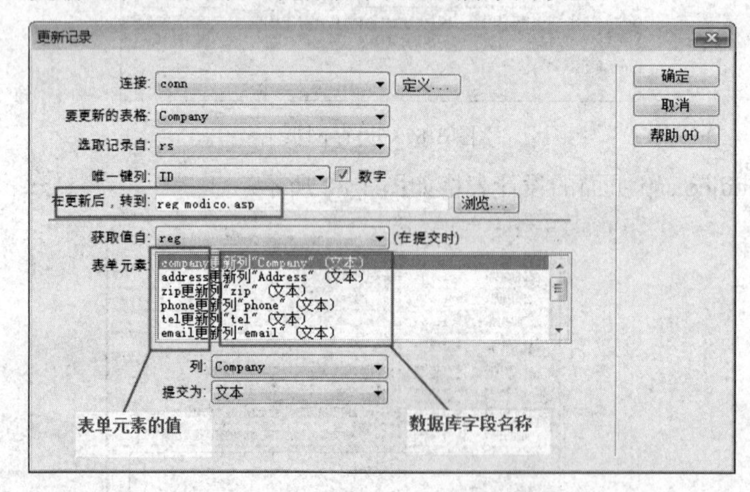

图3-85　更新记录的设置

（6）使用更新记录后的表格如图3-86所示。

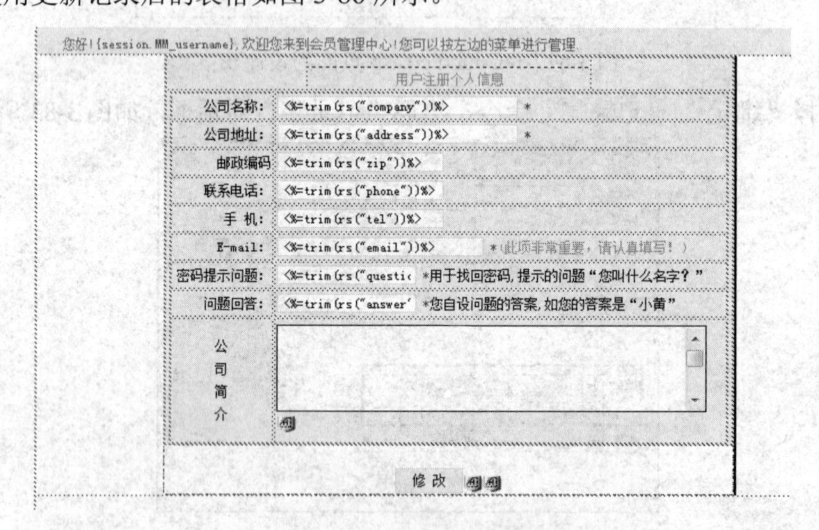

图3-86　使用更新记录后的表格

（7）保护页面的代码如下：

```
<%
if session("MM_username")="" then
response.redirect "login2.asp"
response.end
end if

%>
```

（8）测试一下，用“WW”的企业用户登录，如图 3-87 所示，出现了修改资料的页面。

会员登录专区

用 户：WW

密 码：•••••

个人　中介公司

登录　注册

服务条款　忘记密码?

图 3-87　用户登录

（9）更改邮件，如图 3-88 所示。

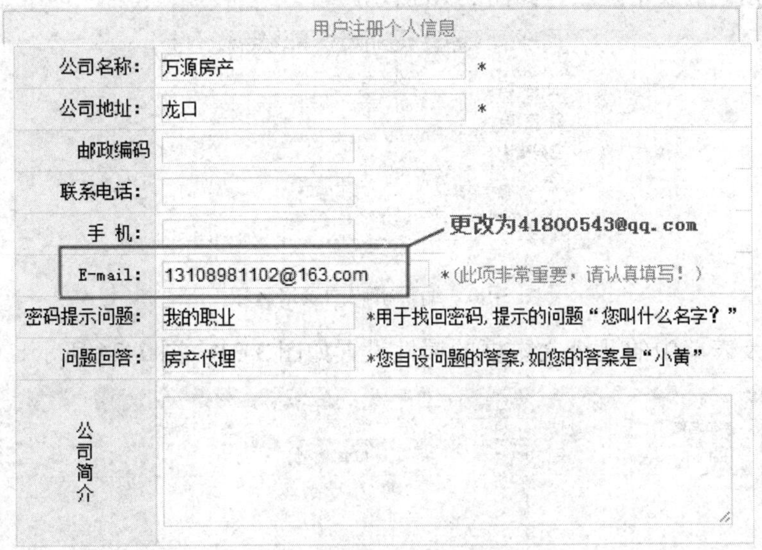

用户注册个人信息		
公司名称：	万源房产	*
公司地址：	龙口	*
邮政编码		
联系电话：		
手 机：		
E-mail:	13108981102@163.com	*（此项非常重要，请认真填写！）
密码提示问题：	我的职业	*用于找回密码，提示的问题“您叫什么名字？”
问题回答：	房产代理	*您自设问题的答案，如您的答案是“小黄”
公司简介		

更改为41800543@qq.com

图 3-88　更改邮件

（10）更改成功后的网页如图 3-89 所示。

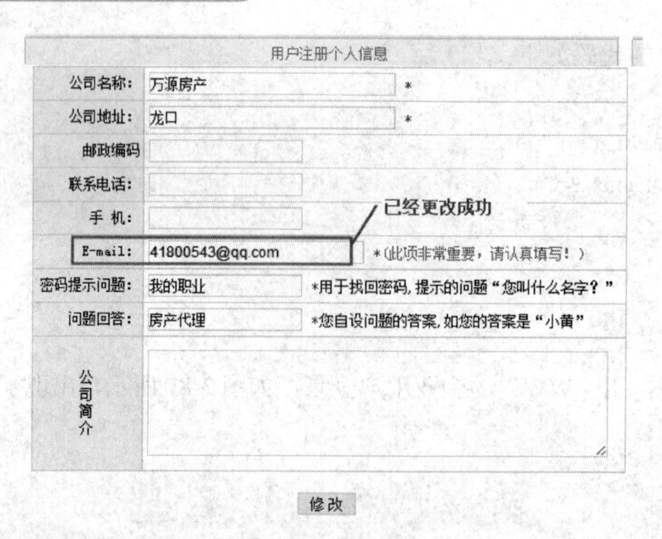

图 3-89　更改成功

3.9 修改密码页面的设计

修改密码页面包含两个页面：editpwd.asp 和 pwd_modi_ok.asp。

3.9.1 editpwd.asp 页面的制作

（1）编辑密码的表格区域，如图 3-90 所示。

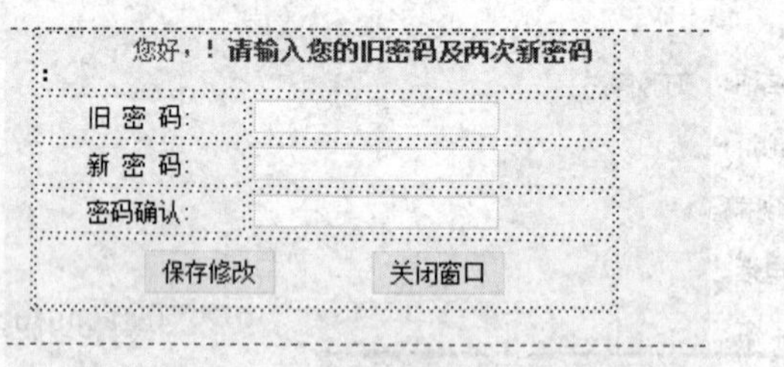

图 3-90　编辑密码的表格区域

（2）表单及表单中的几个文本框的属性设置如图 3-91～图 3-94 所示。

图 3-91　表单设置

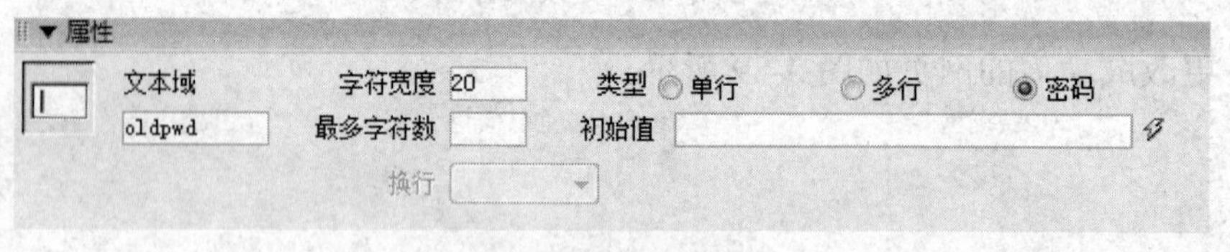

图 3-92　旧密码设置

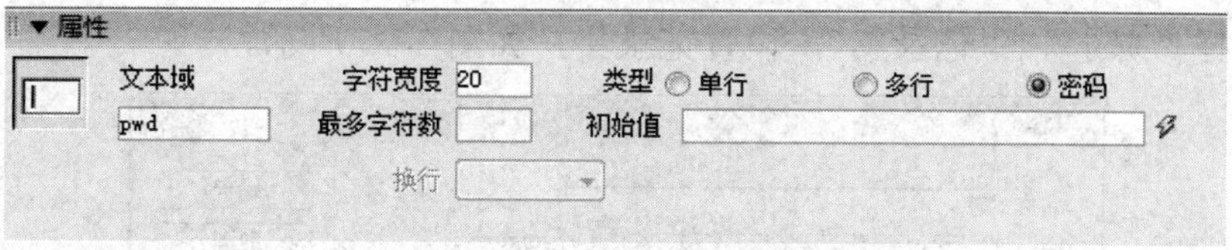

图 3-93 新密码设置

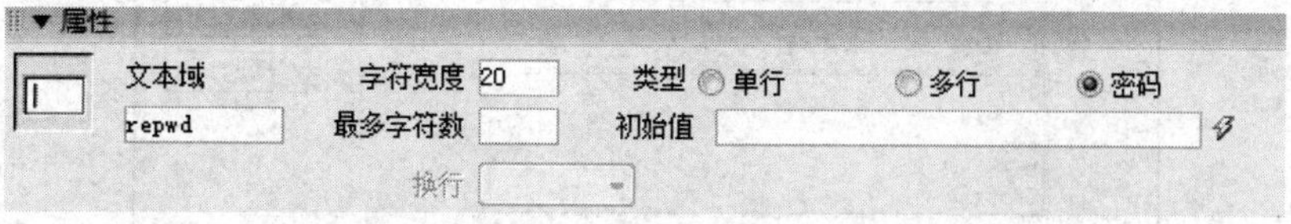

图 3-94 重复密码设置

（3）控制密码的输入。添加一段控制输入密码的代码，如下所示。这是一段JavaScript代码。

```
<input type="submit" name="Submit" value="保存修改" onClick="javascript:return check(theForm)">

<script language="JavaScript">
function check(theForm)
{if (theForm.oldpwd.value == "")
  {
    alert("请输入旧密码！");
    theForm.oldpwd.focus();
    return (false);
  }
if (theForm.pwd.value == "")
  {
    alert("请输入您的密码！");
    theForm.pwd.focus();
    return (false);
  }
  if (theForm.repwd.value == "")
  {
    alert("请在\"确认密码\"中输入值。");
    theForm.repwd.focus();
    return (false);
  }
  if (theForm.repwd.value != theForm.pwd.value)
  {
    alert("两次密码输入不一样，请更改。");
    theForm.pwd.focus();
    return (false);
  }
  }
</script>
```

（4）选择“绑定”|“记录集”，设置记录集，如图 3-95 所示。

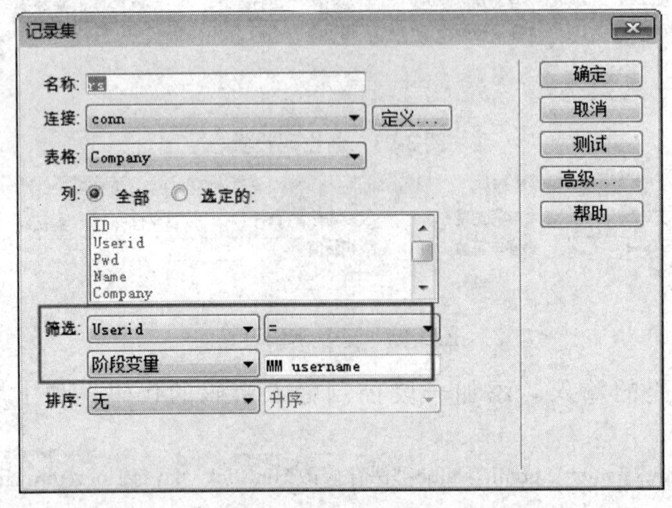

图 3-95　设置记录集

（5）选择更新记录的服务器行为，出现“更新记录”对话框，如图 3-96 所示。

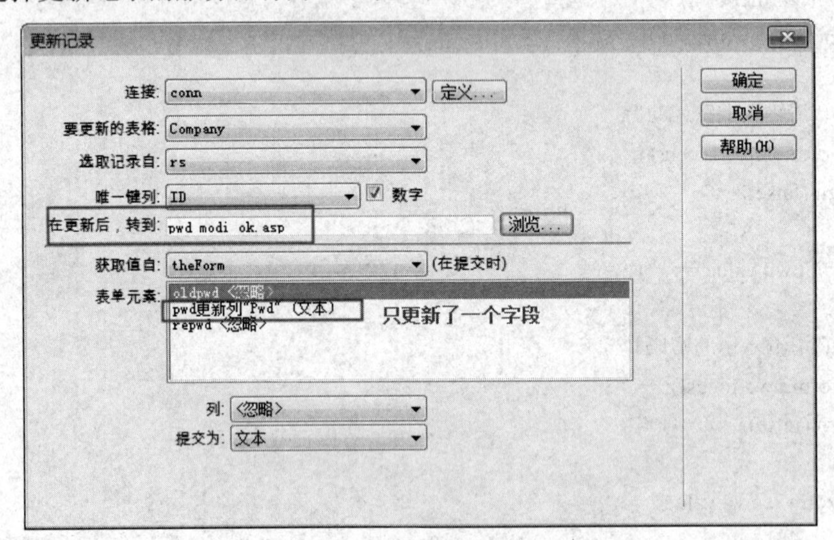

图 3-96　“更新记录”对话框

（6）插入前面记录集中的用户名字段，如图 3-97 所示。

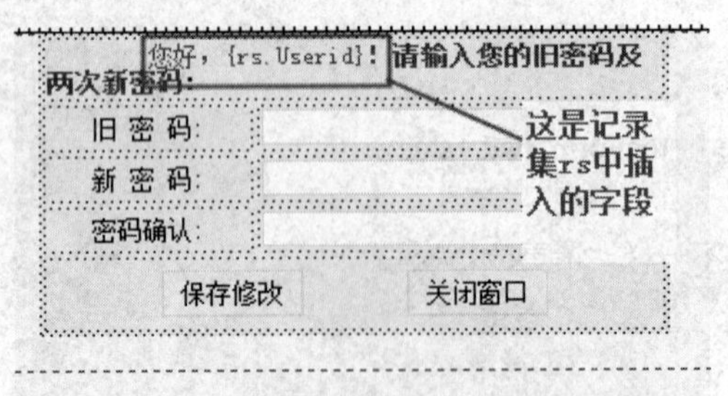

图 3-97　插入用户名字段

（7）下面讲解如何验证旧密码是否与原来的密码一样的问题。

找到以下几行代码：

```
<%
If (CStr(Request("MM_update")) = "theForm") Then
  If (Not MM_abortEdit) Then
    ' execute the update
    Dim MM_editCmd

    Set MM_editCmd = Server.CreateObject ("ADODB.Command")
```

在 Dim MM_editCmd 后面输入判断表单中输入的旧密码是否与数据库中保存的旧密码相同的条件。代码如下：

```
IF request("oldpwd")<>(rs.Fields.Item("Pwd").Value)    then
response.redirect "editpwd.asp"
response.end()
end if
```


3.9.2　pwd_modi_ok.asp 页面的制作

（1）创建一个新的网页文件，如图 3-98 所示。

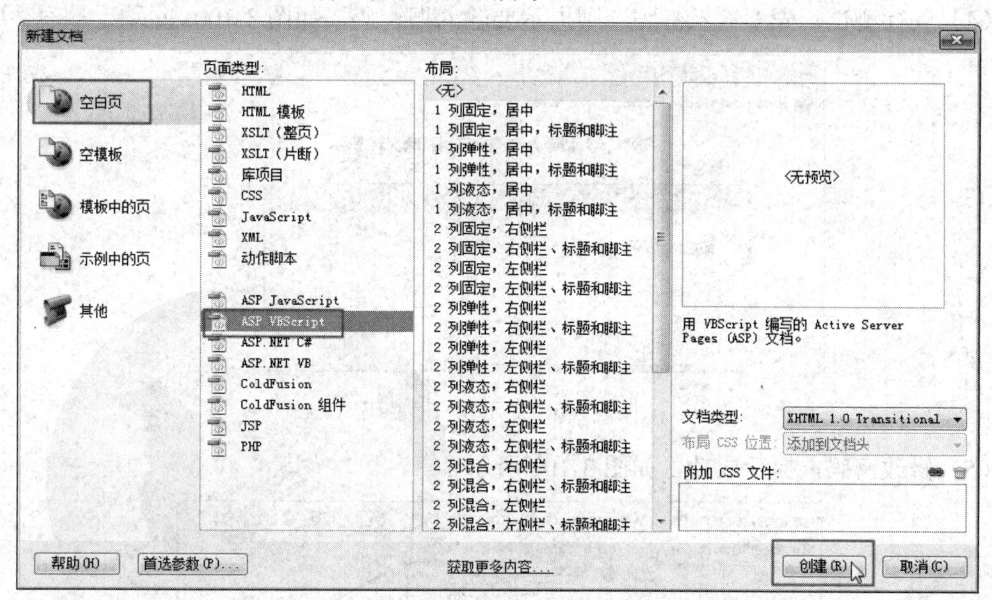

图 3-98　创建新文件

（2）保存文件为“pwd_modi_ok.asp”，如图 3-99 所示。

图 3-99　保存文件为“pwd_modi_ok.asp”

（3）在 pwd_modi_ok.asp 页面的空白中间位置输入以下文字。

密码修改成功

（4）进行测试，先不输入密码，则提示要输入旧密码，如图 3-100 所示。

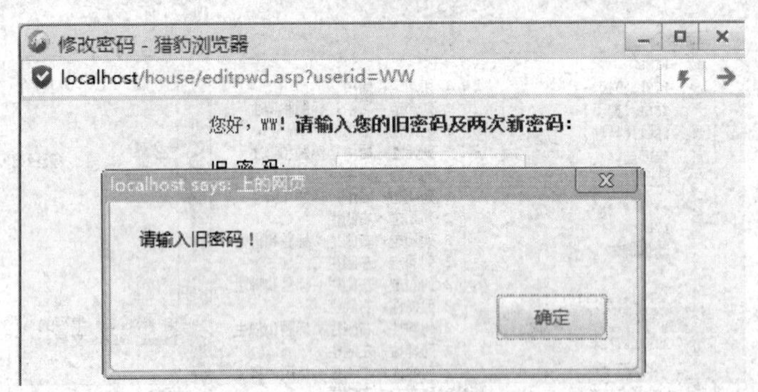

图 3-100　提示输入旧密码

（5）修改密码，提示成功，如图 3-101 所示。

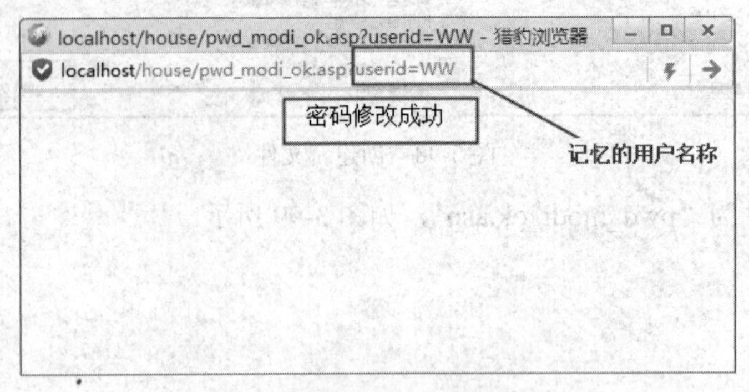

图 3-101　提示修改密码成功

3.10 找回密码页面的设计

找回密码页面包含 3 个页面：pwd_useid.asp 提交用户名页面、question.asp 回答问题页面和 question1.asp 显示密码页面。

3.10.1 pwd_useid.asp 页面的制作

（1）设计如图 3-102 所示的表格。

图 3-102　设计表格

（2）设置表单中文本框的属性，如图 3-103 所示。

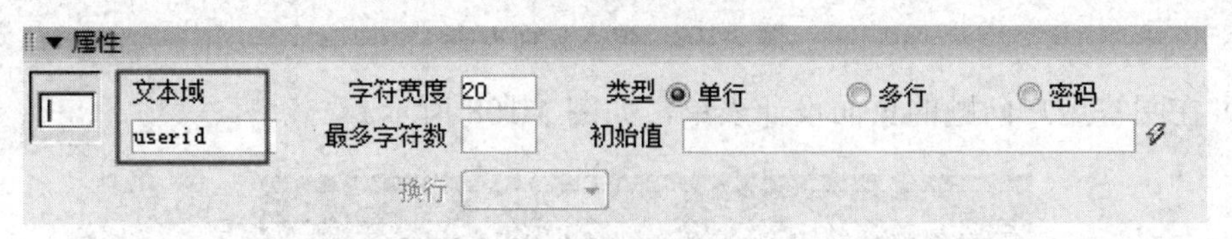

图 3-103　设置文本框的属性

（3）设置表单的动作，如图 3-104 所示。

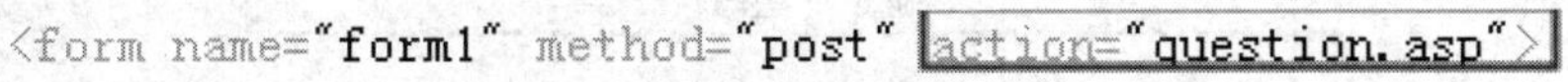

```
<form name="form1" method="post" action="question.asp">
```

图 3-104　设置表单的动作

3.10.2 question.asp 页面的制作

（1）在“绑定”中选择“记录集（查询）”，如图 3-105 所示。

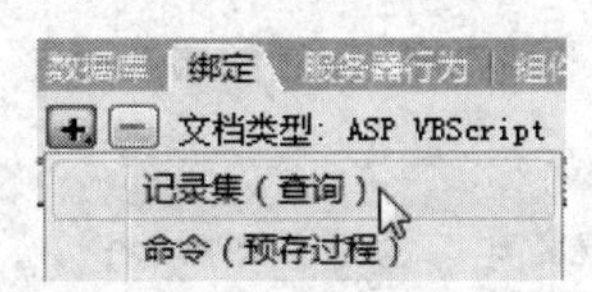

图 3-105　选择“记录集（查询）”

（2）设置记录集的参数，如图 3-106 所示。

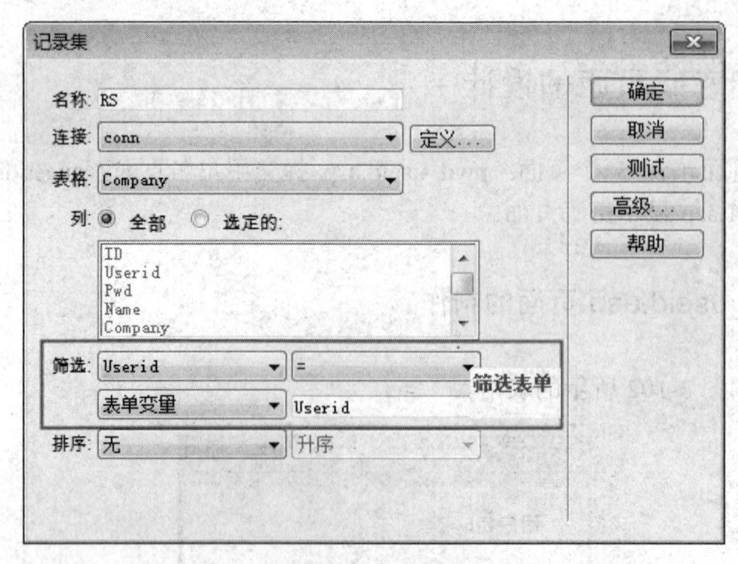

图 3-106　设置参数

（3）在没有用户时，即用户名出错的页面中输入如图 3-107 所示内容。

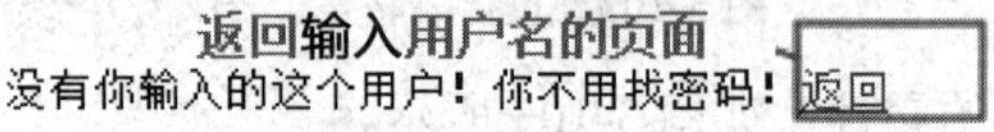

返回输入用户名的页面
没有你输入的这个用户！你不用找密码！返回

图 3-107　输入页面内容

（4）在回答用户问题的页面设计表单，如图 3-108 所示。

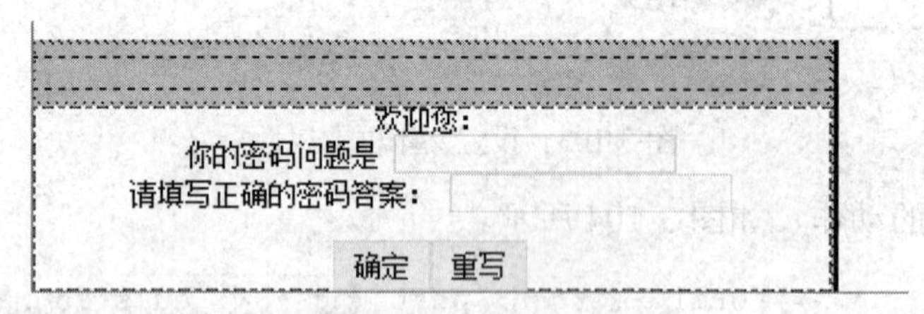

图 3-108　设计表单

（5）表单中文本框的属性设置如图 3-109 和图 3-110 所示。

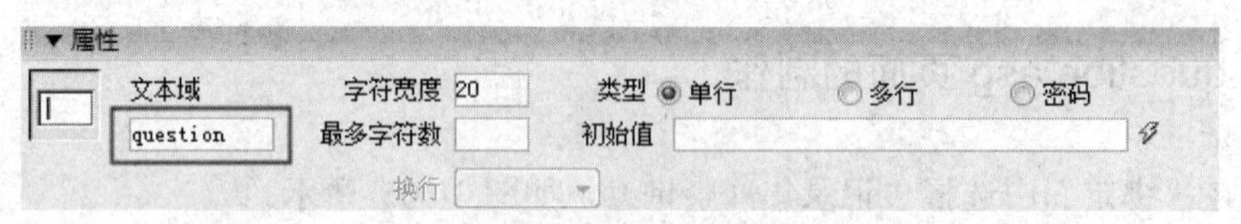

图 3-109　问题的属性设置

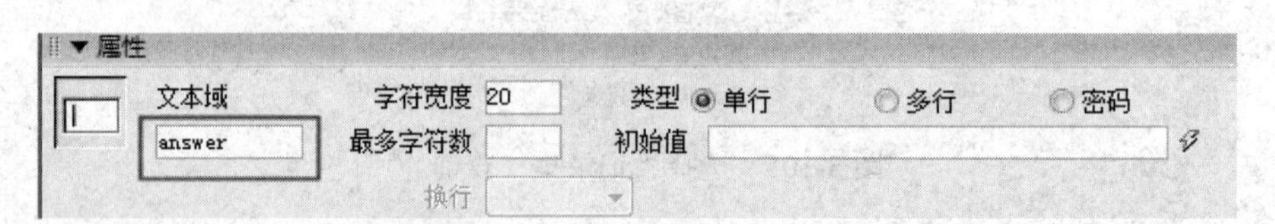

图 3-110　答案的属性设置

（6）完成的网页如图 3-111 所示。

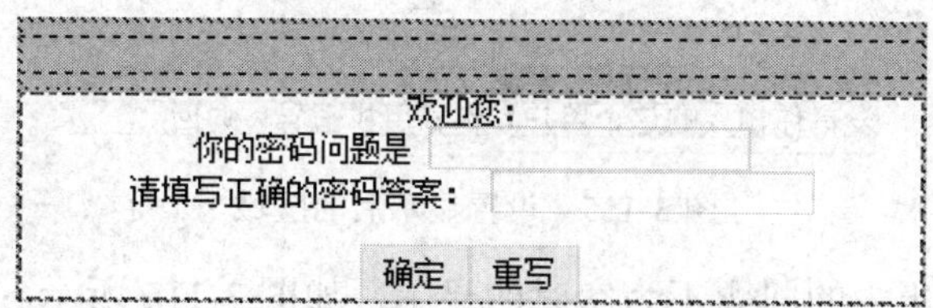

图 3-111　完成的网页内容

（7）展开记录集，然后将记录集中的问题字段插入到表单的问题文本框中，如图 3-112 所示。

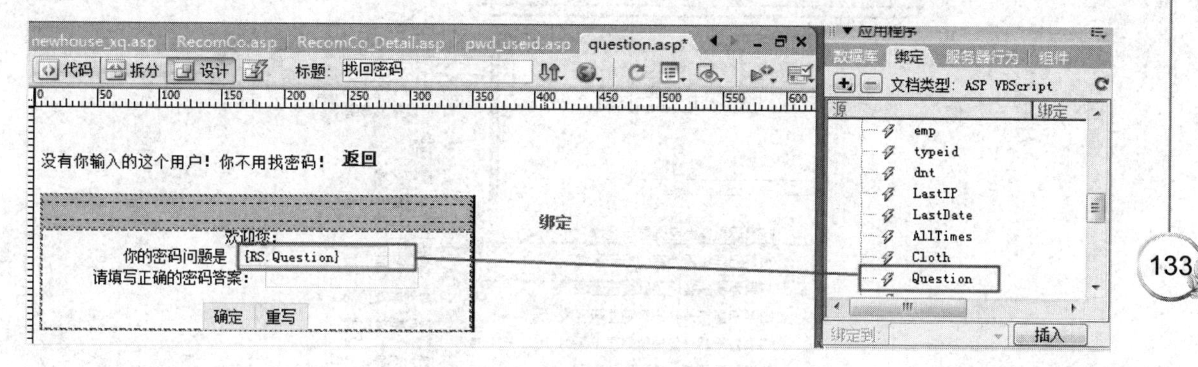

图 3-112　插入问题字段

（8）选择“没有你输入的这个用户！你不用找密码！返回”这一行，然后设置显示区域，如图 3-113 所示。

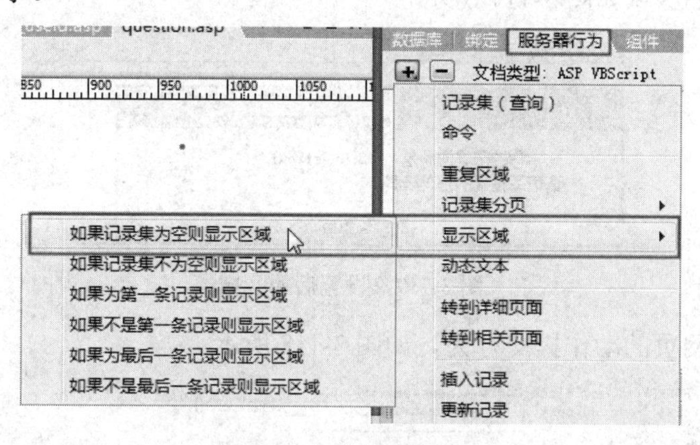

图 3-113　设置显示区域

（9）在弹出的对话框中选择记录集，如图 3-114 所示。

图 3-114　选择记录集

（10）设置显示后，网页如图 3-115 所示。

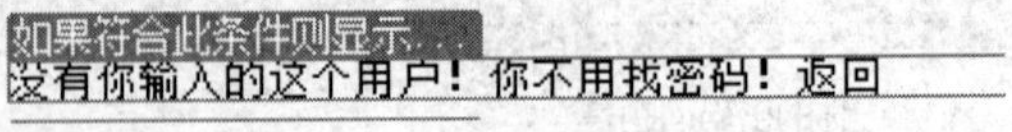

如果符合此条件则显示...
没有你输入的这个用户！你不用找密码！返回

图 3-115　设置显示后的区域

（11）设置当记录集中的问题不为空时的显示，如图 3-116 所示。

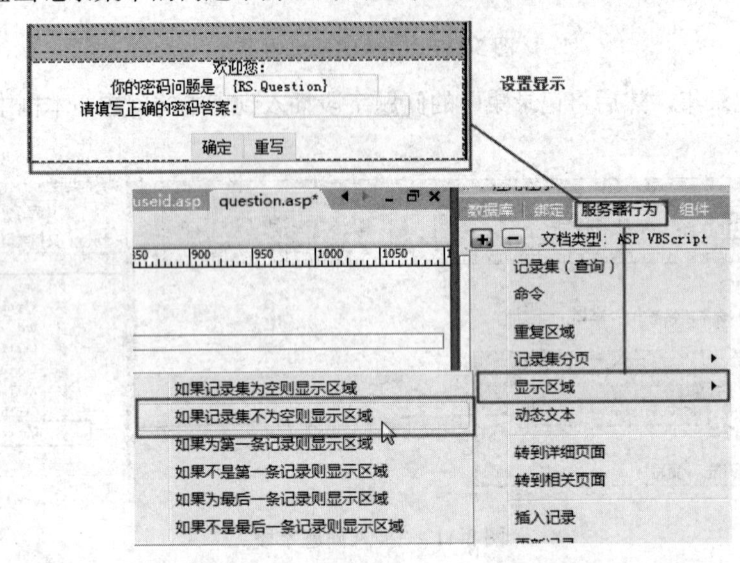

图 3-116　设置问题不为空时的显示

（12）设置后的区域如图 3-117 所示。

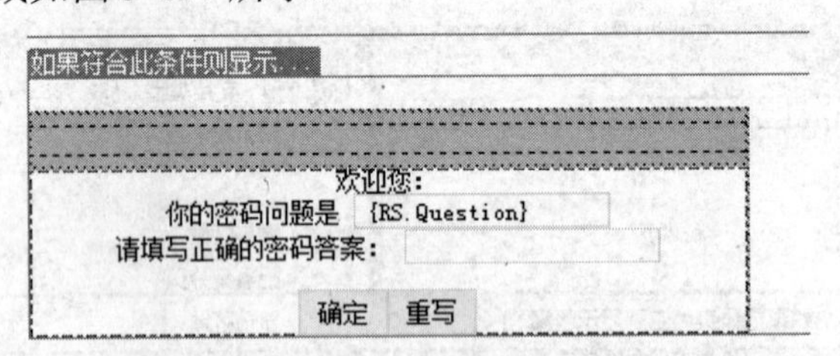

图 3-117　设置后的区域

（13）设置该网页的动作提交行为，如图 3-118 所示。

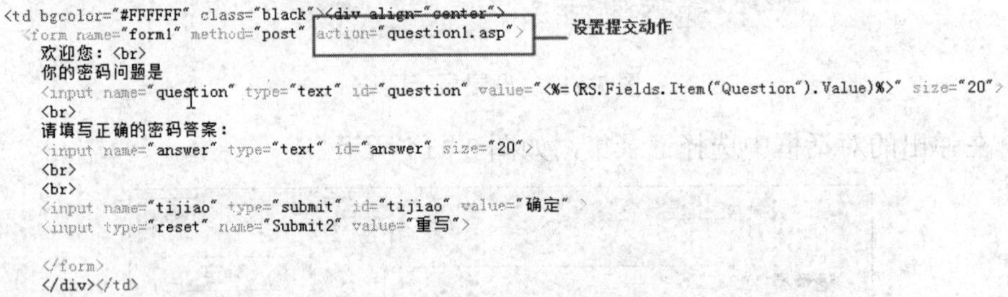

```
<td bgcolor="#FFFFFF" class="black"><div align="center">
  <form name="form1" method="post"  action="question1.asp">        设置提交动作
    欢迎您：<br>
    你的密码问题是
    <input name="question" type="text" id="question" value="<%=(RS.Fields.Item("Question").Value)%>" size="20">
    <br>
    请填写正确的密码答案：
    <input name="answer" type="text" id="answer" size="20">
    <br>
    <br>
    <input name="tijiao" type="submit" id="tijiao" value="确定" >
    <input type="reset" name="Submit2" value="重写">

    </form>
    </div></td>
```

图 3-118　设置动作的提交行为

3.10.3　question1.asp 页面的制作

（1）在“绑定”中选择“记录集（查询）”，如图 3-119 所示。

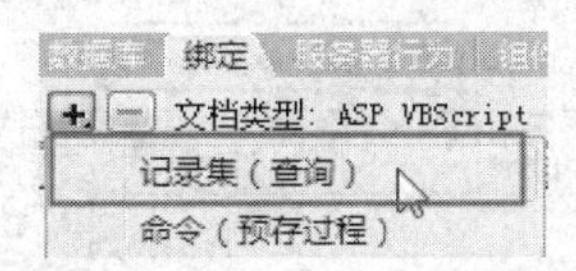

图 3-119　选择“记录集（查询）”

（2）设置记录集的参数，如图 3-120 所示，要注意的是“筛选”的设置。

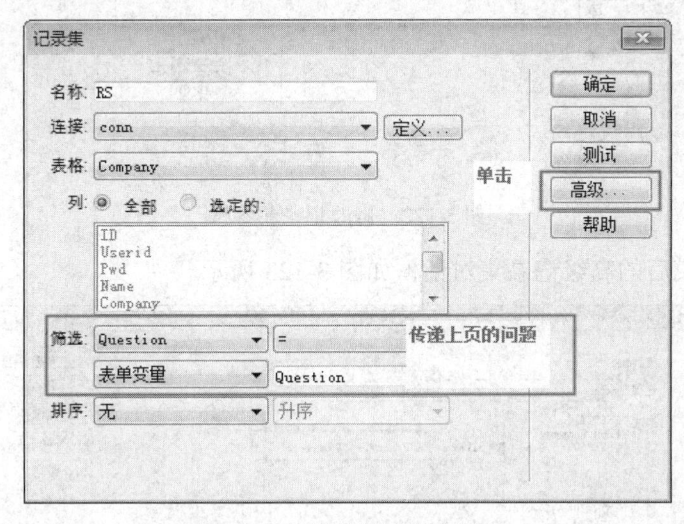

图 3-120　设置记录集的参数

（3）单击“高级”按钮，打开“高级”选项的对话框，如图 3-121 所示。

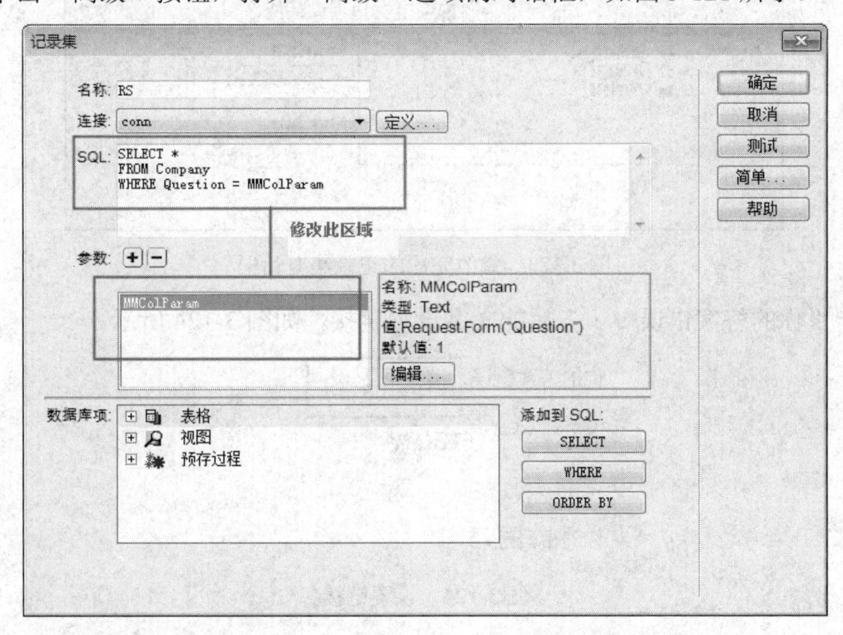

图 3-121　“高级”选项的记录集对话框

（4）修改记录集参数，如图 3-122 所示。

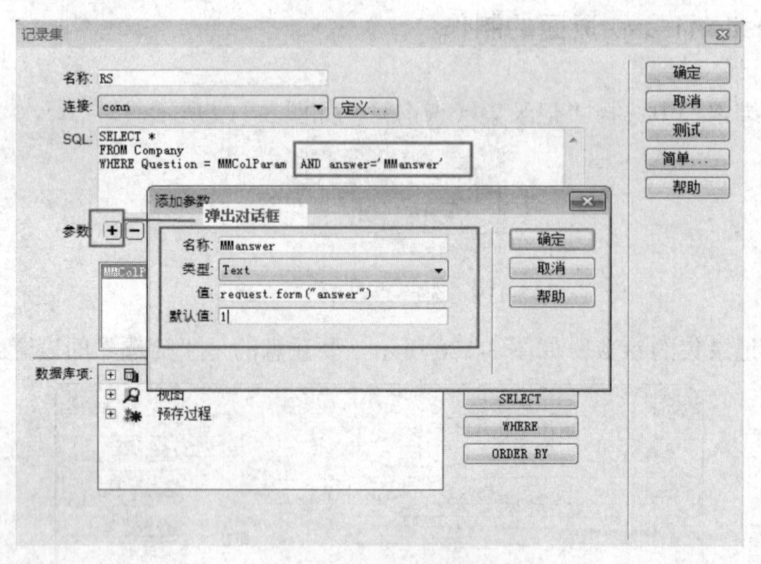

图 3-122　修改记录集参数

（5）修改完成后的高级记录集对话框如图 3-123 所示。

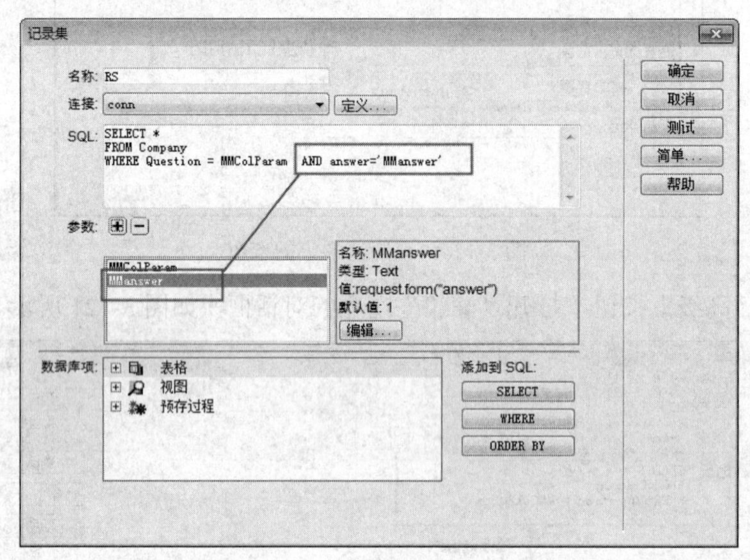

图 3-123　修改完成的记录集对话框

（6）给“你的答案错误……”后的文字设置链接，如图 3-124 所示。

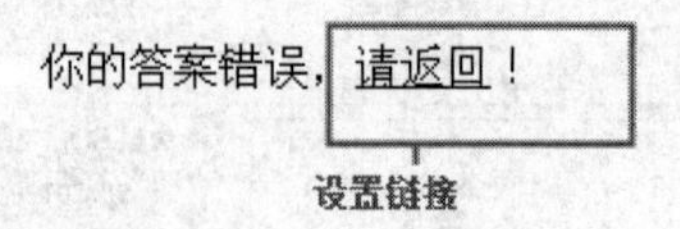

你的密码是：

图 3-124　设置链接

（7）将密码拖出来，放到密码区域，如图 3-125 所示。

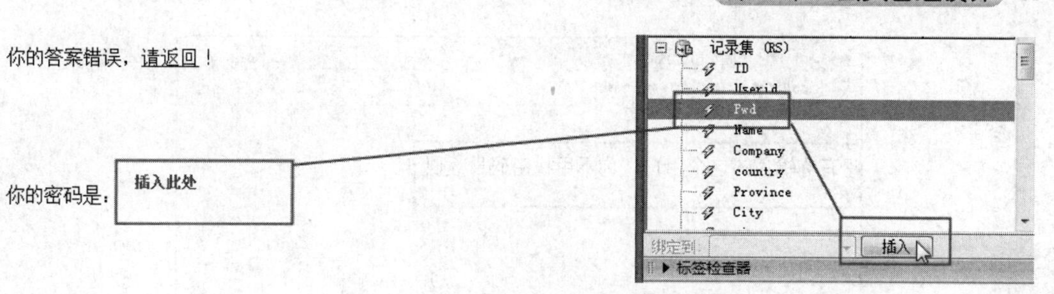

图 3-125　拖动并放置密码字段

（8）设置记录集为空时的显示，如图 3-126 和图 3-127 所示。

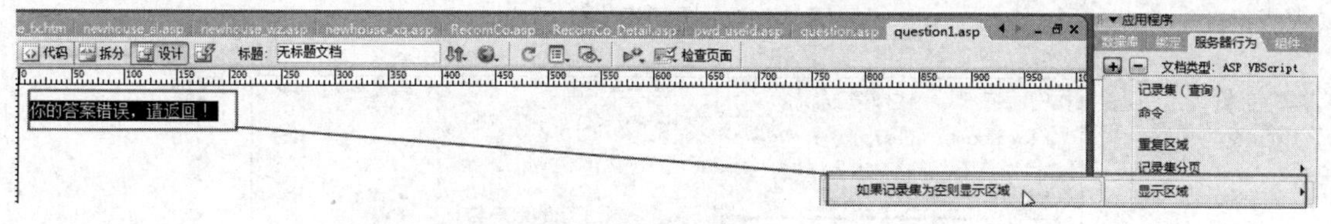

图 3-126　设置记录集为空时的显示

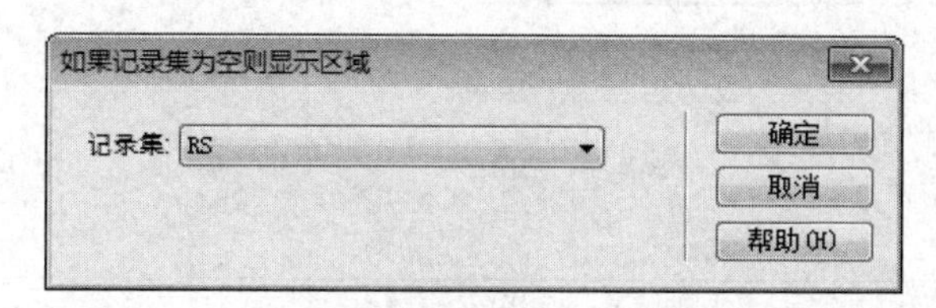

图 3-127　选择记录集

（9）设置记录集不为空时的显示，如图 3-128 所示。

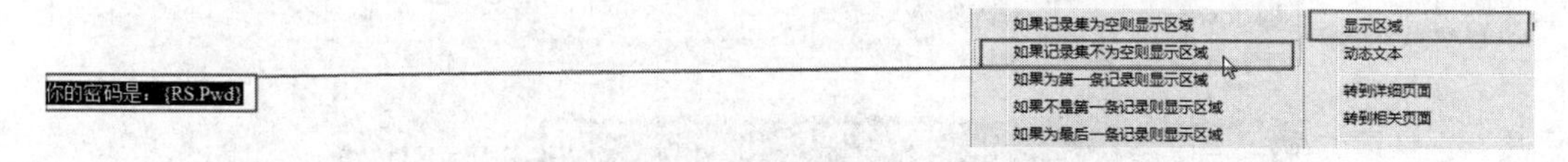

图 3-128　设置记录集不为空时的显示

（10）进行测试，测试的效果如图 3-129～图 3-137 所示。

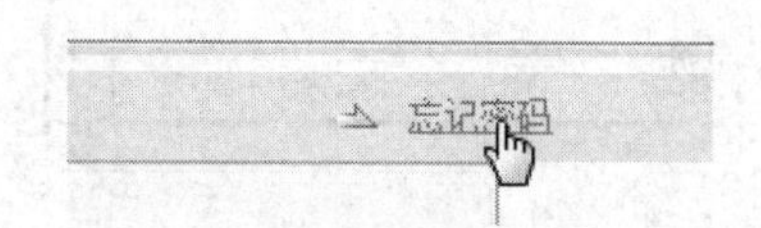

图 3-129　单击“忘记密码”

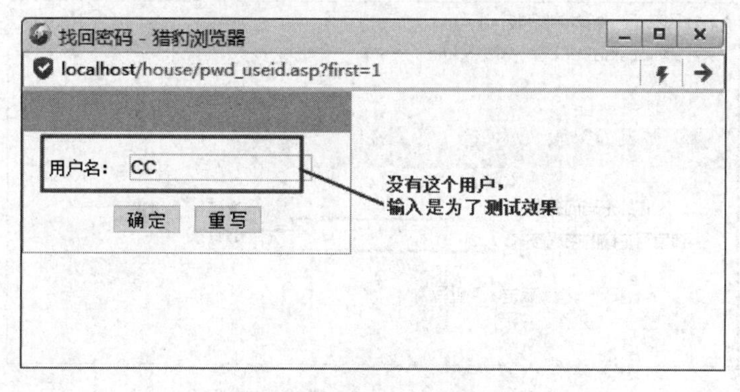

图 3-130　输入没有的用户

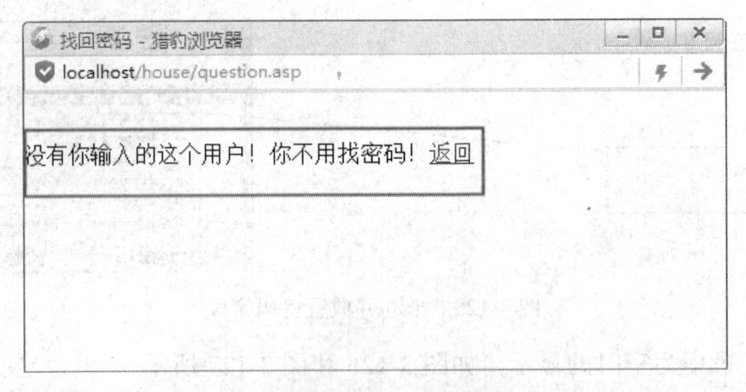

图 3-131　提示没有该用户

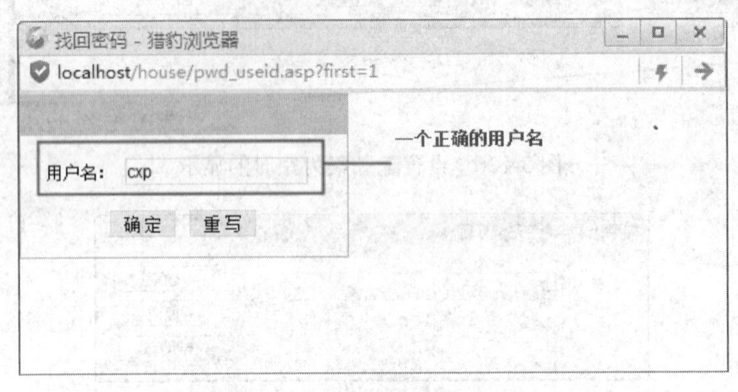

图 3-132　用一个正确的用户名来测试

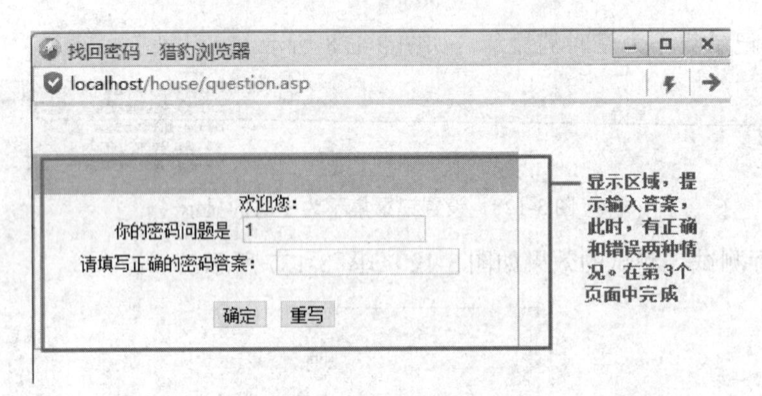

图 3-133　输入答案的网页

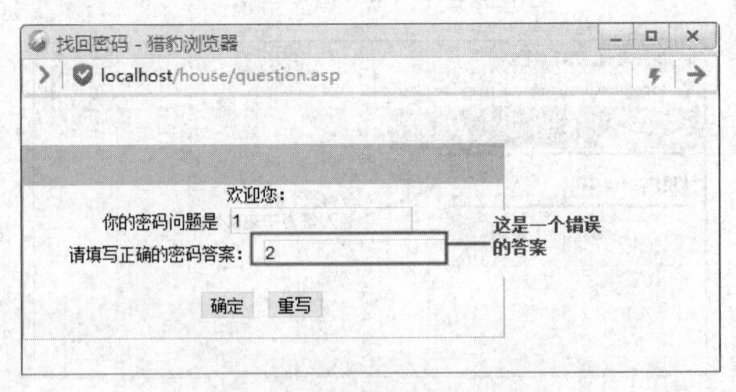

图 3-134　输入一个错误的答案

图 3-135　提示答案错误

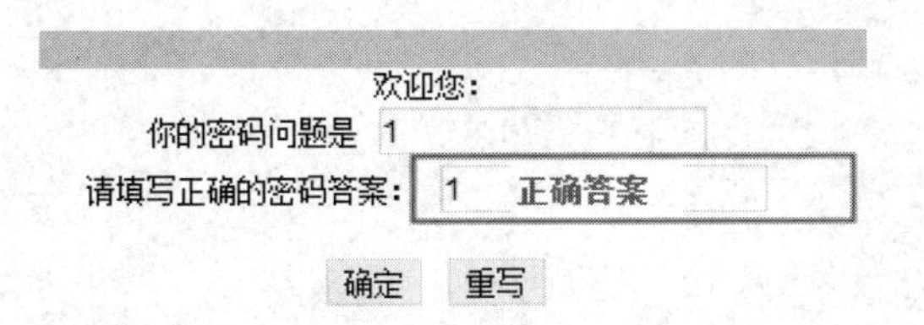

图 3-136　输入一个正确的答案

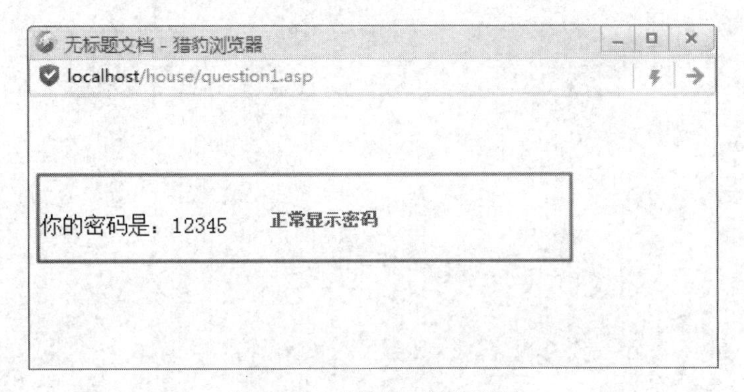

图 3-137　显示正确的密码

本章小结

本章介绍了房产信息网的会员系统，该系统包含用户注册、登录、修改注册资料、修改密码、找回密码功能。每一个功能模块都是按照真实上机操作的步骤进行截图说明的，读者完全能够掌握。主要知识点如下：

（1）用户注册使用了插入记录的行为。

（2）登录用户使用了用户身份验证|登录用户的行为，同时，对登录行为的代码进行了修改，可以让用户选择身份登录，不同的用户身份登录到不同的网页。

（3）修改资料页面使用了更新记录的行为。

（4）修改密码同样使用了更新记录的行为。

（5）找回密码功能，使用了一个条件判断，要求填写密码答案，要与数据库中的答案一样，才能得到密码。

思考与练习

1．上机操作会员系统数据表的设计。

2．上机操作个人和企业会员注册页面的设计。

3．上机操作个人和企业会员登录页面的制作。

4．上机操作个人和企业会员登录后修改注册资料页面的制作。

5．上机操作会员修改密码页面的制作。

6．上机操作找回密码页面的制作。

房源信息管理页面的设计

学习导读

本章介绍房产信息网的会员发布房源信息页面设计，会员发布房源信息中心页面包含发布信息、信息管理、查看信息、修改信息等功能页面。

学习目标

- 掌握房源信息数据表的设计方法。
- 掌握房源信息管理页面的设计方法。
- 掌握查看房源信息页面的制作方法。
- 掌握修改房源信息页面的制作方法。

4.1 房源信息管理中心数据表的设计

会员管理中心页面需要的数据表为 Company、house 表格。

（1）house 表格的设计视图如图 4-1 所示。

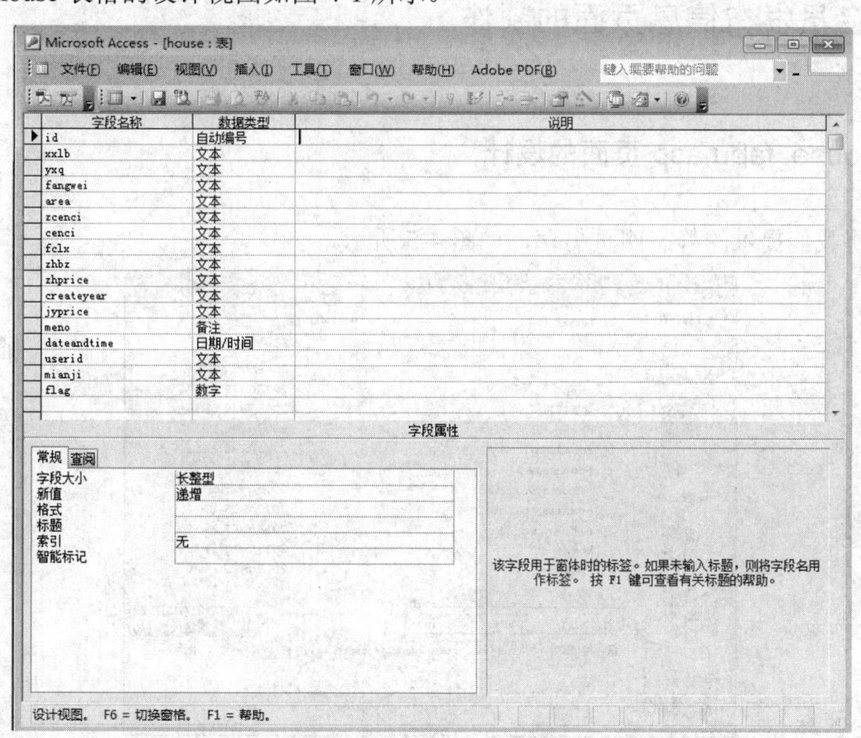

图 4-1　house 表格的设计视图

（2）选择 house 表格进行复制，如图 4-2 所示。

（3）进行粘贴，粘贴到网站数据库中，如图 4-3 所示。

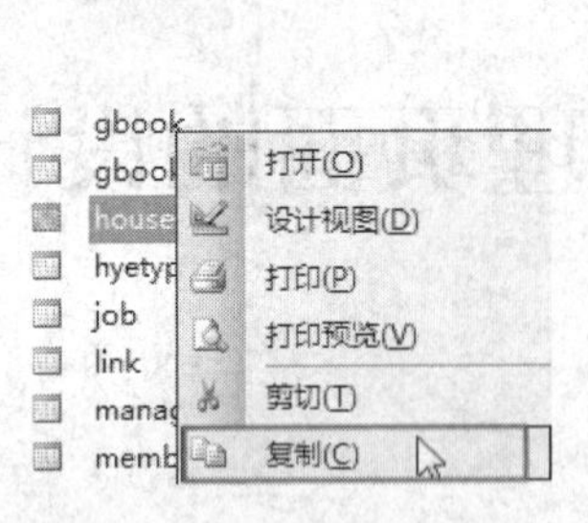

图 4-2　复制 house 表格

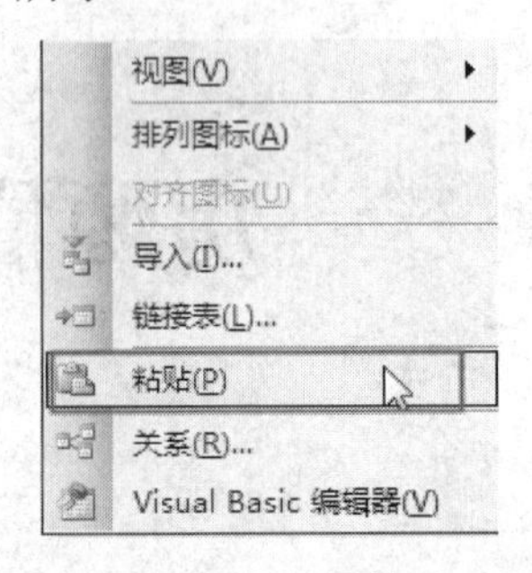

图 4-3　进行粘贴

（4）在“粘贴表方式”对话框中，输入表名称，并选择“结构和数据”，如图 4-4 所示。

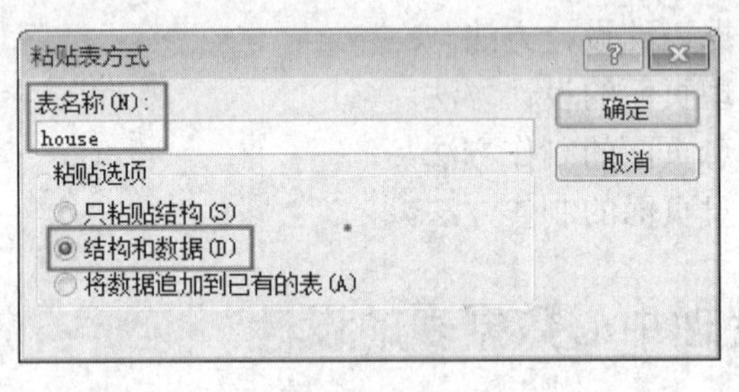

图 4-4　粘贴表格

4.2　会员发布信息页面的制作

4.2.1　house_fabu.asp 页面的设计

（1）将我们提供的静态网页另存，如图 4-5 所示。

图 4-5　另存网页

（2）house_fabu.asp 页面的设计布局如图 4-6 所示。

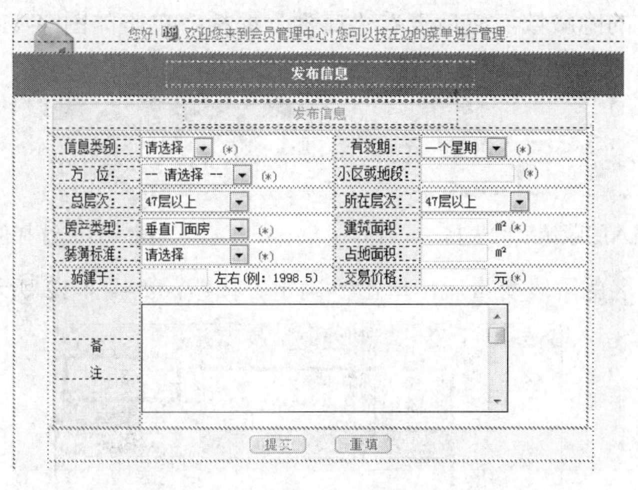

图 4-6　house_fabu.asp 页面的设计布局

（3）设置图 4-6 中“方位”后面的列表属性。选择这个列表框，然后查看“属性”面板，如图 4-7 所示，单击“列表值”按钮。

图 4-7　单击“列表值”按钮

（4）在打开的“列表值”对话框中，输入图 4-8 所示内容。

图 4-8　输入列表值内容

（5）在“重填”按钮后面，插入隐藏域，如图 4-9 所示。

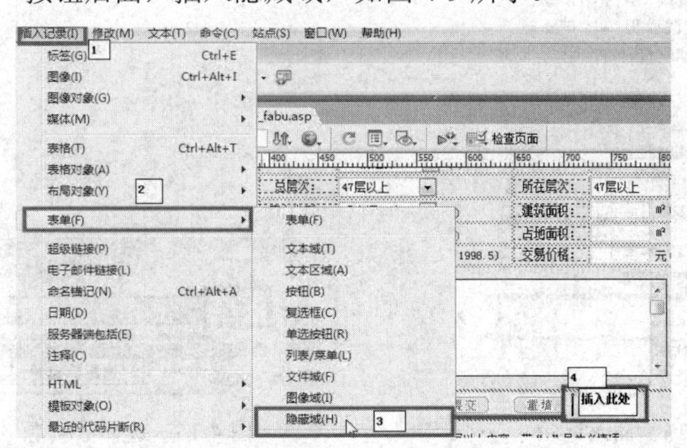

图 4-9　选择插入隐藏域

（6）插入隐藏域后的表格如图4-10所示。

（7）单击插入的隐藏域，然后查看“属性”面板，单击如图4-11所示的闪电图标选择值。

图4-10　插入隐藏域后的表格

图4-11　选择值

（8）选择用户名的阶段变量后，单击“确定”按钮，如图4-12所示。

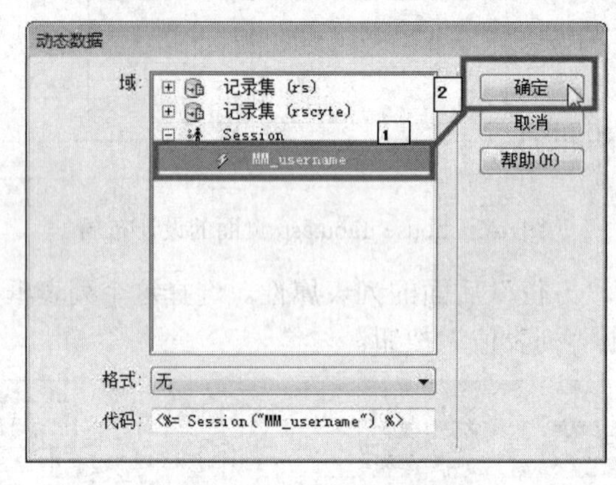

图4-12　选择阶段变量

（9）隐藏域的“属性”面板发生变化，如图4-13所示。

图4-13　隐藏域的“属性”面板发生变化

（10）单击“插入记录”的服务器行为，如图4-14所示。

（11）在“插入记录”的“连接”下拉列表中选择数据源，如图4-15所示。

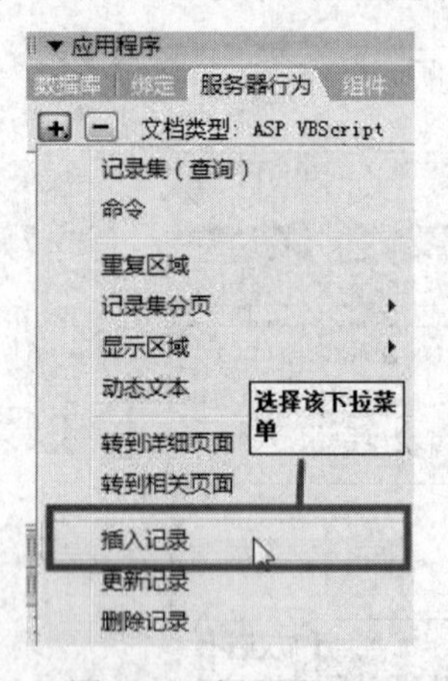

图4-14　插入记录

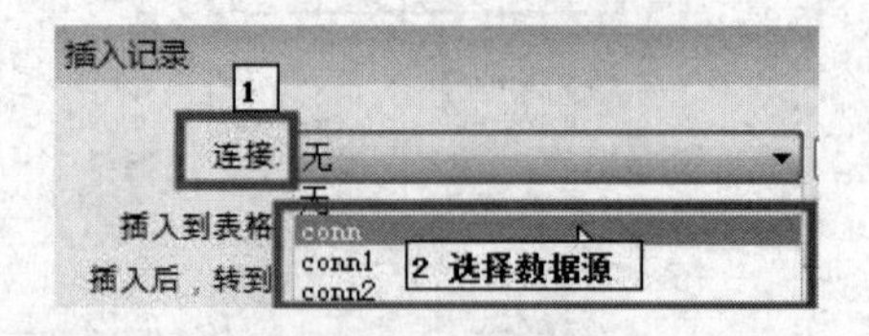

图4-15　选择数据源

（12）继续设置插入记录的其他选项，如图4-16所示。

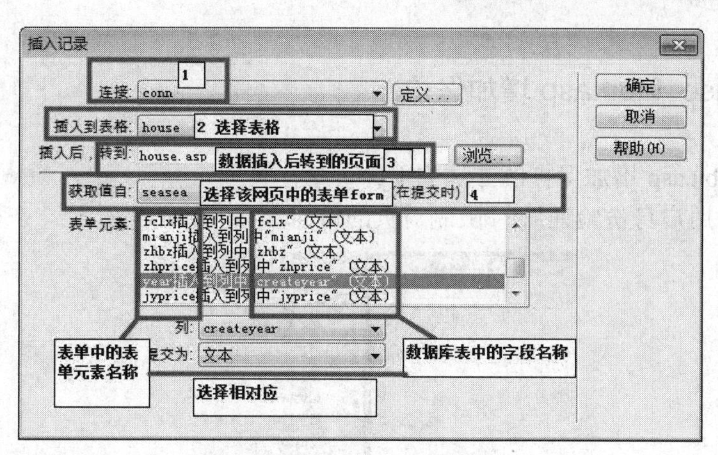

图 4-16　设置好插入记录的参数

（13）注意将隐藏域与用户名字段进行绑定，如图 4-17 所示。

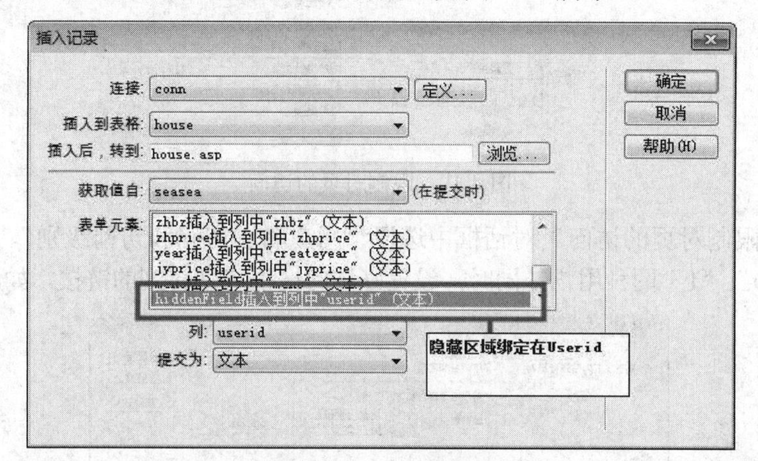

图 4-17　绑定隐藏域

（14）插入记录后的表格如图 4-18 所示。

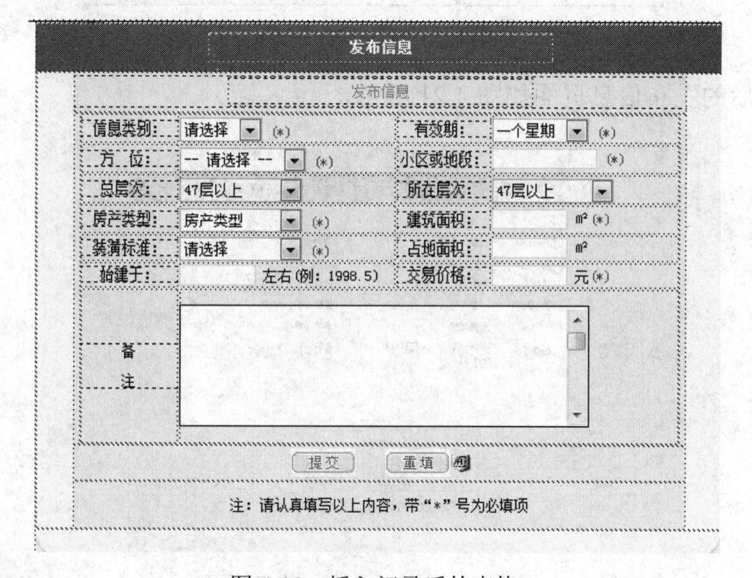

图 4-18　插入记录后的表格

4.2.2　给 house_fabu.asp 增加保护

给 house_fabu.asp 增加保护的方法如下。

（1）选择“用户身份验证” | “限制对页的访问”，如图 4-19 所示。

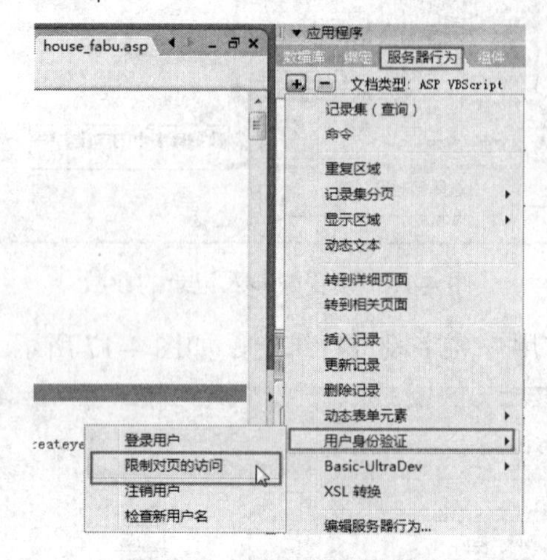

图 4-19　限制对页的访问

（2）在“限制对页的访问”对话框中选择“用户名、密码和访问级别”，然后通过自定义，定义为“0”、“1”两种用户；同时，设置好访问被拒绝则转到的链接，如图 4-20 所示。

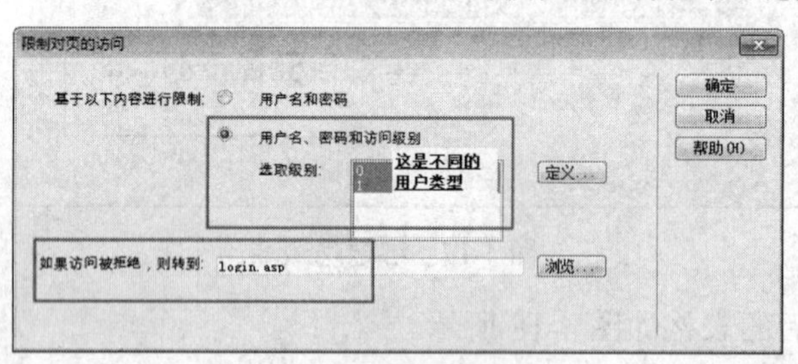

图 4-20　设置各项参数

（3）登录后的发布信息页面如图 4-21 所示。

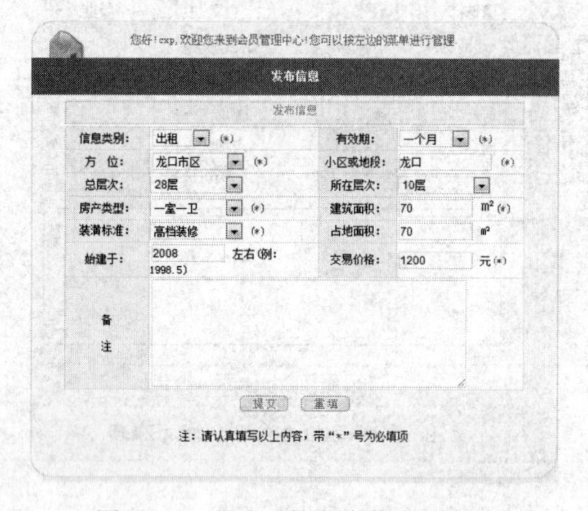

图 4-21　登录后的发布信息页面

4.3 房源信息管理页面的设计

图 4-22 是 house.asp 页面显示才发布的信息的效果。

您好！cxp, 欢迎您来到会员管理中心！您可以按左边的菜单进行管理.

才发布的信息

删除	类别	区域	户型	地段名	房价	登记时间	详细信息
	出租	龙口市区	一室一卫	龙口	1200	2013-7-2	查看、修改
	置换	龙口市区	一室一卫	龙口	500000	2013-6-27	查看、修改
	置换	龙口市区	二室户	龙口	480000	2013-6-23	查看、修改
	出租	龙口市区	楼中楼	国际村顶楼	200万	2009-12-6	查看、修改
	出售	龙口市区	楼中楼	国际村	220万	2009-12-6	查看、修改
	求购	龙口市区	垂直门面房	长春2区	460万	2009-12-6	查看、修改
	出售	龙口市区	三室二厅	国际村	158万	2009-12-1	查看、修改
	求购	龙口市区	三室二厅	桥东小区	120万	2009-12-1	查看、修改
	出售	义北地区	排屋	后宅德胜别墅	面议	2009-11-15	查看、修改
	置换	龙口市区	三室二厅	香港城	125万	2009-11-15	查看、修改
	求租	龙口市区	四室户	东方大厦	240万	2009-11-15	查看、修改
	求租	龙口周边地区	三室二厅	海德社区	820000	2009-11-11	查看、修改
	出售	龙口市区	三室一厅	金贝家园	100万	2009-9-9	查看、修改
	出售	龙口市区	三室一厅	鹏城小区	78万	2009-9-9	查看、修改
	出售	龙口市区	一室一厅	戚继光路。阳关都市	48万	2009-7-1	查看、修改

首页　上一页　下一页　末页　第1页/共2页　删除

图 4-22　房源信息的管理页面

House.asp 页面是房源信息的管理页面，该页面列出了房源信息，单击可以查看房源的详细信息，可以修改房源的信息，还可以删除房源的信息。

其中：

查看房源页面是 hs_open.asp；

修改房源页面是 house_modi.asp；

删除房源页面是 house_del.asp。

4.3.1 house.asp 页面的制作

（1）将我们提供的静态网页另存为动态网页，如图 4-23 所示。

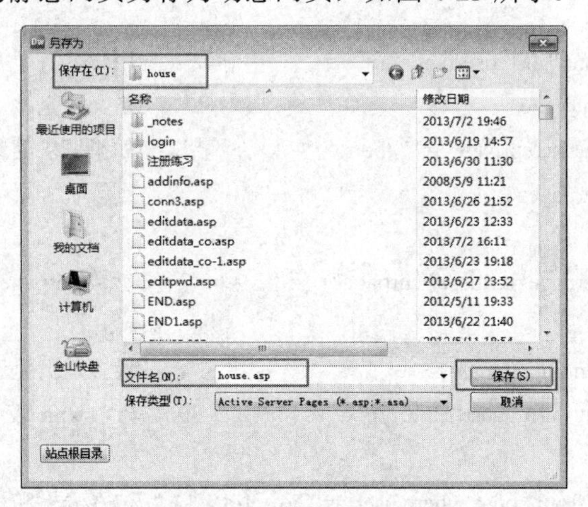

图 4-23　另存为动态网页

（2）该页面的设计表格如图 4-24 所示。

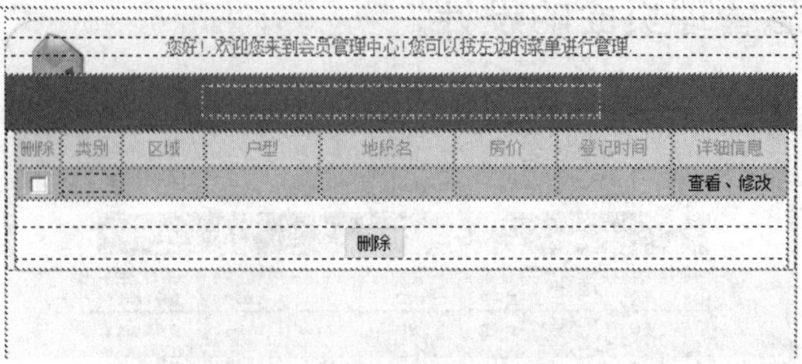

图 4-24　house.asp 表格区域

（3）切换到代码视图下面，添加代码。

代码视图下：

```
添加<!--#include file="conn3.asp"-->连接文件
```

conn3.asp 文件中的代码为：

```
<%
set conn=server.createobject("adodb.connection")                    //创建连接对象
connstr="Provider=Microsoft.jet.oledb.4.0;data source="&server.mappath("../data/qhousedb.mdb")
 //数据库驱动字符串
conn.open connstr                                                   //链接数据库
%>


<%
 Dim Rs,Sql //定义变量
 Set Rs=Server.CreateObject("ADODB.Recordset")                      //创建连接对象
%>
```


（4）切换到下面这行表格的源代码视图中：

找到</tr>，输入以下代码：

```
<%
        userid=session("MM_username")                       //用户名等于存储的阶段变量名
              dim curpage                                   //定义变量
              if request("curpage")="" then                 //如果请求的参数为空
                 curpage=1                                  //则等于 1 页
              else
                 curpage=request("curpage")                 //参数 curpage 传递给 curpage 变量
              end if
              const numperpage=15                           //设置每页显示 15 条
              xxlb=trim(request("xxlb"))                    //接收 xxlb 变量

        sql="select * from house where userid='"&userid&"'   "//选择表格和设置查询条件
```

```
if xxlb<>""   then                                  //如果信息类别 xxlb 不等于空，则
sql=sql & " and xxlb='"&xxlb&"'"                    //xxlb 等于传递的 xxlb 参数
end if
sql=sql & " order by  dateandtime desc "            //按降序排列
rs.open sql,conn,1,1 //                             //链接数据库
if rs.eof then                                      //如果数据记录为空
response.write "<center>现在还没有记录！</center>"   //则显示没有记录
        'response.end                               //执行停止
  end if
if not rs.eof then                                  //如果记录不是空的
rs.pagesize=numperpage                  //记录集的页数等于每页显示的页数
dim totalpages                          //定义一个变量总页数
totalpages=rs.pagecount                 //总页数等于记录的总数
rs.absolutepage=curpage                 //获取或设置记录集当前的页码
end if
dim count                               //定义变量
count=0                                 //为其赋初始值 0
do while not rs.eof and count<numperpage  //该句表示当记录不是空且记录不小于每页条
数就执行下面的命令

If count mod 2=0 Then                   //对 2 取余数
 bgcolor="#FEFAEE"
Else
 bgcolor="#FFFFFF"
End If
  %>
```

（5）设置删除文字下面的复选框的属性，如图 4-25 所示。

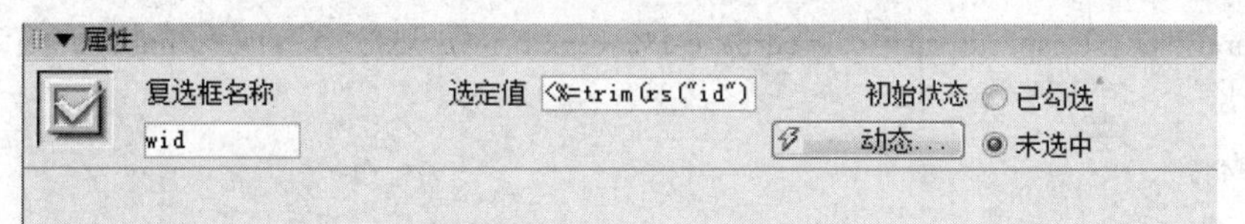

图 4-25　设置复选框的属性

将其“选定值”设为“<%=trim(rs("id"))%>”。

（6）在“类别”文字下面增加代码：

```
<%xxlb_1=trim(rs("xxlb"))%>
  <!--#include file="xxlb.asp-->                 //这是一个包含文件，得到信息的类别
```

（7）在“区域”下面增加代码：

```
<td width="11%" align="center"><font color="#FF9900">
 </font><%=left(rs("fangwei"),15)%>  </td>//取记录集 rs 中的 fangwei 字段左边的 15 个字符
```

（8）“户型”下面的代码

```
<td width="15%" align="center"><%=left(rs("fclx"),15)%></td>
//取记录集 rs 中的 fcxl 字段左边的 15 个字符
```

（9）“地段名”下面的代码：

```
<td width="17%" align="center"><%=left(rs("area"),15)%></td>
//取记录集 rs 中的 area 字段左边的 15 个字符
```

（10）“房价”下面的代码：

```
<td width="13%" align="center"><%=left(rs("jyprice"),15)%></td>
//取记录集 rs 中的 jyprice 字段左边的 15 个字符
```

（11）“登记时间”下面的代码：

```
<td width="15%" align="center">
 <%response.write year(rs("dateandtime")) & "-" & month(rs("dateandtime")) & "-" & day
(rs("dateandtime"))%>    </td>                          //取记录集 rs 中的 dateandtime 字段的值
```

（12）“查看”的链接为：

```
<td width="15%" align="center"><a href="hs_open.asp?id=<%=trim(rs("id"))%>" class="linkone">查看
</a>
```


（13）“修改”的代码为：

```
<a href="house_modi.asp?id=<%=trim(rs("id"))%>" class="linkone">修改</a></td>
```

（14）设置该页面的分页显示。分页显示可以按前面介绍的插入记录集导航来实现，也可以手写代码来实现。

以下是分页代码：

```
<% if cint(curpage)<>1 then %>
  <a href="house.asp?curpage=1&xxlb=<%=xxlb%>" class="linkone">首页 </a>
    <% else %>
      首页 
        <% end if %>
       <% if cint(curpage)>1 then %>
      <a href="house.asp?curpage=<%=curpage-1%>&xxlb=<%=xxlb%>" class="linkone">上一页
 </a>
<% else %>
   上一页
  <% end if %>
<% if cint(curpage)<>cint(totalpages) then %>
<a href="house.asp?curpage=<%=curpage+1%>&xxlb=<%=xxlb%>" class="linkone"> 下一页
  <% else %>
 下一页
  <% end if %>
   <% if cint(curpage)<>cint(totalpages) then %>
   </a>
<a href="house.asp?curpage=<%=totalpages%>&xxlb=<%=xxlb%>" class="linkone"> 末页
```

```
<% else %>
   末页
  <% end if %>
</a>
```

其中，cint(curpage)是将 curpage 转换为数字。传递房屋信息类别的参数为 xxlb=<%=xxlb%>。

（15）设置“删除”按钮的链接为 house_del.asp：

```
<form name="form1" method="post" action="house_del.asp">
```

（16）设计完成后，登录并测试，如图 4-26 所示。

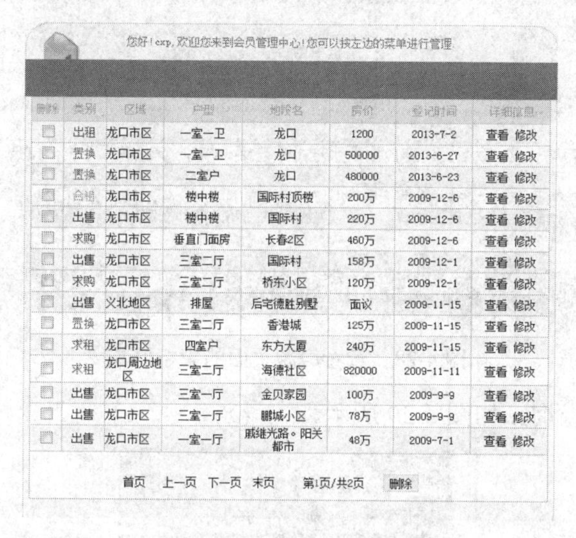

图 4-26　房源信息列表

4.3.2　查看房源信息 hs_open.asp 页面的设计

（1）将我们提供的静态网页另存，如图 4-27 所示。

图 4-27　另存网页

（2）该页面的设计区域如图 4-28 所示。

房源信息			
信息类别：		有效期：	
方　位：		小区或地段：	
总层次：		所在层次：	
房产类型：		建筑面积：	㎡
装潢标准：		占地面积：	㎡（可不填）
始建于：		交易价格：	元
登记时间：			
备　注：			

联系方式			
联 系 人：	ASP	联系电话：	ASP
联系手机：	ASP		

房地产信息平台公告 联系人：楼小姐 联系方式： 电话：0579-85540023 手机：13958409413

龙口房产网为用户发布、查询信息提供了信息发布的平台，要求用户遵守国家法律、法规，发布的每一条信息都必须真实、合法、有效，不得在网站上散布恶意信息，或者冒用他人名义发出信息，侵犯他人隐私。

龙口房产网作为信息交互的平台，不参与具体的交易活动，请使用网站信息的用户提高法律意识、注意自我保护，仔细识别信息内容，慎重进行交易相关事项。

图 4-28　查看房源页面的表格区域

（3）选择记录集查询，如图 4-29 所示。

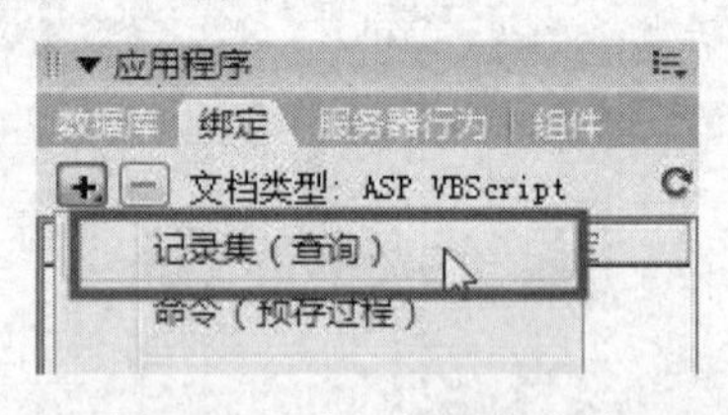

图 4-29　选择记录集查询

（4）在“记录集”对话框中设置参数，注意“连接”、“名称”、“表格”、“筛选”等的设计，如图 4-30 所示。

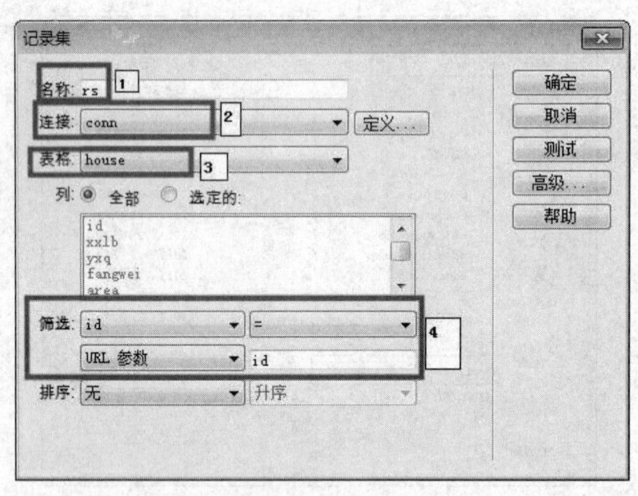

图 4-30　设置记录集

（5）将光标移动到“信息类别”后面，如图 4-31 所示。

图 4-31　移动光标

（6）输入图 4-32 中所示代码。

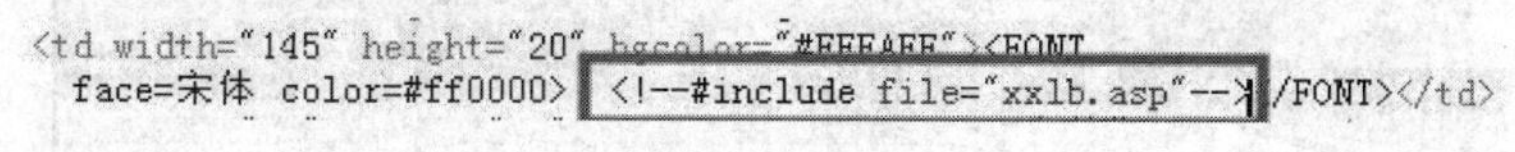

图 4-32　输入代码

（7）选择记录集的字段，然后单击“插入”按钮，如图 4-33 所示。
（8）插入字段后的表格如图 4-34 所示。

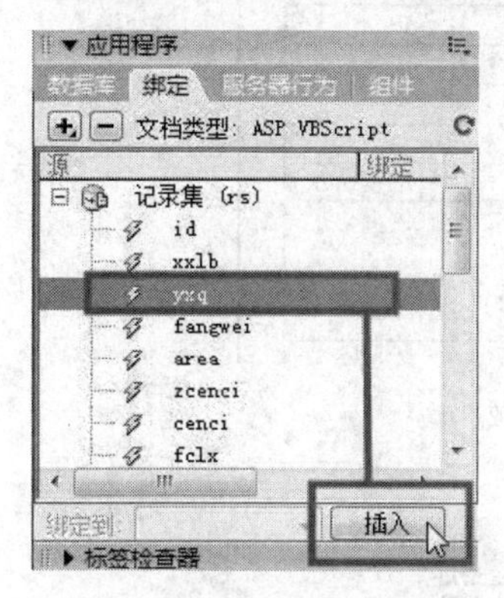

图 4-33　选择插入字段

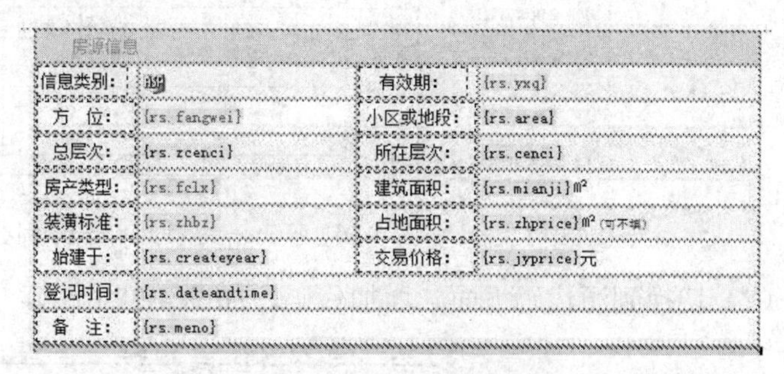

图 4-34　插入字段后的表格

（9）测试查看房源信息的页面，如图 4-35 所示。

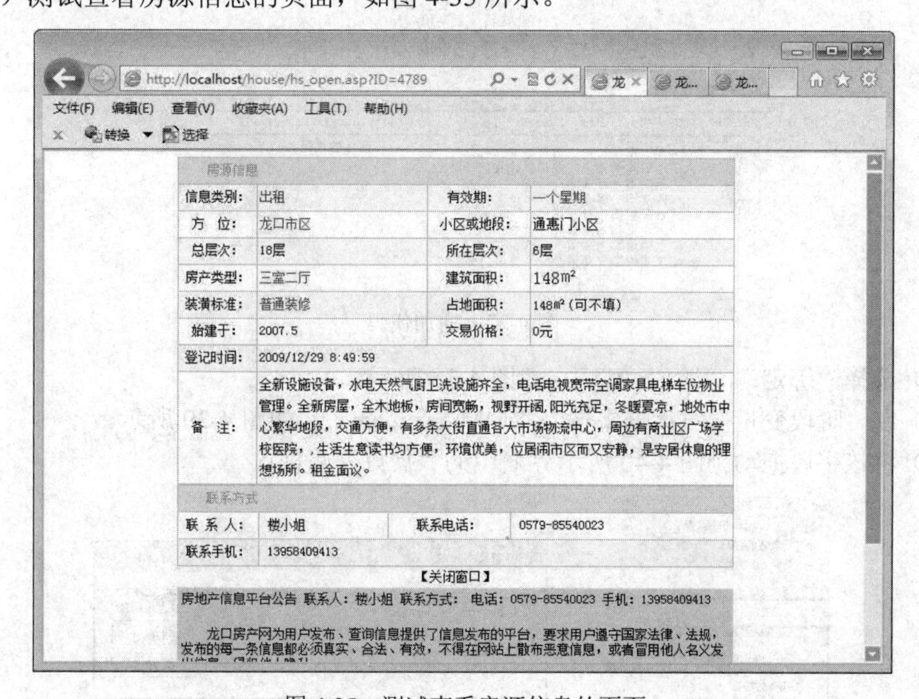

图 4-35　测试查看房源信息的页面

4.3.3 房源修改页面的设计

House_modi.asp 房源修改页面的设计步骤如下。

（1）House_modi.asp 的设计表格区域如图 4-36 所示。

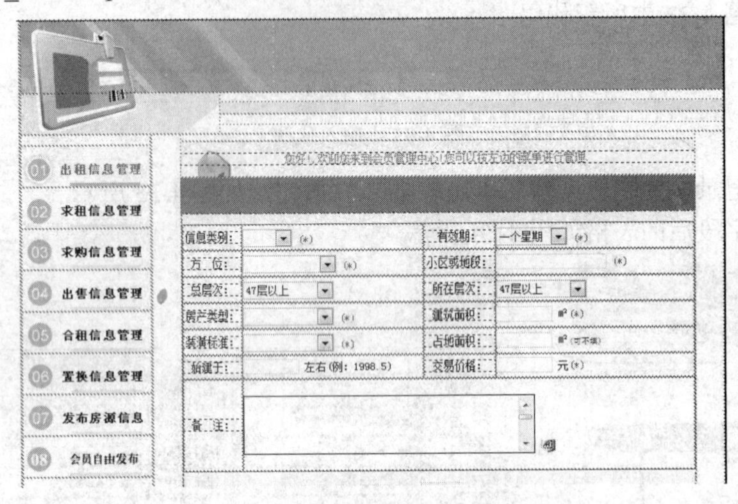

图 4-36 House_modi.asp 的设计区域

（2）切换到源代码下面，增加代码，如图 4-37 所示。

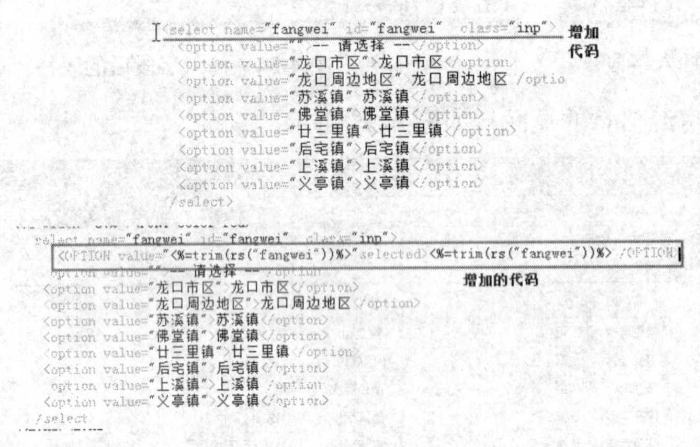

图 4-37 增加代码

（3）选择“绑定”|“阶段变量”，如图 4-38 所示。

（4）在“阶段变量”对话框中输入“MM_username”，如图 4-39 所示。

（5）将该字段拖动到图 4-40 所示界面中的“您好”后面。

图 4-38 选择阶段变量

图 4-49 输入“MM_username”

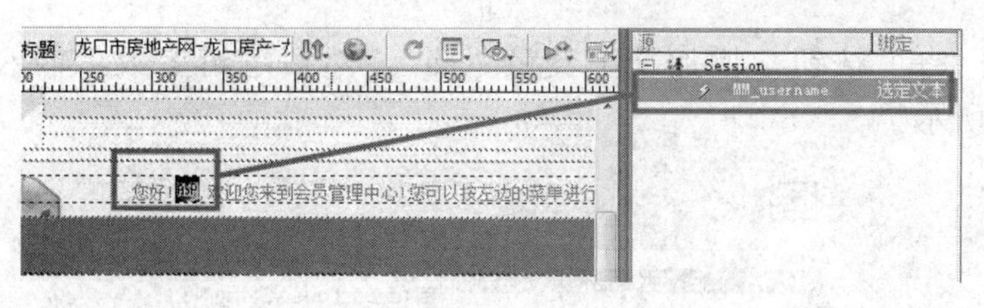

图 4-40　将阶段变量字段插入到表格中

（6）选择记录集查询，如图 4-41 所示。

（7）在“记录集”对话框中，设置好筛选参数，如图 4-42 所示。

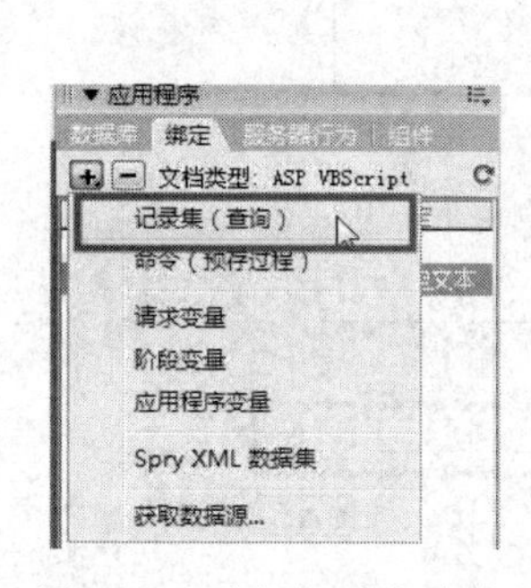

图 4-41　选择记录集查询

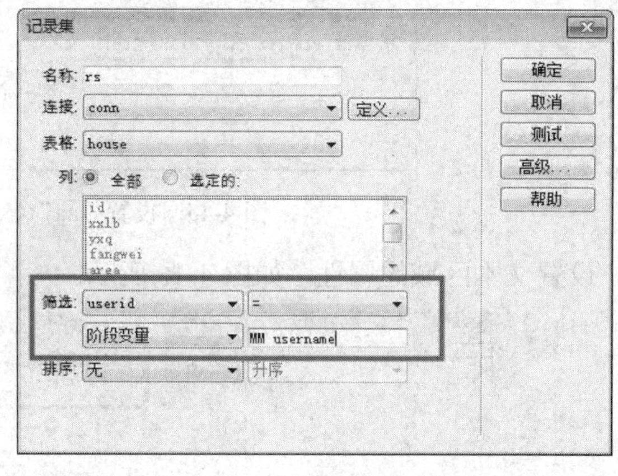

图 4-42　设置筛选参数

（8）切换到高级选项，如图 4-43 所示。

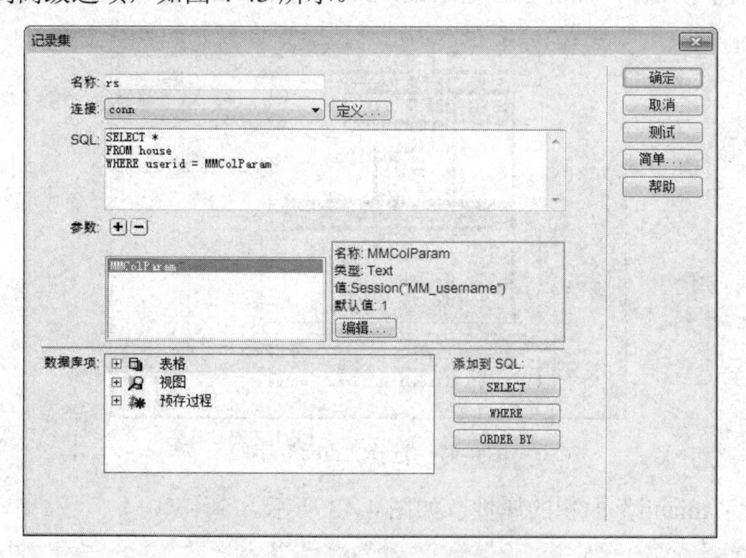

图 4-43　记录集高级选项

（9）在“SQL”区域中输入代码，如图 4-44 所示。

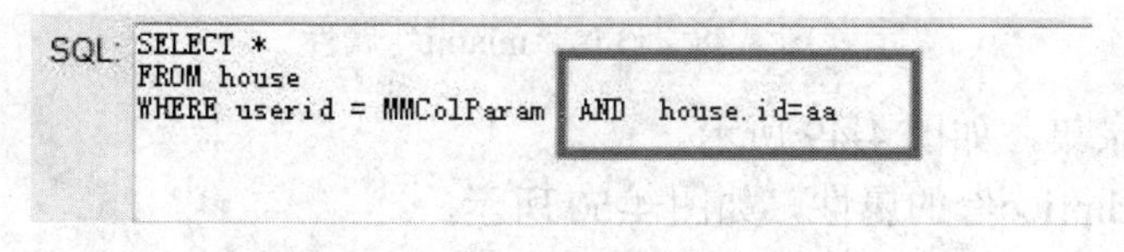

图 4-44　在“SQL”中输入代码

（10）单击“+”按钮，增加一个变量“aa”，然后编辑参数，输入名称、类型和值，如图4-45所示。

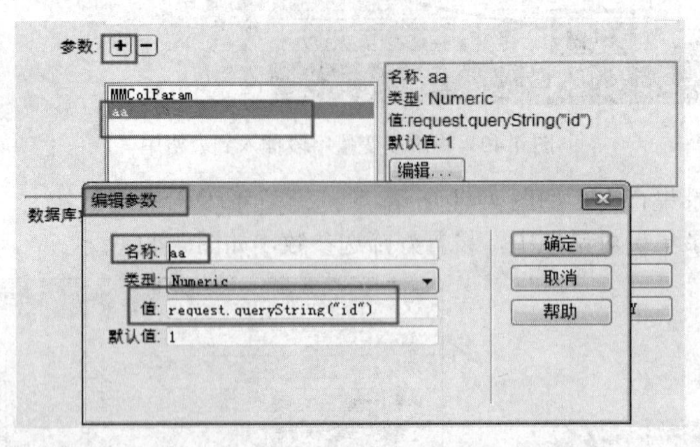

图4-45　设置“aa”参数

（11）设置文本区域的属性，如图4-46所示。

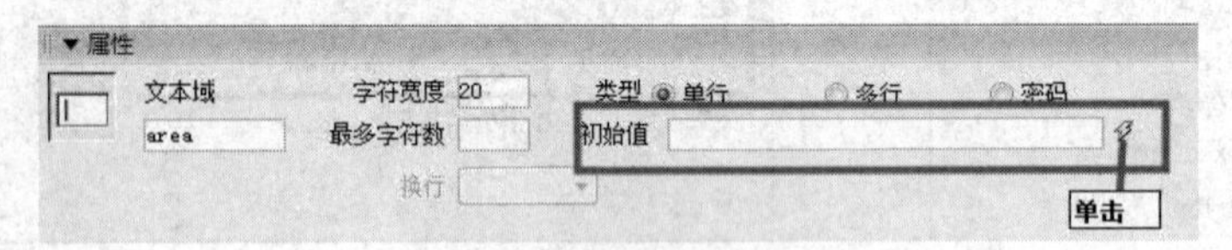

图4-46　设置文本区域属性

（12）单击闪电图标，然后选择记录集，此处选择“area”字段，如图4-47所示。

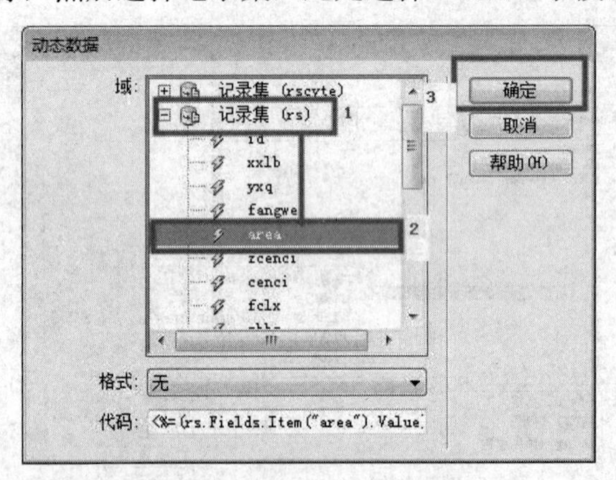

图4-47　选择“area”字段

（13）设置“mianji”面积的属性，如图4-48所示。

图4-48　设置“mianji”属性

（14）选择记录集，如图4-49所示。

（15）设置“zhprice”的属性，如图4-50所示。

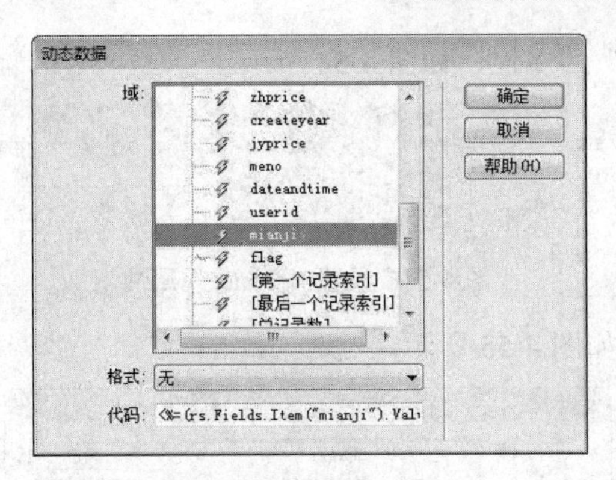

图 4-49　选择记录集“mianji”

图 4-50　设置“zhprice”属性

（16）选择记录集，如图 4-51 所示。

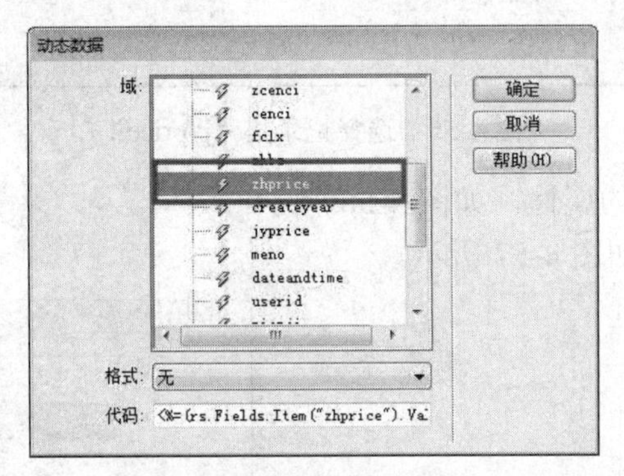

图 4-51　选择记录集“zhprice”

（17）设置“year”的属性，如图 4-52 所示。

图 4-52　设置“year”属性

（18）选择记录集，如图 4-53 所示。

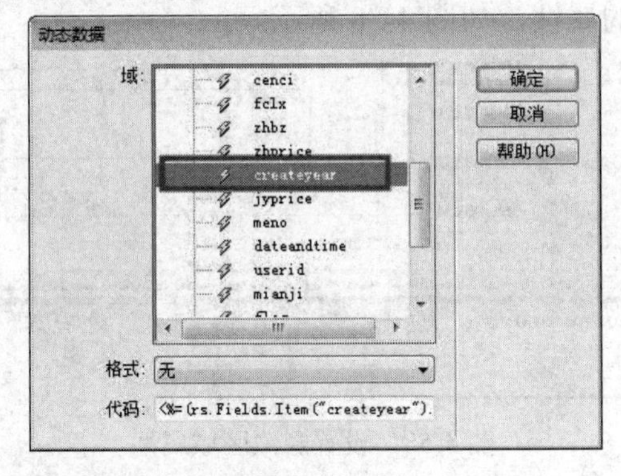

图 4-53　选择记录集“createyear”

（19）设置“jyprice”的属性，如图 4-54 所示。

图 4-54　设置“jyprice”属性

（20）选择记录集，如图 4-55 所示。

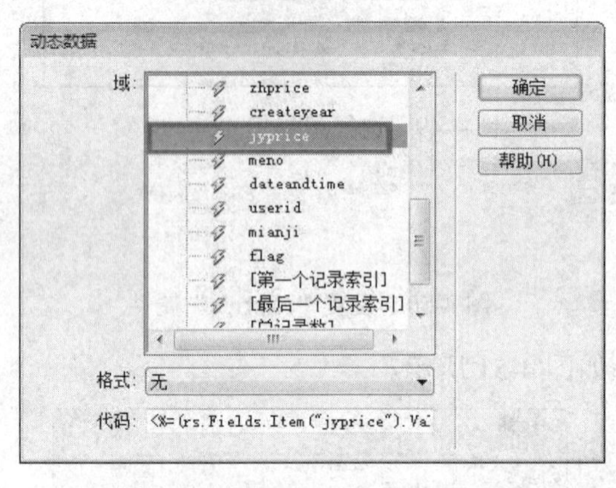

图 4-55　选择记录集“jyprice”

（21）设置“meno”的属性，如图 4-56 所示。

（22）选择记录集，如图 4-57 所示。

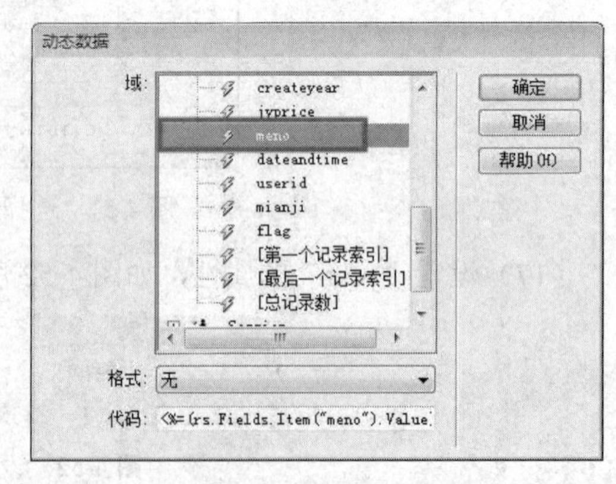

图 4-56　设置“meno”属性　　　　图 4-57　选择记录集“meno”

（23）设置隐藏区域的属性，如图 4-58 所示。

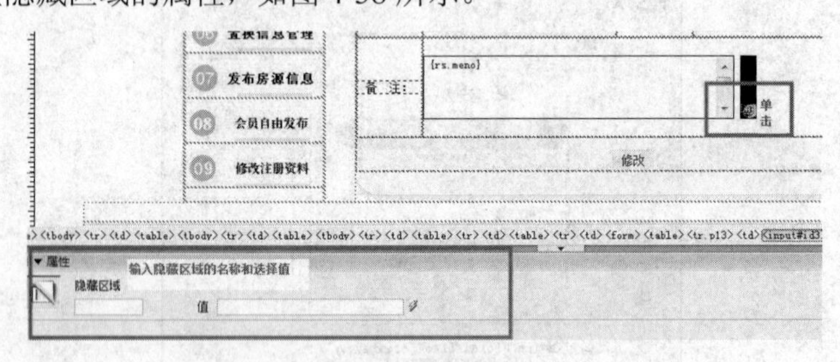

图 4-58　设置隐藏区域属性

（24）设置隐藏区域的属性参数，如图 4-59 所示。

图 4-59　设置隐藏区域属性参数

（25）完成的表格如图 4-60 所示。

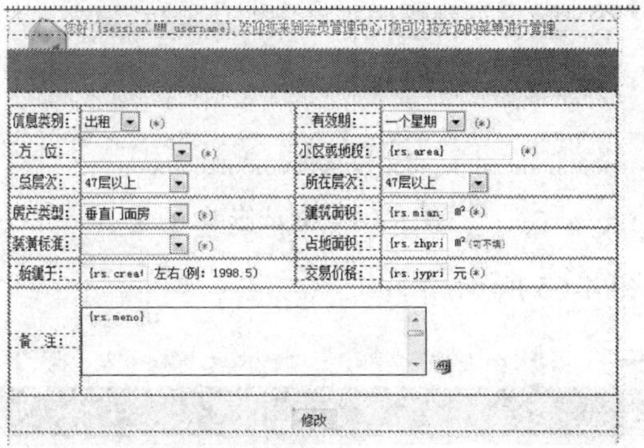

图 4-60　完成的表格

（26）选择“服务器行为”|“更新记录”，如图 4-61 所示。
（27）设置更新记录的参数，如图 4-62 所示。

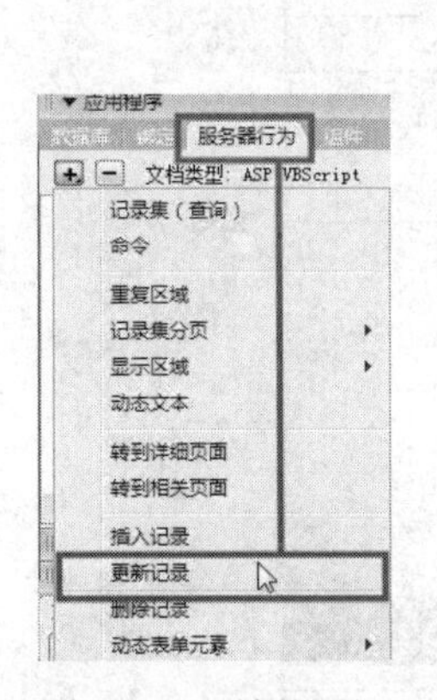

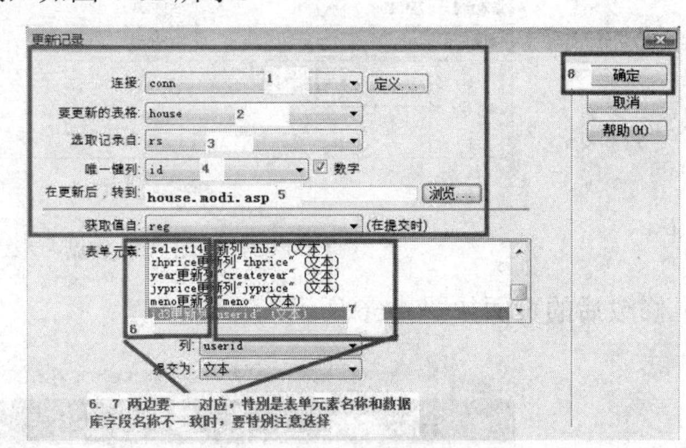

图 4-61　更新记录　　　　　　　　图 4-62　设置更新记录的参数

（28）更新记录后的表格如图 4-63 所示。

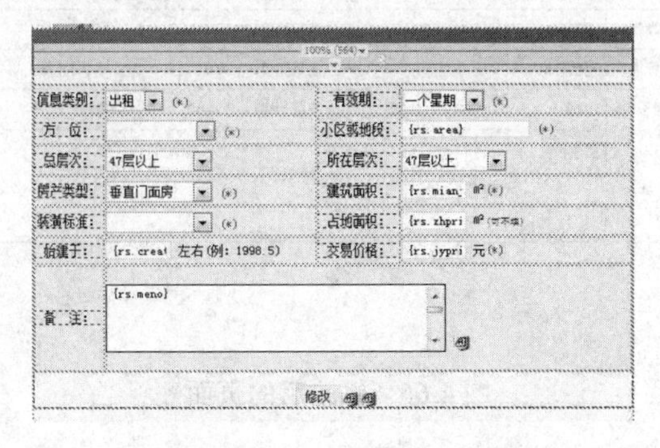

图 4-63　更新记录后的表格

（29）登录后测试，如图 4-64 所示。

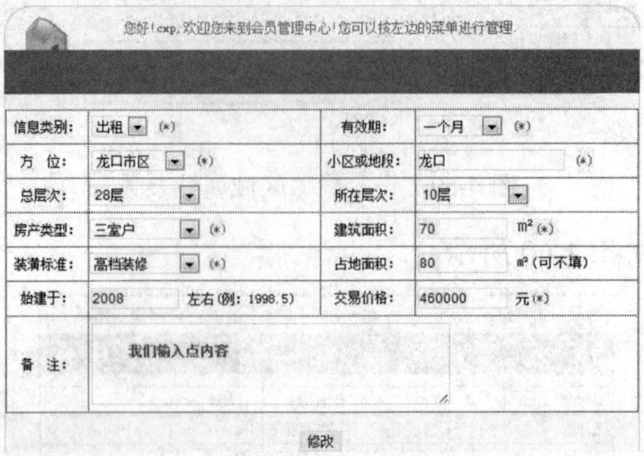

您好！cxp，欢迎您来到会员管理中心！您可以按左边的菜单进行管理

信息类别：	出租 (*)	有效期：	一个月 (*)
方　位：	龙口市区 (*)	小区或地段：	龙口 (*)
总层次：	28层	所在层次：	10层
房产类型：	三室户 (*)	建筑面积：	70 m² (*)
装潢标准：	高档装修 (*)	占地面积：	80 m² (可不填)
始建于：	2008 左右(例：1998.5)	交易价格：	460000 元(*)
备　注：	我们输入点内容		

修改

图 4-64　测试修改

（30）修改数据，如图 4-65 所示。

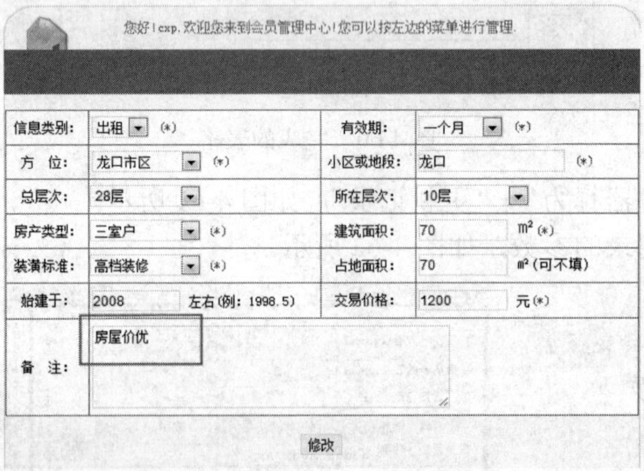

您好！cxp，欢迎您来到会员管理中心！您可以按左边的菜单进行管理

信息类别：	出租 (*)	有效期：	一个月 (*)
方　位：	龙口市区 (*)	小区或地段：	龙口 (*)
总层次：	28层	所在层次：	10层
房产类型：	三室户 (*)	建筑面积：	70 m² (*)
装潢标准：	高档装修 (*)	占地面积：	70 m² (可不填)
始建于：	2008 左右(例：1998.5)	交易价格：	1200 元(*)
备　注：	房屋价优		

修改

图 4-65　修改一下数据

（31）修改后的页面如图 4-66 所示。

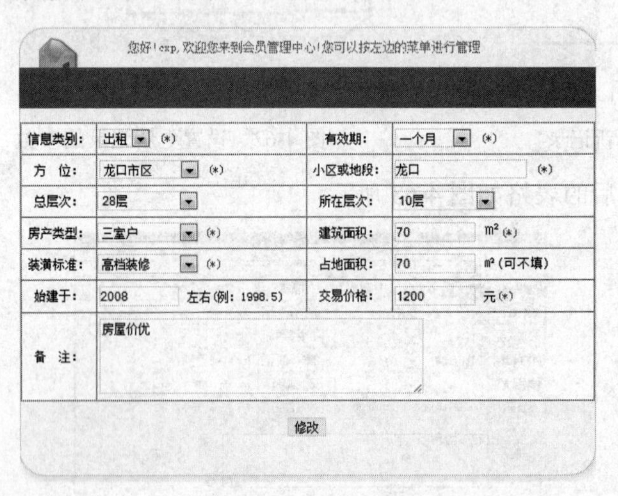
您好！cxp，欢迎您来到会员管理中心！您可以按左边的菜单进行管理

信息类别：	出租 (*)	有效期：	一个月 (*)
方　位：	龙口市区 (*)	小区或地段：	龙口 (*)
总层次：	28层	所在层次：	10层
房产类型：	三室户 (*)	建筑面积：	70 m² (*)
装潢标准：	高档装修 (*)	占地面积：	70 m² (可不填)
始建于：	2008 左右(例：1998.5)	交易价格：	1200 元(*)
备　注：	房屋价优		

修改

图 4-66　修改后的页面

（32）查看修改后的房源，如图 4-67 所示。

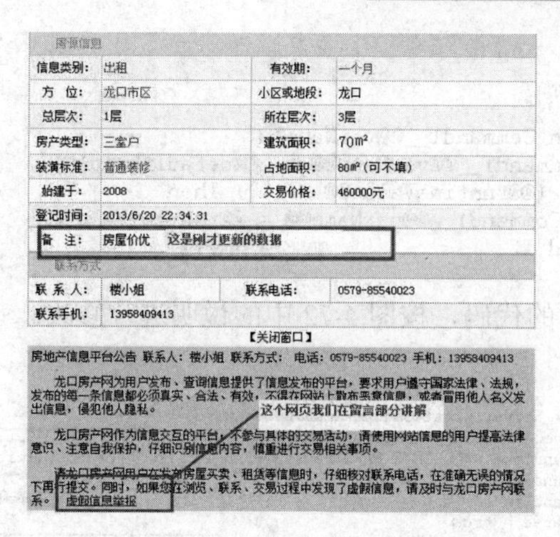

图 4-67　修改后的房源

4.3.4　房源信息删除功能的设计

图 4-68　选择复选框

房源信息删除功能由两个页面连接而成，一个是信息管理页面 House.asp，一个是删除实现页面 House_del.asp。

（1）House.asp 删除功能的设计。选择“删除”文字下面的复选框，设置其属性和动作，如图 4-68～图 4-70 所示。

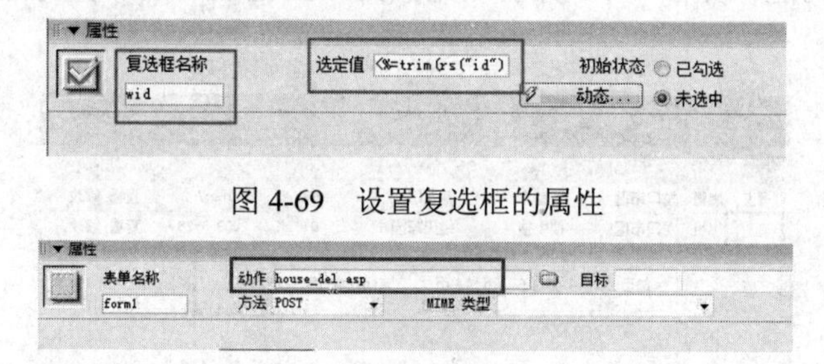

图 4-69　设置复选框的属性

图 4-70　设置动作

（2）House_del.asp 的设计。在该页面选择“服务器行为”|“命令”，打开“命令”对话框，如图 4-71 所示。

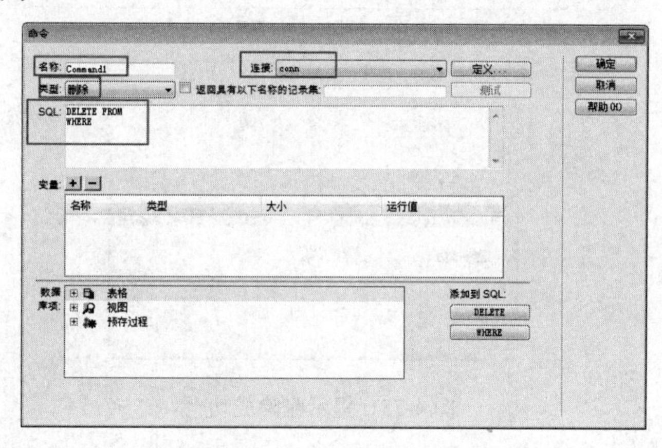

图 4-71　“命令”对话框

（3）删除以下代码：

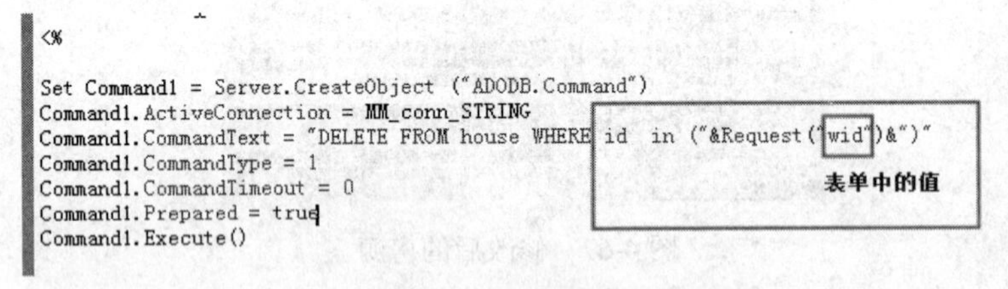

```
<%
Dim Command1__@@varName@@
Command1__@@varName@@ = "@@defaultValue@@"
If (@@runtimeValue@@ <> "") Then
  Command1__@@varName@@ = @@runtimeValue@@
End If
%>
```


（4）修改删除语句中的代码，按图 4-72 中的说明进行修改。

```
<%

Set Command1 = Server.CreateObject ("ADODB.Command")
Command1.ActiveConnection = MM_conn_STRING
Command1.CommandText = "DELETE FROM house WHERE id  in ("&Request("wid")&")"
Command1.CommandType = 1
Command1.CommandTimeout = 0
Command1.Prepared = true
Command1.Execute()
```

表单中的值

图 4-72　修改代码

（5）输入“删除成功！”、“返回”字样，并设置好链接，如图 4-73 所示。

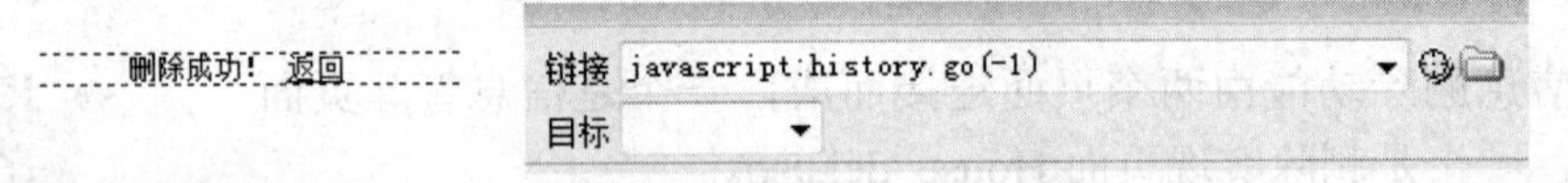

图 4-73　输入文字并设置好链接

（6）测试删除功能。如图 4-74 所示，先找到一些记录，然后执行删除操作。

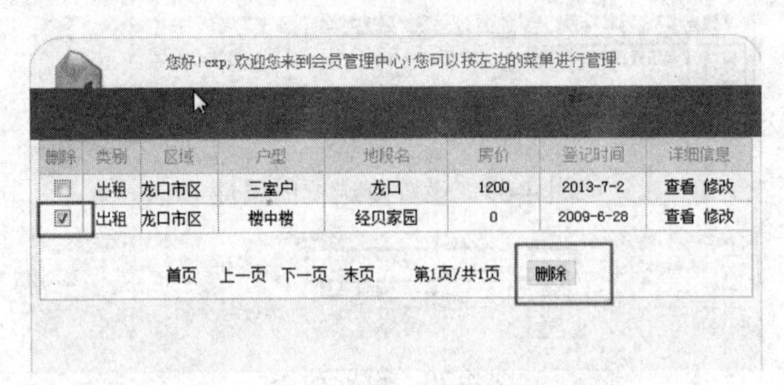

图 4-74　找到记录来删除

（7）提示删除成功，如图 4-75 所示。

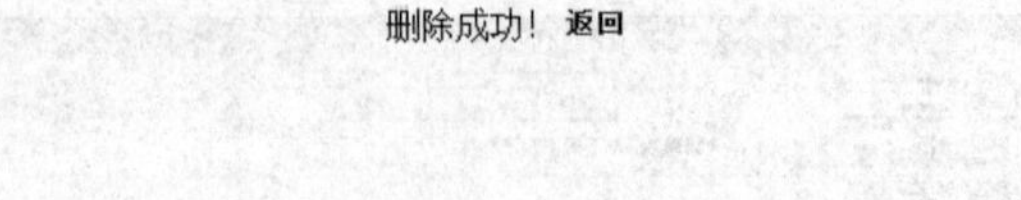

图 4-75　提示删除成功

（8）回到删除前的页面，发现已经删除成功，如图 4-76 所示。

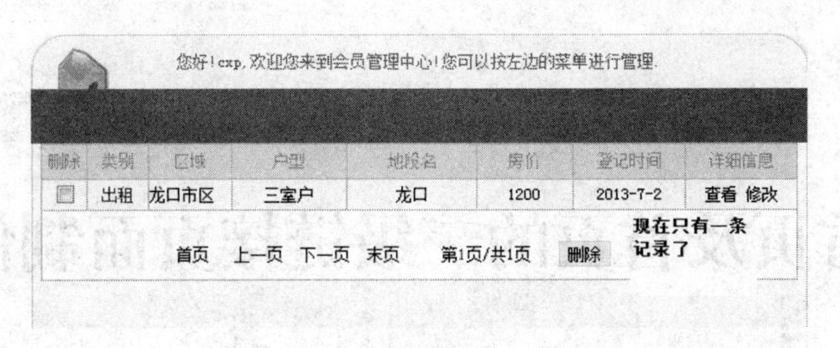

图 4-76　页面显示删除成功

本章小结

本章介绍了房产信息网的会员发布房源信息页面设计，主要知识点如下：

（1）发布信息主要应用了插入记录的服务器行为，这个比较简单。

（2）信息管理主要应用了删除记录的服务器行为，这个设计要点需要注意删除页面的复选框的属性设置，还有就是删除成功页面的删除语句的输入。

（3）查看信息应用了一个转到详细页的参数设置，其中讲到手工输入链接代码的一些知识，同时，讲解了包含文件的用法。

（4）修改信息等功能页面，主要应用了更新记录的服务器行为。

思考与练习

1．上机操作房源信息数据表的设计。

2．上机操作房源信息管理页面的设计。

3．上机操作查看房源信息页面的制作。

4．上机操作修改房源信息页面的制作。

第5章

首页及首页的二级链接页面制作

学习导读

本章介绍房产信息网的首页的制作，同时介绍首页中各个二级页面链接的页面的制作。该部分包含推荐楼盘、房源信息、自由发布、房产新闻、发表留言、新闻中心区域、信息显示区域、常见问题区域等功能区域和二级页面的设计。

学习目标

- 掌握首页的测试方法。
- 掌握首页中所需要的数据表的设计方法。
- 掌握推荐楼盘二级页面的设计方法。
- 掌握房源信息二级页面的制作方法。
- 掌握房产新闻二级页面的制作方法。
- 掌握发表留言二级页面的制作方法。
- 掌握首页信息区域、新闻中心区域的设计方法。
- 掌握常见问题区域的设计方法。
- 掌握几个包含的头文件的设计方法。

5.1 首页及各个链接的效果测试

5.1.1 首页的效果测试

经过前面章节的介绍，已经将网站配置出来，接下来看首页的效果，首页测试的效果如图 5-1 所示。

5.1.2 二级页面的效果测试

对首页的各个链接进行测试。

（1）首页新闻链接测试如图 5-2 所示。

图 5-1　首页测试的效果

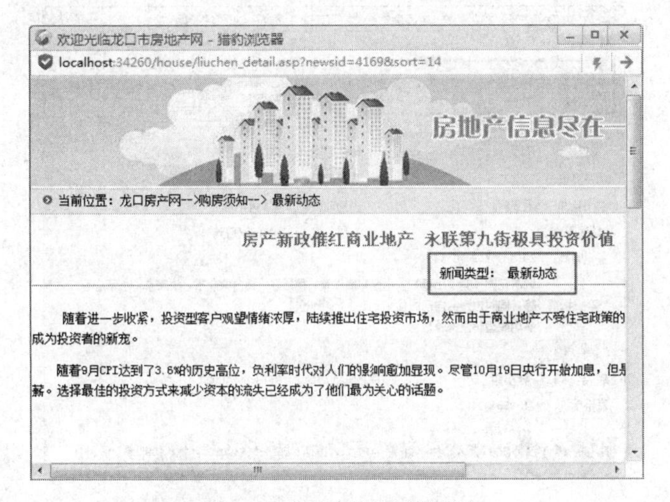

图 5-2　首页新闻链接测试

（2）出售房源测试如图 5-3 所示。

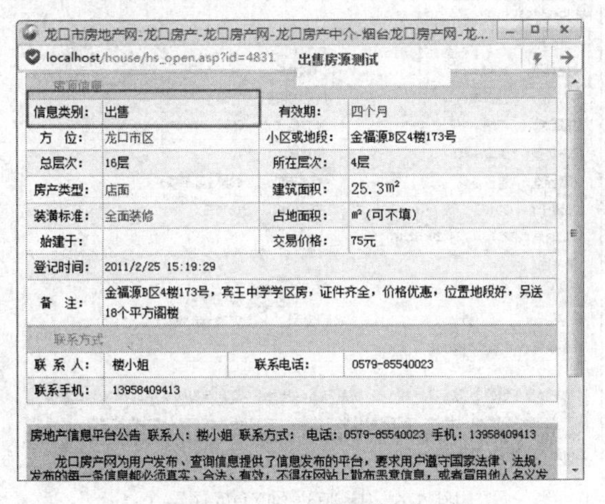

图 5-3　出售房源测试

（3）房源详细页面测试如图5-4～图5-6所示。

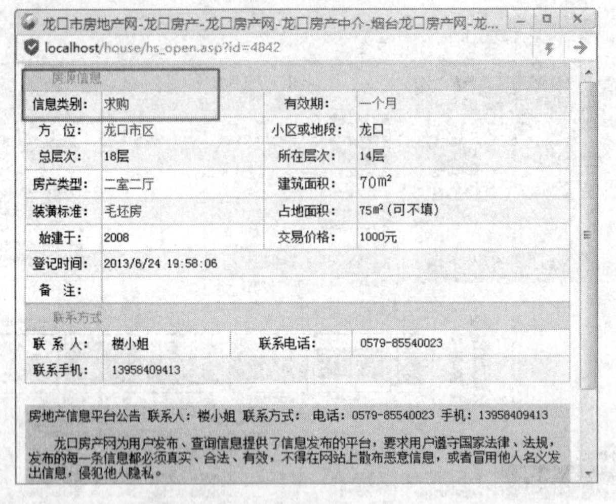

图5-4 房源详细页面（一）

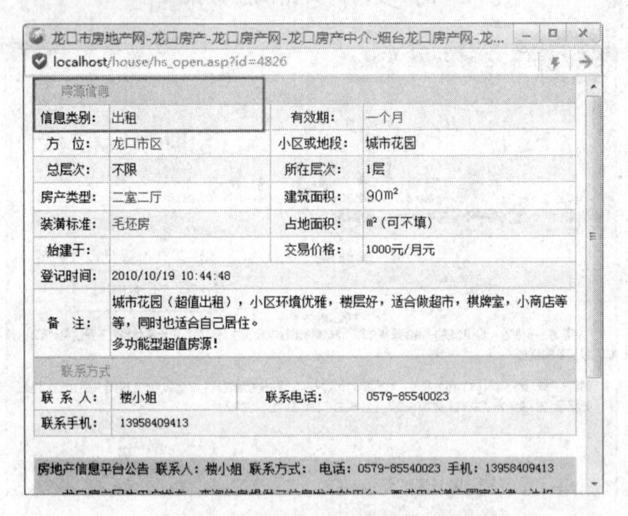

图5-5 房源详细页面（二）

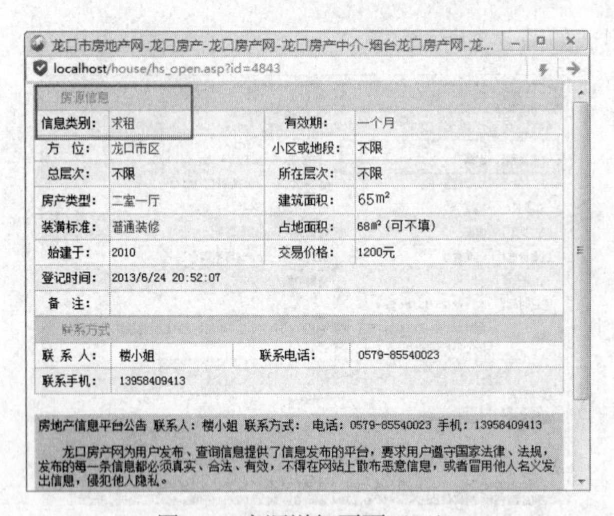

图5-6 房源详细页面（三）

5.2 首页发布信息区域的设计

首先制作发布信息区域的链接。选中准备设置超链接的图像后，在“属性”面板上的“链接”文本框中输入要链接对象的相对路径，一般使用“指向文件”和“浏览文件”的方法创建，如图 5-7 所示。其中 old_add.asp 是我们提供的另一个文件。

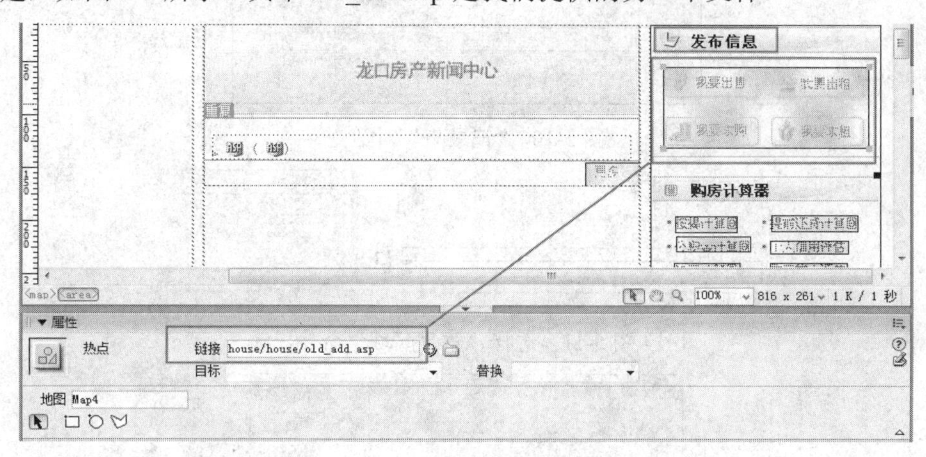

图 5-7　网页设计界面

5.3 新闻中心区域的设计

新闻中心区域的布局如图 5-8 所示。

图 5-8　新闻中心区域布局

制作步骤如下。

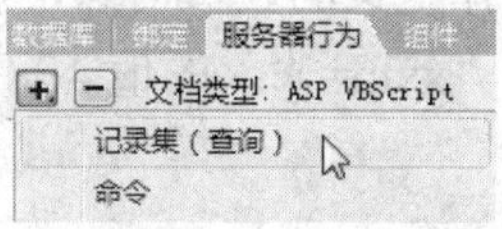

（1）在“应用程序”面板中，选择“服务器行为”标签，单击“+”按钮，选择“记录集（查询）”命令，如图 5-9 所示。

图 5-9　“服务器行为”标签

（2）在弹出的“记录集”对话框中，设置“名称”为“rs”，从“连接”下拉列表中选择定义的连接对象，从“表格”下拉列表中选择数据库中的一个表“news”，注意“排序”选择“DNT”，按新闻增加的时间进行“降序”排列，如图 5-10 所示。

（3）选中表格，在“服务器行为”标签中，选择“重复区域”命令，如图 5-11 所示。

（4）在“重复区域”对话框中，选择相应的记录集，并设置显示记录的数量，如图 5-12 所示。

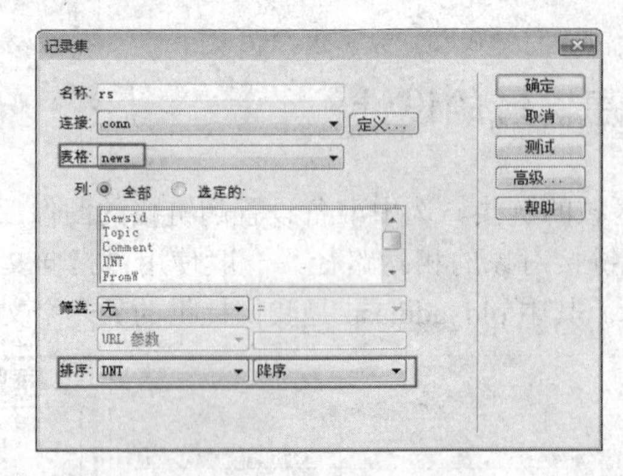

图 5-10 “记录集”对话框

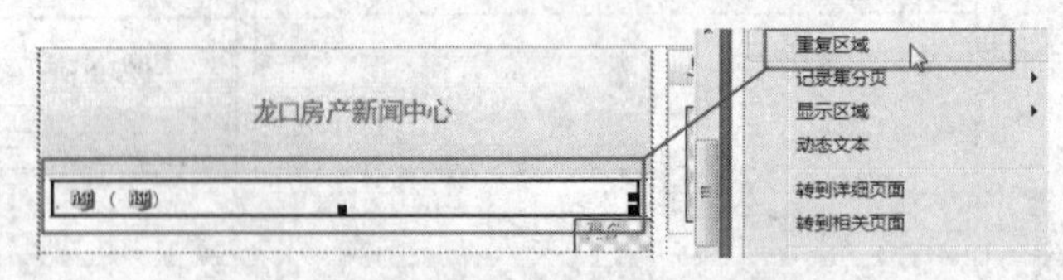

图 5-11 选择“重复区域”命令

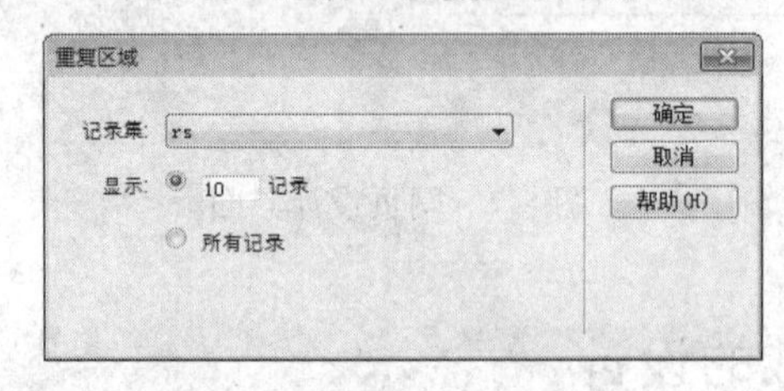

图 5-12 “重复区域”对话框

5.4 首页房源信息区域的设计

5.4.1 房源信息区域记录集的设置

（1）对“记录集”对话框进行设置，设置“名称”为“rs1”，从“连接”下拉列表中选择定义的连接对象，从“表格”下拉列表中选择数据库中的一个表“house”，“筛选”设置为“xxlb=输入的值 4”，“排序”按照出售增加的时间进行“降序”排序，如图 5-13 所示。

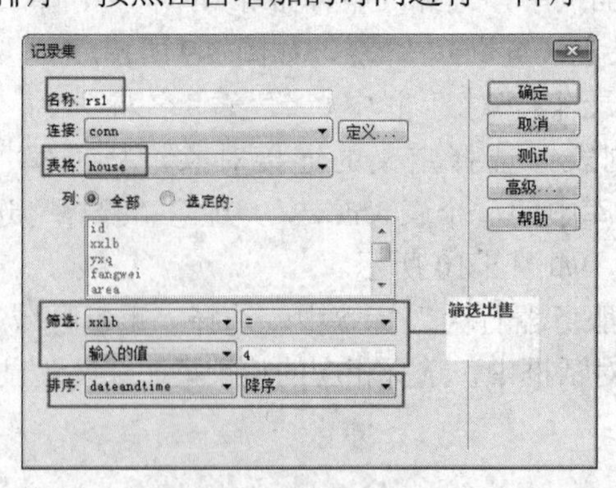

图 5-13 设置“记录集”对话框（一）

（2）对“记录集”对话框进行设置，设置“名称”为“rs2”，从“连接”下拉列表中选择定义的连接对象，从“表格”下拉列表中选择数据库中的一个表“house”，“筛选”设置为“xxlb=输入的值 3”，如图 5-14 所示。

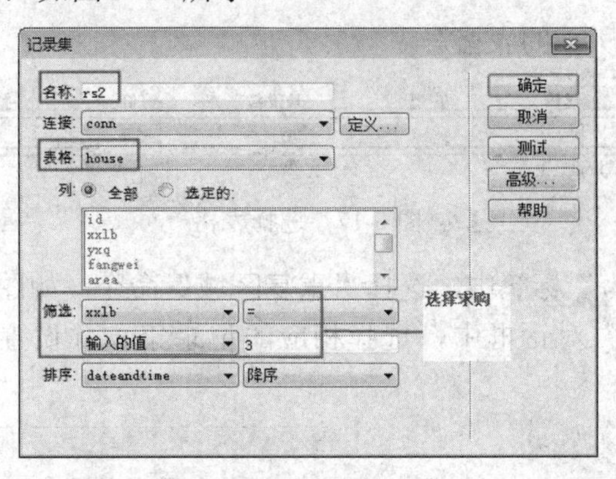

图 5-14　设置“记录集”对话框（二）

（3）对“记录集”对话框进行设置，设置“名称”为“rs4”，从“连接”下拉列表中选择定义的连接对象，从“表格”下拉列表中选择数据库中的一个表“house”，“筛选”设置为“xxlb=输入的值 2”，如图 5-15 所示。

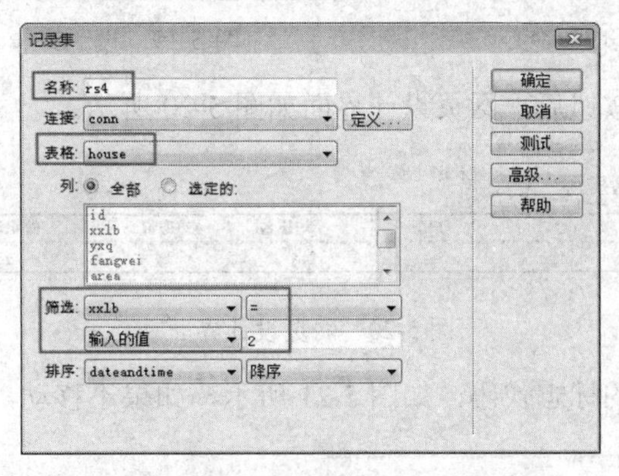

图 5-15　设置“记录集”对话框（三）

（4）对“记录集”对话框进行设置，设置“名称”为“rs3”，从“连接”下拉列表中选择定义的连接对象，从“表格”下拉列表中选择数据库中的一个表“house”，“筛选”设置为“xxlb=输入的值 1”，如图 5-16 所示。

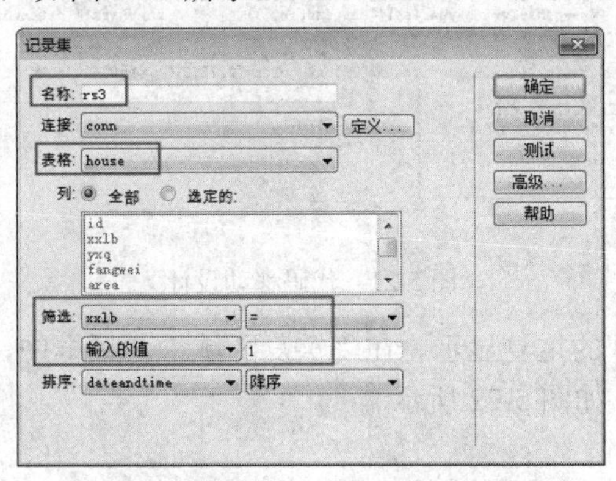

图 5-16　设置“记录集”对话框（四）

5.4.2 房源信息区域的重复区域应用

（1）选择如图5-17所示的表格。

图5-17　选择表格

（2）在“服务器行为”标签中，选择“重复区域”命令，如图5-18所示。

（3）在“重复区域”对话框中，选择相应的记录集，并设置显示记录集的数量，如图5-19所示。

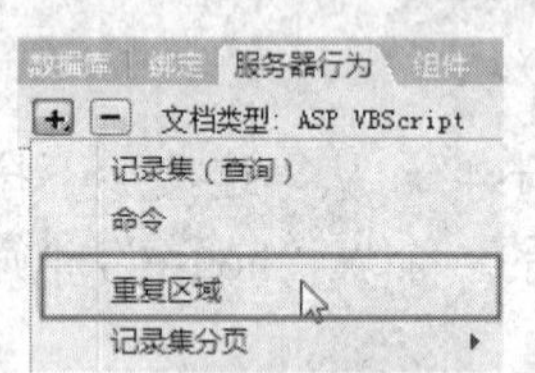

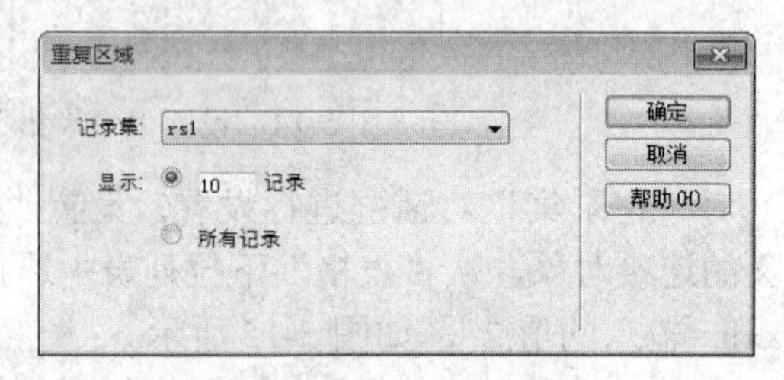

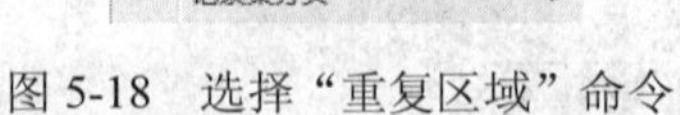

图5-18　选择“重复区域”命令　　　　图5-19　设置第一个重复区域

（4）单击“确定”按钮后，网页设计界面如图5-20所示。

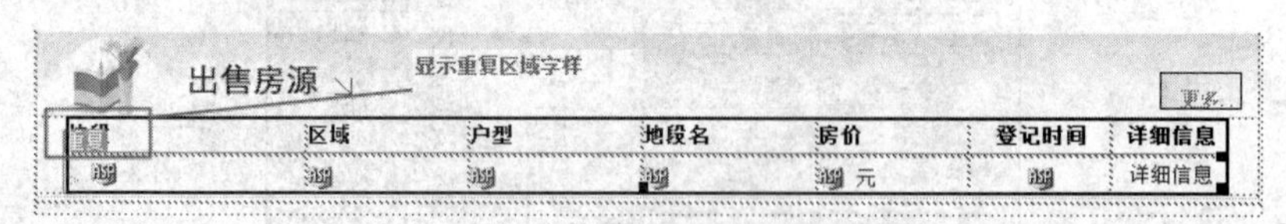

图5-20　网页设计界面

（5）移动重复区域的标志代码，如图5-21所示，如果不移动，将竖排显示。

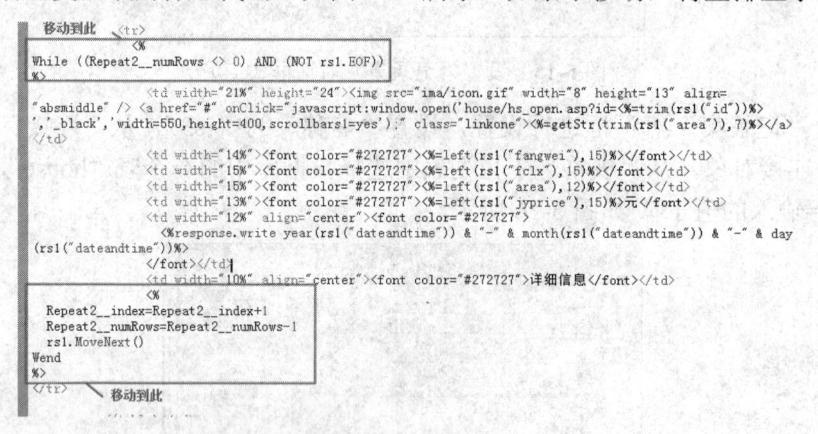

图5-21　代码移动设计

（6）设置第二个区域的重复显示。在“重复区域”对话框中，选择相应的记录集，并设置显示记录集的数量，如图5-22所示。

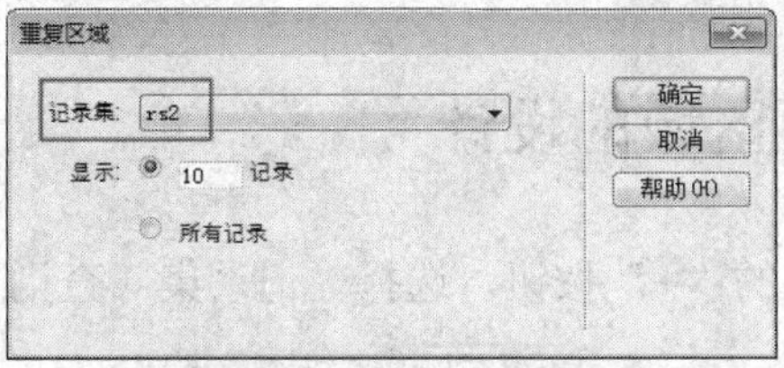

图 5-22　设置第二个重复区域

（7）设置“求购信息”重复区域的表格，如图 5-23 所示。

图 5-23　“求购信息”重复区域的表格

（8）设置第三个重复区域。在“重复区域”对话框中，选择相应的记录集，并设置显示记录集的数量，如图 5-24 所示。

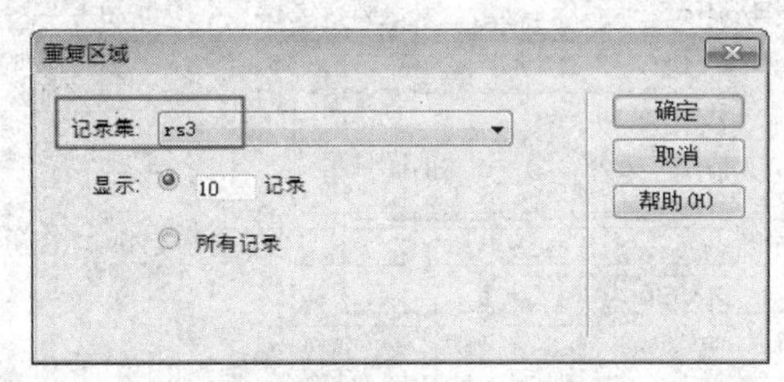

图 5-24　设置第三个重复区域

（9）设置完成的“出租房源”区域的表格，如图 5-25 所示。

图 5-25　“出租房源”区域的表格

（10）设置第四个重复区域。在“重复区域”对话框中，选择相应的记录集，并设置显示记录集的数量，如图 5-26 所示。

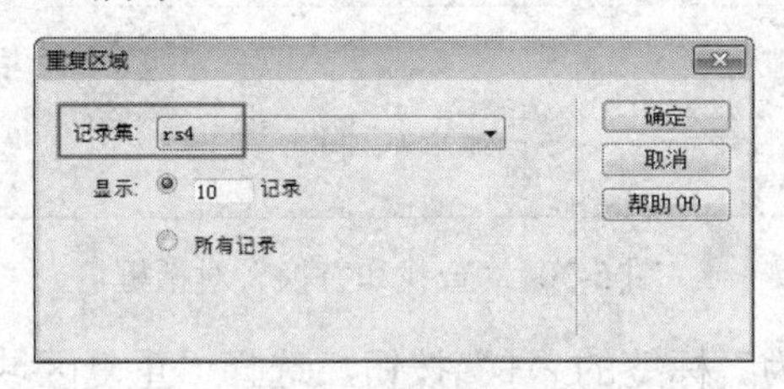

图 5-26　设置第四个重复区域

（11）添加重复区域后的“求租信息”区域的表格，如图 5-27 所示。

图 5-27　“求租信息”区域的表格

5.5 首页常见问题区域的设计

（1）单击“绑定”标签的“+”按钮，选择“记录集（查询）”命令，如图 5-28 所示。

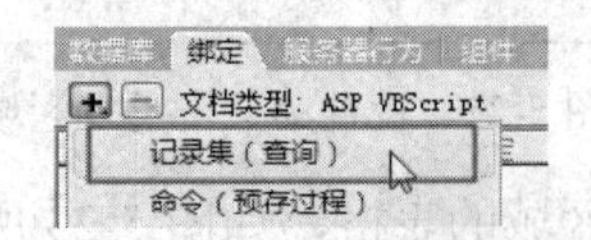

图 5-28 选择“记录集（查询）”命令

（2）对其“记录集”对话框进行设置。设置“名称”为“rs5”，“筛选”设置为“sort=输入的值 8”，如图 5-29 所示。

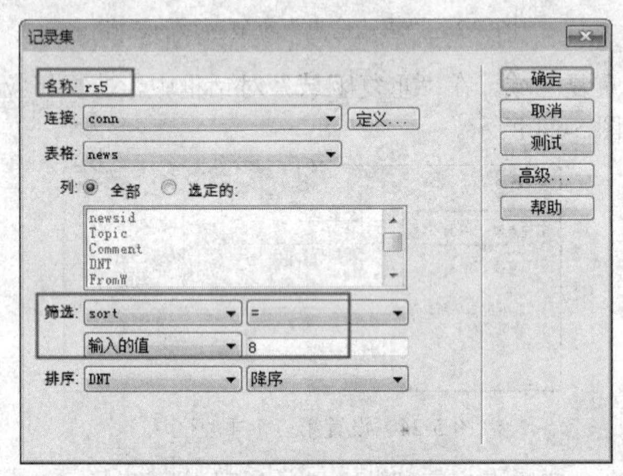

图 5-29 “记录集”对话框

（3）打开“查找和替换”对话框，在“left.asp”中查找，然后进行替换，如图 5-30 所示。

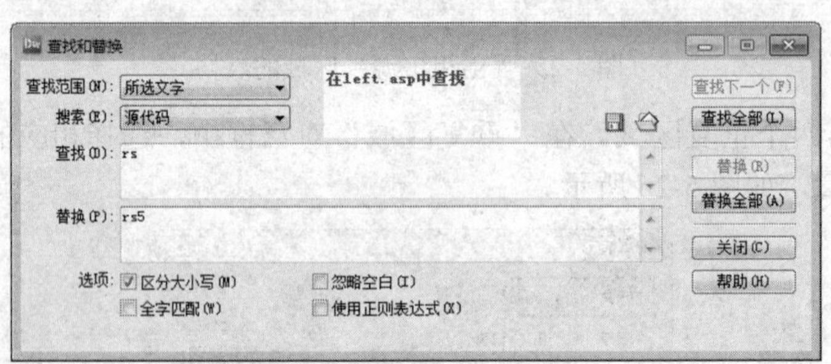

图 5-30 “查找和替换”对话框

（4）单击“服务器行为”标签的“+”按钮，选择“重复区域”命令，如图 5-31 所示。

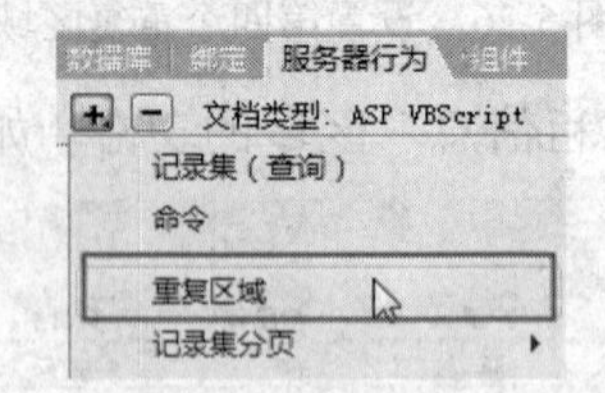

图 5-31 “服务器行为”标签

（5）弹出“重复区域”对话框，选择相应的记录集，并设置显示记录集的数量，如图 5-32 所示。

（6）设置完成后的表格如图 5-33 所示。

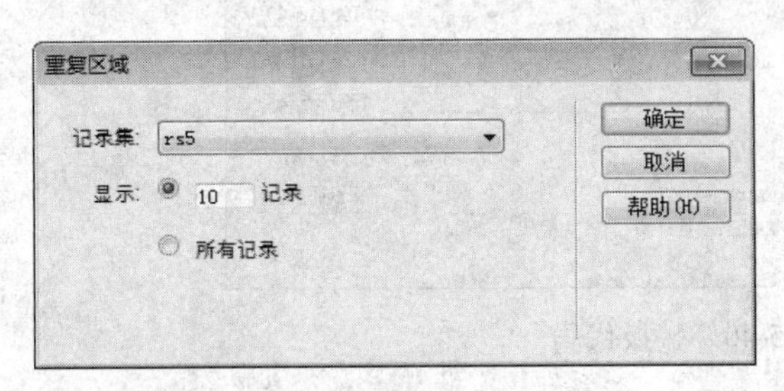

图 5-32　“重复区域”对话框

图 5-33　Dreamveaver 设计界面

（7）测试该网页发现出错，如图 5-34 所示。

（8）找到页面开始处的代码，删除“<!--#include file="Connections/conn.asp" -->”这一行代码，如图 5-35 所示。

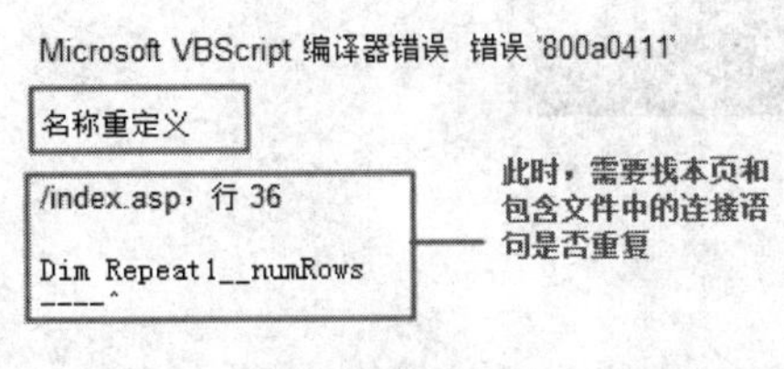

图 5-34　网页预览出错

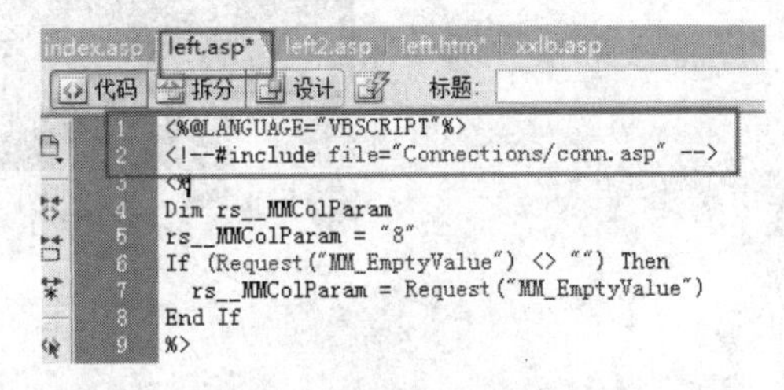

图 5-35　删除代码

（9）加上“<!--#include file="top.asp" -->”代码，如图 5-36 所示。

（10）再测试发现还是出错，如图 5-37 所示。

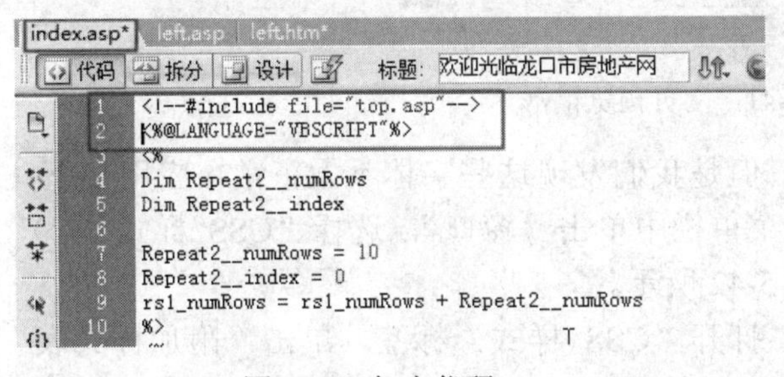

图 5-36　加上代码

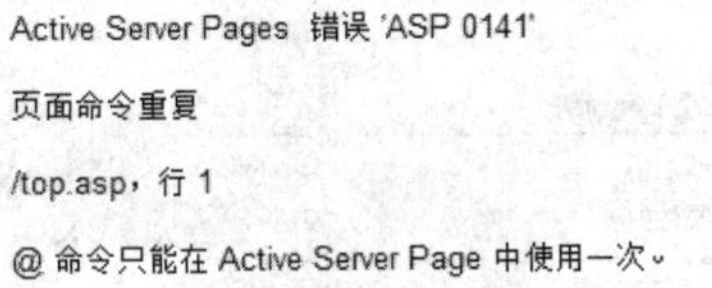

Active Server Pages 错误 'ASP 0141'

页面命令重复

/top.asp，行 1

@ 命令只能在 Active Server Page 中使用一次。

图 5-37　还是出错

（11）在“left.asp”代码设计界面中，删除@标记和连接语句，如图 5-38 所示。

（12）再次测试发现依然有问题，如图 5-39 所示。

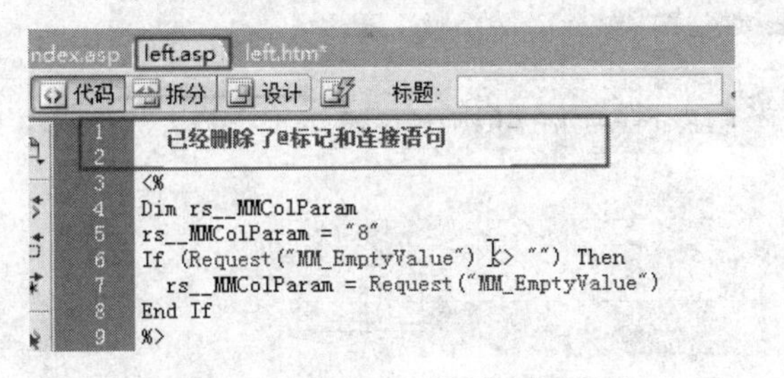

图 5-38　“left.asp”代码设置界面

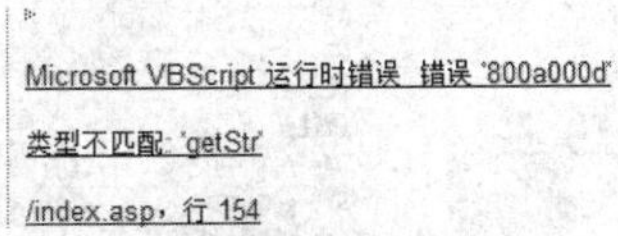

Microsoft VBScript 运行时错误 错误 '800a000d'

类型不匹配: 'getStr'

/index.asp，行 154

图 5-39　“left.asp”网页测试效果

（13）通过DW查找和替换命令来解决，进行替换，如图5-40所示。

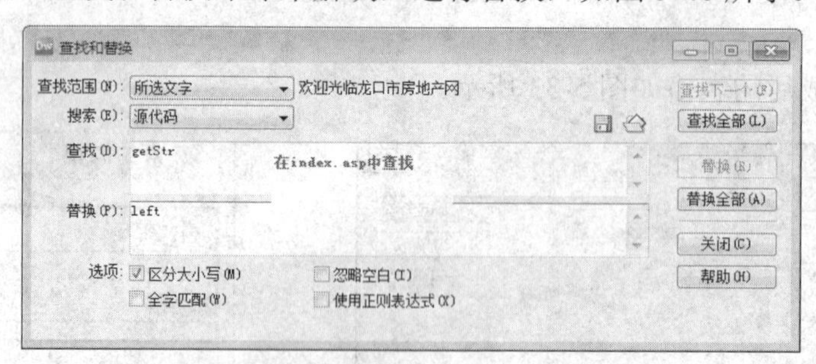

图5-40　替换代码

（14）再次测试发现已经能够正常显示了，如图5-41所示。

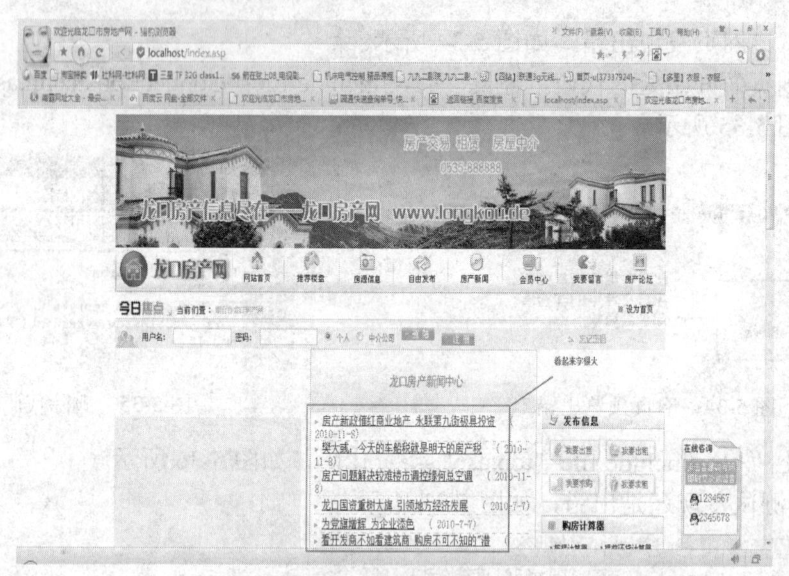

图5-41　网页预览正常

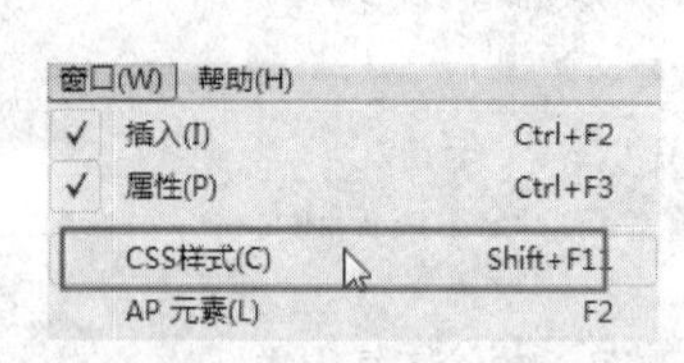

图5-42　选择“CSS样式（C）”命令

（15）但是我们发现这些字体不太正常，应用一下CSS样式。在菜单栏中单击“窗口”，选择“CSS样式（C）”命令，如图5-42所示。

（16）打开“CSS样式”标签，单击“附加样式表”按钮，如图5-43所示。

（17）弹出“链接外部样式表”对话框，单击“浏览”按钮，如图5-44所示。

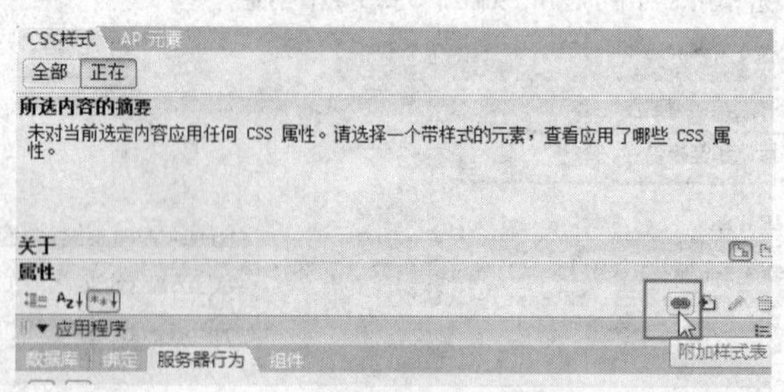

图5-43　“CSS样式”标签

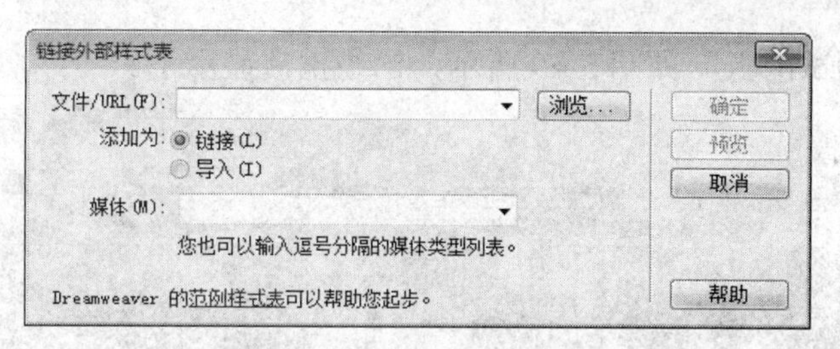

图 5-44 “链接外部样式表”对话框

（18）弹出“选择样式表文件”对话框，选择“style.css”文件，单击“确定”按钮，如图 5-45 所示。

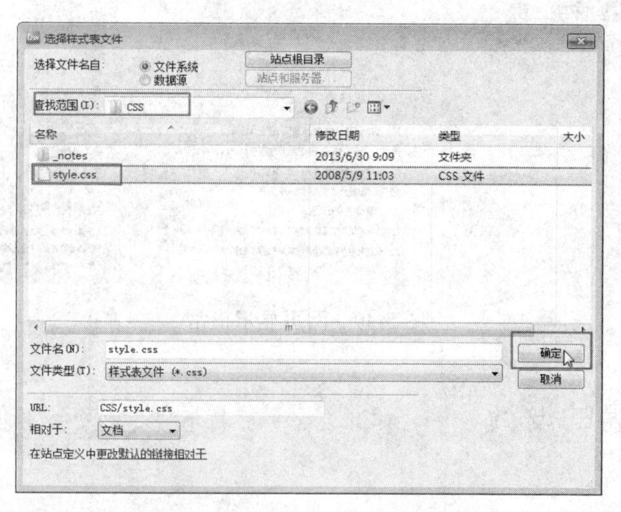

图 5-45 “选择样式表文件”对话框

（19）回到“链接外部样式表”对话框，设置完成的对话框如图 5-46 所示。

（20）单击“确定”按钮，弹出提示对话框，如图 5-47 所示。

图 5-46 “链接外部样式表”对话框

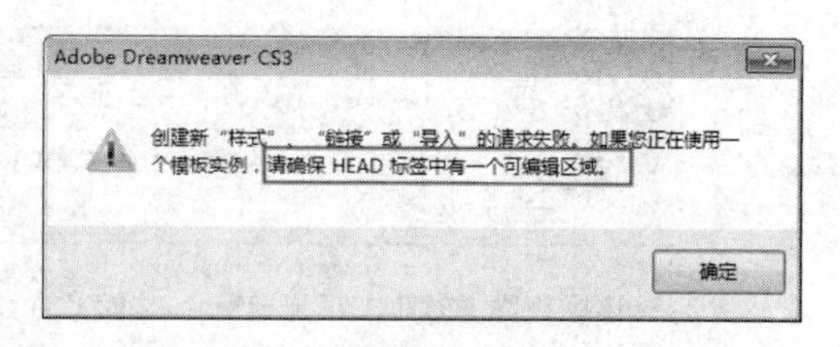

图 5-47 提示对话框

（21）查看样式文件，如图 5-48 所示。

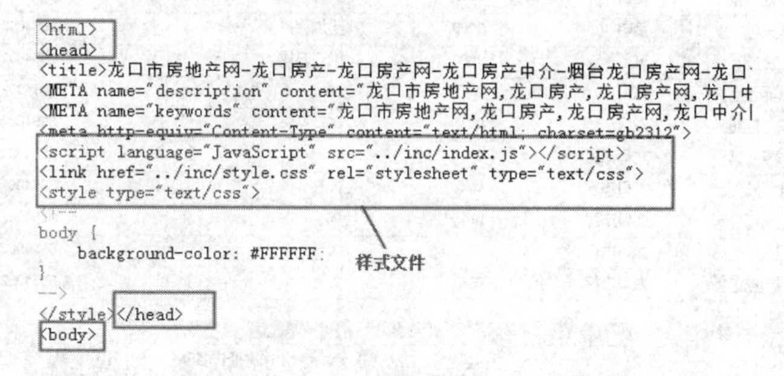

图 5-48 查看样式文件

（22）保存后测试网页，如图 5-49 所示，已经正常显示了。

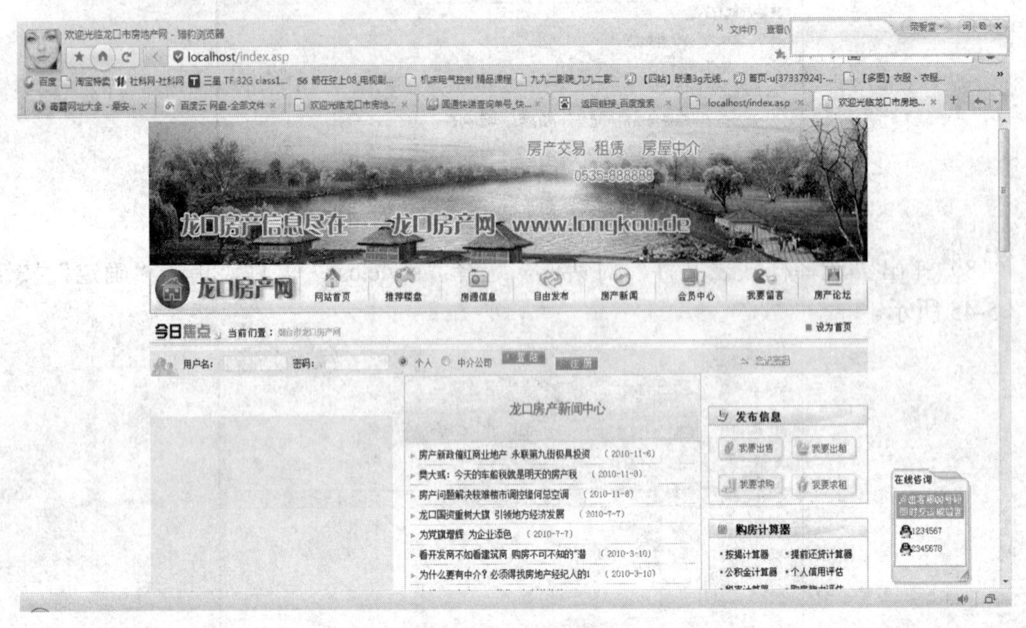

图 5-49　网页显示正常

5.6　推荐楼盘的设计

5.6.1　推荐楼盘列表页面的制作

newhouse_show.asp 是推荐楼盘的页面，该页面的效果图如图 5-50 所示。

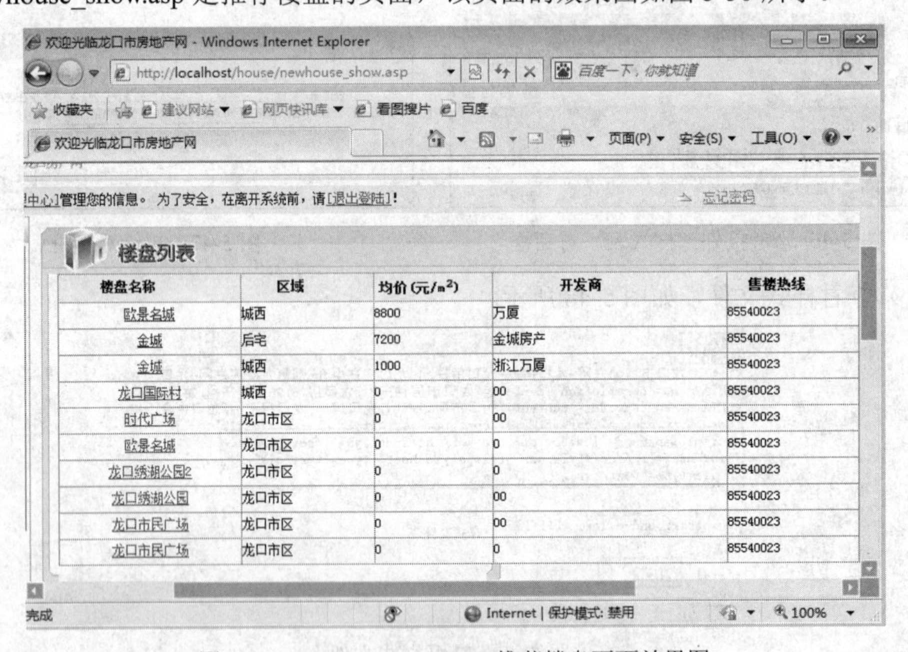

楼盘名称	区域	均价 (元/m²)	开发商	售楼热线
欧景名城	城西	8800	万厦	85540023
金城	后宅	7200	金城房产	85540023
金城	城西	1000	浙江万厦	85540023
龙口国际村	城西	0	00	85540023
时代广场	龙口市区	0	00	85540023
欧景名城	龙口市区	0	0	85540023
龙口绣湖公园2	龙口市区	0	0	85540023
龙口绣湖公园	龙口市区	0	00	85540023
龙口市民广场	龙口市区	0	00	85540023
龙口市民广场	龙口市区	0	0	85540023

图 5-50　newhouse_show.asp 推荐楼盘页面效果图

下面先进行数据库的设计。

（1）数据表的字段名称和数据类型等表结构设计，如图 5-51 和图 5-52 所示。

字段名称	数据类型
HID	自动编号
HouseName	文本
Developer	文本
Area	文本
BeginPrice	数字
AvgPrice	数字
Mianji	数字
HouseAddress	文本
TrafficStatus	备注
BusLine	备注
SellAddress	文本
SellHotTel	文本
LinkMan	文本
SellFax	文本
jianjie	备注
Click	数字
Email	文本

图 5-51　信息表（一）

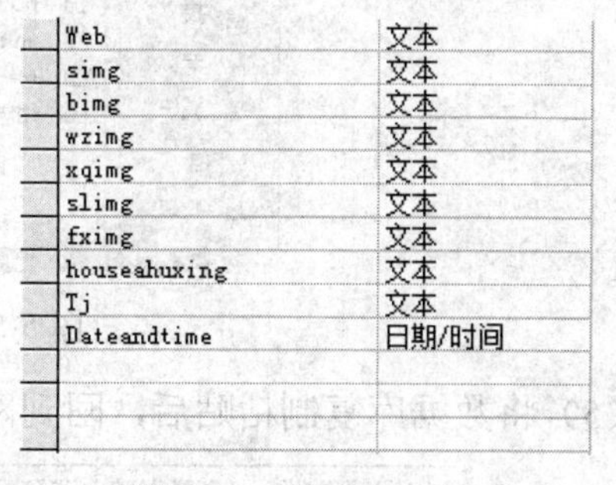

字段名称	数据类型
Web	文本
simg	文本
bimg	文本
wzimg	文本
xqimg	文本
slimg	文本
fximg	文本
househuxing	文本
Tj	文本
Dateandtime	日期/时间

图 5-52　信息表（二）

（2）查看在“NewHouse:表”中相应的数据，如图 5-53 所示。

HID	HouseName	Developer	Area	BeginPrice	AvgPrice	Mianji	HouseAddress	TrafficStatus
129	金城高尔夫二期	00	龙口市区	0	0	0	龙口市区	00
130	金城高尔夫一期	00	龙口市区	0	0	0	龙口市区	00
131	金城高尔夫一期	00	龙口市区	0	0	0	龙口市区	00
132	梅湖体育广场]	00	龙口市区	0	0	0	烟台龙口市市区	00
133	欧景名城	浙江万厦	城西	5500	8800	178	0	00
135	现代名人花园	0	龙口市区	0	0	0	烟台龙口市区	0
137	龙口市民广场	0	龙口市区	0	0	0	烟台龙口市区	0
138	龙口市民广场	00	龙口市区	0	0	0	烟台龙口市区	0
139	龙口绣湖公园	00	龙口市区	0	0	0	烟台龙口市区	0
142	时代广场	00	龙口市区	0	0	0	烟台龙口市区	0
143	龙口国际村	00	城西	0	0	0	烟台龙口市区	0
176	金城	浙江万厦	城西	100	1000	100		

图 5-53　信息表的信息

（3）复制“qhousedb2”数据库中的“NewHouse:表”，如图 5-54 所示。

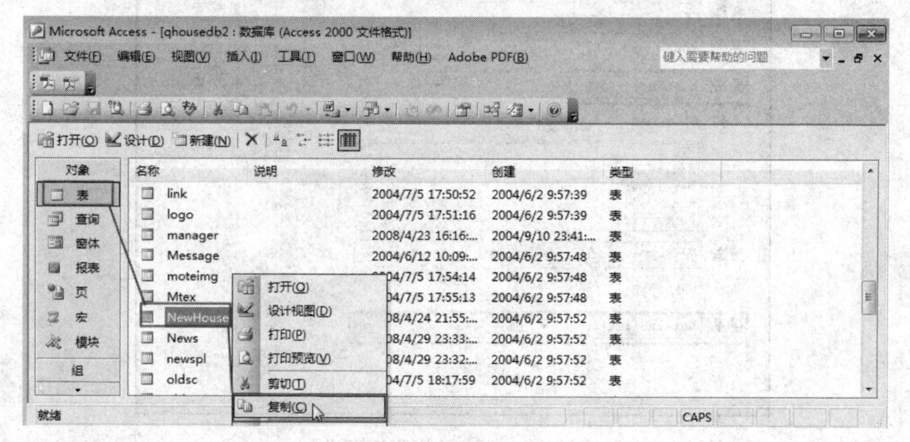

图 5-54　选择“复制”命令

（4）将“NewHouse:表”粘贴到“qhousedb:数据库”中，如图 5-55 所示。

图 5-55 选择“粘贴”命令

（5）将数据库复制粘贴后，回到网页设计界面，如图 5-56 所示。

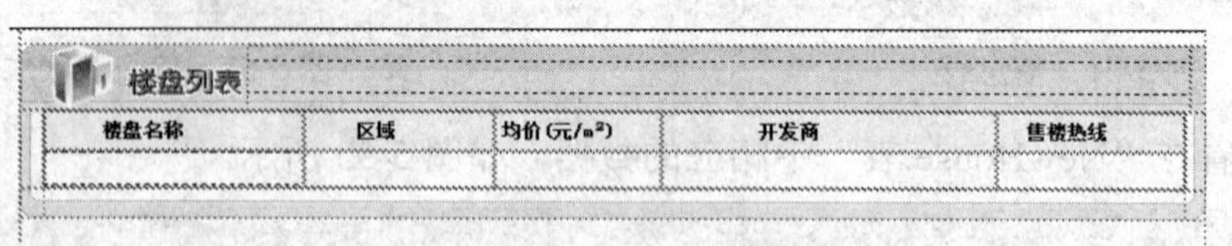

图 5-56 网页设计界面

（6）选择“绑定”标签，添加“记录集（查询）”，如图 5-57 所示。

图 5-57 “绑定”标签

（7）在弹出的“记录集”对话框中，从“表格”下拉列表中选择数据库中的一个表“newhouse”，“排序”设置为“Dateandtime 降序”，如图 5-58 所示。

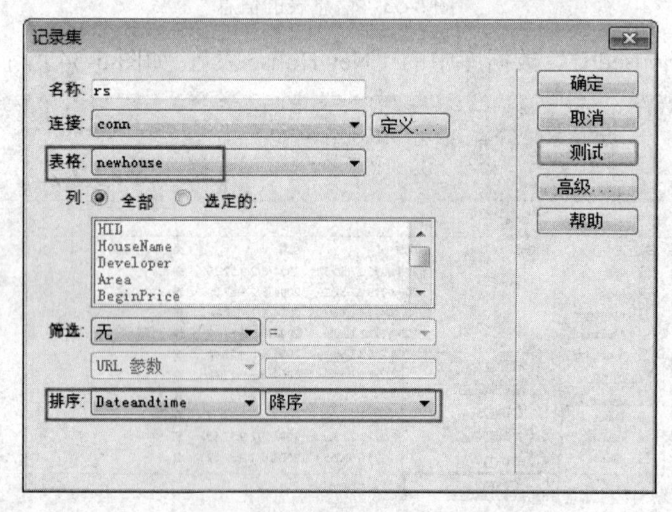

图 5-58 “记录集”对话框

（8）将光标定位在“楼盘列表”区域的表格内，插入“记录集（rs）”中的“HouseName”字段，如图 5-59 所示。

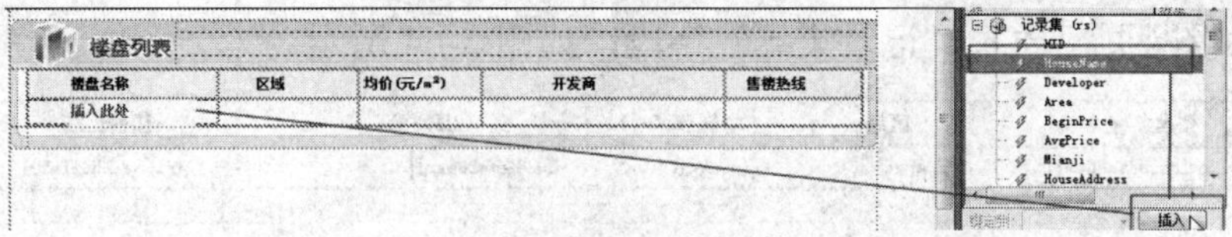

图 5-59　插入“记录集（rs）”中的“HouseName”字段

（9）将光标定位在站内信息下方的表格内，单击“插入记录”，选择“数据对象”中的“记录集导航条”，如图 5-60 所示。

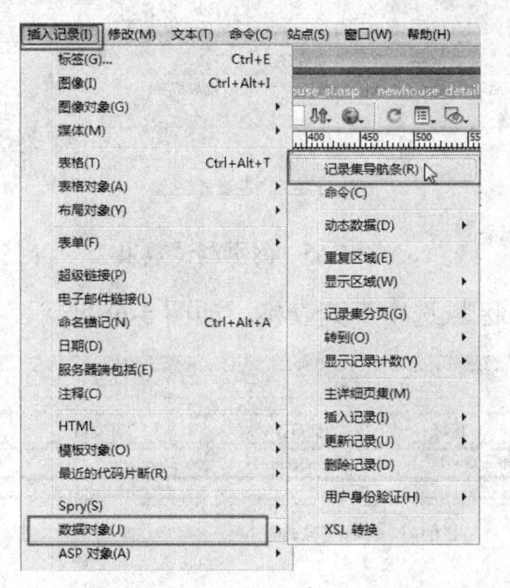

图 5-60　插入“记录集导航条”

（10）打开“记录集导航条”对话框，在“显示方式”区域选中“文本”单选按钮，单击“确定”按钮，如图 5-61 所示。

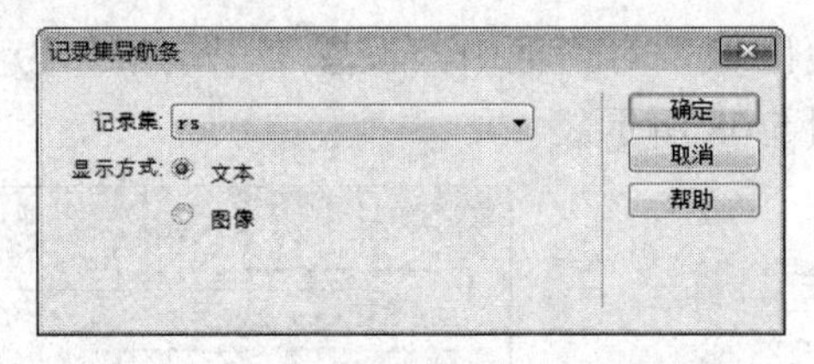

图 5-61　“记录集导航条”对话框

（11）可以看到空白行中插入了一个具有记录集导航条功能的表格，如图 5-62 所示。

图 5-62　插入的记录集导航条表格

（12）保存网页，测试网页效果，如图 5-63 所示。

图 5-63　网页测试效果

（13）编辑网页，插入“记录集rs”字段，如图5-64所示。

楼盘名称	区域	均价(元/m²)	开发商	售楼热线
{rs.HouseName}	{rs.Area}	{rs.AvgPrice}	{rs.Developer}	{rs.SellHotTel}

图5-64 插入“记录集rs”字段的表格

（14）测试网页，查看插入的“记录集rs”字段，如图5-65所示。

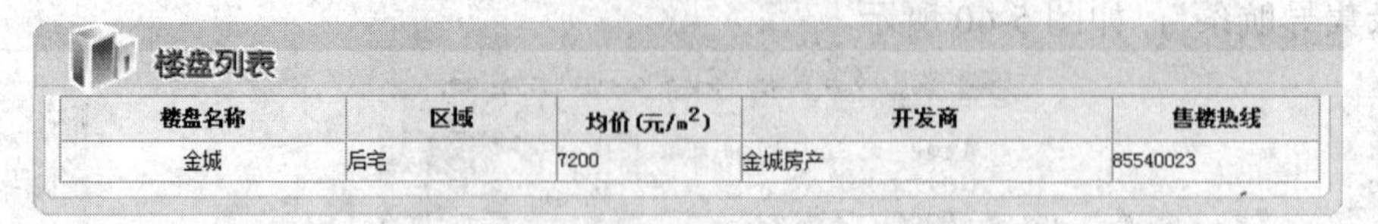
楼盘列表

楼盘名称	区域	均价(元/m²)	开发商	售楼热线
金城	后宅	7200	金城房产	85540023

第一页 前一页 下一页 最后一页

图5-65 网页测试效果

（15）在“楼盘列表”区域选中下列表格，如图5-66所示。

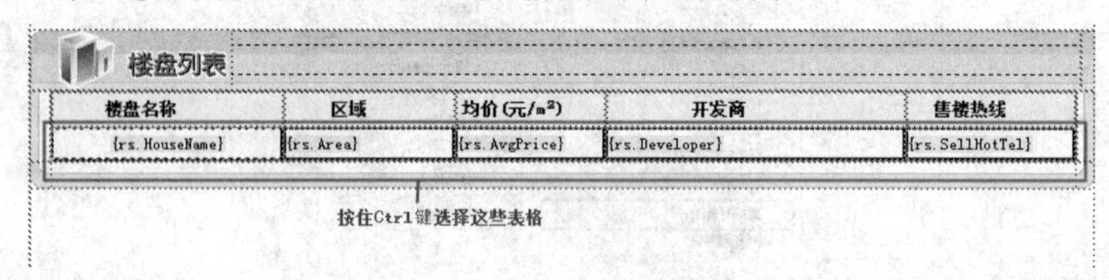

图5-66 选中“楼盘列表”区域的表格

（16）单击“服务器行为”标签中的“+”按钮，在下拉菜单中选择“重复区域”选项，如图5-67所示。

（17）在弹出的“重复区域”对话框中，设置“记录集”为“rs”，设置每页“显示”数据的条数为“10”，如图5-68所示。

图5-67 “服务器行为”标签

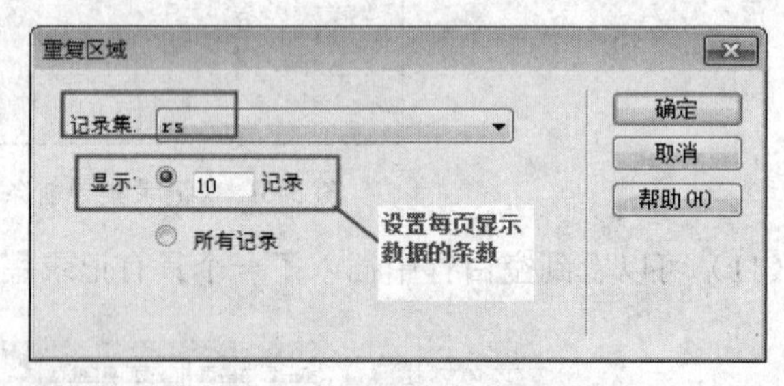

图5-68 “重复区域”对话框

（18）在网页设计界面中可以看到“楼盘列表”区域多了一个重复标志，如图5-69所示。

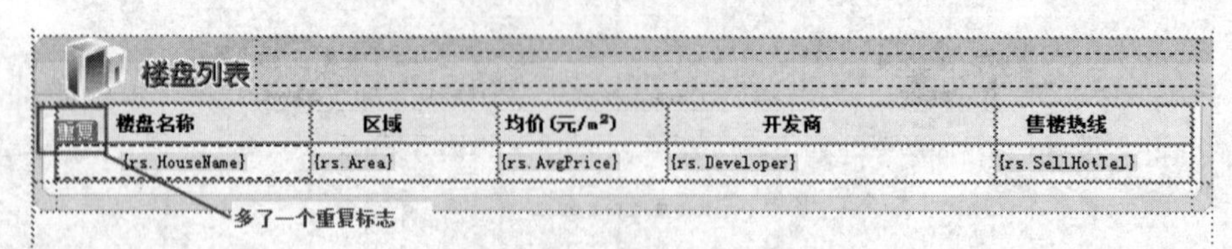

图5-69 网页设计界面

（19）测试网页，可以看到数据表格横向凌乱显示，需要切换到代码设计界面进行修改，如图 5-70 所示。

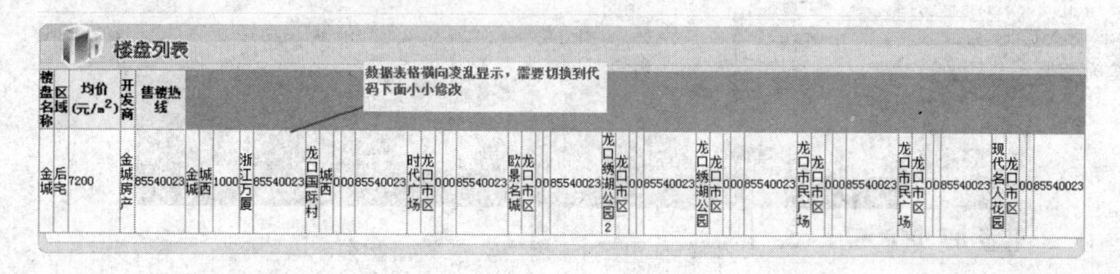

图 5-70　测试网页效果

（20）在代码设计界面对代码进行修改，如图 5-71 所示。

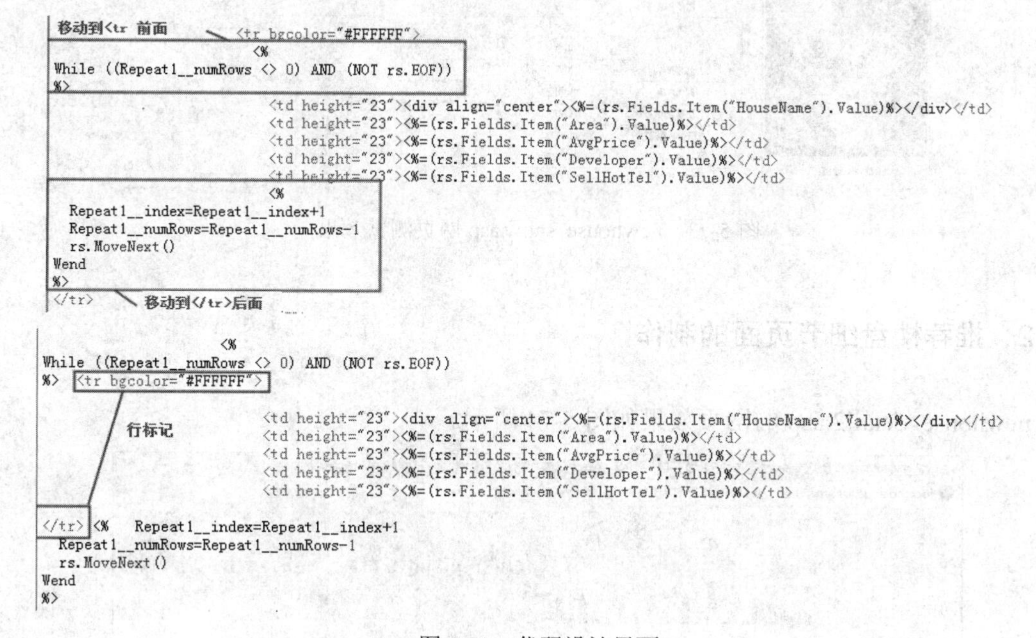

图 5-71　代码设计界面

（21）测试网页，查看修改后的网页，如图 5-72 所示。

楼盘列表

楼盘名称	区域	均价 (元/m²)	开发商	售楼热线
金城	后宅	7200	金城房产	85540023
金城	城西	1000	浙江万厦	85540023
龙口国际村	城西	0	00	85540023
时代广场	龙口市区	0	00	85540023
欧景名城	龙口市区	0	0	85540023
龙口绣湖公园2	龙口市区	0	0	85540023
龙口绣湖公园	龙口市区	0	00	85540023
龙口市民广场	龙口市区	0	00	85540023
龙口市民广场	龙口市区	0	0	85540023
现代名人花园	龙口市区	0	0	85540023

第一页 前一页 下一页 最后一页

图 5-72　修改后的网页测试效果

（22）网页 newhouse_show.asp 制作完毕后，其效果如图 5-73 所示。

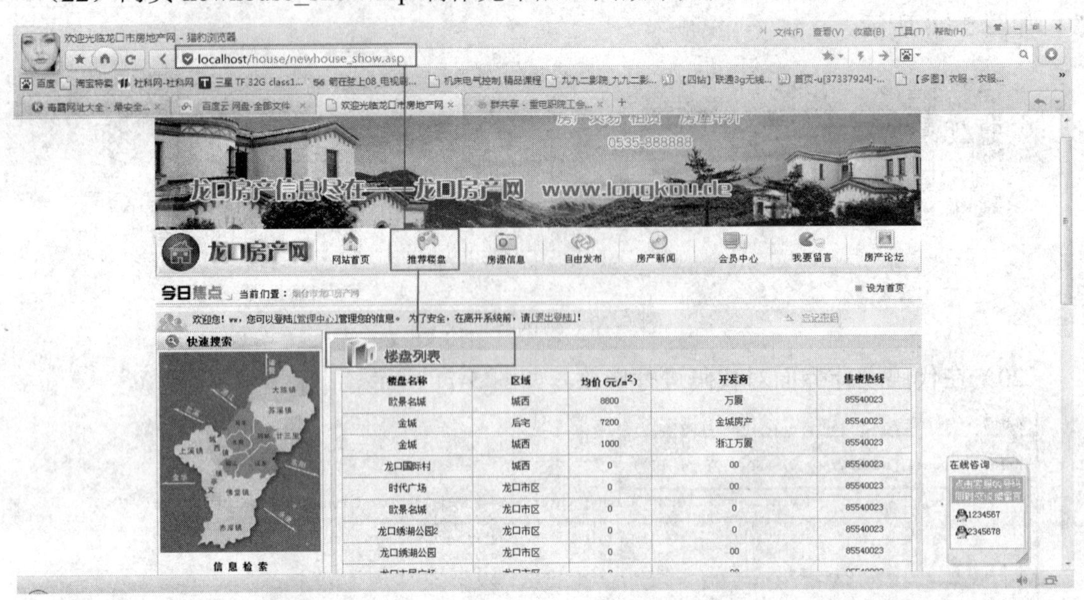

图 5-73　newhouse_show.asp 网页测试效果

5.6.2　推荐楼盘细节页面的制作

newhouse_detail2.asp 的网页效果如图 5-74 所示。

图 5-74　newhouse_detail2.asp 网页效果

其中：

newhouse_hx.asp 为户型页面；

newhouse_sl.asp 为室内实景页面；

newhouse_wz.asp 为位置页面；

newhouse_xq.asp 为小区环境页面。

newhouse_detail2.asp 的制作如下。

（1）打开文件“newhouse_detail2.asp”，单击“绑定”标签上的“+”按钮，在下拉菜单中选择“记录集（查询）选项，如图 5-75 所示。

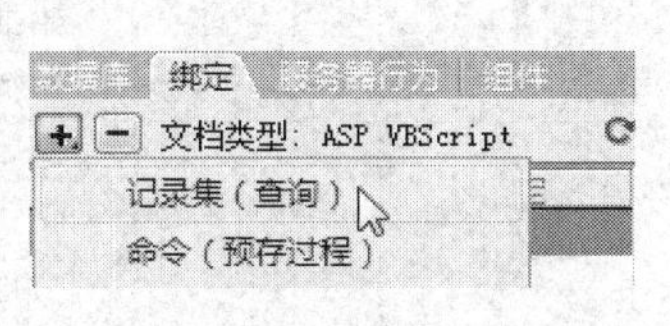

图 5-75 “绑定”标签

（2）在弹出的“记录集”对话框中，设置“名称”为“Rs”，设置“表格”为“newhouse”，设置“筛选”为“HID=URL 参数 HID”，如图 5-76 所示。

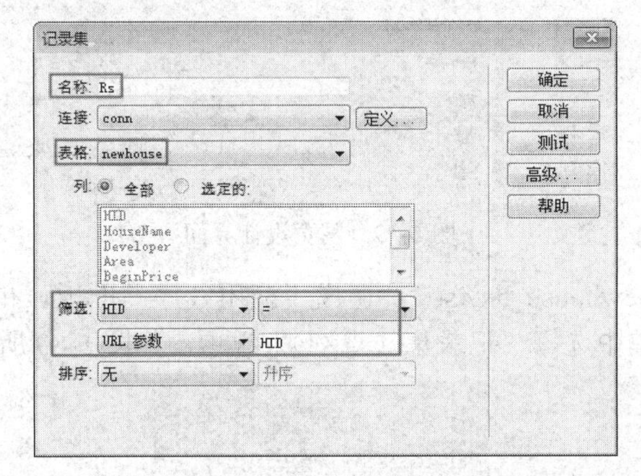

图 5-76 “记录集”对话框

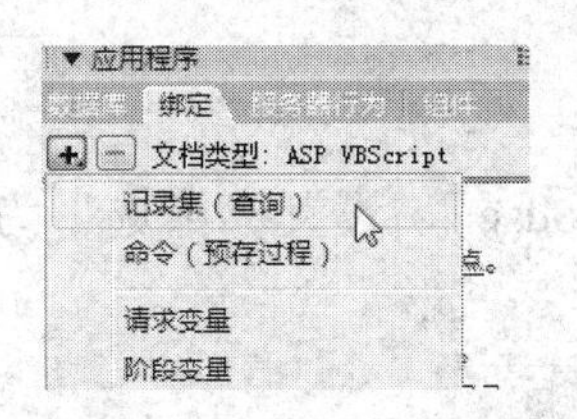

图 5-77 “绑定”标签

（3）单击“绑定”标签上的“+”按钮，在下拉菜单中选择“记录集（查询）选项，如图 5-77 所示。

（4）在弹出的“记录集”对话框中，设置“名称”为“Rs”，设置“表格”为“newhouse”，设置“筛选”为“HID=URL 参数 HID”，如图 5-78 所示。

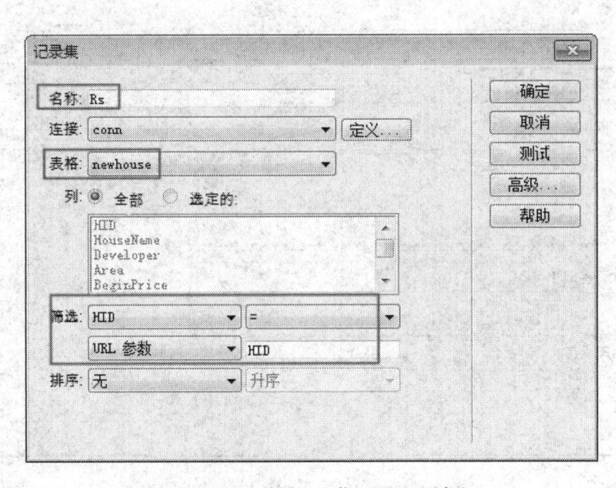

图 5-78 “记录集”对话框

（5）制作好的页面如图5-79所示。

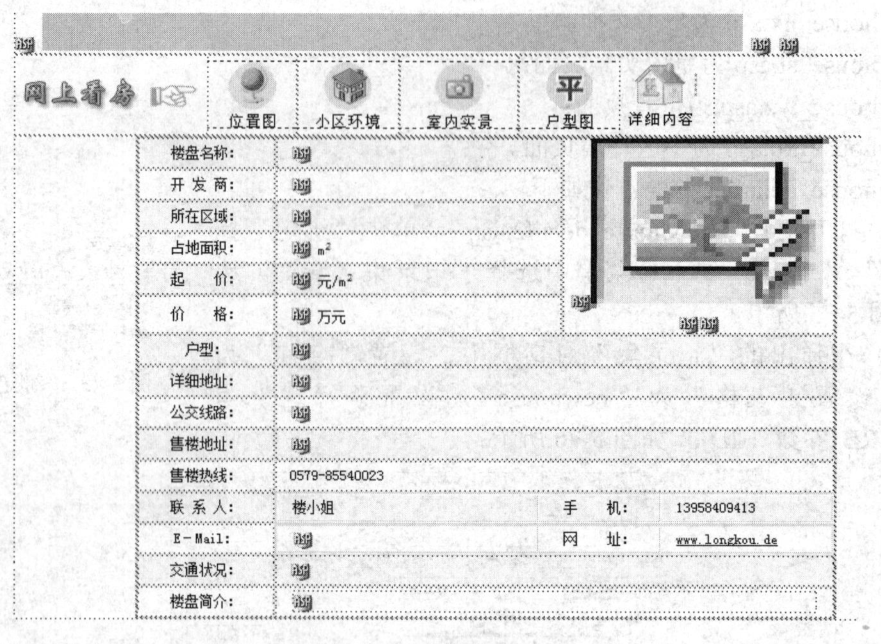

图5-79 网页设计界面

（6）打开文件“newhouse_hx.asp”，调出“应用程序”面板，单击“绑定”标签上的“+”按钮，在下拉菜单中选择“记录集（查询）”选项，如图5-80所示。

图5-80 “绑定”标签

（7）在弹出的“记录集”对话框中，设置“表格”为“newhouse”，设置“筛选”为“HID=URL 参数 HID”，如图5-81所示。

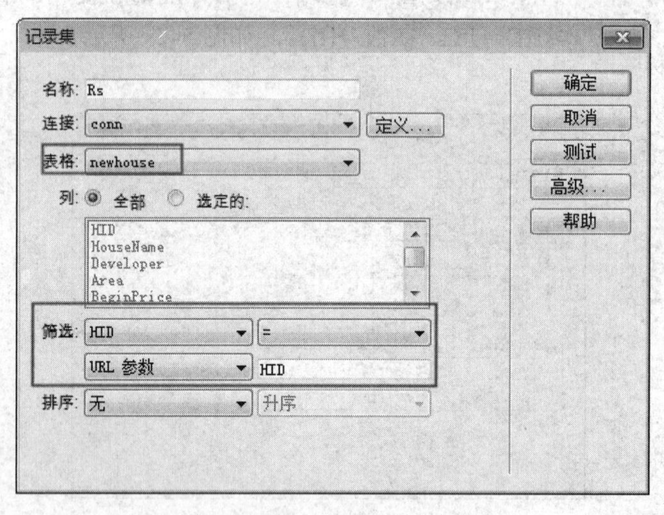

图5-81 “记录集”对话框

（8）打开文件“newhouse_sl.asp”，在“应用程序”面板中，单击“绑定”标签上的“+”按钮，在下拉菜单中选择“记录集（查询）”选项，如图 5-82 所示。

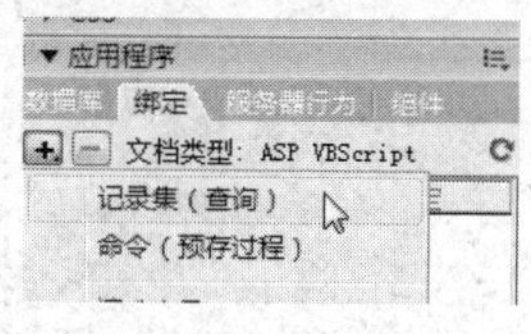

图 5-82 “绑定”标签

（9）在弹出的“记录集”对话框中，设置“表格”为“Banner”，设置“筛选”为“Bz =输入的值 1”，如图 5-83 所示。

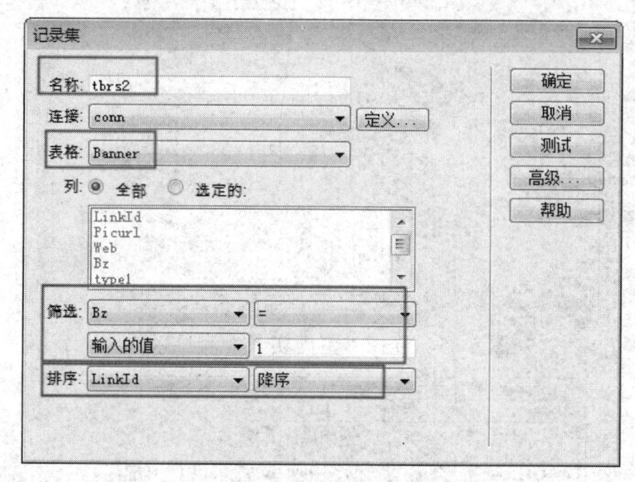

图 5-83 “记录集”对话框

（10）保存“newhouse_hx.asp”，测试网页效果，如图 5-84 所示。

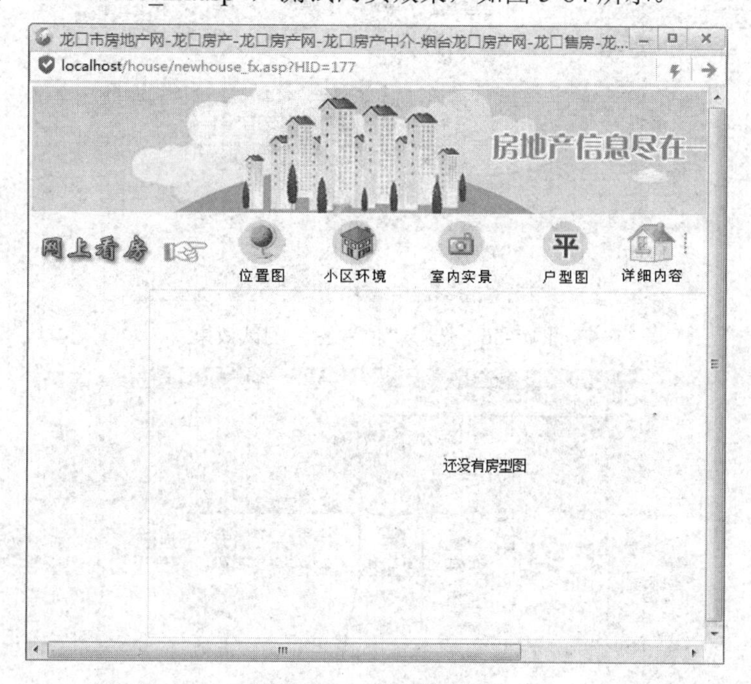

图 5-84 户型页面效果

（11）在 newhouse_hx.asp 测试网页中选择“室内实景”查看效果，如图 5-85 所示。

（12）在 newhouse_hx.asp 测试网页中选择“位置图”查看效果，如图 5-86 所示。

（13）在 newhouse_hx.asp 测试网页中选择“小区环境”查看效果，如图 5-87 所示。

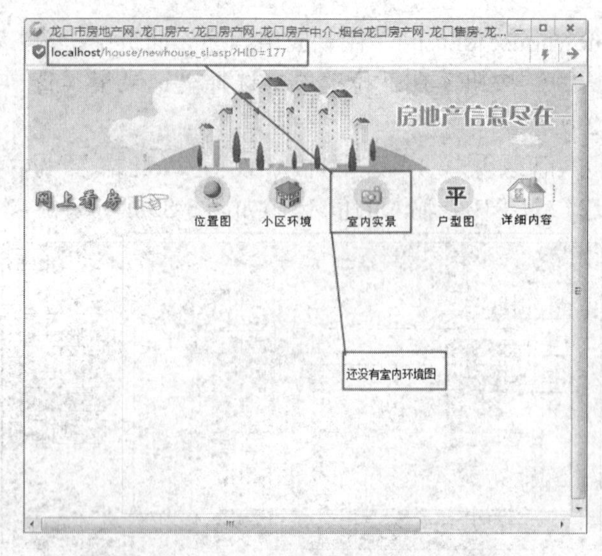

图 5-85　选择“室内实景”测试效果

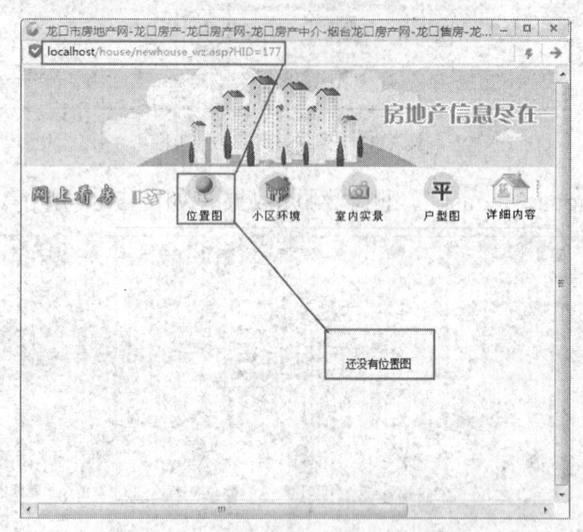

图 5-86　选择“位置图”测试效果

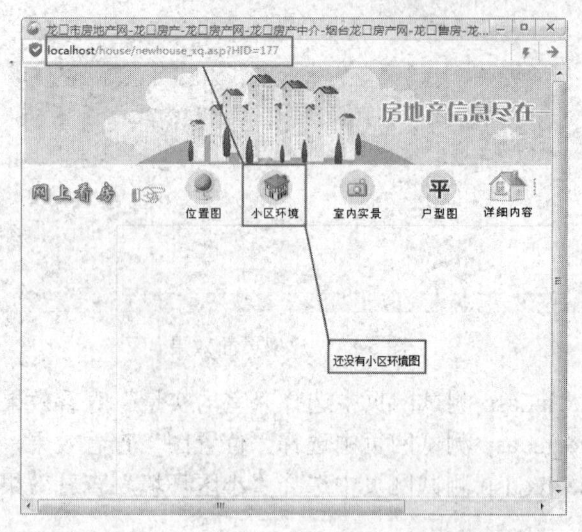

图 5-87　选择“小区环境”测试效果

5.7 新闻发布信息页面的制作

（1）数据表的字段名称和数据类型等表结构设计，如图 5-88 所示。

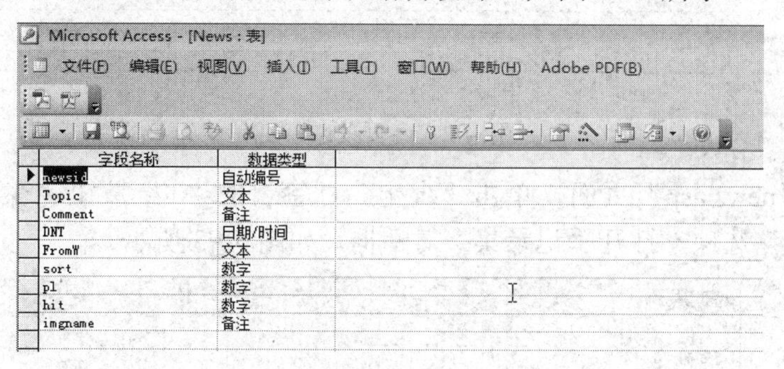

图 5-88　数据表的结构设计

（2）复制“qhousedb2”数据库中的“News:表”，如图 5-89 所示。

（3）将“News:表”粘贴到“qhousedb：数据库”中，如图 5-90 所示。

图 5-89　复制表

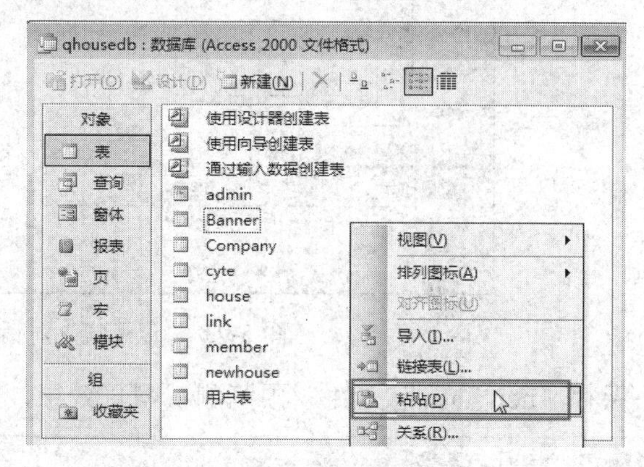

图 5-90　粘贴表

（4）将文件“news.asp”另存在文件夹“house”下，如图 5-91 所示。

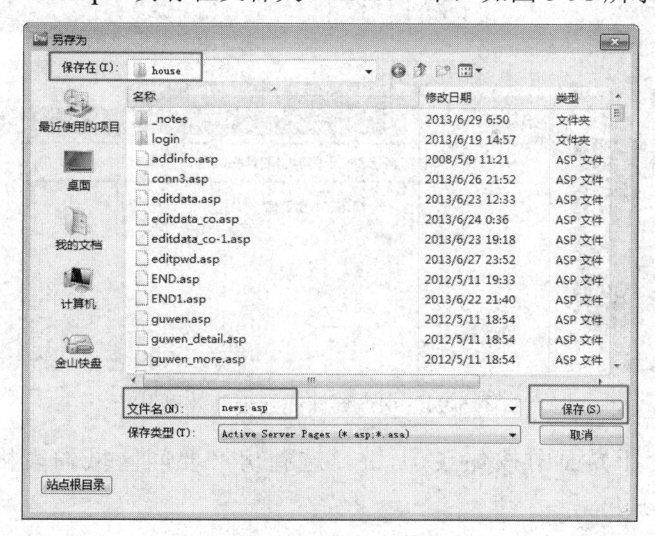

图 5-91　“另存为”对话框

（5）打开文件“news.asp”，设置“房产要闻”区域，如图 5-92 所示。

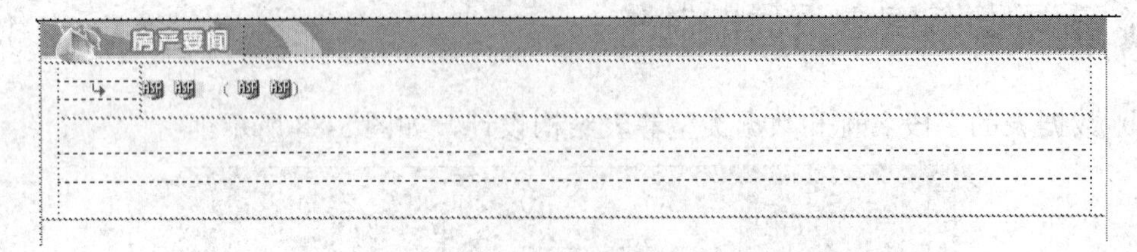

图 5-92　网页设计界面

（6）打开“news.asp”页面，单击“绑定”标签上的“+”按钮，在下拉菜单中选择“记录集（查询）”选项，打开“记录集”对话框，如图 5-93 所示。

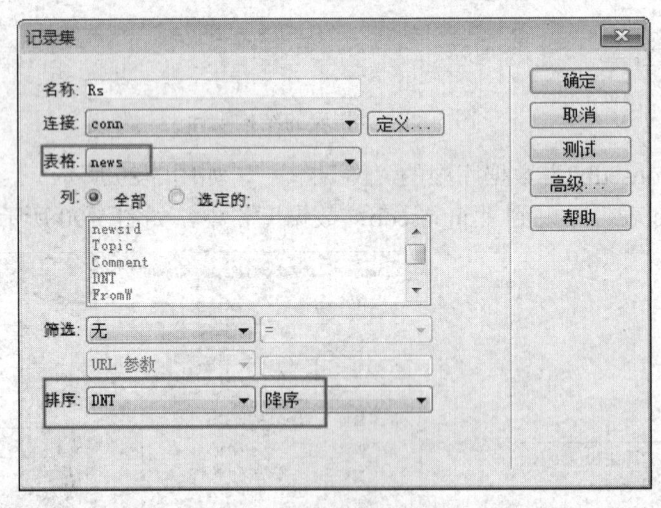

图 5-93　“记录集”对话框

（7）保存“news.asp”文件，预览测试网页效果，显示了一条数据，如图 5-94 所示。

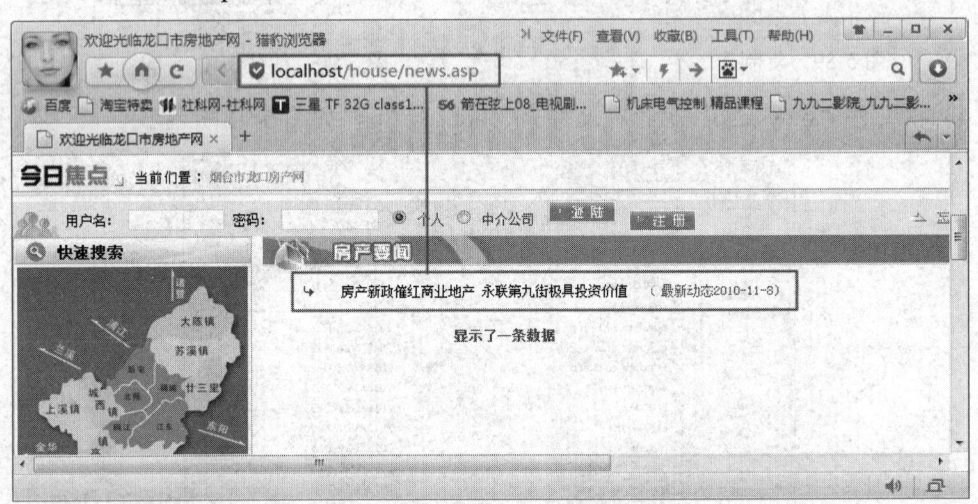

图 5-94　房产要闻详细页面效果

（8）在网页设计界面中按住 Ctrl 键，选择房产要闻区域的表格，设置“重复区域”，如图 5-95 所示。

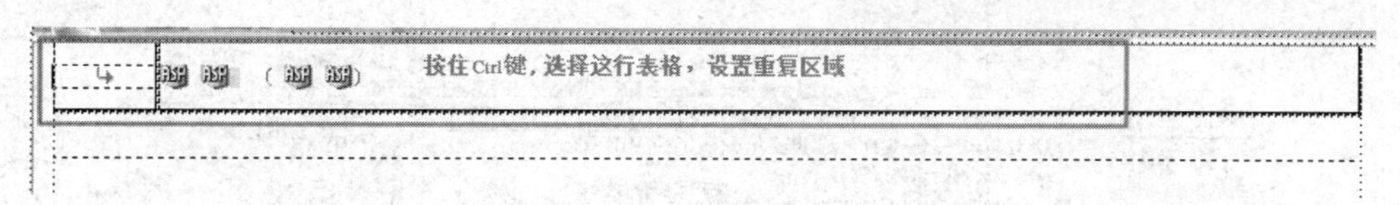

图 5-95　“房产要闻”区域表格

（9）打开“news.asp”文件，单击“服务器行为”标签上的“+”按钮，在下拉菜单中选择“重复区域”选项，如图 5-96 所示。

（10）设置“重复区域”对话框，如图 5-97 所示。

图 5-96　“服务器行为”标签

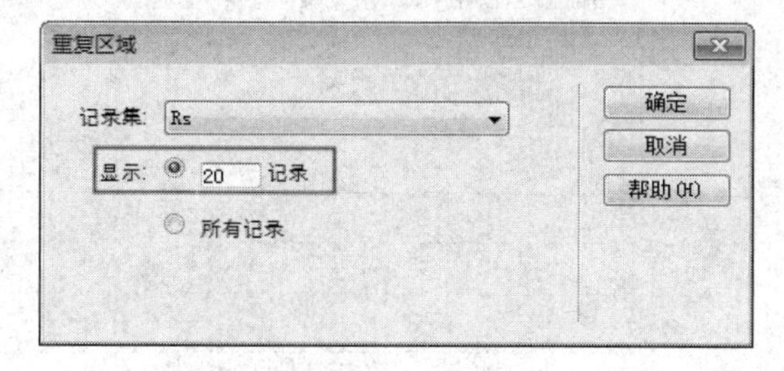

图 5-97　“重复区域”对话框

（11）对代码进行修改，如图 5-98 所示。

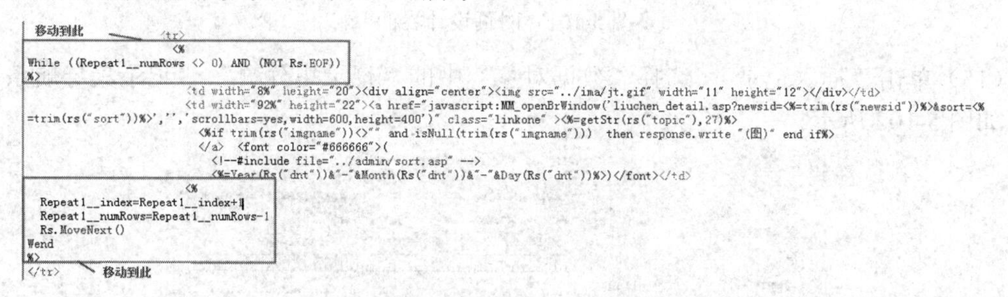

图 5-98　代码设计界面

（12）保存“news.asp”文件，预览测试网页效果，如图 5-99 所示。

图 5-99　显示房产要闻详细内容的页面

（13）用代码设置连接，如图 5-100 所示。

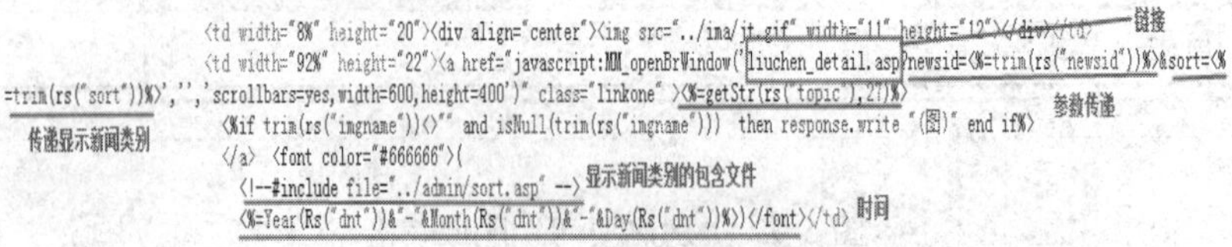

```
<td width="8%" height="20"><div align="center"><img src="../ima/jt.gif" width="11" height="12"></div></td>
<td width="92%" height="22"><a href="javascript:MM_openBrWindow('liuchen_detail.asp?newsid=<%=trim(rs("newsid"))%>&sort=<%
=trim(rs("sort"))%>','','scrollbars=yes,width=600,height=400')" class="linkone" ><%=getStr(rs("topic"),27)%>
  <%if trim(rs("imgname"))<>"" and isNull(trim(rs("imgname"))) then response.write "(图)" end if%>
  </a> <font color="#666666">(
   <!--#include file="../admin/sort.asp" -->
   <%=Year(Rs("dnt"))&"-"&Month(Rs("dnt"))&"-"&Day(Rs("dnt"))%>)</font></td>
```

链接　参数传递　传递显示新闻类别　显示新闻类别的包含文件　时间

图 5-100　代码设计界面

（14）在网页设计界面中设置“购房须知”区域，如图 5-101 所示。

图 5-101　网页设计界面

（15）单击“插入记录”，选择“数据对象”中的“记录集分页”|“记录集导航条”选项，如图 5-102 所示。

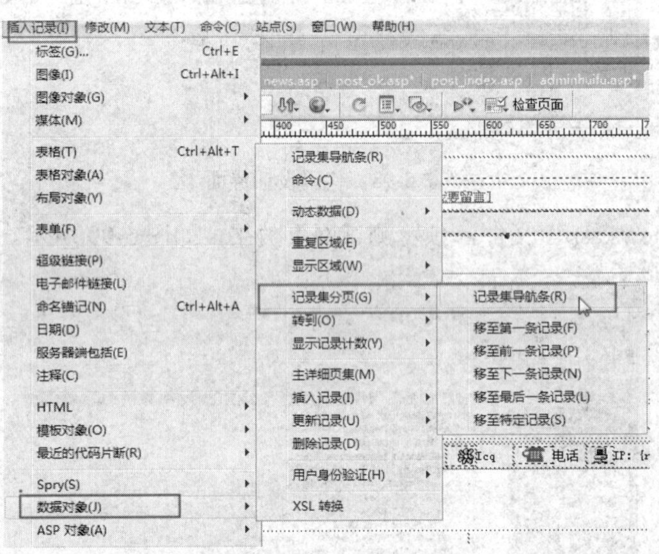

图 5-102　选择“记录集导航条”

（16）插入“记录集导航条”后，出现导航条的文本区域如图 5-103 所示。

（17）设计完成的新闻区域如图 5-104 所示。

第一页 前一页 下一页 最后一页

图 5-103　出现导航条

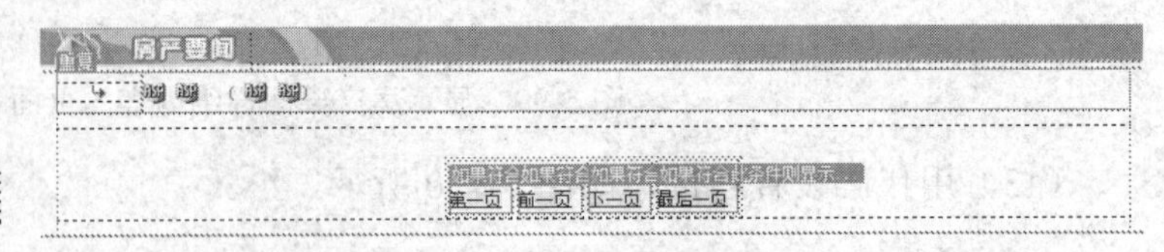

图 5-104　设计完成的新闻区域

（18）测试“news.asp”网页，如图 5-105 所示。

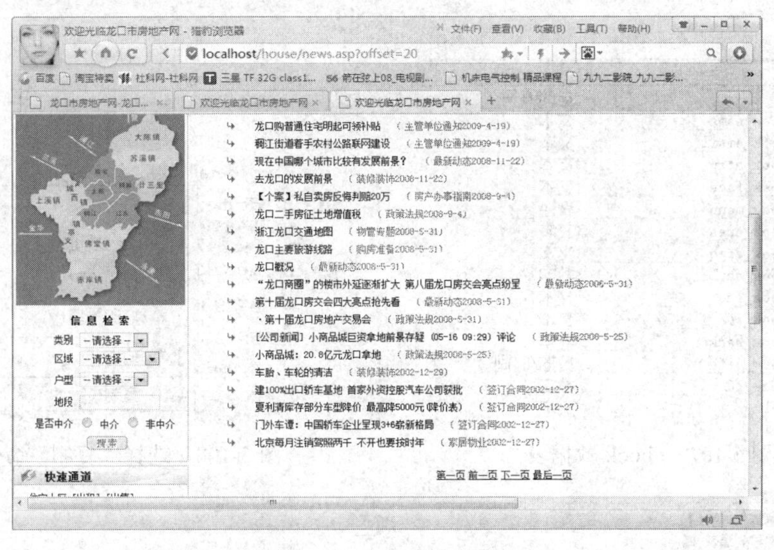

图 5-105　网页测试效果

（19）单击一个链接进行测试，如“最新动态的”，详细页面效果如图 5-106 所示。

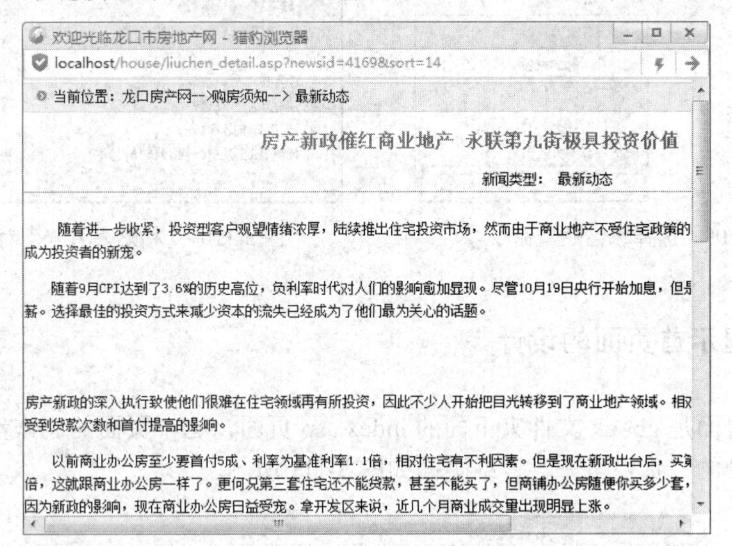

图 5-106 “最新动态的”网页

5.8　我要留言网页界面设计

5.8.1　留言数据库的设计

（1）数据表的字段名称和数据类型等表结构设计如图 5-107 所示。

（2）复制“gbook”数据表，如图 5-108 所示。

（3）将“gbook”数据表粘贴到“news”数据表中，如图 5-109 所示。

（4）在“粘贴表方式”对话框中设置“粘贴选项”为“结构和数据”，如图 5-110 所示。

字段名称	数据类型
id	自动编号
book_name	文本
book_email	文本
book_http	文本
book_face	文本
book_meno	备注
book_area	文本
book_oicq	文本
book_child	数字
book_icq	文本
book_ip	文本
book_back	数字
book_date	日期/时间
back_id	数字
tel	文本

图 5-107　gbook 数据表

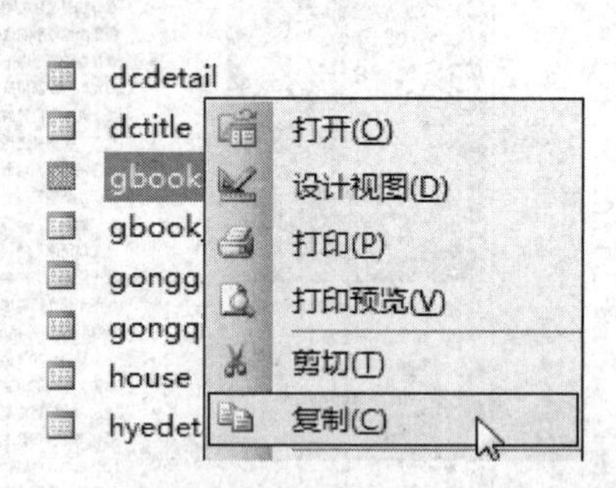

图 5-108　选择“复制”命令

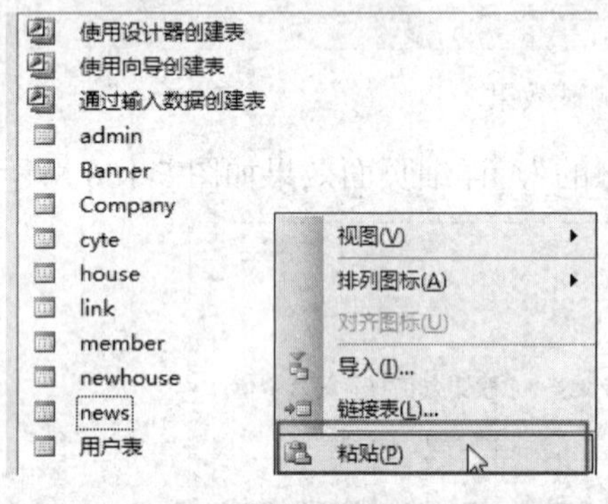

图 5-109　选择“粘贴”命令

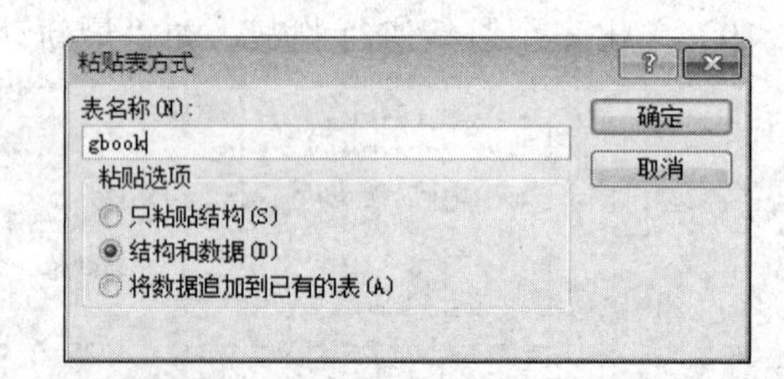

图 5-110　“粘贴表方式”对话框

5.8.2　留言显示首页面的设计

留言显示页面是 gbook 文件夹下面的 index.asp 页面，这个页面的制作步骤如下。

（1）网页中的“我要留言”详细页面如图 5-111 所示。

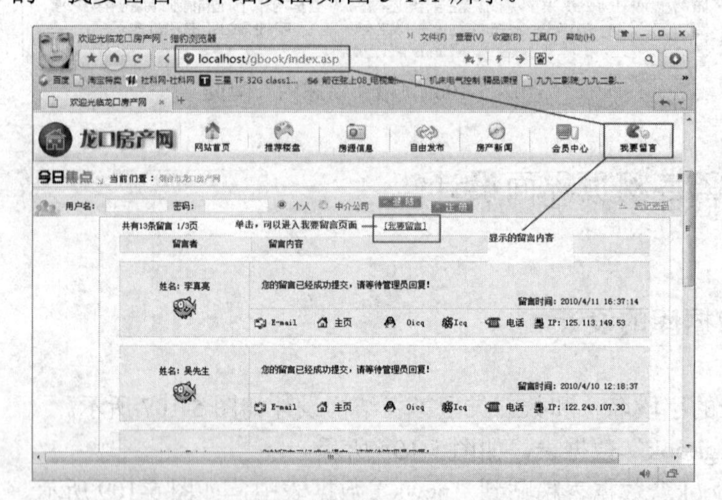

图 5-111　“我要留言”网页界面

（2）“我要留言”区域设计界面如图 5-112 所示。

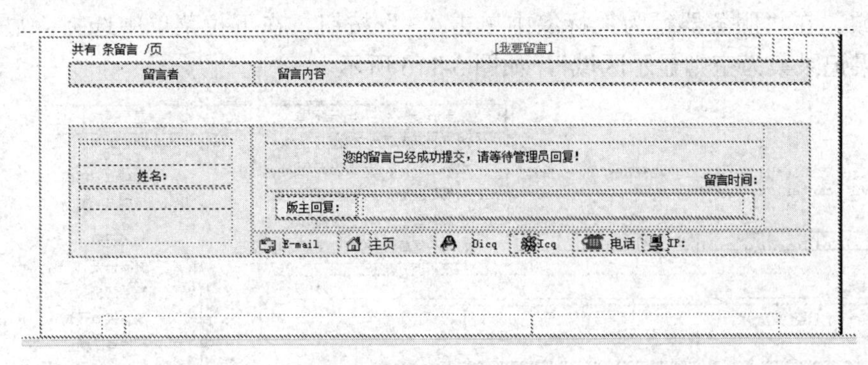

图 5-112　“我要留言”区域设计界面

（3）打开文件“index.asp”，调出“应用程序”面板，可以在“数据库”标签下看到数据库的字段信息。选择“绑定”标签，单击“+”按钮，在下拉菜单中选择“记录集（查询）”选项，如图 5-113 所示。

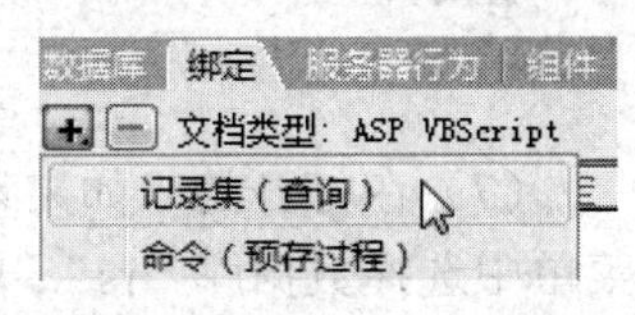

图 5-113　“绑定”标签

（4）在打开的“记录集”对话框中设置各项数据，在“表格”下拉列表中选择数据库中的数据表“gbook”，设置“筛选”为“book_child=输入的值 0 ”，设置“排序”为“book_date 降序”，如图 5-114 所示。

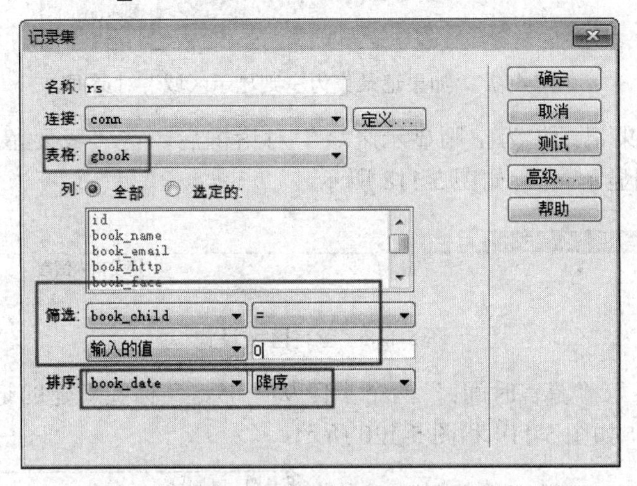

图 5-114　“记录集”对话框

（5）保存“index.asp”文件，预览该网页测试效果，如图 5-115 所示。

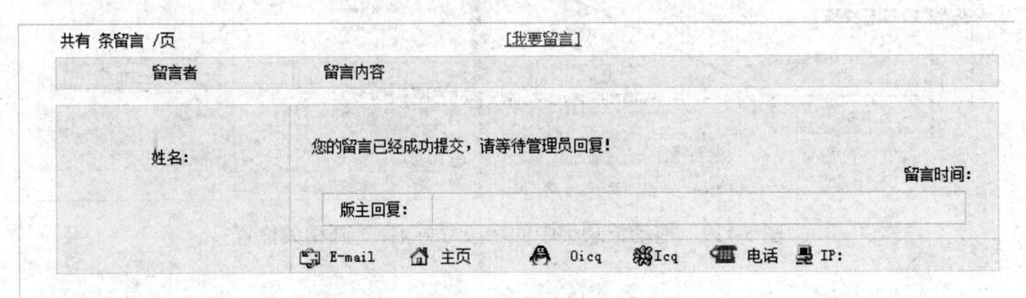

图 5-115　“我要留言”页面

（6）在“我要留言”显示区域输入“还没有人留言”，然后选中“还没有人留言”设置显示区域。在“服务器行为”标签中单击“+”按钮，在下拉菜单中选择“显示区域”中的“如果记录集为空则显示区域”，如图 5-116 所示。

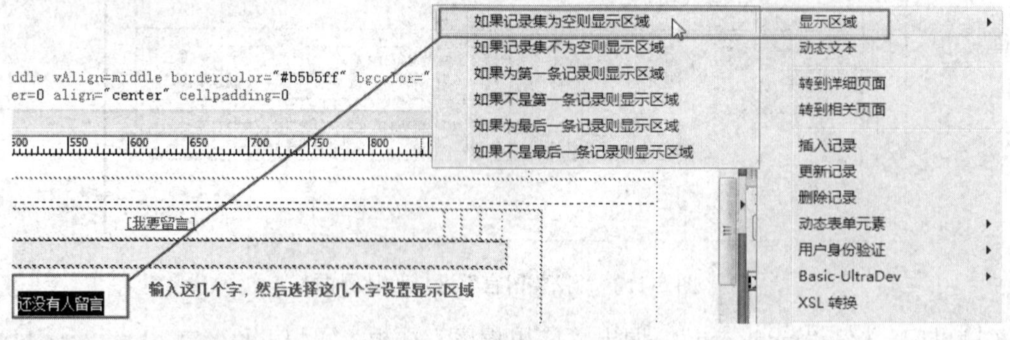

图 5-116 “我要留言”区域

（7）在打开的“如果记录集为空则显示区域”对话框中设置数据，在“记录集”下拉菜单中选择数据库“rs”，单击“确定”按钮，如图 5-117 所示。

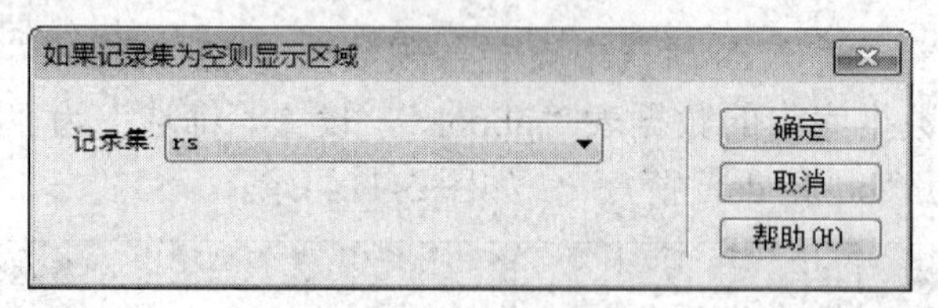

图 5-117 “如果记录集为空则显示区域”对话框

（8）关闭“如果记录集为空则显示区域”对话框后，在“我要留言”区域可以看见“如果符合此条件则显示...”，如图 5-118 所示。

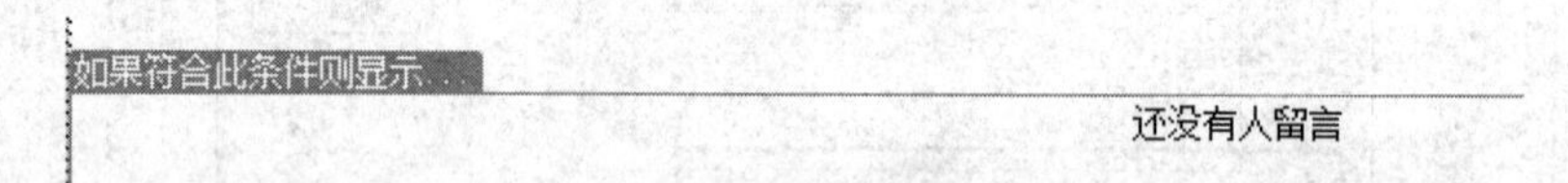

图 5-118 留言区域设置

（9）将“姓名:”、“留言时间:”两个字段从“绑定”标签新建的记录集“rs”中拖到页面中的相应位置，如图 5-119 和图 5-120 所示。

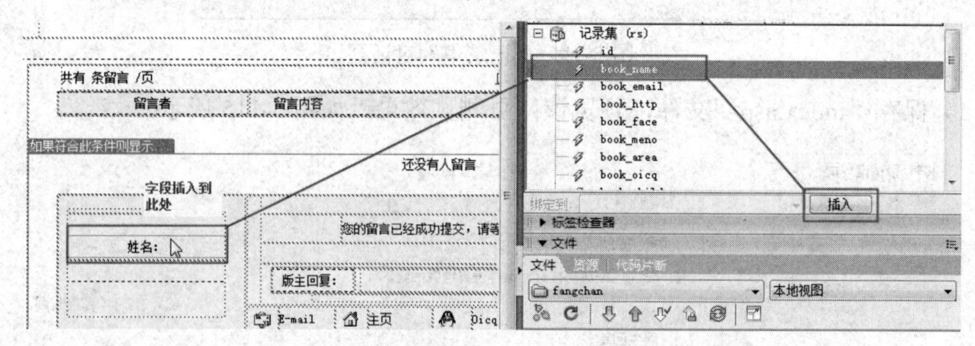

图 5-119 拖动记录集中的字段“姓名:”到相关位置

图 5-120　拖动记录集中的字段“留言时间：”到相关位置

（10）将光标定位到“姓名”下方显示图片的空白位置，如图 5-121 所示。

（11）选择“插入记录”菜单中的“图像”命令，如图 5-122 所示。

图 5-121　网页设计界面

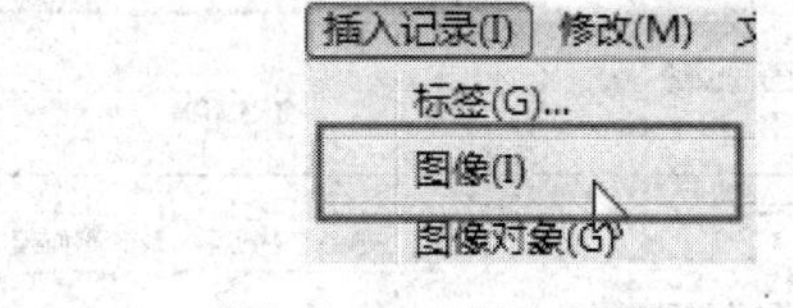

图 5-122　选择“图像”命令

（12）打开“选择图像源文件”对话框，选中“数据源”单选按钮，再选中“记录集(rs)”下的“book_face”字段，单击“确定”按钮，如图 5-123 所示。

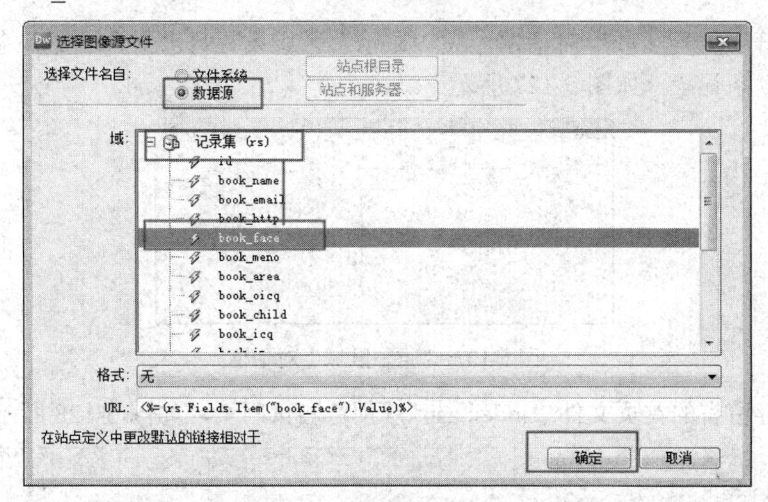

图 5-123　设置头像显示图像

（13）插入图像，效果如图 5-124 所示。

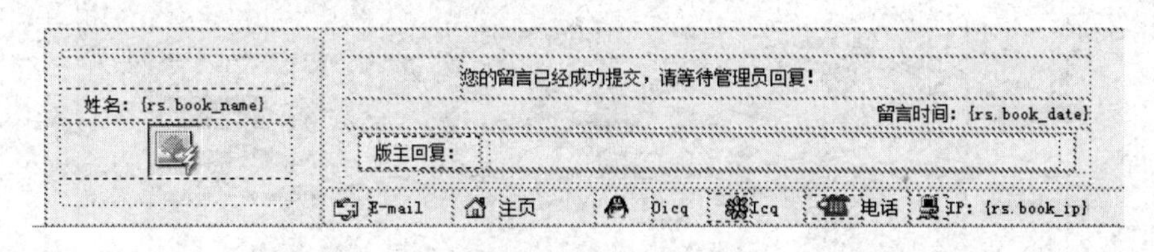

图 5-124　插入的图像效果

（14）保存文件“index.asp”，测试网页效果，如图 5-125 所示。

（15）选中需要重复的表格，单击“服务器行为”标签上的“+”按钮，在下拉菜单中选择“重复区域”选项，如图 5-126 所示。

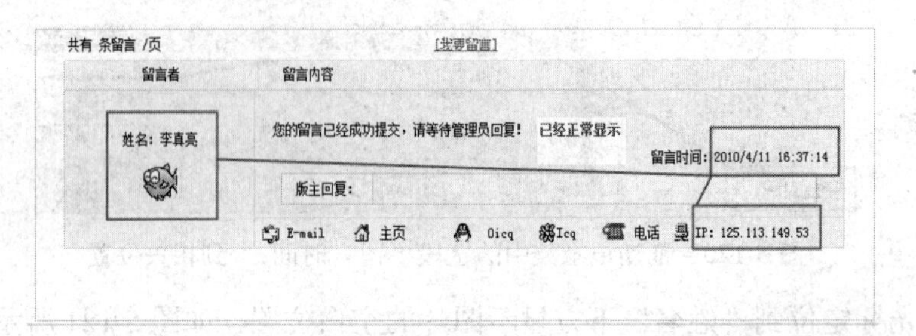

图 5-125　网页测试效果

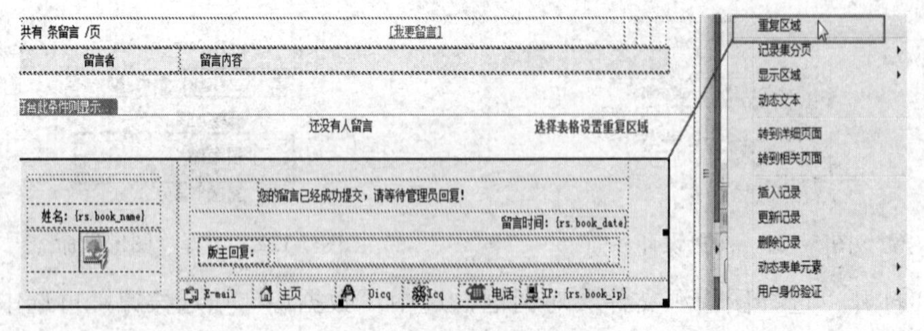

图 5-126　网页设计界面

（16）打开“重复区域”对话框，在“显示”区域设置每页显示的记录条数为“10”，即每页显示 10 条记录，如图 5-127 所示。

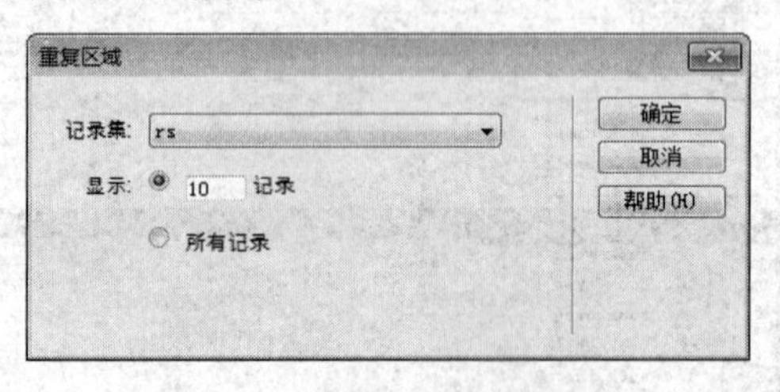

图 5-127　“重复区域”对话框

（17）保存留言的首页文件“index.asp”，预览测试网页，如图 5-128 所示。

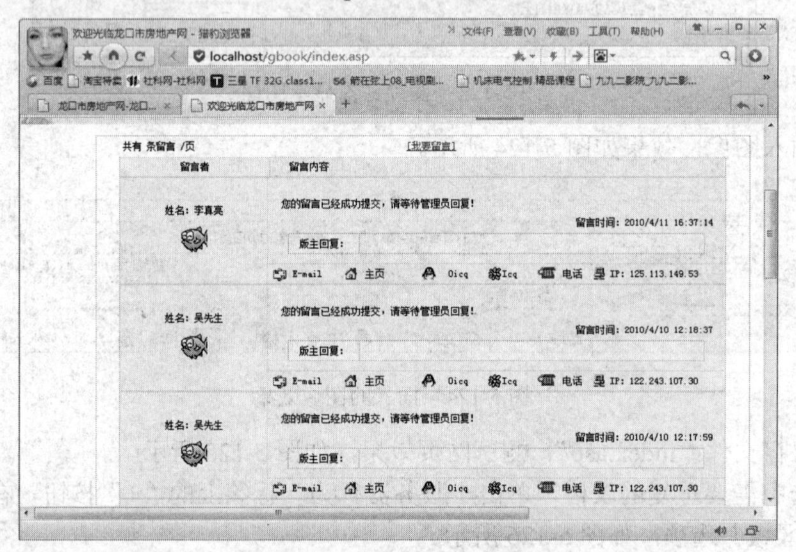

图 5-128　网页测试效果

（18）加入记录集导航条。将光标定位到“我要留言”区域下面的空白行中，选择“插入记录”菜单中的“数据对象”|“记录集分页”|“记录集导航条”命令，如图 5-129 所示。

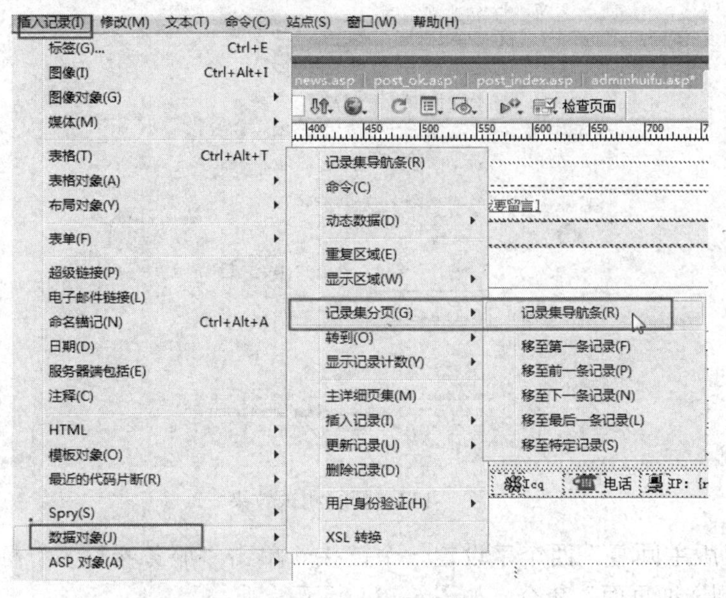

图 5-129　选择“记录集导航条”命令

（19）测试发现出错，如图 5-130 所示。

Microsoft VBScript 运行时错误 错误 '800a01a8'

缺少对象: ''

/gbook/index.asp，行 18

图 5-130　网页测试出错

（20）切换到“index.asp”网页的代码视图，如图 5-131 所示。

```
<%
Dim rs
Dim rs_cmd
Dim rs_numRows

Set rs_cmd = Server.CreateObject ("ADODB.Command")
rs_cmd.ActiveConnection = MM_conn_STRING
rs_cmd.CommandText = "SELECT * FROM gbook WHERE book_child = ? ORDER BY book_date DESC"
rs_cmd.Prepared = true
rs_cmd.Parameters.Append rs_cmd.CreateParameter("param1", 5, 1, -1, rs__MMColParam) ' adDouble

Set rs = rs_cmd.Execute
rs_numRows = 0
%>
```

图 5-131　index.asp 网页代码视图

（21）修改代码，将包含文件代码移动到记录集代码的前面，如图 5-132 所示。

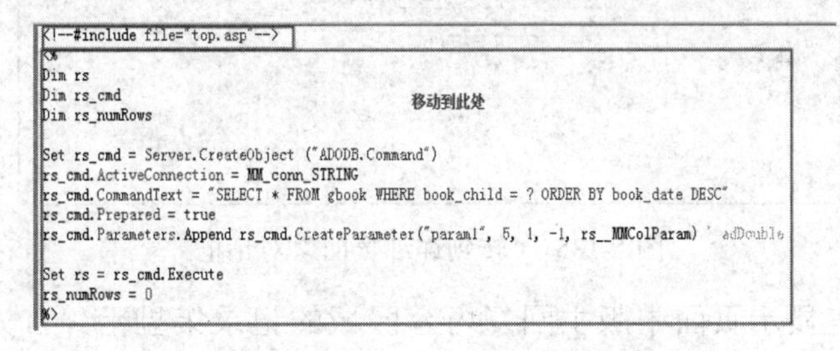

图 5-132　在 index.asp 代码设计器中修改代码

（22）保存文件“index.asp”，预览测试网页，如图5-133所示。

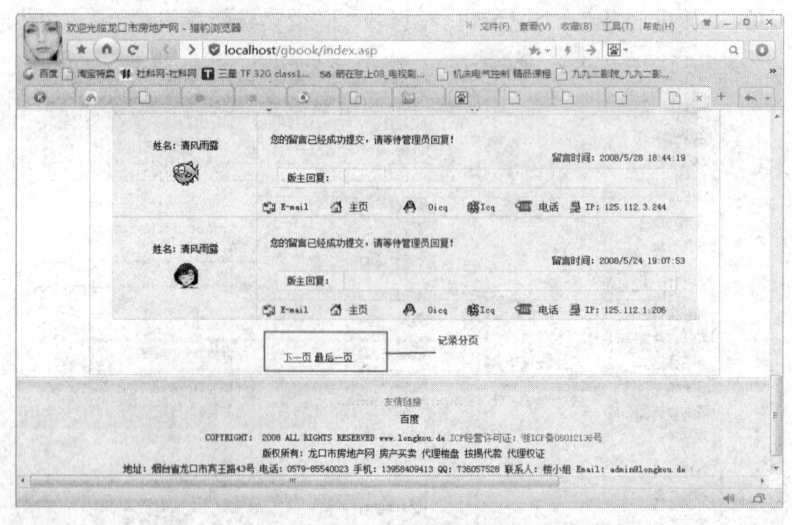

图5-133 网页测试效果

（23）为“版主回复”四个字设置一个链接。单击“服务器行为”标签上的“+”按钮，选择“转到详细页面”命令，如图5-134所示。

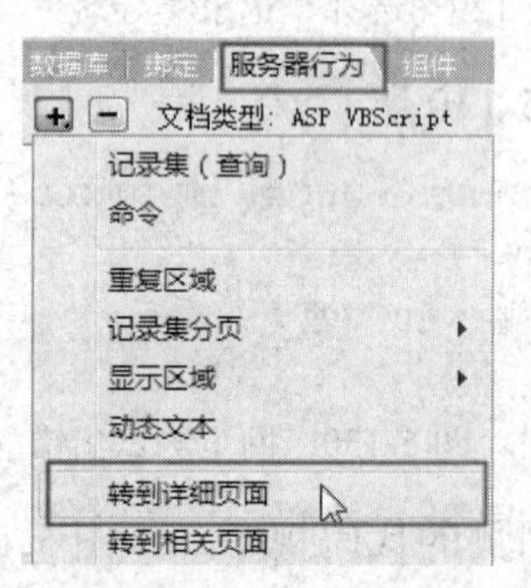

图5-134 选择“转到详细页面”命令

（24）弹出“转到详细页面”对话框，在该对话框中设置各项参数。“链接”文本框处于默认的状态不能改动，“详细信息页”文本框是空的，可以单击“浏览”按钮来选择链接文件“gbookhuifu.asp”，如图5-135所示。

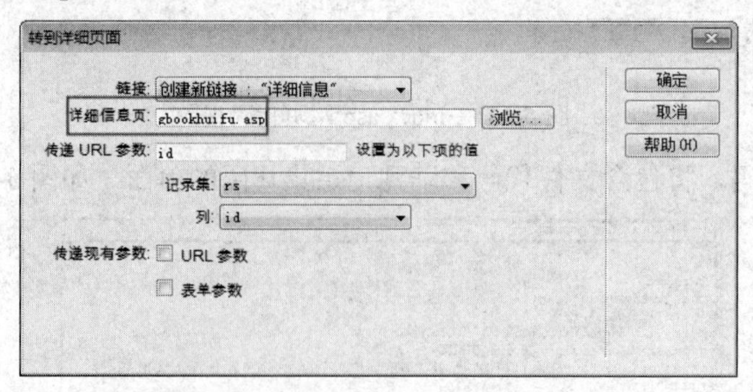

图5-135 “转到详细页面”对话框

（25）设计留言显示页面中版主回复内容区域的记录集显示。首先选择并设置记录集，如图5-136所示。

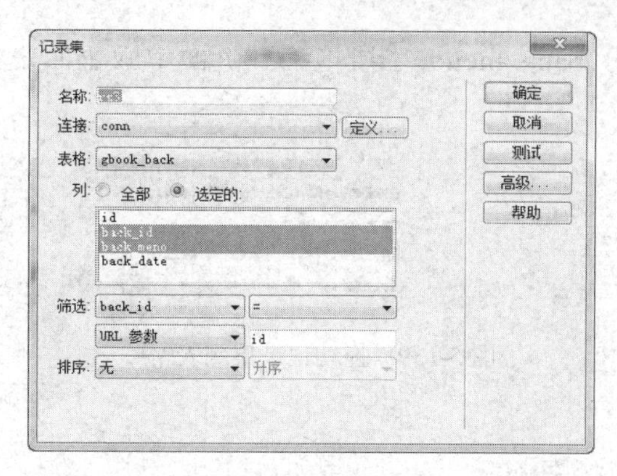

图 5-136　设置记录集

（26）切换到高级选项，如图 5-137 所示。

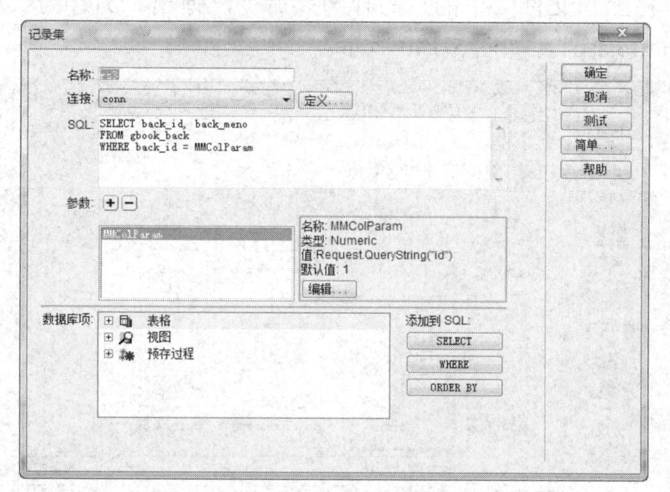

图 5-137　切换到高级选项

（27）修改代码如下：

```
SELECT gbook_back.back_id, gbook_back.back_meno,gbook.id
FROM gbook_back inner join    gbook    on    gbook.id=gbook_back.back_id
```

这段代码的意思是将两个表连接起来，即将 gbook_back 回复表与留言表 gbook 连接，连接的条件是 gbook.id=gbook_back.back_id，字段的值相同，如图 5-138 所示。

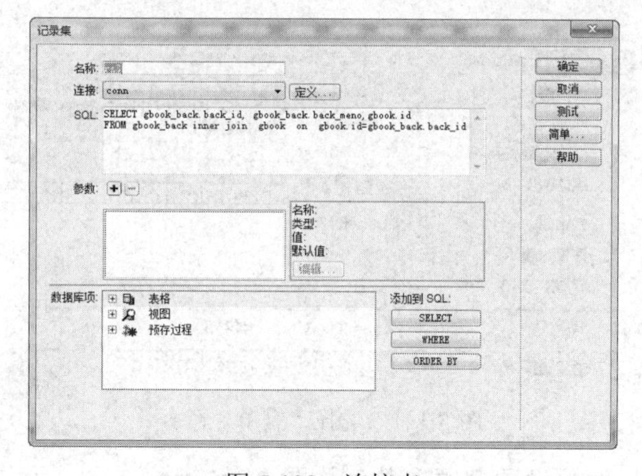

图 5-138　连接表

（28）将回复内容的 back_meno 字段拖动到页面中版主回复的后面，到时测试，如图 5-139 所示。

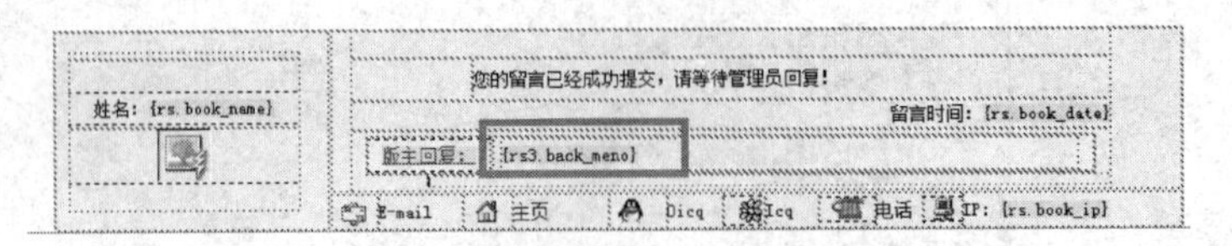

图 5-139　拖动记录集到表格中

5.8.3　版主回复页面的制作

（1）单击菜单栏上“文件”下的“另存为”命令，弹出“另存为”对话框，保存“文件名”为“gbookhuifu.asp”，如图 5-140 所示。

图 5-140　“另存为”对话框

（2）设置留言回复页面，单击菜单栏上“插入记录”中的“表单”|“表单”命令，如图 5-141 所示。

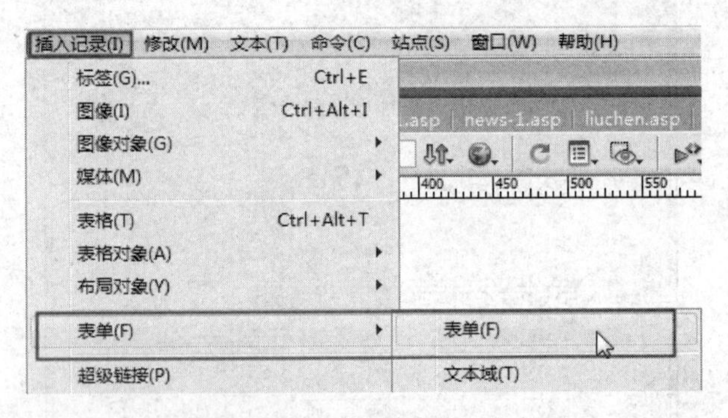

图 5-141　选择“表单”命令

（3）打开“属性”面板设置各项参数，如图 5-142 所示。

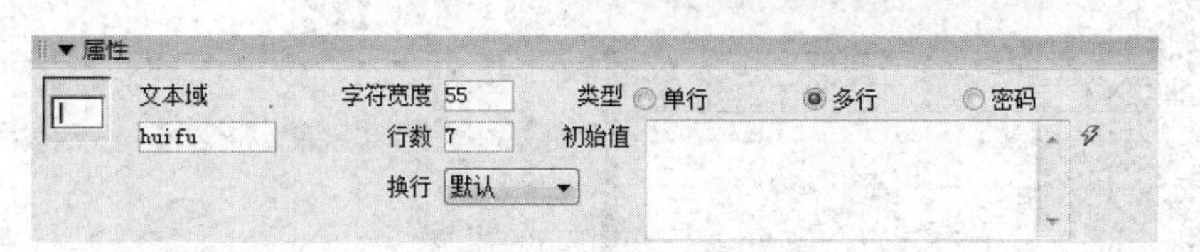

图 5-142 “属性”面板

（4）在表格中输入文本并插入相应的表单项，如图 5-143 所示。

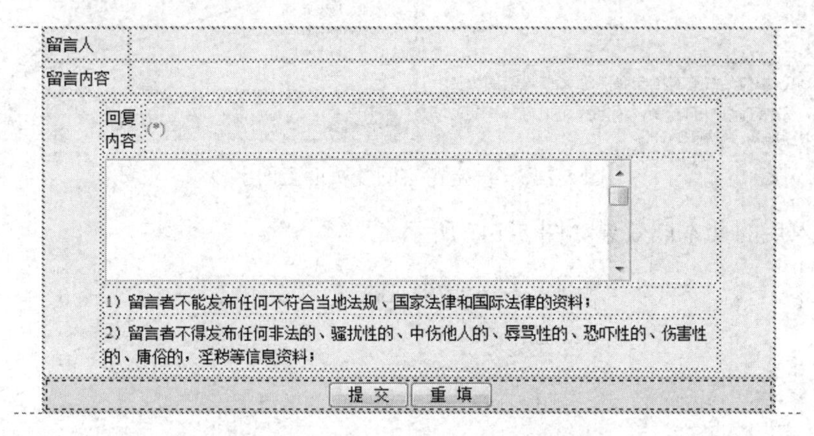

图 5-143　在留言回复页面插入表单

（5）单击“绑定”标签上的“+”按钮，在下拉菜单中选择“记录集（查询）”选项，如图 5-144 所示。

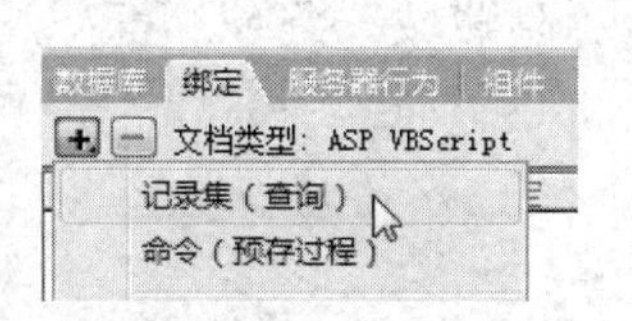

图 5-144 “绑定”标签

（6）打开“记录集”对话框，在“名称”文本框中输入名称“rs1”，在“表格”下拉列表中选择数据库中的数据表“gbook”，在“筛选”区域设置“id=URL 参数 id”，如图 5-145 所示。

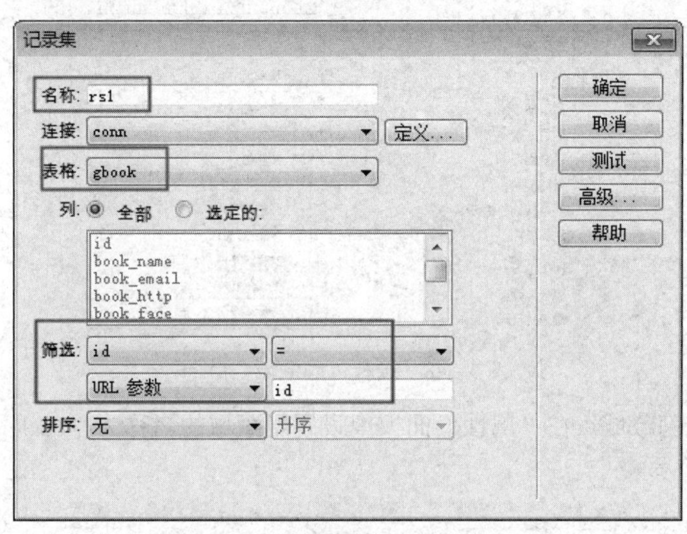

图 5-145 “记录集”对话框

（7）单击“确定”按钮后，将“绑定”标签上的“记录集”展开，在记录集中选择“book_name”字段，将其插入到“留言人”右侧的文本域中，如图 5-146 所示。

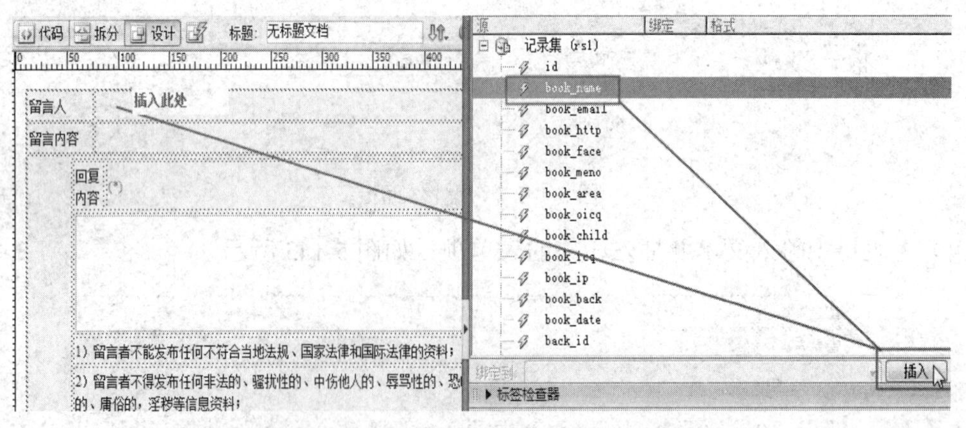

图 5-146　绑定留言回复页面上的字段

（8）插入后的文本域效果如图 5-147 所示。

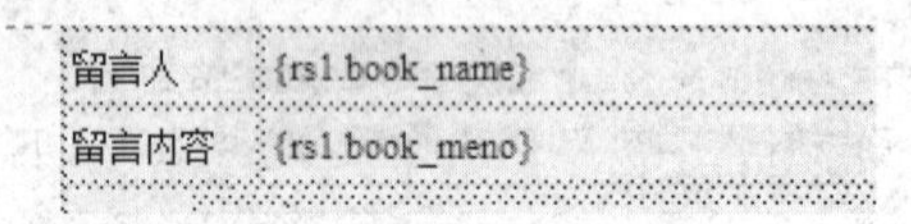

图 5-147　绑定字段后的效果

（9）将光标移动到“提交”按钮的后面，选择菜单栏中“插入记录”下的“表单”|“隐藏域”命令，插入一个隐藏域，如图 5-148 所示。

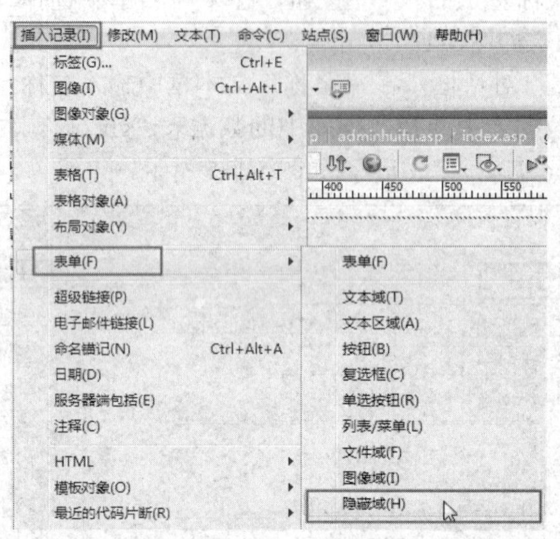

图 5-148　选择“隐藏域”命令

（10）单击该隐藏域，在“属性”面板中设置隐藏域的名称为“back_id”，单击闪电图标，如图 5-149 所示。

图 5-149 “属性”面板

（11）弹出“动态数据”对话框，选择“记录集（rs1）”中的“id”字段，单击“确定”按钮，如图 5-150 所示。

（12）在“服务器行为”标签中选择“插入记录”命令，如图 5-151 所示。

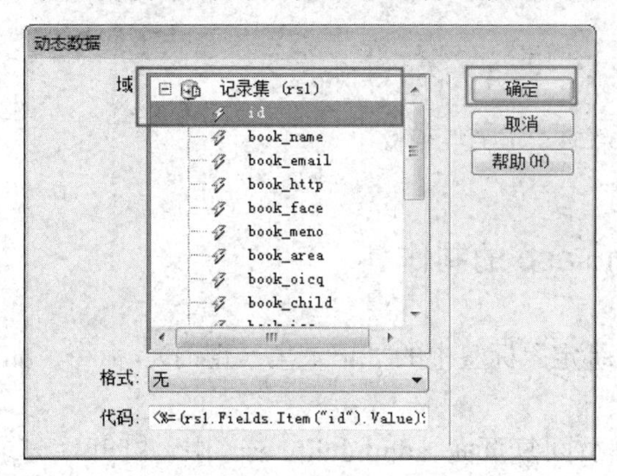

图 5-150　“动态数据”对话框

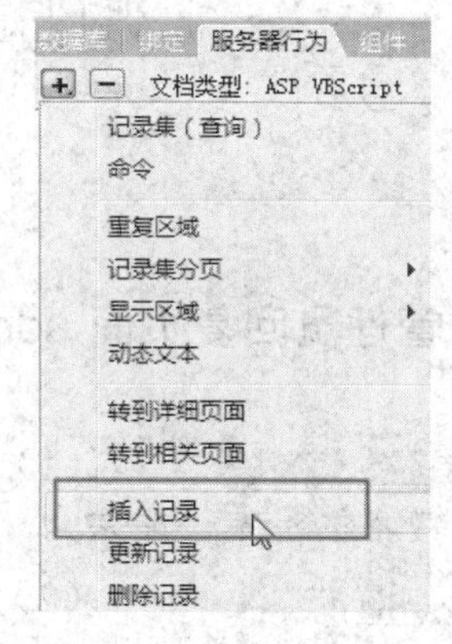

图 5-151　选择“插入记录”命令

（13）在弹出的“插入记录”对话框中进行设置，在“插入到表格”下拉列表中选择“gbook_back”，在“插入后，转到”栏单击“浏览”按钮，找到文件“adminhuifu.asp”，在“表单元素”区域设置“huifu 插入到列中‘back_meno’（文本）、back_id 插入到列中‘back_id’（数字）”，如图 5-152 所示。

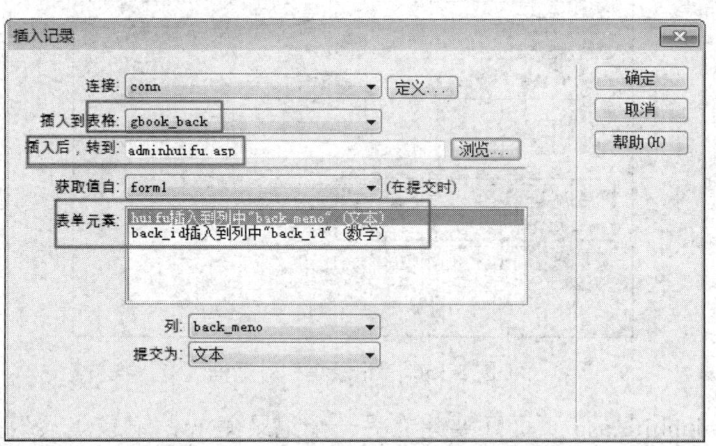

图 5-152　“插入记录”对话框

（14）设计好的网页界面如图 5-153 所示。

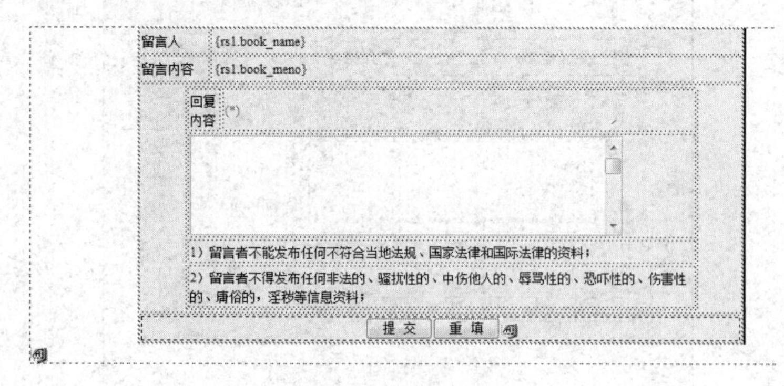

图 5-153　网页界面

（15）选择“隐藏区域”，查看“属性”面板中的参数，如图 5-154 所示。

图 5-154 “属性”面板

5.8.4 管理员回复页面 adminhuifu.asp 的制作

图 5-155 选择“记录集（查询）”命令

（1）选择“绑定”标签中的“记录集（查询）”命令，如图 5-155 所示。

（2）在管理员回复页面 adminhuifu.asp 中，打开“记录集”对话框，在“表格”下拉列表中选择数据库中的数据表“gbook_back”，在“筛选”区域设置“back_id=URL 参数 id”，如图 5-156 所示。

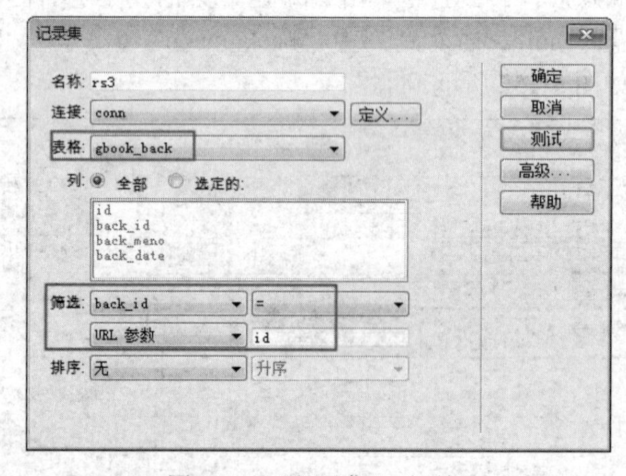

图 5-156 “记录集”对话框

（3）在 adminhuifu.asp 页面还要建立另一个记录集 rs，记录集 rs”的筛选项设置如图 5-157 所示。

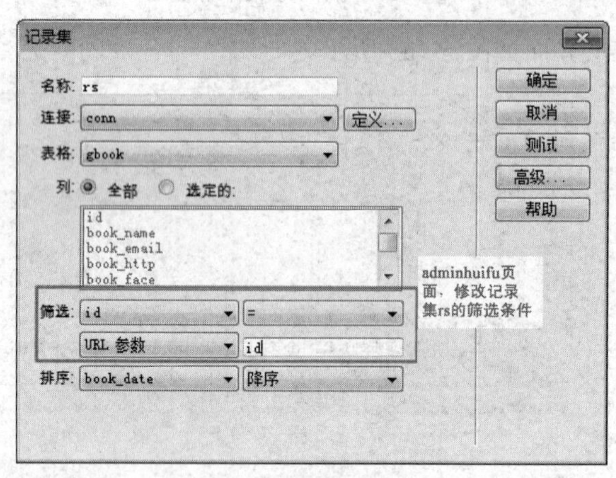

图 5-157 “记录集”对话框

（4）在“我要留言”网页中，“版主回复”区域还是空白的，输入“还没有回复留言”几个字，如图 5-158 所示。

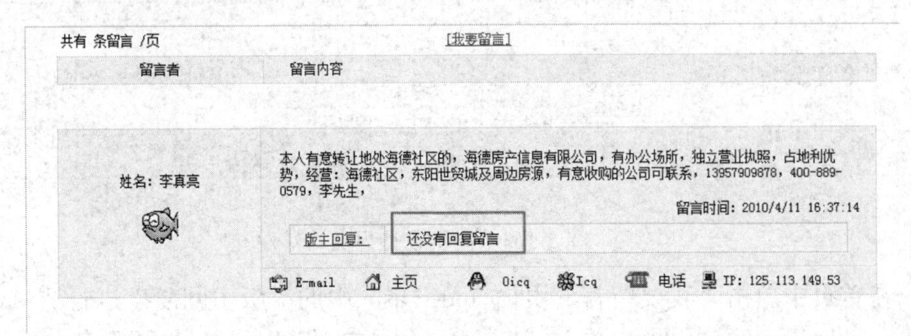

图 5-158 “版主回复”区域

（5）将 rs3 中的记录集字段拖动到“版主回复”后面，如图 5-159 所示。

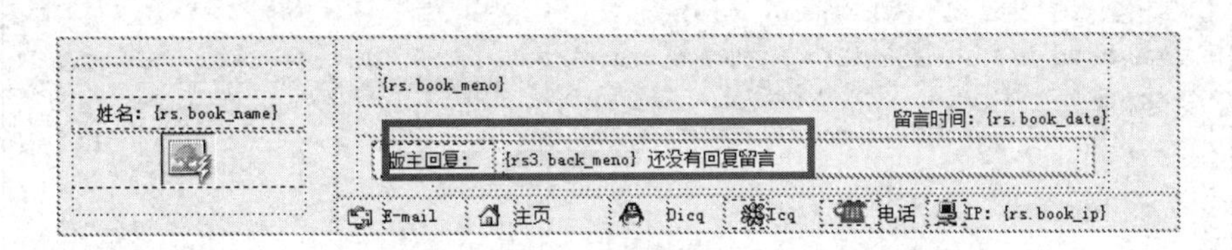

图 5-159　拖动记录集字段

（6）选择显示版主回复，然后在“服务器行为”标签中选择“显示区域”|“如果记录集为空则显示区域”命令，如图 5-160 所示。

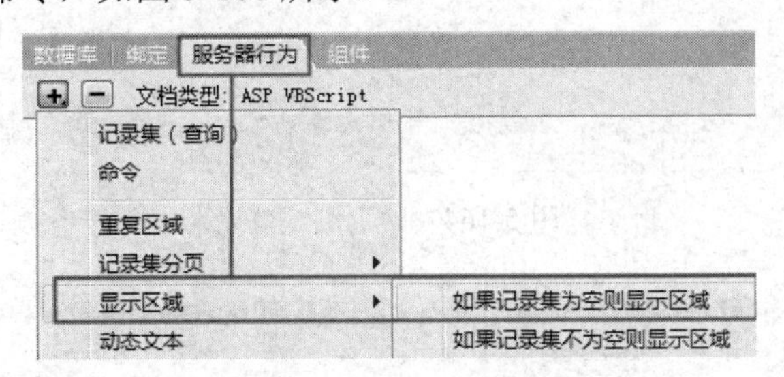

图 5-160 “服务器行为”标签

（7）弹出一个对话框，在“记录集”中选择“rs3”，单击“确定”按钮，如图 5-161 所示。

（8）选择显示版主回复的表格，然后在“服务器行为”标签中选择“显示区域”|“如果记录集为空则显示区域”命令，如图 5-162 所示。

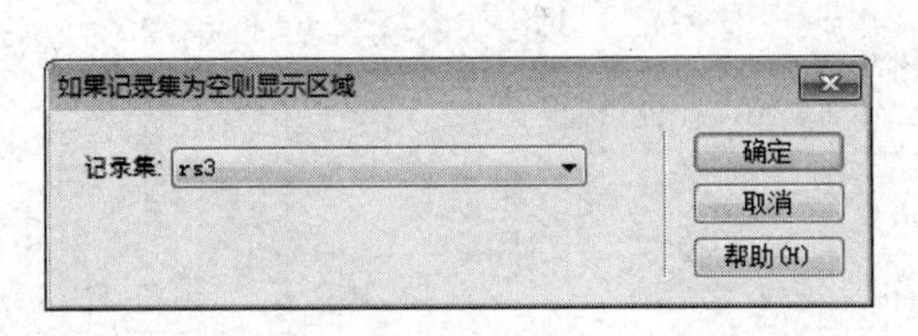

图 5-161 “如果记录集为空则显示区域”对话框

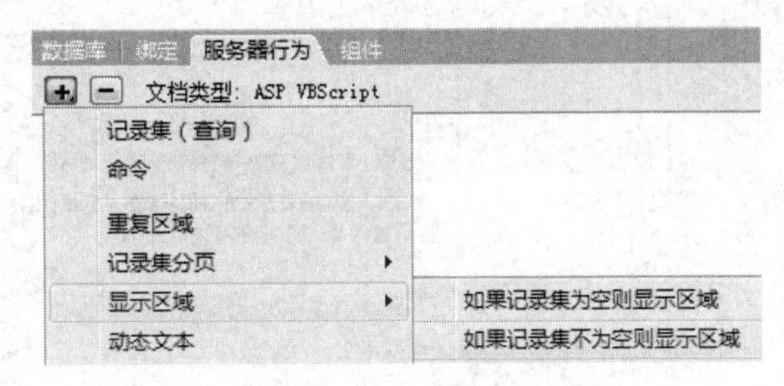

图 5-162 “服务器行为”标签

（9）版主回复区域设计完成后的效果，如图5-163所示。

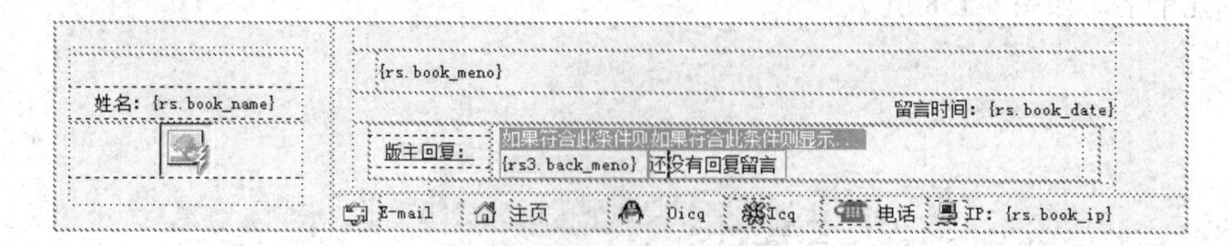

图5-163　网页设计界面

（10）在首页中单击“我要留言”页面index.asp中的“版主回复”进行测试，单击后先转到adminhuifu.asp页面，再次单击该页面中的“版主回复”链接，链接到gbookhuifu.asp页面，测试一下，输入“测试回复”，如图5-164～图5-166所示。

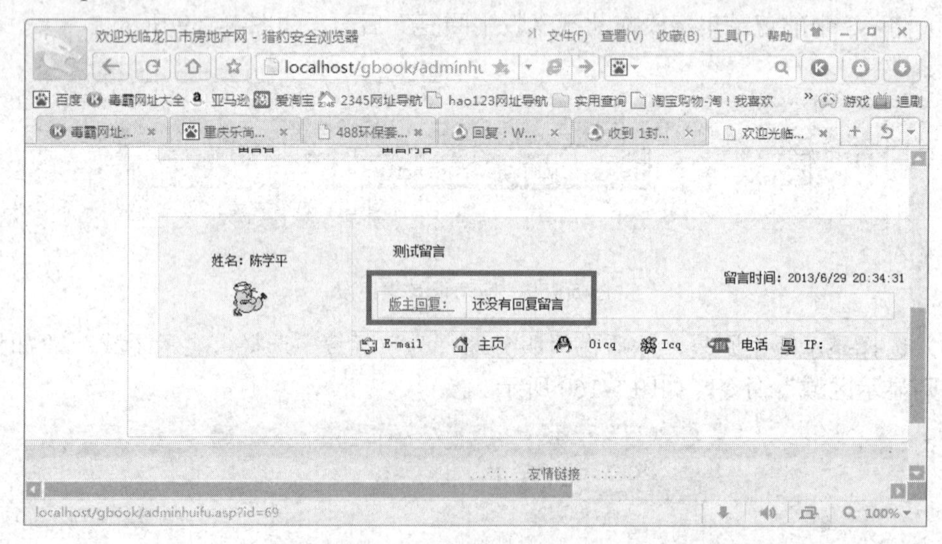

图5-164　网页测试效果

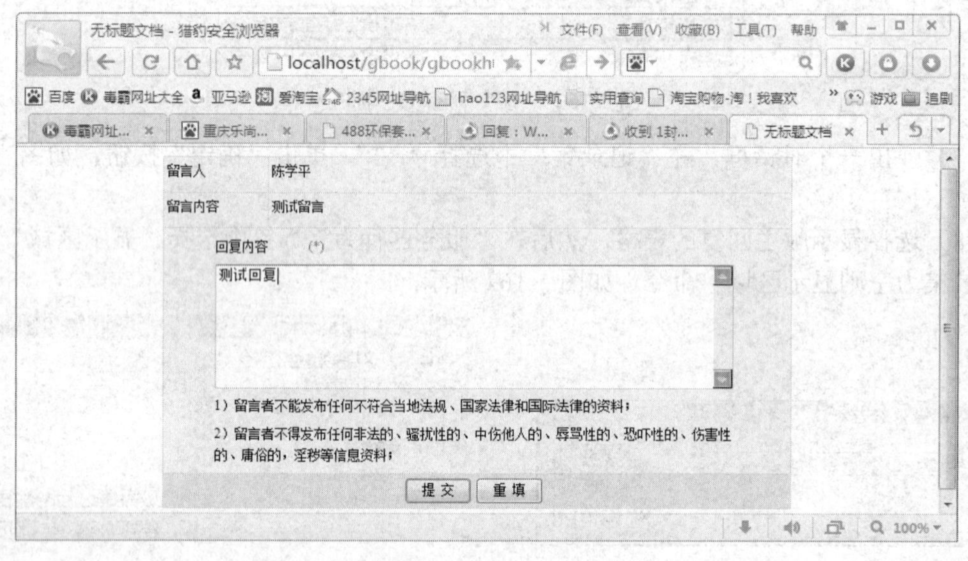

图5-165　输入回复内容

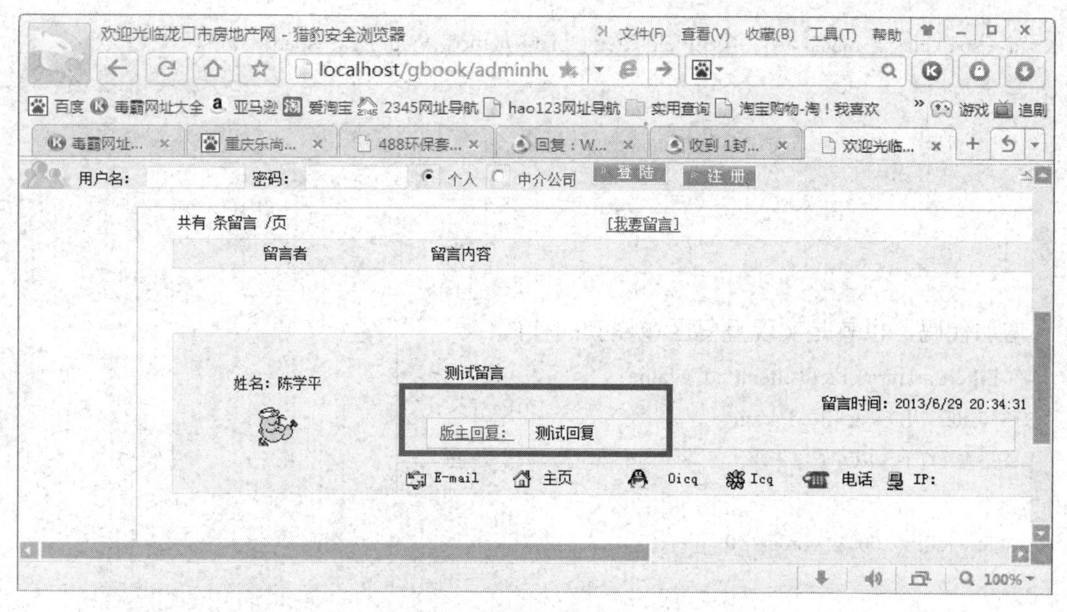

图 5-166　留言回复成功

（11）保存网页。

（12）在留言显示页面 index.asp 的首页中也可以查看版主回复内容，如图 5-167 所示。

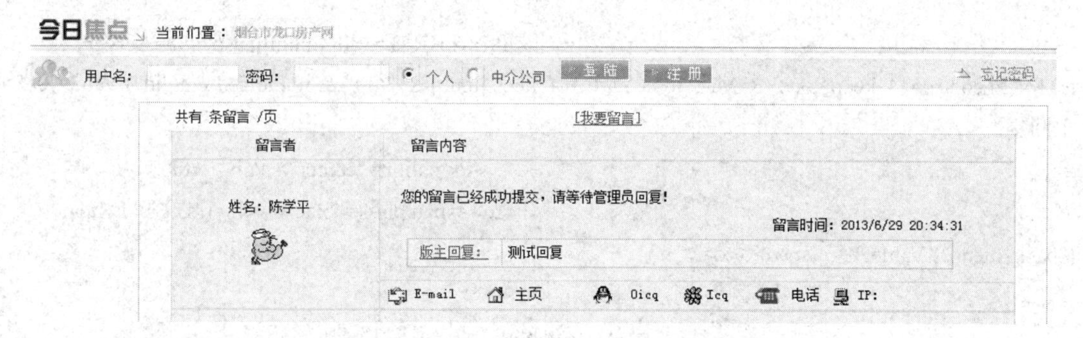

图 5-167　在留言显示页面的首页中也能显示回复

（13）但是首页显示的回复内容，我们发现只能显示一条，所以此网页还需要修改一下。

在留言显示 index.asp 页面中，找到以下代码进行修改，从而实现重复区域的嵌套显示。

```
<table width="100%" border="0">
                                          <tr>
                                            <td>

<table width="90%" height="8" border="0" align="right" cellpadding="0" cellspacing="0">
                                              <tr>
                                                <td><A HREF="adminhuifu.asp?<%= Server.
HTMLEncode(MM_keepNone) & MM_joinChar(MM_keepNone) & "id=" & rs.Fields.Item("id").Value %>">版
主回复：</A>
                                                          <div align="center"></div></td>
```

```
<td><span class="black"><%=(rs3.Fields.Item("back_meno").Value)%></span></td>
                                                            </tr>
                                                          </table>


</td>
                                                        </tr>
                                                      </table>
```

增加代码，也就是实现重复区域嵌套的代码：

```
<% FilterParam=rs.Fields.Item("id").value
Rs3. Filter="ID="&FilterParam
While (NOT rs3.EOF)
%>
<table width="100%" border="0">
                                   <tr>
                                     <td>

<table width="90%" height="8" border="0" align="right" cellpadding="0" cellspacing="0">
                                       <tr>
                                         <td><A HREF="adminhuifu.asp?<%= Server.
HTMLEncode(MM_keepNone) & MM_joinChar(MM_keepNone) & "id=" & rs.Fields.Item("id").Value %>">版
主回复：</A>
                                              <div align="center"></div></td>
                                           <td><span class="black"><%=(rs3.Fields.Item
("back_meno").Value)%></span></td>
                                       </tr>
                                     </table>


    </td>
                                   </tr>
                                 </table>
                                   <%
Rs3.MoveNext()
Wend
%>
```

（14）再次测试留言显示首页 index.asp，看能不能显示其他留言回复内容。结果是可以显示了，如图5-168所示。

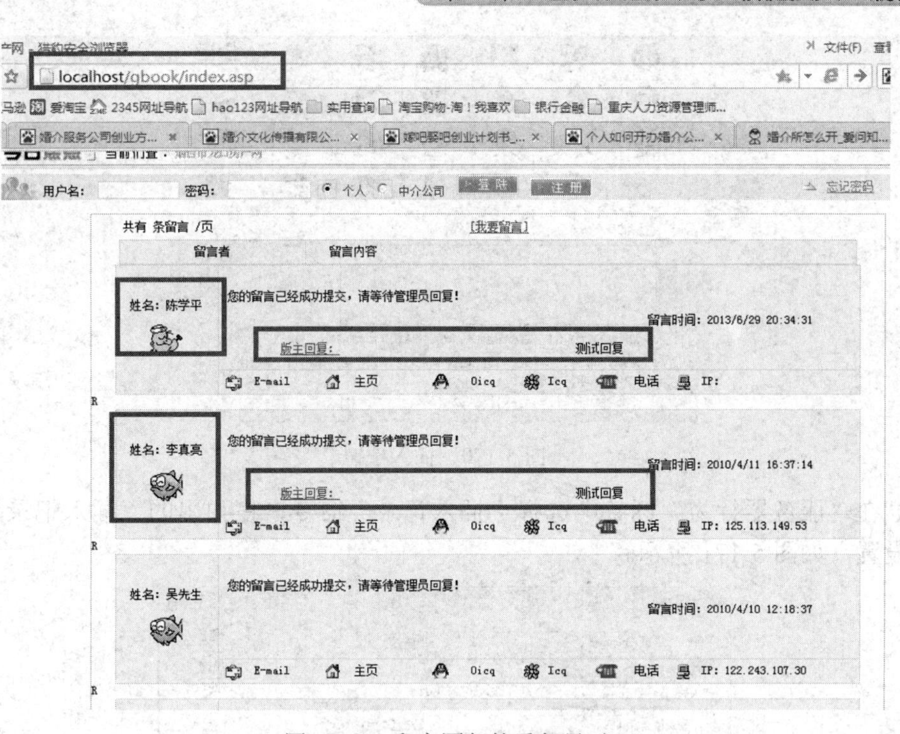

图 5-168　留言回复的重复显示

5.8.5 “我要留言”页面的制作

（1）留言用户资料设置页面如图 5-169 所示。

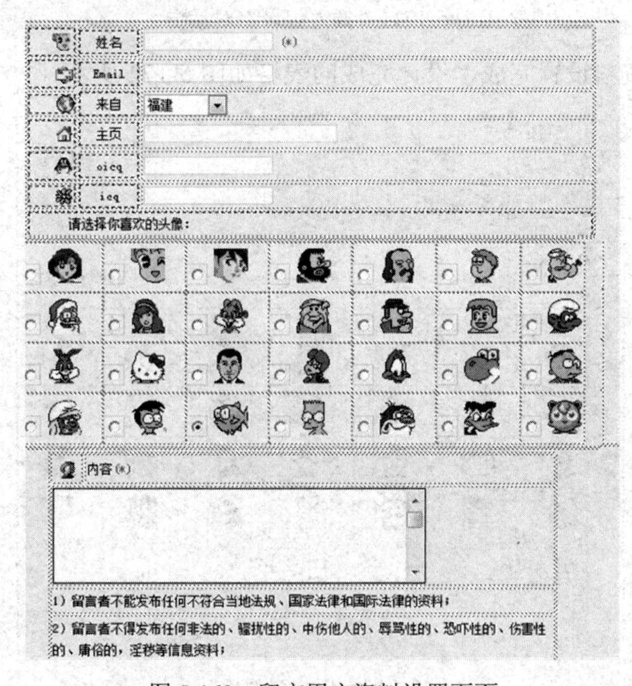

图 5-169　留言用户资料设置页面

（2）在留言用户资料设置页面插入“提交”、“重填”按钮，如图 5-170 所示。

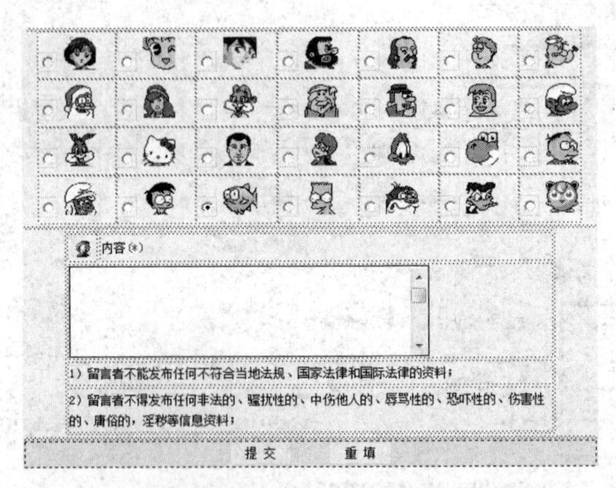

图 5-170　插入按钮

（3）在“服务器行为”标签中选择“插入记录”命令，在弹出的“插入记录”对话框中进行设置，如图 5-171 所示。

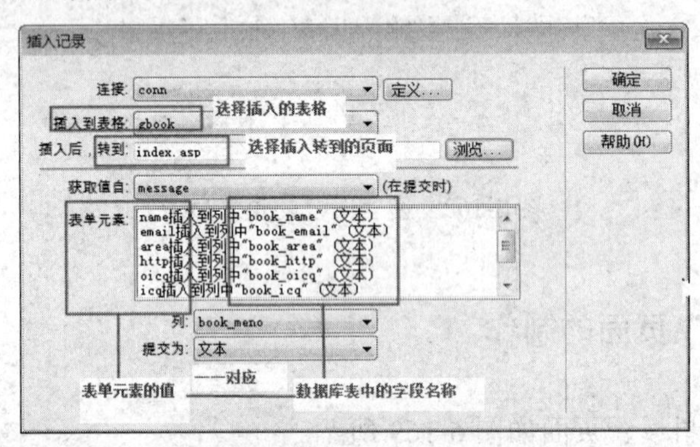

图 5-171　“插入记录”对话框

（4）留言用户资料设置完成，设计完成的表格如图 5-172 所示。

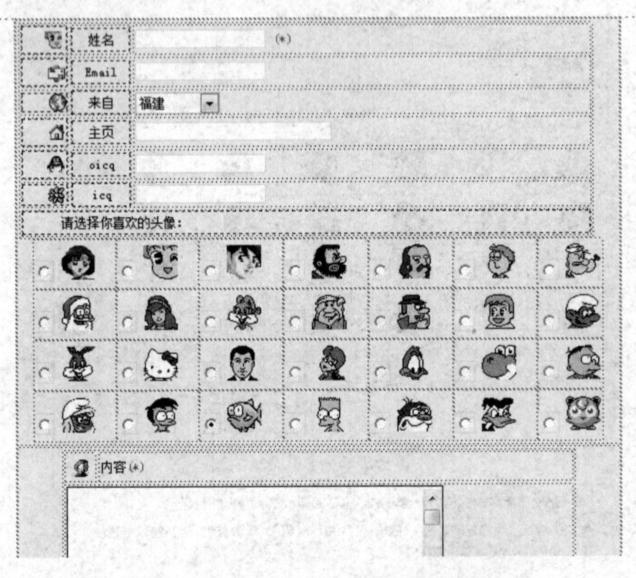

图 5-172　留言用户资料设计表格

（5）测试用户留言，如图 5-173 所示。

图 5-173　网页测试界面

（6）留言成功，如图 5-174 所示。

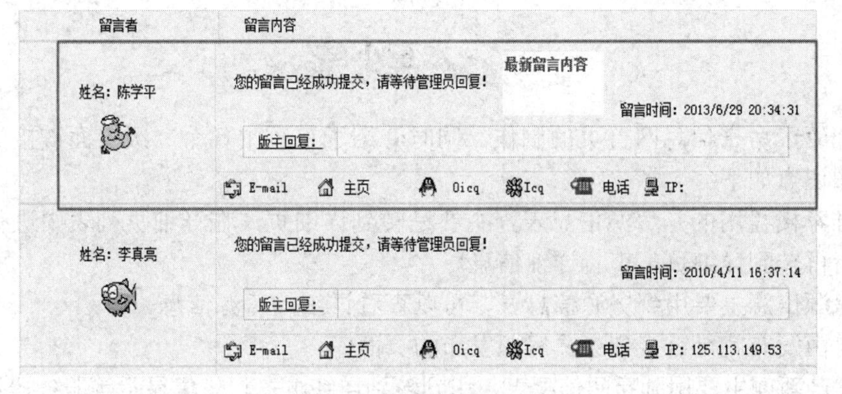

图 5-174　留言成功页面

（7）将留言显示首页 index.asp 中“您的留言已经成功提交，请等待管理员回复！”一行文字替换为留言者的留言内容，只需将 rs 记录集展开，然后将记录集中的 book_meno 字段插入到表格中即可，如图 5-175 所示。

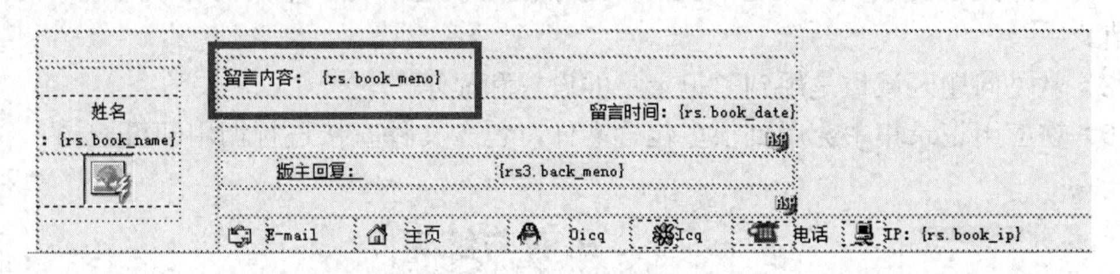

图 5-175　显示留言内容修改

（8）测试一下留言显示的首页，结果如图 5-176 所示。

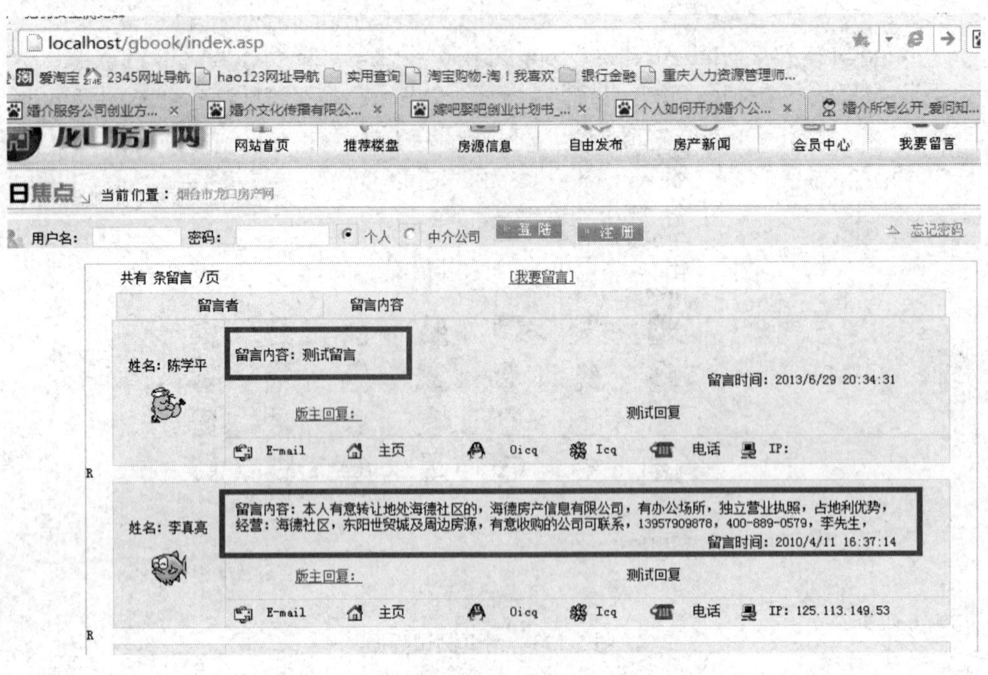

图 5-176　测试结果：留言已经显示

本章小结

本章介绍了房产信息网首页的制作，同时介绍了首页中各个二级页面链接的页面的制作。主要知识点如下：

（1）推荐楼盘用的是房源信息表，主要是转到详细页，在详细页列表中进行记录集的显示，然后再转到详细页，查看详细信息。

（2）房源信息主要用到房源信息表，可以查看详细的房源信息。

（3）自由发布就是链接到会员房源发布的页面。

（4）房产新闻主要用到新闻信息表，用到转到详细页、记录集显示等服务器行为。

（5）发表留言用到了留言数据表，加入了图片选择和显示的功能。

（6）新闻中心区域与房产新闻并不多，只是在首面直接显示新闻标题，然后单击链接显示出来。

（7）信息显示区域要注意记录集的筛选字段的设置，每个不同的区域用到不同的记录集的值。

（8）常见问题区域也是用到了记录集的设置和显示。

（9）在应用记录集中会用到很多包含文件，包含文件直接进行调用即可。

思考与练习

1．上机操作首页中所需要的数据表的设计。

2．上机操作推荐楼盘二级页面的设计。

3．上机操作房源信息二级页面的制作。

4. 上机操作房产新闻二级页面的制作。
5. 上机操作发表留言二级页面的制作。
6. 上机操作首页信息区域、新闻中心区域的设计。
7. 上机操作常见问题区域的设计。
8. 上机操作留言首页中回复内容和留言内容显示的设计，并练习嵌套重复区域的功能实现。

第6章 房产信息网站后台管理页面的制作

学习导读

本章主要讲述网站后台管理的一些知识，包括网站后台管理需要的数据库的设计和后台中各个栏目版块的设计，如数据增加、数据修改、数据删除，数据显示等。网站后台管理是一个网站必不可少的内容，读者一定要掌握。本章重点介绍了新闻版块中的新闻增加、新闻删除、新闻浏览的制作技巧，同时介绍了区域版块管理中的内容，对于其他版块的设计没有介绍，只给出了效果，因为设计方法是类似的。

学习目标

- 了解网站建设的后台数据库设计技术。
- 掌握新闻版块中的新闻增加页面的制作方法。
- 掌握新闻删除页面的制作方法。
- 掌握新闻浏览页面的制作方法。
- 掌握区域管理版块中新闻地区页面的制作方法。
- 掌握地区删除页面的制作方法。
- 掌握其他后台版块栏目的制作方法。

6.1 网站后台管理数据库的设计

（1）找到我们提供的管理员表并复制，如图 6-1 所示。

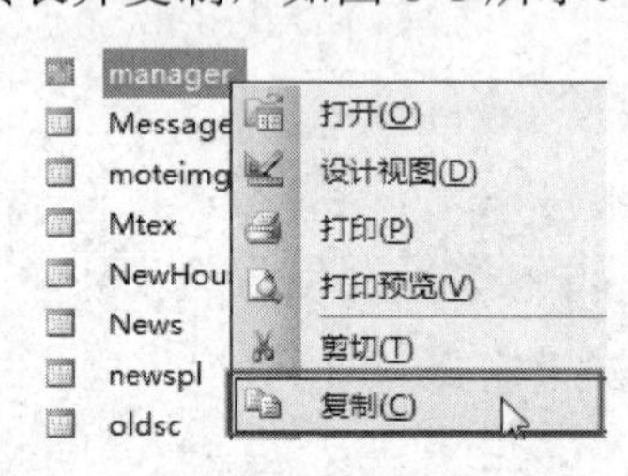

图 6-1　复制表

（2）到我们自己的数据库中进行粘贴，如图 6-2 所示。

（3）输入要粘贴的表名称，如图 6-3 所示。

（4）单击“确定”按钮完成表的粘贴。

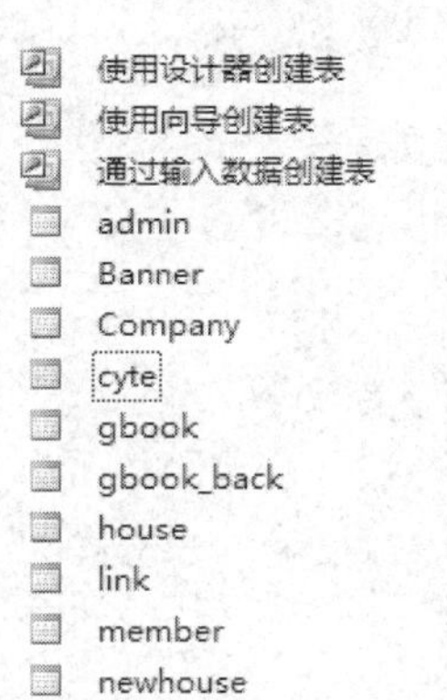

图 6-2　粘贴表

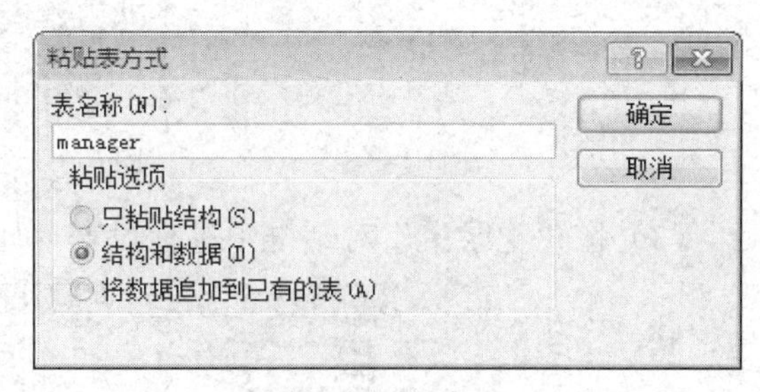

图 6-3　输入表名称

6.2 网站后台管理新闻版块区域的设计

6.2.1　新闻删除页面的制作

新闻删除页面是 news_del.asp，该页面的效果如图 6-4 所示。

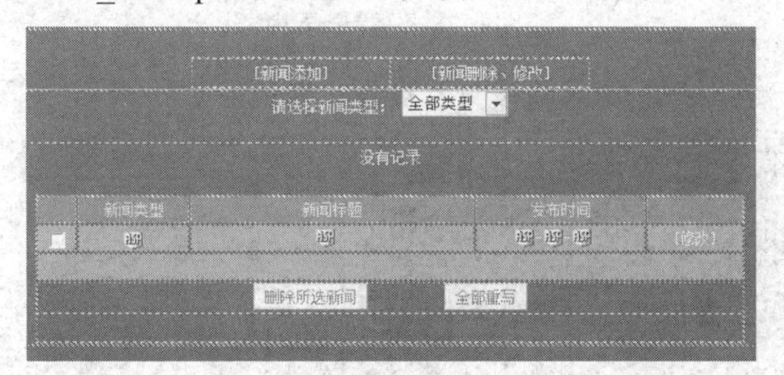

图 6-4　新闻删除页面的效果

制作步骤如下。

（1）将 news_del.htm 另存为网页，如图 6-5 所示。

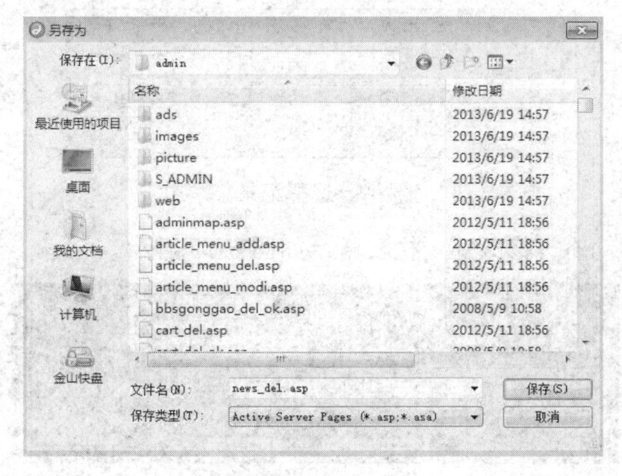

图 6-5　另存网页

（2）保存后，选择“绑定”|“记录集（查询）”，如图6-6所示。

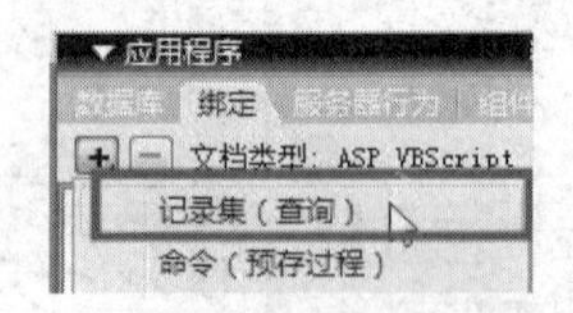

图6-6　选择记录集

（3）在“记录集”对话框中进行设置，如图6-7所示。

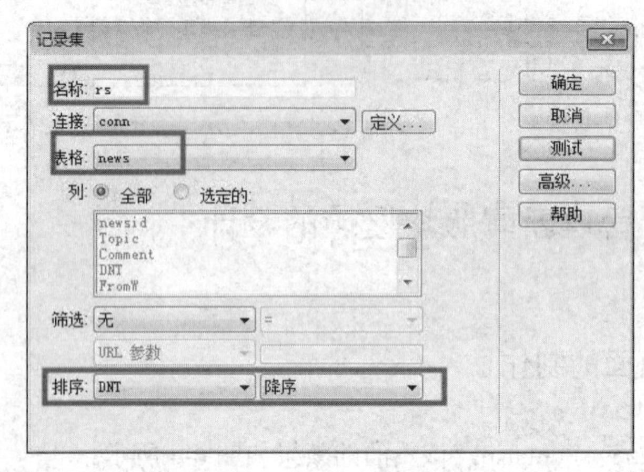

图6-7　设置记录集

（4）选择没有记录，并显示区域设置，如图6-8所示。

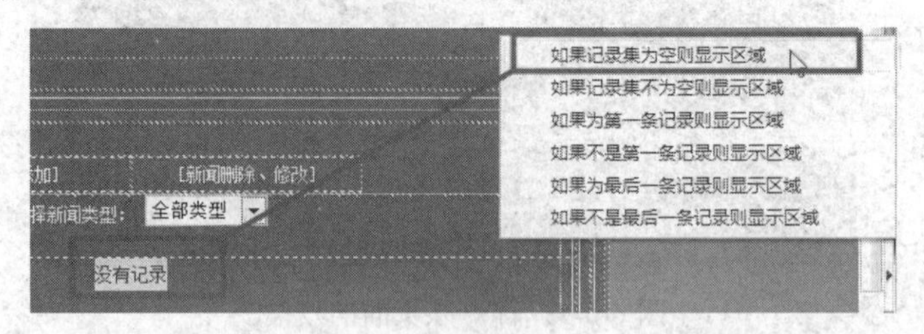

图6-8　记录集为空的显示

（5）弹出“如果记录集为空则显示区域”对话框，选择记录集，如图6-9所示。

图6-9　选择记录集

（6）选择“新闻动态”修改那一栏表格，如图6-10所示。

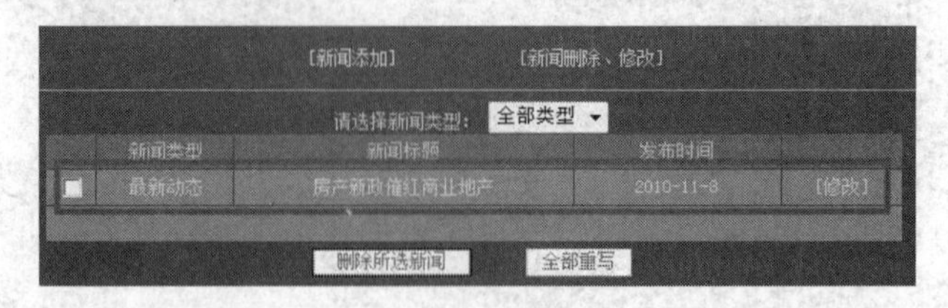

图6-10　选择表格

（7）选择“服务器行为”中的“重复区域”，出现如图 6-11 所示对话框，选择记录集“rs”，然后设置显示的记录数。

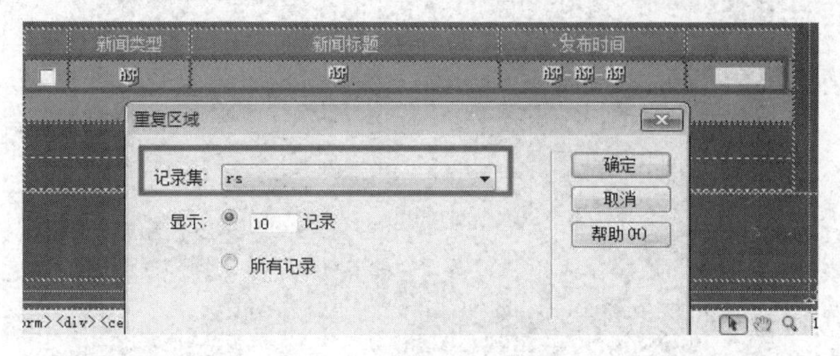

图 6-11　设置重复区域

（8）查看显示结果，如图 6-12 所示，可以看到是竖排显示的，不正确。

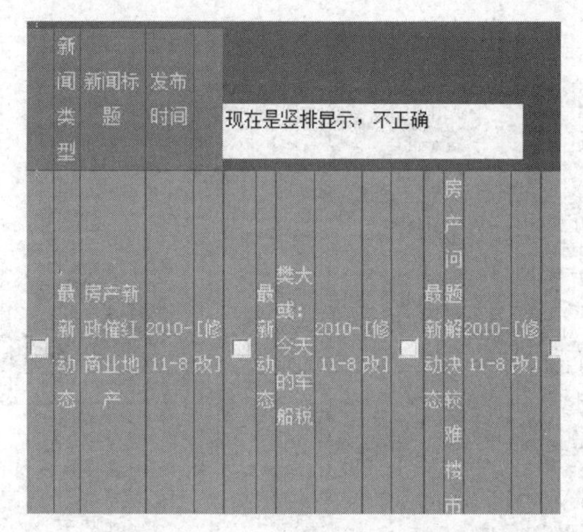

图 6-12　竖排显示、不正确

（9）调整一个重复区域的代码位置，将重复区域的代码移动到<tr>标签的外面，如图 6-13 所示。

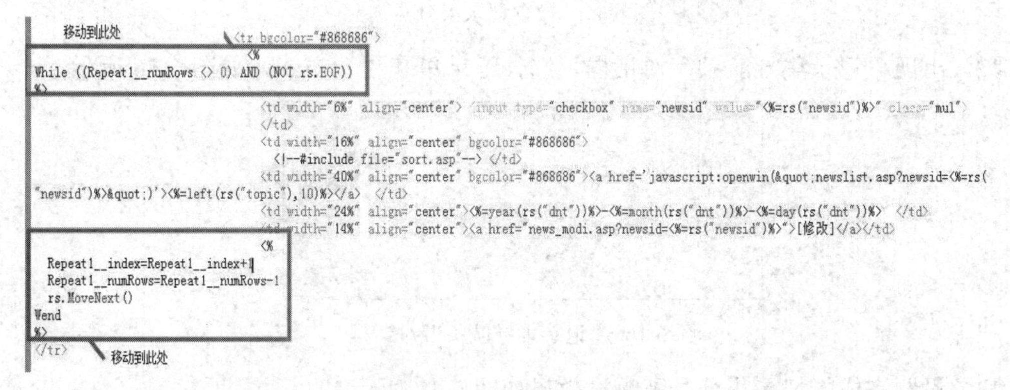

图 6-13　移动重复区域的代码

（10）再次浏览网页，查看效果，显示已经正常，如图 6-14 所示。

[新闻添加]　[新闻删除、修改]

请选择新闻类型：全部类型

	新闻类型	新闻标题	发布时间	
	最新动态	房产新政催红商业地产	2010-11-8	[修改]
	最新动态	燕大城：今天的车价权	2010-11-8	[修改]
	最新动态	房产问题解决牧难楼市	2010-11-8	[修改]
	最新动态	龙口国资重树大旗 引	2010-7-7	[修改]
	最新动态	为党旗增辉 为企业添	2010-7-7	[修改]
	最新动态	看开发商不如看建筑商	2010-3-10	[修改]
	最新动态	为什么要有中介？必须	2010-3-10	[修改]
	最新动态	力推“五个决不”教	2010-3-10	[修改]
	最新动态	市委组织部：讨论会不	2010-3-10	[修改]
	最新动态	市领导到苏溪指导“两	2010-3-10	[修改]

删除所选新闻　全部重写

图 6-14　重复区域正常显示

（11）设置记录集分页，如图 6-15 所示。

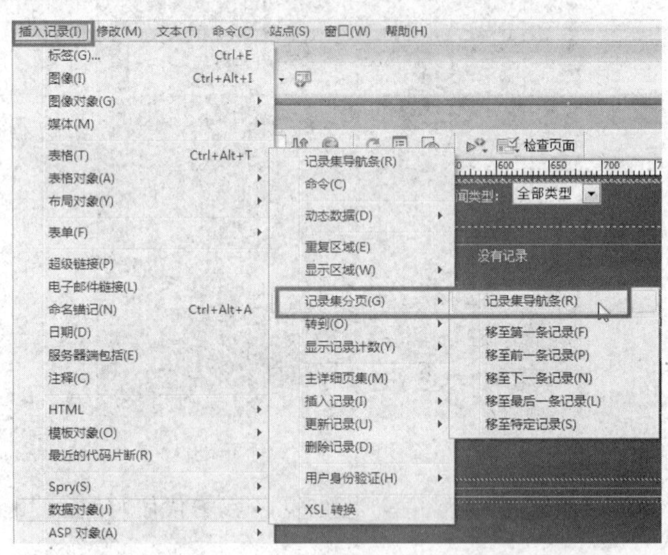

图 6-15　设置记录集分页

（12）出现“记录集导航条”对话框，选择记录集和显示方式，如图 6-16 所示。

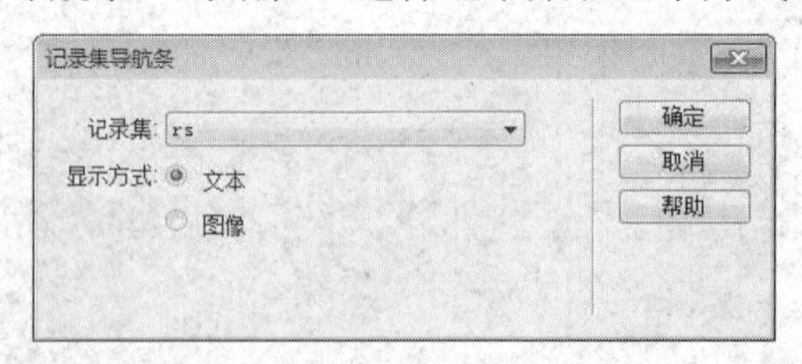

图 6-16 “记录集导航条”对话框

（13）设置完成的记录集分页及测试效果如图 6-17 所示。

图 6-17　记录集分页及测试效果

（14）news_del_ok.asp 是新闻删除的确认页面，要通过这个页面完成新闻的删除功能。将 news_del_ok.htm 另存为网页，如图 6-18 所示。

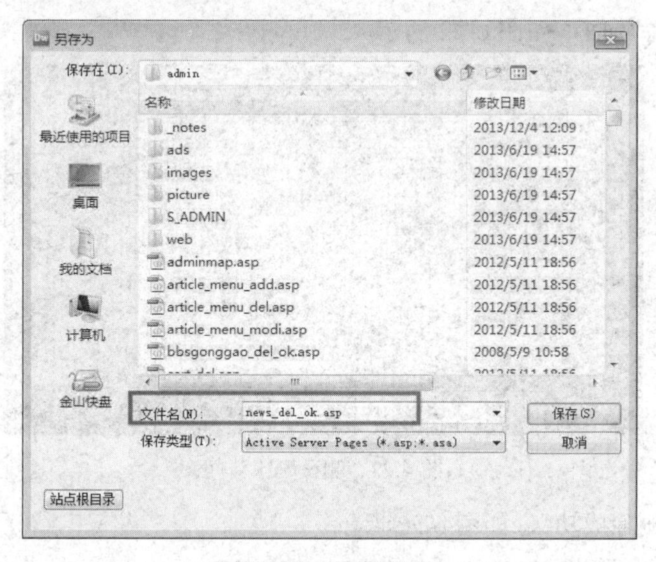

图 6-18　另存网页

（15）选择“服务器行为”|“命令”，如图 6-19 所示。

图 6-19　选择“服务器行为”|“命令”

（16）出现“命令”对话框，如图 6-20 所示。

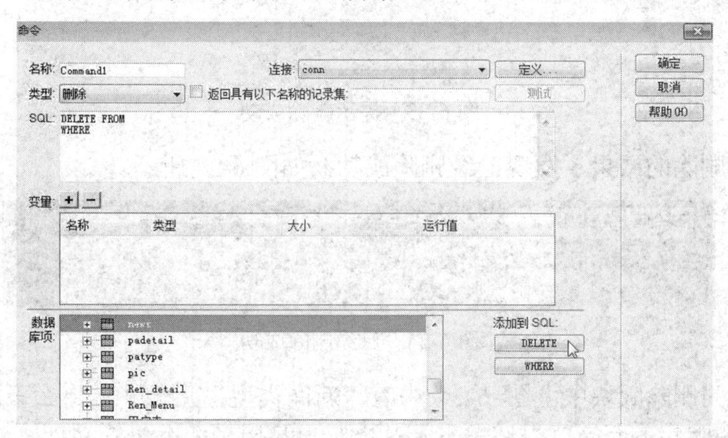

图 6-20　“命令”对话框

（17）修改 SQL 区域中的代码，如图 6-21 所示。

图 6-21　修改代码

该段代码的含义是新闻表中的 newsid 与请求表单中的 newsid 一样，即复选框选择哪一行新闻则删除哪一条新闻。

（18）测试删除新闻，如图 6-22 所示。

图 6-22　测试删除新闻

（19）提示“删除成功”，如图 6-23 所示。

删除成功！ 返回

图 6-23　提示删除成功

（20）查看删除的结果，发现已经删除成功，如图 6-24 所示。

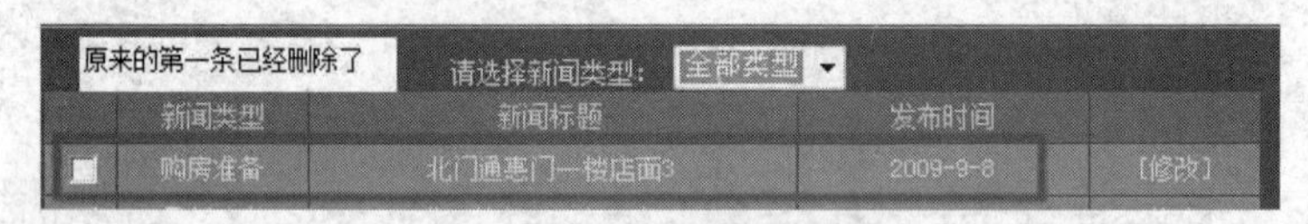

图 6-24　已经删除成功

（21）在新闻删除版块中，图 6-24 中有“新闻类型”几个字，那么下面显示的新闻类型是如何设计的呢？下面简单介绍一下，这实际上是用了一个包含文件。

就是这一行代码：

```
<!--#include file="sort.asp"--> </td>
```

其中的 sort.asp 页面实现的就是新闻类型的选择功能。

sort.asp 新闻类型页面的代码如下：

```
<%
            sortnum=trim(rs("sort"))
```

```
if sortnum="" then
sortnum=100
end if
select case sortnum
case 1
response.write "家居装饰"
case 2
response.write "时尚家居"
case 3
response.write "装修流行线"
case 4
response.write "建材市场"
case 5
response.write "家装指南"
case 6
response.write "我家故事"
case 7
response.write "家-风格"
case 8
response.write "政策法规"
case 9
response.write "购房准备"
case 10
response.write "挑选新房"
case 11
response.write "签定合同"
case 12
response.write "装修装饰"
case 13
response.write "家居物业"
case 14
response.write "最新动态"
case 15
response.write "签订合同"
case 16
response.write "物管专题"
case 17
response.write "房产办事指南"
case 18
response.write "土地交易公告"
```

```
case 19
response.write "主管单位通知"
case else
response.write "未知栏目"
end select
%>
```

//rs("sort ")是取出数据库里字段为 sort 的内容，trim()函数是把所取出的内容去掉左右空格

//select case sortnum 为当一个值有多种判断情况时可以使用，如 sortnum 为 1 时显示“家居装饰”，sortnum 为 2 时显示“时尚家居”

//response.write 输出的是文本数据

6.2.2 新闻增加页面的制作

news_add.asp 是新闻增加页面，其制作步骤如下。

（1）将 news_add.htm 页面另存为网页，如图 6-25 所示。

图 6-25 另存网页

（2）这个网页另存后，看一下里面有一个在线编辑器，如何调用呢？查看以下这段代码：

```
<IFRAME ID="eWebEditor" src="web/ewebeditor.asp?id=comment&style=s_coolblue" frameborder="0" scrolling="no" width="550" height="350"></IFRAME>
```

（3）web/ewebeditor.asp 文件是存在的，web 下面也有一些文件是同时存在的，没有则不能调用。

（4）选择“服务器行为”|“插入记录”，如图 6-26 所示。

（5）出现“插入记录”对话框，如图 6-27 所示。

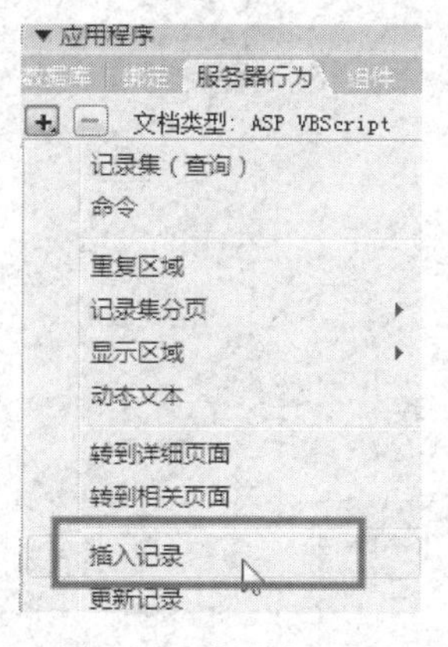

图 6-26　插入记录

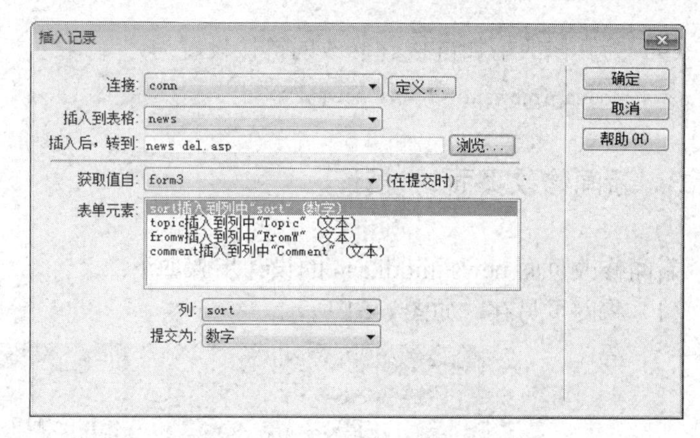

图 6-27　“插入记录”对话框

（6）执行插入记录后的网页如图 6-28 所示。

图 6-28　执行插入记录后的网页

（7）浏览测试一下网页，并在其中输入一些内容，如图 6-29 所示。

（8）增加的新闻如图 6-30 所示。

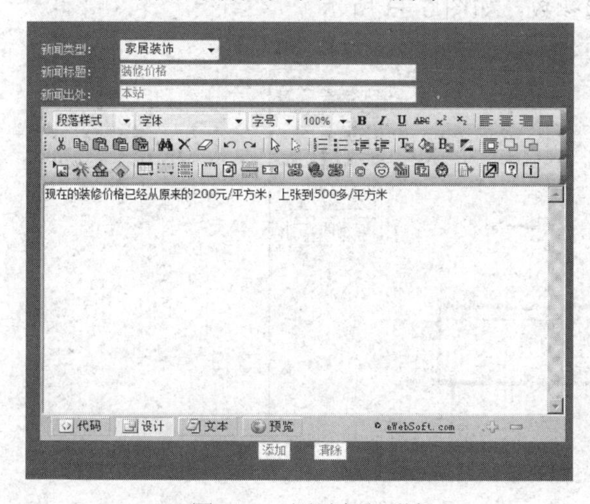

图 6-29　测试新闻增加

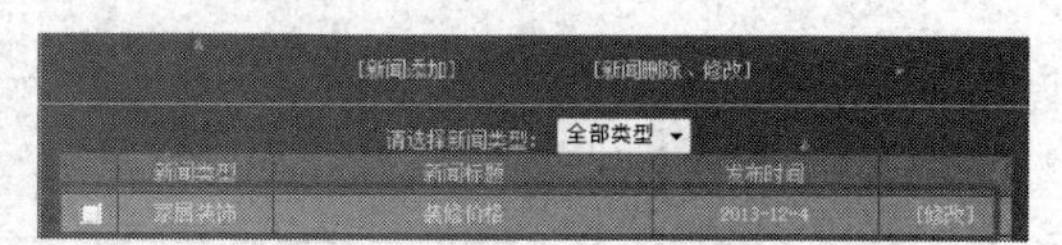

图 6-30　增加的新闻

（9）为其修改增加链接。修改的链接设置为：

```
news_modi.asp?newsid=<%=rs("newsid")%>
```

6.2.3 新闻修改页面的设计

新闻修改页面 news_modi.asp 的设计步骤如下：

（1）将网页另存，如图 6-31 所示。

图 6-31　另存网页

（2）选择“绑定”|“记录集”，如图 6-32 所示。

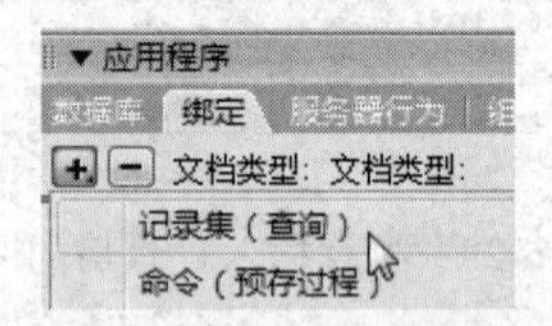

图 6-32　选择绑定记录集

（3）在“记录集”对话框中设置好筛选参数，如图 6-33 所示。

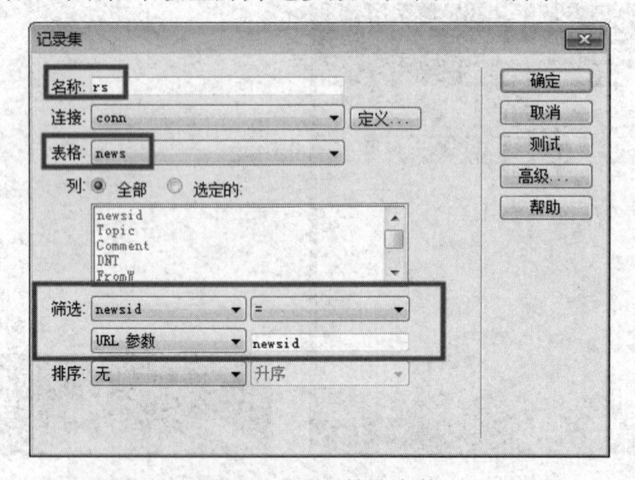

图 6-33　设置筛选参数

（4）选择“服务器行为”|“更新记录”，如图 6-34 所示。

（5）出现“更新记录”对话框，如图 6-35 所示。

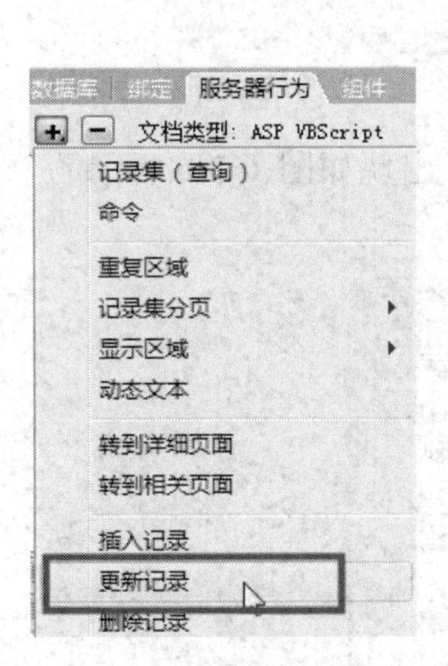

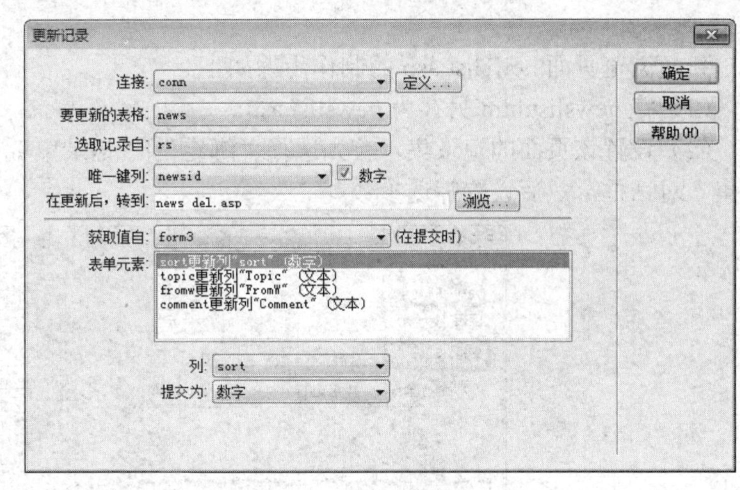

图 6-34 更新记录　　　　图 6-35 “更新记录”对话框

（6）修改图 6-36 中所示的内容。

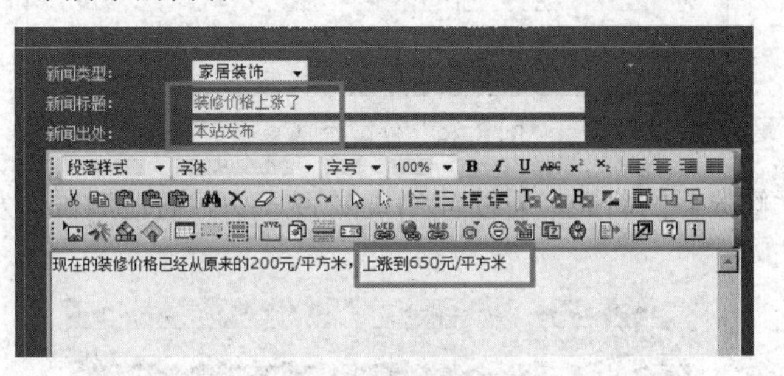

图 6-36 修改内容

（7）测试修改出现错误，如图 6-37 所示。找到后删除就可以了。

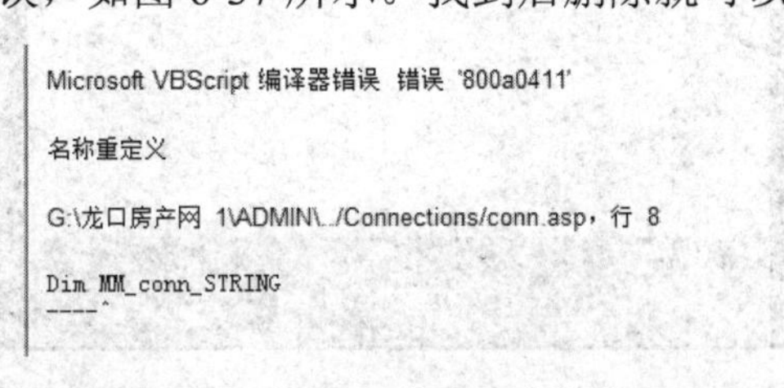
Microsoft VBScript 编译器错误 错误 '800a0411'

名称重定义

G:\龙口房产网 1\ADMIN\../Connections/conn.asp，行 8

Dim MM_conn_STRING
----^

图 6-37 出现名称重定义的错误

（8）回到新闻版块的首页，看见的是“装修价格上涨了”这个标题，说明修改成功了，如图 6-38 所示。

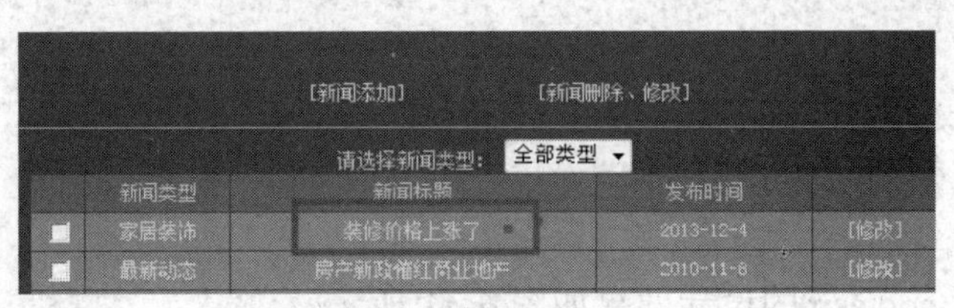

图 6-38 修改成功

6.2.4 新闻浏览页面的制作

新闻浏览页面 newslist.asp 的制作步骤如下。

（1）将 newslist.htm 另存为 newslist.asp。

（2）设置该页面的记录集，首先选择“绑定”|“记录集”，出现如图 6-39 所示的“记录集”对话框，然后设置筛选参数。

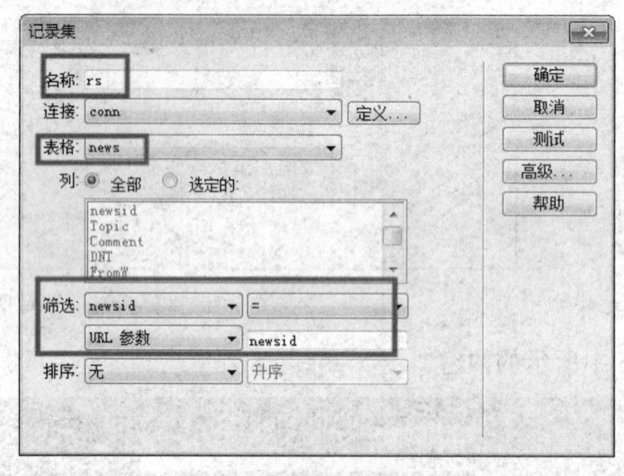

图 6-39 设置筛选参数

（3）测试刚才修改后的新闻，看新闻浏览是否成功。通过测试，发现已经成功了，如图 6-40 所示。

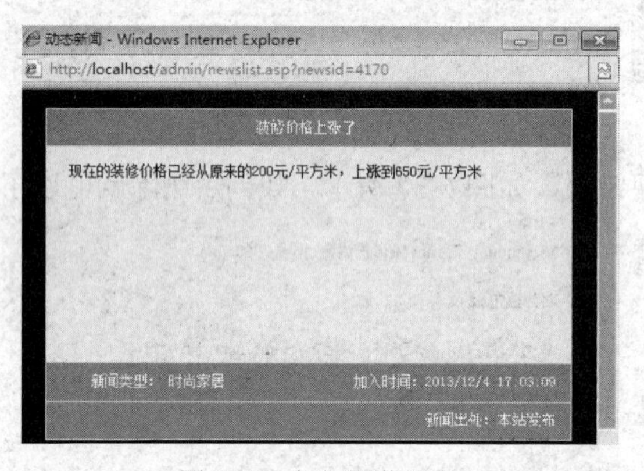

图 6-40 新闻浏览页面

6.3 区域管理页面的制作

6.3.1 增加区域管理页面的制作

（1）网页 logo_add.asp 的设计效果如图 6-41 所示。

图 6-41　网页设计效果

（2）另存网页为 logo_add.asp，如图 6-42 所示。

图 6-42　另存网页

（3）选择“服务器行为”|“插入记录”，如图 6-43 所示。

（4）在“插入记录”对话框中完成如图 6-44 所示的设置。

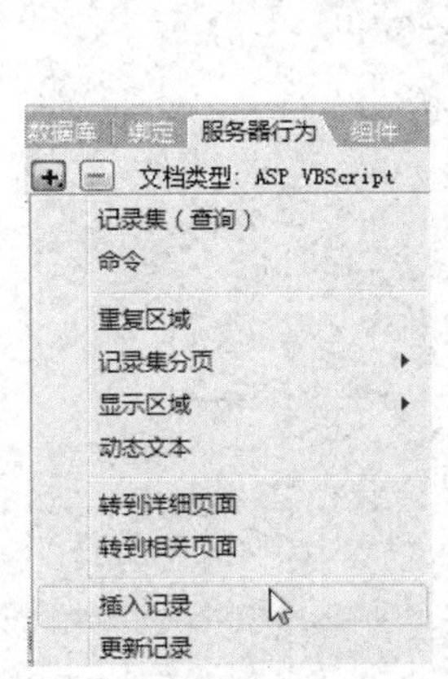

图 6-43　插入记录

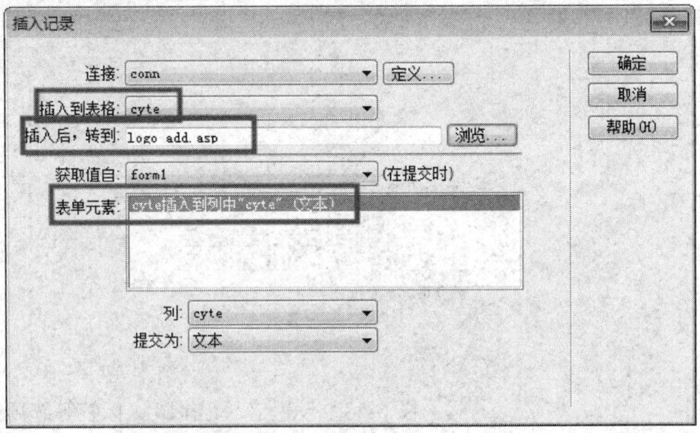

图 6-44　设置插入记录的行为

（5）选择“绑定”|“记录集（查询）”，如图 6-45 所示。

图 6-45　选择记录集

（6）在“记录集”对话框中选择好表格，如图 6-46 所示。

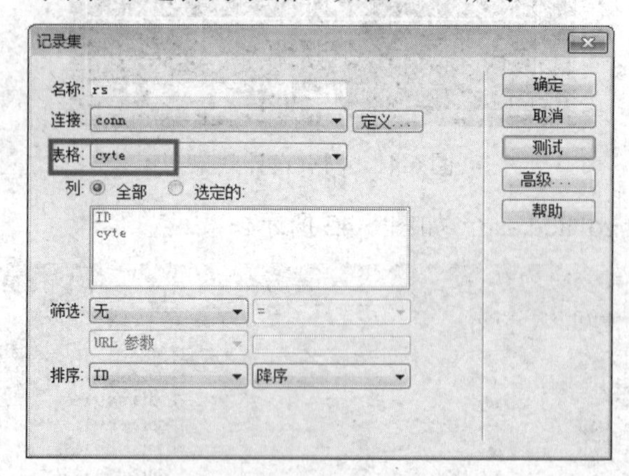

图 6-46　选择表格

（7）单击“动态”按钮，设置已经添加地区的下拉列表属性，如图 6-47 所示。

图 6-47　单击“动态”按钮

（8）在图 6-48 中设置值、记录集、标签等选项。

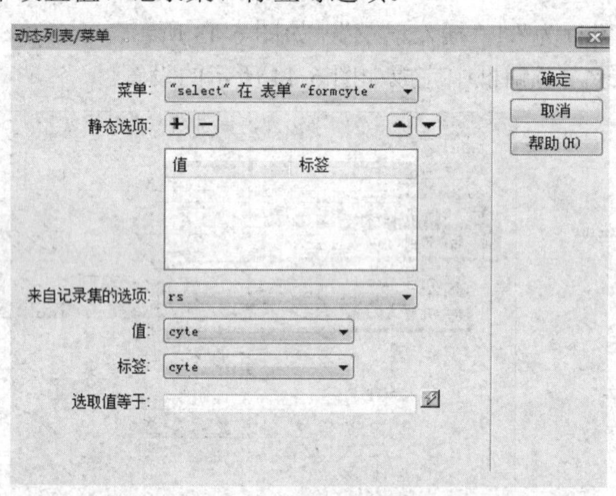

图 6-48　设置值、记录集、标签等选项

（9）完成的表格区域如图 6-49 所示。

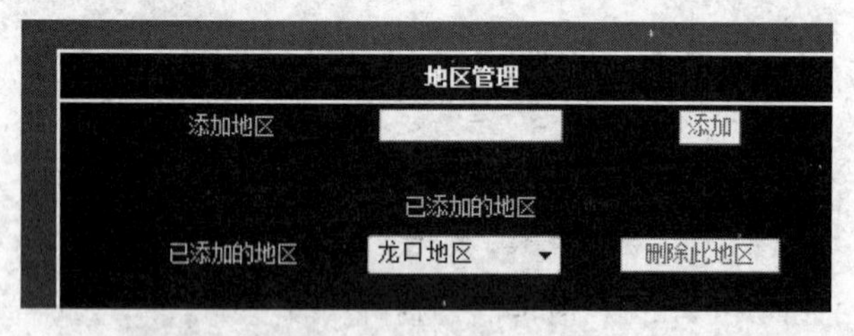

图 6-49　完成的表格区域

（10）测试一下，在“添加地区”后面的文本框中添加一个地区，然后可以在“已添加的地区”后面的列表中显示出来，如图 6-50 所示。

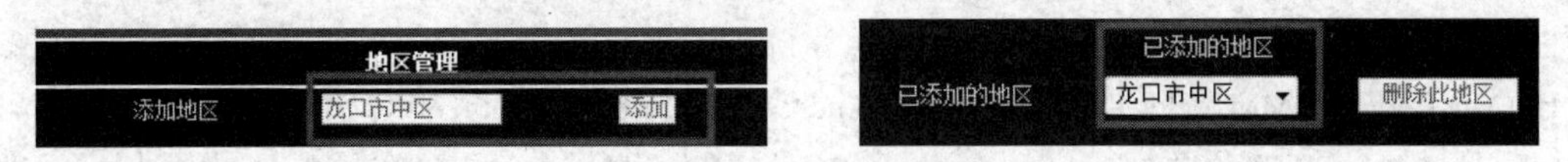

图 6-50　测试添加地区

6.3.2　删除区域管理页面的制作

（1）修改列表菜单的属性：

```
<select name="id" id="id">
```

（2）选择“服务器行为”|“删除记录”，如图 6-51 所示。

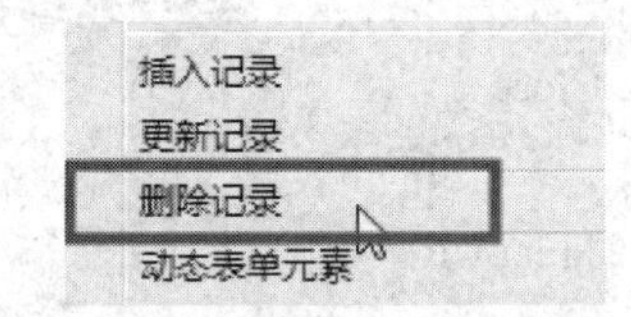

图 6-51　选择“删除记录”

（3）在“删除记录”对话框中，进行如图 6-52 所示的设置。

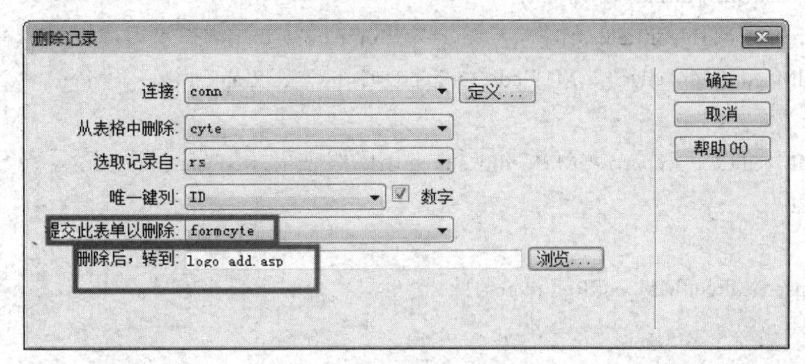

图 6-52　设置参数

（4）单击“确定”按钮后，出现错误提示，如图 6-53 所示。

Microsoft VBScript 编译器错误　错误 '800a0411'

名称重定义

/admin/Logo_Add.Asp，行 57

```
Dim MM_editRedirectUrl
----^
```

图 6-53　出现错误提示

（5）修改错误，找到删除记录行为代码中的 MM_editRedirectUrl，更改为 MM_editRedirectUrl1。代码如下：

```
<%
' *** Delete Record: construct a sql delete statement and execute it

If (CStr(Request("MM_delete")) = "formcyte" And CStr(Request("MM_recordId")) <> "") Then

  If (Not MM_abortEdit) Then
    ' execute the delete
    Set MM_editCmd = Server.CreateObject ("ADODB.Command")
    MM_editCmd.ActiveConnection = MM_conn_STRING
    MM_editCmd.CommandText = "DELETE FROM cyte WHERE ID = ?"
    MM_editCmd.Parameters.Append MM_editCmd.CreateParameter("param1", 5, 1, -1, Request.Form
("MM_recordId")) ' adDouble
    MM_editCmd.Execute
    MM_editCmd.ActiveConnection.Close

    ' append the query string to the redirect URL
    Dim MM_editRedirectUrl1
    MM_editRedirectUrl1 = "logo_add.asp"
    If (Request.QueryString <> "") Then
      If (InStr(1, MM_editRedirectUrl1, "?", vbTextCompare) = 0) Then
        MM_editRedirectUrl1 = MM_editRedirectUrl1 & "?" & Request.QueryString
      Else
        MM_editRedirectUrl1 = MM_editRedirectUrl1 & "&" & Request.QueryString
      End If
    End If
    Response.Redirect(MM_editRedirectUrl1)
  End If

End If
%>
```

（6）测试删除功能，看一下，“已添加的地区”中有一个“11”，找到“11”，单击“删除”按钮，然后看到删除成功，如图 6-54 所示。

图 6-54 测试删除功能

（7）地区“11”已经删除，说明页面制作成功。

6.4 条幅图片管理

条幅图片管理页面的制作步骤省略，只看一下页面的测试效果，如图 6-55～图 6-58 所示。

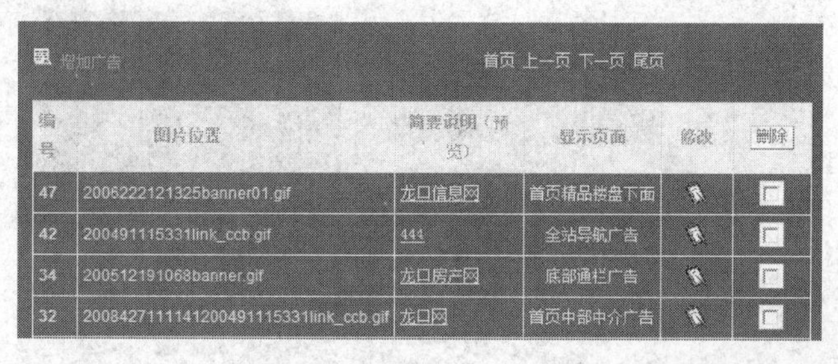

图 6-55　广告列表页面

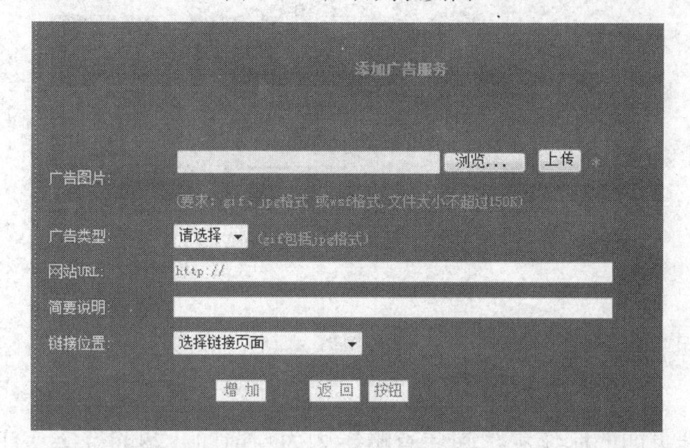

图 6-56　添加广告页面

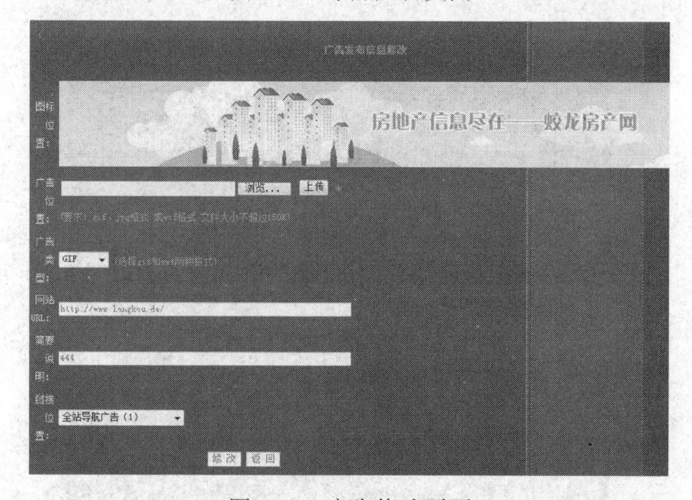

图 6-57　广告修改页面

图 6-58　广告删除页面

6.5 图片管理

图片管理页面的效果如图 6-59 所示。

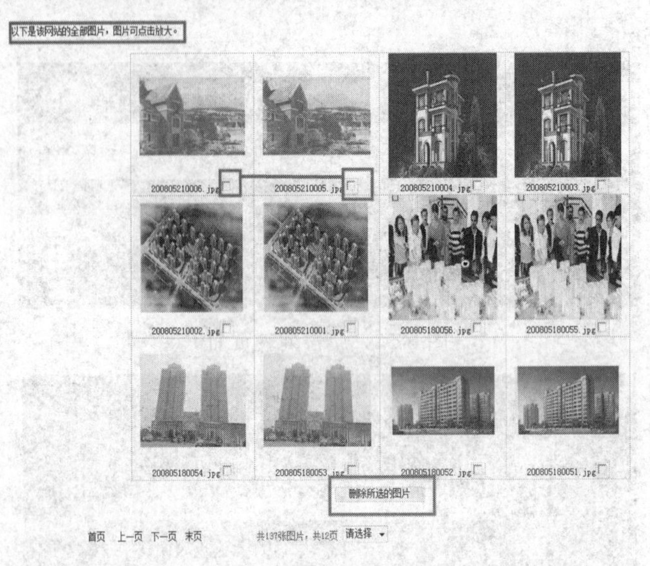

图 6-59 图片管理页面的效果

6.6 楼盘展示管理

楼盘展示管理页面的制作步骤同样省略，因为与前面介绍的方法一样，页面测试效果如图 6-60～图 6-63 所示。

图 6-60 楼盘展示管理的列表页面

楼盘添加

楼盘名称：	欧景名城 ★		
位 置 图：	[上传图片]		
小区环境：	[上传图片]		
室类实景：	[上传图片]		
户 型 图：	[上传图片]		
楼盘小图：	200805210003.jpg [上传图片]		
楼盘大图：	200805210004.jpg [上传图片]		
开 发 商：	万厦		
所在区域：	龙口地区 ★	建筑面积：	266 M^2
起　价：	5600 元/M^2	均　价：	8600 元/M^2
详细地址：			
户型：			
公交路线：			
售楼地址：	宾王路43号 ★	售楼热线：	85540023 ★
联 系 人：	楼小姐 ★	传　真：	
E-Mail：			
网　址：			
交通状况：			
楼盘简介：	25楼西边套		

修改　重置

图 6-61　楼盘展示的修改页面

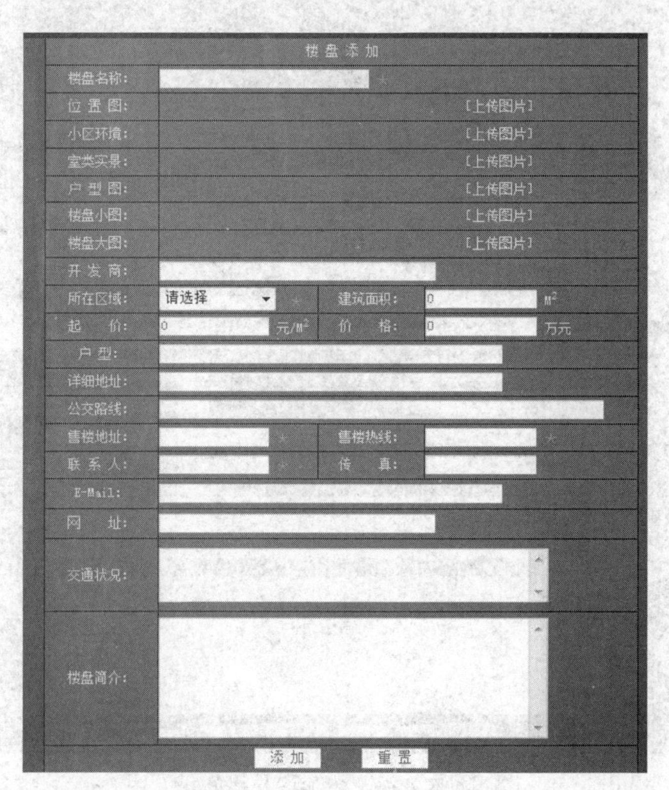

图 6-62　楼盘展示的添加页面

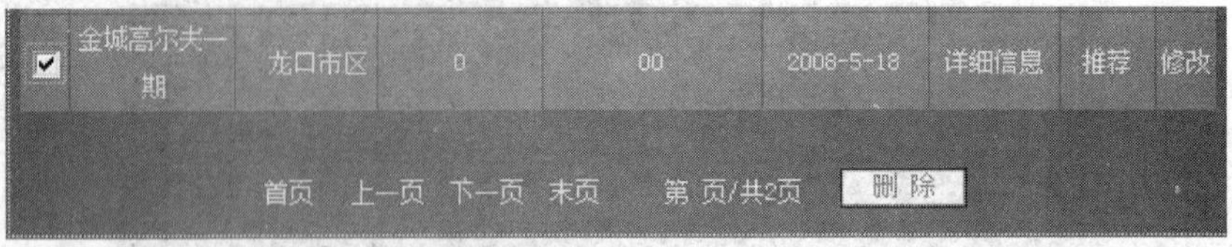

☑	金城高尔夫一期	龙口市区	0	00	2008-5-18	详细信息	推荐	修改

首页 上一页 下一页 末页 第 页/共2页 删 除

图 6-63 楼盘展示的删除页面

6.7 推荐楼盘管理

推荐楼盘的页面制作效果及测试如图 6-64～图 6-67 所示。

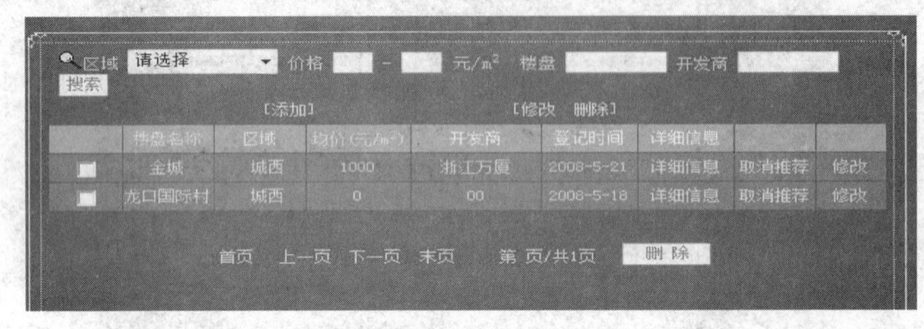

图 6-64 推荐楼盘的列表

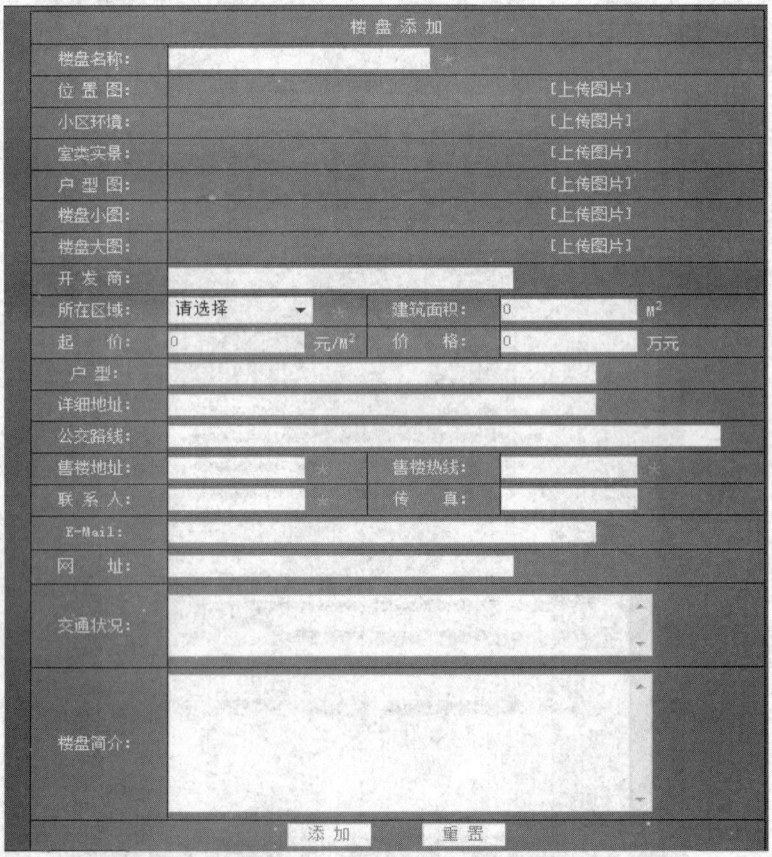

楼 盘 添 加

楼盘名称： ☆

位 置 图： [上传图片]

小区环境： [上传图片]

室类实景： [上传图片]

户 型 图： [上传图片]

楼盘小图： [上传图片]

楼盘大图： [上传图片]

开 发 商：

所在区域： 请选择 ☆ 建筑面积： 0 M²

起 价： 0 元/M² 价 格： 0 万元

户 型：

详细地址：

公交路线：

售楼地址： ☆ 售楼热线： ☆

联 系 人： ☆ 传 真：

E-Mail：

网 址：

交通状况：

楼盘简介：

添 加 重 置

图 6-65 添加推荐楼盘

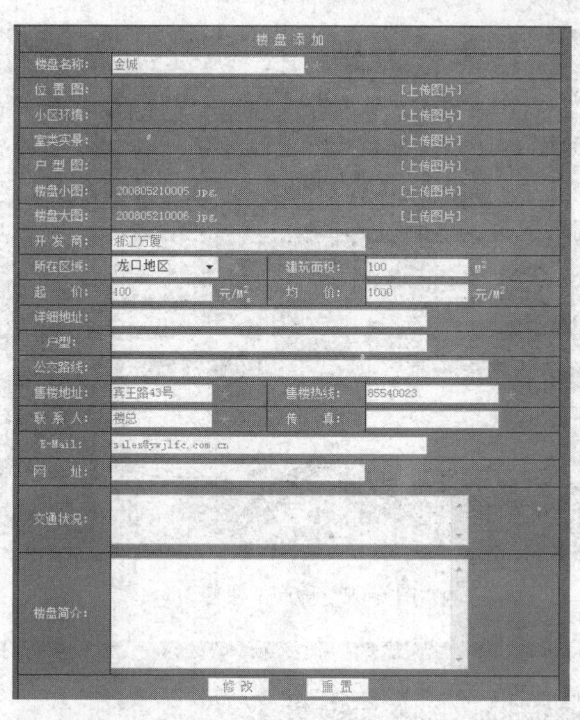

图 6-66 修改推荐楼盘

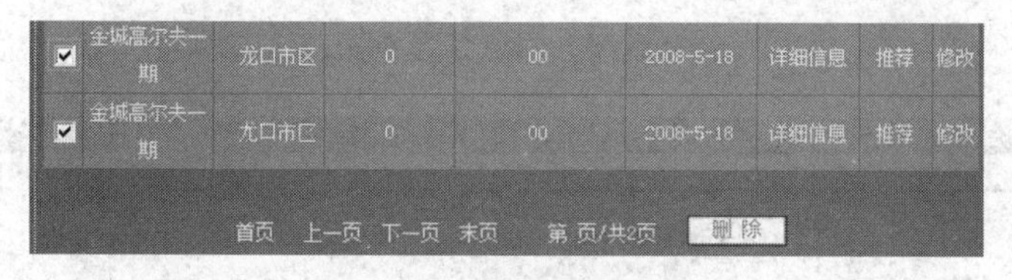

图 6-67 删除推荐楼盘

6.8 房产信息管理

房产信息管理页面的制作效果及测试如图 6-68～图 6-71 所示，具体的制作过程同样没有多讲，与前面介绍的新闻版块制作方法相同。

图 6-68 房产信息列表

类别 请选择 区域 请选择 类型 请选择 地段 搜索
信息类别： 出租
有效期： 一个月
方 位： 龙口地区
小区或地段： 龙口
总层次： 16层
所在层次： 10层
房产类型： 三室户
面 积： 70 m²
装潢标准： 高档装修
装潢价： 70 元(可不填)
始建于： 2003 左右(例：1998.5)
交易价格： 1200 元
备 注： 房屋价优
修改

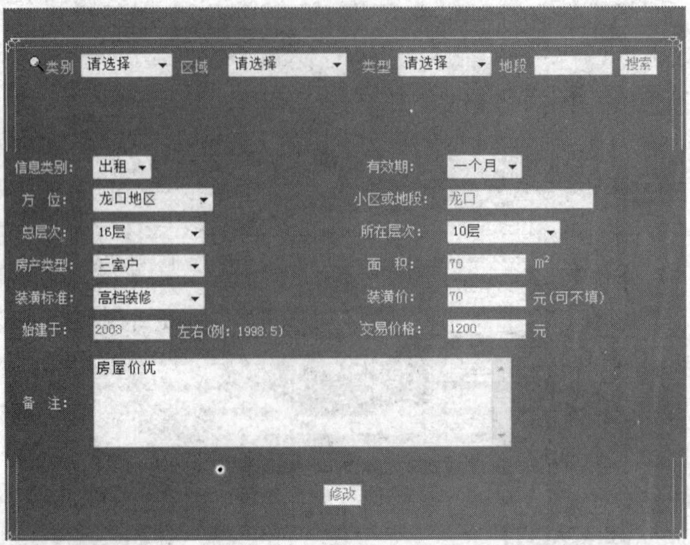

图 6-69 房产信息修改

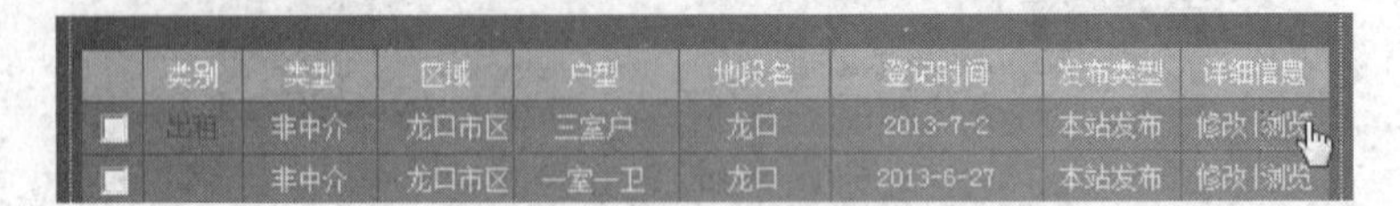

类别 类型 区域 户型 地段名 登记时间 发布类型 详细信息
出租 非中介 龙口市区 三室户 龙口 2013-7-2 本站发布 修改|浏览
非中介 龙口市区 一室一卫 龙口 2013-6-27 本站发布 修改|浏览

图 6-70 房产信息浏览

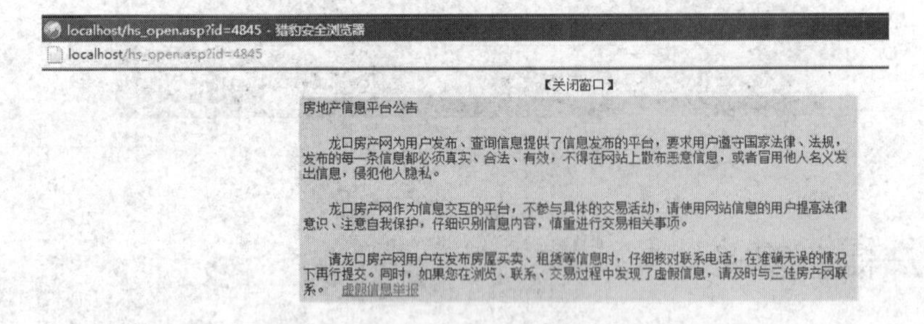

localhost/hs_open.asp?id=4845 - 猎豹安全浏览器
localhost/hs_open.asp?id=4845
【关闭窗口】
房地产信息平台公告
龙口房产网为用户发布、查询信息提供了信息发布的平台，要求用户遵守国家法律、法规，发布的每一条信息都必须真实、合法、有效，不得在网站上散布恶意信息，或者冒用他人名义发出信息，侵犯他人隐私。
龙口房产网作为信息交互的平台，不参与具体的交易活动，请使用网站信息的用户提高法律意识、注意自我保护，仔细识别信息内容，慎重进行交易相关事项。
请龙口房产网用户在发布房屋买卖、租赁等信息时，仔细核对联系电话，在准确无误的情况下再行提交。同时，如果您在浏览、联系、交易过程中发现了虚假信息，请及时与三佳房产网联系。 虚假信息举报

图 6-71 浏览的结果

6.9 在线调查管理

在线调查管理的页面效果及测试如图 6-72～图 6-78 所示。

[调查一级目录添加] [调查一级目录删除] [调查二级目录添加] [调查二级目录删除]
网上调查一级目录添加
标题：
添加 重写

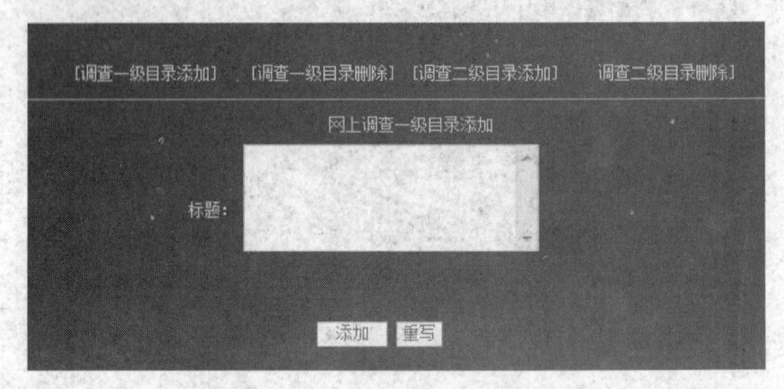

图 6-72 添加调查一级目录

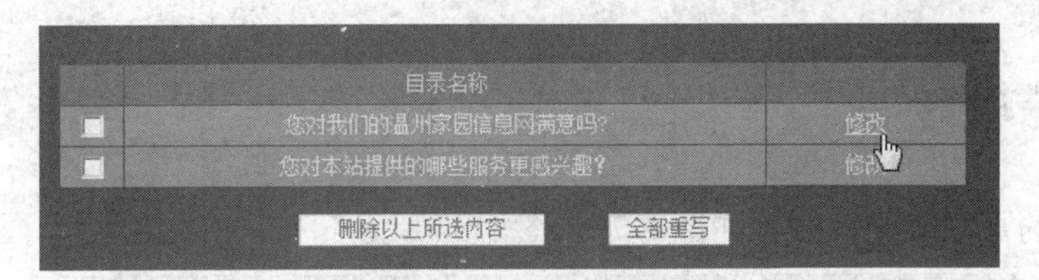

图 6-73　修改目录

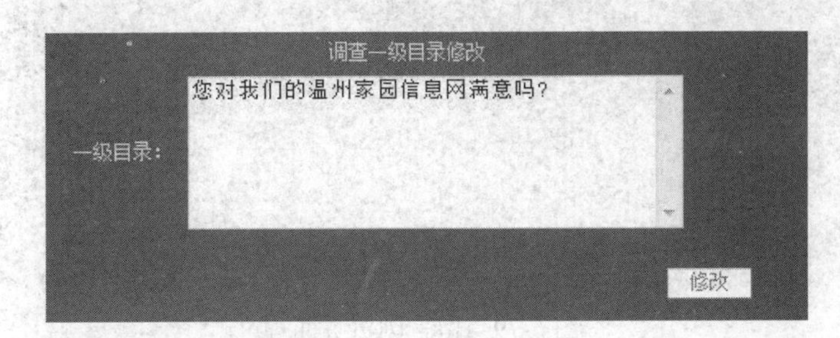

图 6-74　修改一级目录测试

图 6-75　删除测试

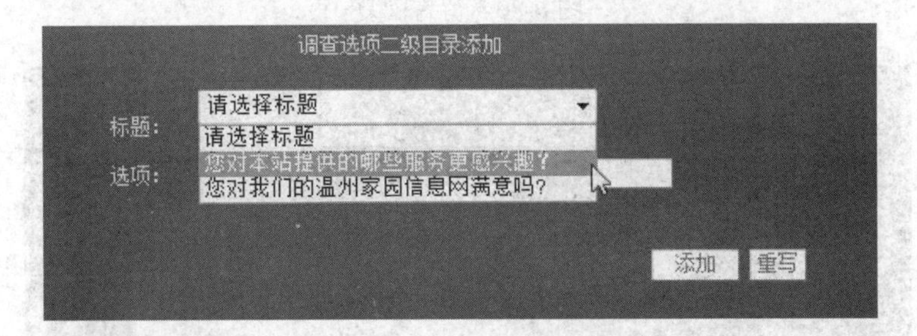

图 6-76　二级目录的添加

图 6-77　删除二级信息和修改信息

图 6-78　修改测试

6.10 留言管理

留言管理的页面效果及测试如图 6-79～图 6-82 所示。

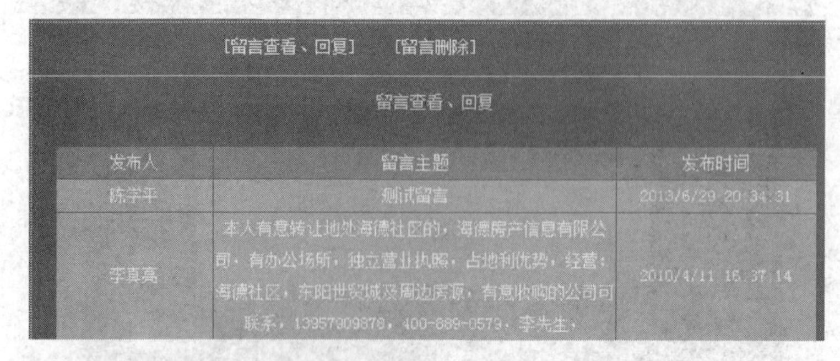

图 6-79　留言浏览页面

图 6-80　留言回复

图 6-81　测试留言回复

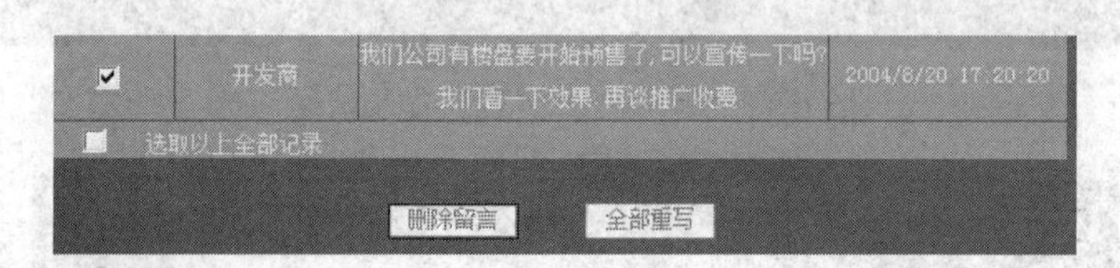

图 6-82　删除留言

6.11 会员管理

会员管理的页面效果及测试如图 6-83～图 6-86 所示。

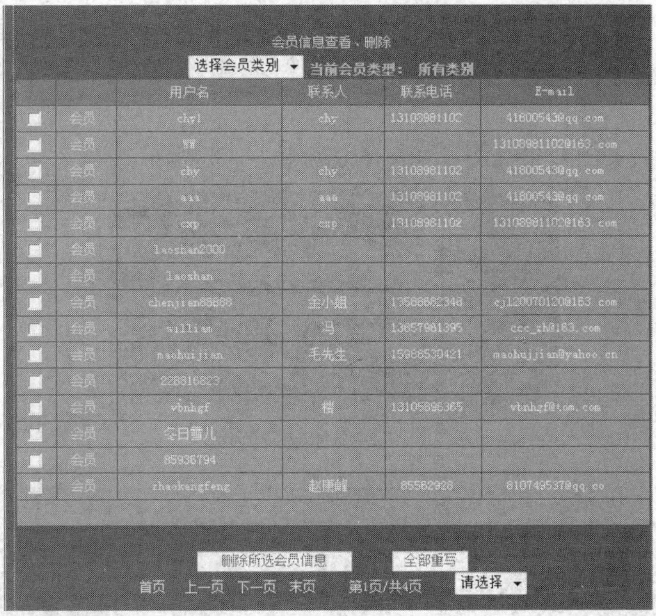

会员信息查看、删除

选择会员类别　当前会员类型：　所有类别

		用户名	联系人	联系电话	E-mail
☐	会员	chyl	chy	13108981102	418005430qq.com
☐	会员	WW			13108981102@163.com
☐	会员	chy	chy	13108981102	418005430qq.com
☐	会员	aaa	aaa	13108981102	418005430qq.com
☐	会员	cxp	cxp	13108981102	13108981102@163.com
☐	会员	laoshan2000			
☐	会员	laoshan			
☐	会员	chenjian88888	金小姐	13588682348	cj120070120@163.com
☐	会员	william	冯	13857981395	ccc_zh@163.com
☐	会员	maohuijian	毛先生	15988530421	maohujjian@yahoo.cn
☐	会员	228816823			
☐	会员	vbnhgf	楷	13105896365	vbnhgf@tom.com
☐	会员	今日雪儿			
☐	会员	85936794			
☐	会员	zhaokangfeng	赵康峰	85562928	810749537@qq.co

删除所选会员信息　全部重写

首页　上一页　下一页　末页　第1页/共4页　请选择

图 6-83　会员列表

☐	会员	cxp	cxp	13108981102	13108981102@163.com
☐	会员	laoshan2000			

图 6-84　查看会员

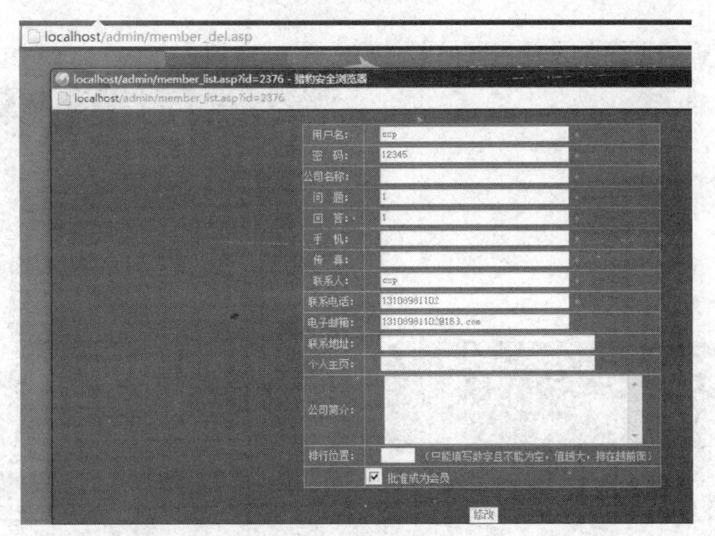

图 6-85　会员修改

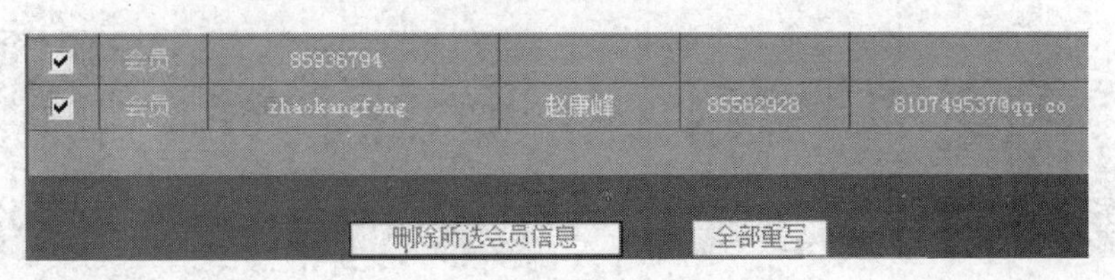

图 6-86　会员删除

6.12 友情链接管理

友情链接管理的页面效果及测试如图6-87和图6-88所示。

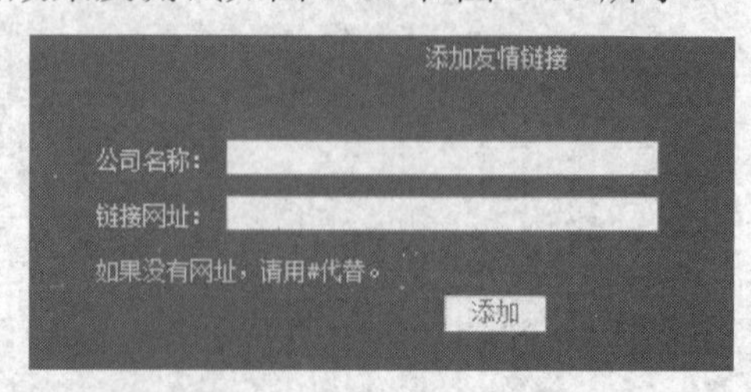

图6-87　添加友情链接

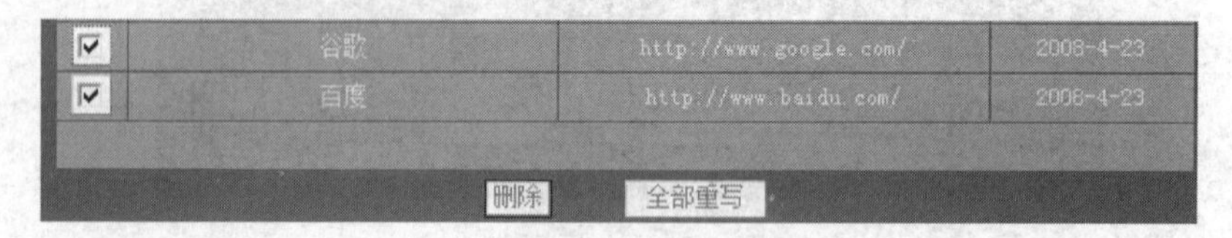

图6-88　删除友情链接

6.13 人物风彩管理

人物风彩管理的页面效果及测试如图6-89～图6-95所示。

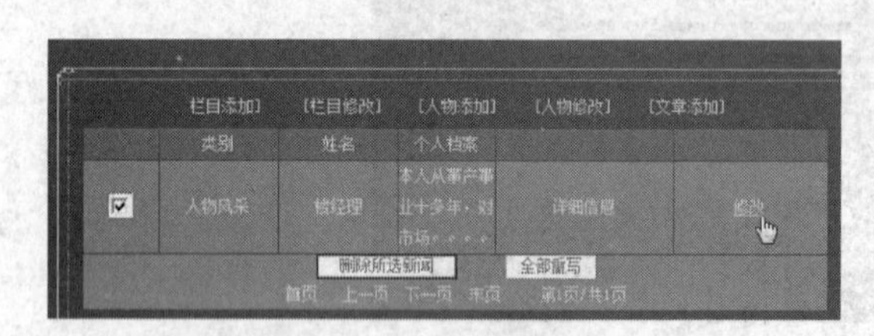

图6-89　人物风彩页面列表

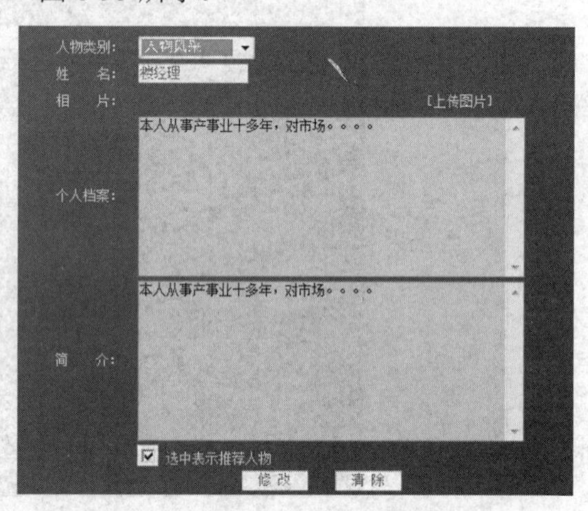

图6-90　修改人物介绍

图6-91　添加栏目名称

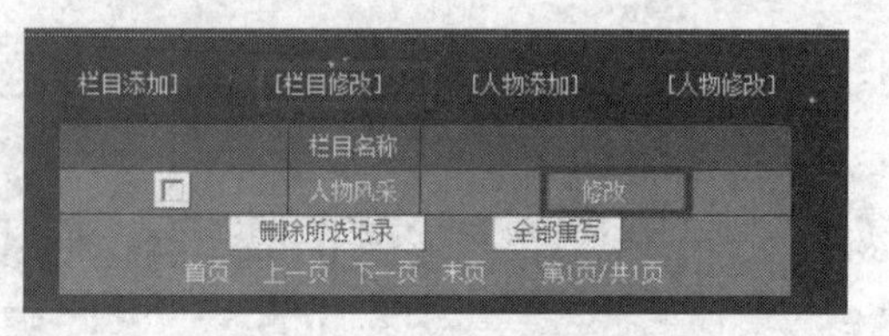

图6-92　修改链接测试

图 6-93　添加人物

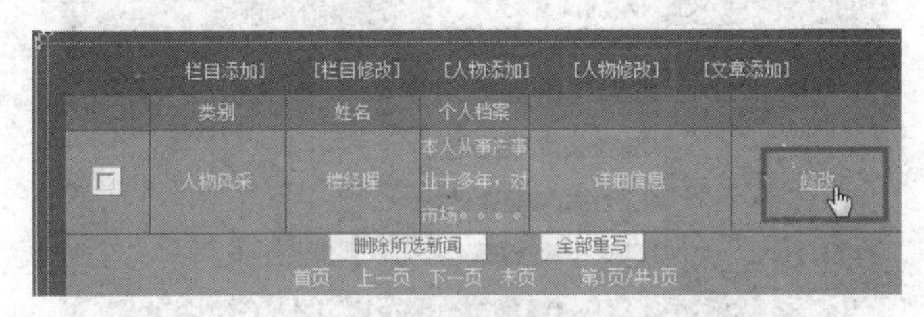

图 6-94　修改人物介绍

图 6-95　添加文章内容

6.14　人才招聘管理

人才招聘管理页面的效果及测试如图 6-96～图 6-101 所示。

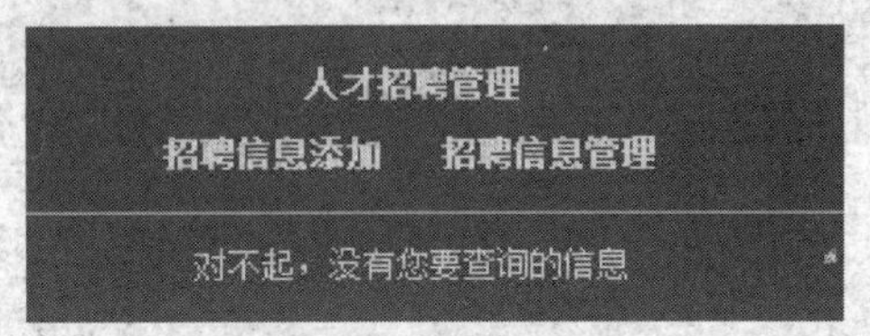

图 6-96　没有招聘信息

招聘对象
招聘人数
招聘公司
联 系 人
联系电话
工作地点
工资待遇
有效期限
招聘要求
提交
重置

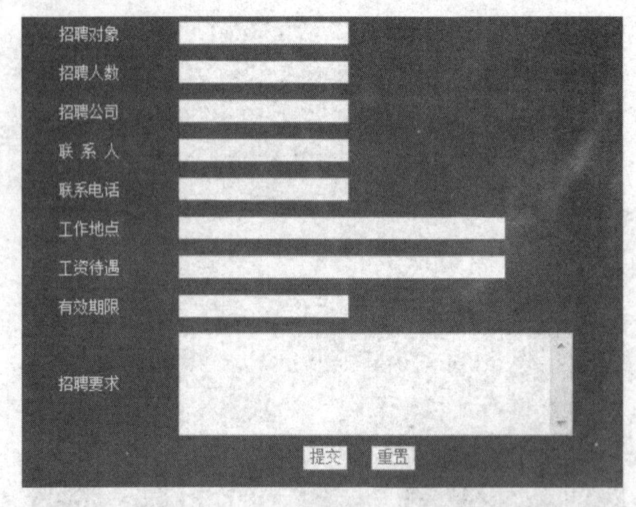

图 6-97　添加招聘信息

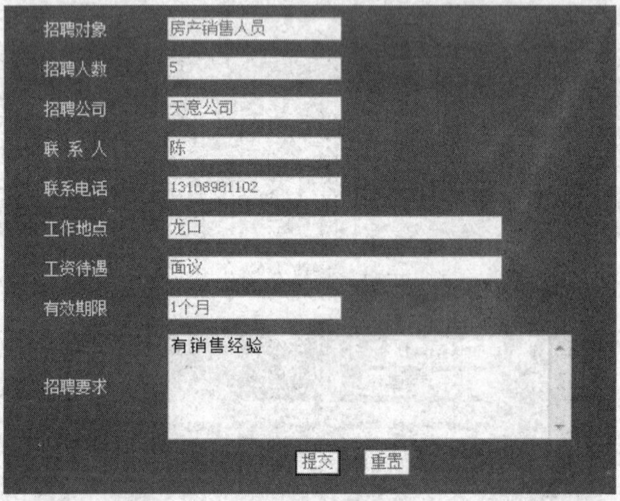

招聘对象
房产销售人员
招聘人数
5
招聘公司
天意公司
联 系 人
陈
联系电话
13108981102
工作地点
龙口
工资待遇
面议
有效期限
1个月
招聘要求
有销售经验
提交
重置

图 6-98　添加招聘测试

来自网页的消息
你的信息添加成功，请继续添加！
确定

图 6-99　提示信息添加成功

人才招聘管理
招聘信息添加　招聘信息管理
ID
信息标题
信息发布日期
删除
1
房产销售人员
2013/12/3
共1页 第1页 共检索到1条信息
【最前页】【上一页】【下一页】【最后页】

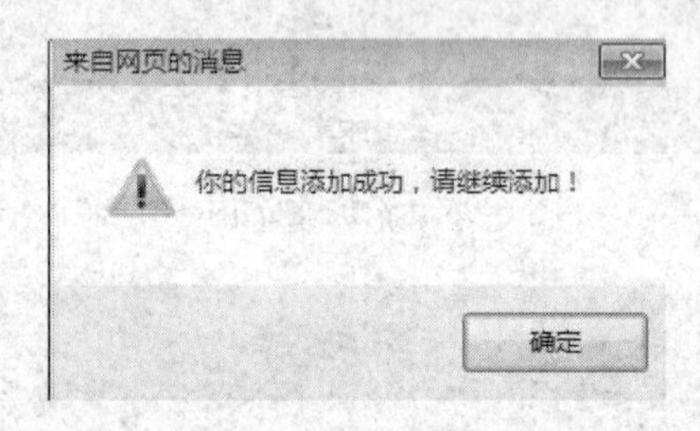

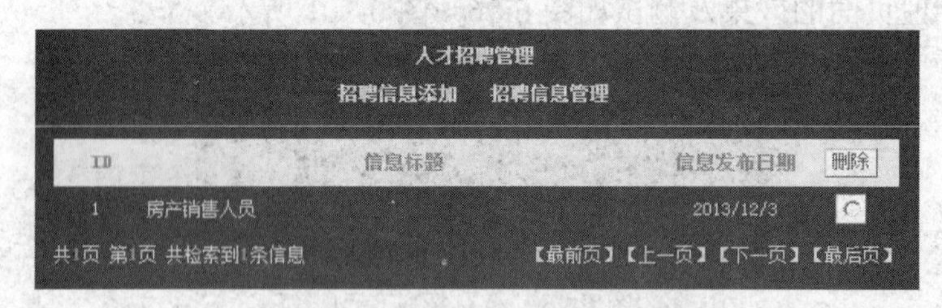

图 6-100　招聘管理列表中出现信息

localhost/house/job.asp?ID=1

您现在的位置>>人才招聘

招聘对象	房产销售人员
招聘人数	5
招聘单位	天意公司
联系人	陈
联系电话	13108981102
工作地点	龙口
工资待遇	面议
发布时间	2013/12/3
有效期限	1个月
招聘要求	有销售经验

图 6-101　查看招聘信息

本章小结

本章主要讲述网站后台管理的相关知识。知识点如下：

（1）网站建设的后台数据库设计技术。本章是通过复制、粘贴来完成的，如果读者自己第一次设计数据表，则需要逐个设计字段名称和选择数据类型，方法与前面相关章节介绍的一样。

（2）新闻版块中的新闻增加页面的制作，主要是应用了插入记录的服务器行为。

（3）新闻删除页面的制作，主要是应用了服务器行为中的命令行为，要注意修改删除的语句。

（4）新闻浏览页面的制作，主要是应用到记录集的筛选，要传送上一个页面的参数。

（5）区域管理版块中的增加地区页面的制作，主要是应用了插入记录的方法。

（6）地区删除页面的制作，主要是应用了删除记录的服务器行为。在本书中第一次提到了重复行为，用到了参数重新命名，然后即可实现删除行为。

（7）介绍了其他版块的测试效果，具体的制作方法与前面介绍的相同。

思考与练习

1．完成后台管理数据库的设计。

2．完成新闻版块的设计。

3．完成区域管理版块的设计。

4．完成后台管理中没有详细介绍的其他版块的设计，均要上机操作，并写出制作的详细步骤，整理成 Word 文档。

第7章

网站发布

学习导读

本书第 1 章至第 6 章讲述了网站工程项目的前台、后台等项目的设计及实现技巧。到此为止，网站建设工作告一段落，可以在本地服务器进行网站的整体测试、各个链接测试、后台管理测试、用户系统注册登录测试等。如果测试正确，则需要进行案例网站“房产信息管理网站”的下一个子项目的工作，即将设计完成的网站发布在网上，供网友及客户访问。如果不发布站点，建设网站将没有实际意义。本章首先介绍空间域名的基本概念，然后讲述申请空间域名的方法，最后讲解案例网站的空间及域名。读者学习本章后，能够掌握网站发布技巧，并可以将自己设计完成的网站进行发布。

学习目标

- 了解空间和域名的概念。
- 掌握申请空间和域名的方法。
- 了解 CuteFTP 软件的网站上传功能。
- 掌握应用 CuteFTP 软件上传网站的技巧。
- 能够熟练上传、下载文件。

7.1 申请空间和域名

7.1.1 域名知识介绍

1. 什么是域名

从技术上讲，域名只是 Internet 中用于解决地址对应问题的一种方法。

从社会科学的角度看，域名已经成为 Internet 文化的组成部分。

从商界看，域名已被誉为“企业的网上商标”。没有一家企业不重视自己产品的标识——商标，域名的重要性和其价值已被全世界的企业所认识。在一个月内，世界上注册了 179 331 个通用顶级域名（据精品网络有关资料），平均每天注册 5 977 个域名，每分钟 4 个，这个记录正在以每月 7%的速度增长。中国国内域名注册的数量也在猛增，平均每月增长 10%。

2. 为什么要注册域名

Internet 为越来越多的人所认识，电子商务、网上销售、网络广告已成为商界关注的热点，“上网”已成为不少人的口头禅。但是，要想在网上建立服务器发布信息，则必须首先注册自己的域名，只有拥有了自己的域名才能被别人访问。所以，域名注册是在互联网上建立任何服务的基础。同时，由于域名有唯一性，因此尽早注册是十分必要的。

由于域名和商标在各自的范畴内具有唯一性，并且随着 Internet 的发展，从企业树立形象的角度看，域名和商标有着潜移默化的联系。所以，它与商标有一定的共同特点。许多企业在选择域名时，往往希望用和自己企业商标一致的域名。但是，域名和商标相比具有更强的唯一性。举个案例，同样持有 Panda 注册商标的某电子集团公司和某日化厂之间出现过域名注册中的冲突，按照《中国互联网络域名注册暂行管理办法》规定，两家公司都有权以 panda 为域名注册，但是 panda.xxx.cn 只有一个。那么，在域名申请符合《中国互联网络域名注册暂行管理办法》规定的情况下，域名注册公司按先来先注册的原则处理申请。某日化厂先申请了 panda.xxx.cn，而某电子集团公司在某日化厂已注册成功并且网站已经开通后，才提交 panda.xxx.cn 域名的申请，其结果是某电子集团公司无法以 panda.xxx.cn 作为自己的域名。

从上面这个案例不难看出，某电子集团公司虽然仍旧可以卖 Panda 牌电器，但是，恐怕永远也无法让用户看到属于它的 www.panda.xxx.cn 网站。这无疑是一个遗憾。

（1）域名的结构。

① 顶级域名：域名由两个或两个以上的词构成，中间由点号分隔开，最右边的词称为顶级域名。

下面是几个常见的顶级域名及其用法。

- .com 用于商业机构，是最常见的顶级域名，任何人都可以注册.COM 形式的域名。
- .net 最初用于网络组织，如因特网服务商和维修商。现在任何人都可以注册以.NET 结尾的域名。
- .org 是为各种组织包括非营利组织而定的。现在，任何人都可以注册以.ORG 结尾的域名。

由两个字母组成的顶级域名如.cn、.uk、.de 和.jp 称为国家代码顶级域名（ccTLDs）。其中，.cn 是中国专用的顶级域名，其注册归 CNNIC（中国互联网络信息中心）管理，以.cn 结尾的二级域名称为国内域名。注册国家代码顶级域名下的二级域名的规则和政策与不同国家的政策有关。用户在注册时应咨询域名注册机构，问清相关的注册条件及与注册相关的条款。某些域名注册商除了提供以.com、.net 和.org 结尾的域名的注册服务之外，还提供国家代码顶级域名的注册。ICANN（互联网名称与数字地址分配机构）并没有特别授权注册商提供国家代码顶级域名的注册服务。

② 二级域名：顶级域名的下一级，就是我们所说的二级域名。如 domainpeople.com，域名注册人在以.com 结尾的顶级域名中，提供一个二级域名。域名形式也可能是 something.domainpeople.com，在这种情况下，something 称为主名或分域名。

ICANN 是一个近年成立的、代替 NSI 公司的非营利机构，其主要职能包括管理因特网域名及地址系统。有关 ICANN 的信息可在网站 http://www.icann.org 中查询。

③ 域名地址服务器（DNS）：域名服务器用于把域名翻译成计算机能识别的 IP 地

址。例如，如果有人要访问 sohu 的网站（www.sohu.com），DNS 就把域名译为 IP 地址 61.135.132.3，便于计算机查找域名所有人的网站服务器。

（2）Internet 上域名命名的一般规则。由于 Internet 上的各级域名分别由不同机构管理，所以，各个机构管理域名的方式和域名命名的规则也有所不同。但域名的命名有一些共同的规则，主要有以下几点。

① 域名中只能包含以下字符：

- 26 个英文字母；
- “0，1，2，3，4，5，6，7，8，9”十个数字；
- “-”（英文中的连词号）。

② 域名中字符的组合规则：

- 在域名中，不区分英文字母的大小写。
- 对于一个域名的长度是有一定限制的。CN 下域名命名的规则为：遵照域名命名的全部共同规则；只能注册三级域名，三级域名由字母（A～Z，a～z，大小写等价）、数字（0～9）和连接符（-）组成，各级域名之间用实点（.）连接，三级域名长度不得超过 20 个字符。

③ 不得使用或限制使用以下名称（下面列出了一些注册此类域名时需要提供的材料）：

- 注册含有“CHINA”、“CHINESE”、“CN”、“NATIONAL”等的域名需经国家有关部门（指部级以上单位）正式批准。
- 不得使用公众知晓的其他国家或者地区名称、外国地名、国际组织名称。
- 县级以上（含县级）行政区划名称的全称或者缩写需要相关县级以上（含县级）人民政府正式批准。
- 行业名称或者商品的通用名称。
- 他人已在中国注册过的企业名称或者商标名称。
- 对国家、社会或者公共利益有损害的名称。
- 经国家有关部门（指部级以上单位）正式批准和相关县级以上（含县级）人民政府正式批准是指相关机构要出据书面文件表示同意 XXXX 单位注册 XXX 域名。例如，要申请 beijing.com.cn 域名，则要提供北京市人民政府的批文。

（3）注册什么样的域名。既然域名被视为企业的网上商标，那么注册一个好的域名就至关重要了。一个好的域名往往与单位的以下信息一致：

① 单位名称的中英文缩写。

② 企业的产品注册商标。

③ 与企业广告语一致的中英文内容，但注意不能超过 20 个字符。

④ 比较有趣的名字，如 hello、howareyou、yes、168、163 等。

（4）域名与 IP 地址的关系。任何一台被接在因特网上的计算机都拥有一套用唯一数字组成的 IP 地址来识别计算机的位置。上网计算机采用 32 位的二进制 IP 地址进行标识、寻址和通信。IP 地址既不形象直观，又无规律可循，难以记忆。人们发明了相对简明易记的英文域名系统后，用户输入访问对象的英文域名，经过域名服务器的解析，便可找到相应的 IP 地址，从而实现通信。

能实现域名和 IP 地址之间双向转换的软件称为域名系统。安装域名系统的计算机叫域名服务器，它提供域名服务（Domain Name Service）、遵循 DNS 协议，所以又称为 DNS 服务器。

DNS 是许多分层式和分布式的数据库组成的系统，这些数据库中有许多不同类型的数据，包括主机名、域名等。DNS 数据库中的这些名字形成了一种树状层次结构。简单来说，DNS 是使用阶层式的方式运作的。例如，Domain Name 为 domain.com.cn，这个 Domain Name 当然不是凭空而来的，而是从.com.cn 中分配下来的，.com.cn 又是由.cn 授予（delegation）的。那么，.cn 是从哪里来的呢？答案是从“.”，也就是所谓的根域（root domain）来的。根域已经是 Domain Name 的最上层，而“.”这一层是由 InterNIC（Internet Network Information Center，因特网信息中心）管理的，全世界的 Domain Name 就是这样一层一层授予下来的。

从本质来说，域名就是一个网络地址，它主要用来识别在因特网上计算机的位置。从技术的角度来看，域名是无关紧要的，只要有一个 IP 地址就能访问自己的网站。虽然 IP 地址的数量是巨大的，但是好域名的数量却是有限的。例如，域名 ugfedtertere.com 指向一个 IP 号，可见这样的价值是非常有限的，因为此域名不容易识别和记忆。一个好的域名不仅是重要的而且有相当大的商业价值。在因特网上，域名就是网上商标。一个好的域名与一个商标一样有强大的商业价值。人们可以通过广告、搜索引擎或者 E-mail 轻易地记住和使用域名进入站点。

7.1.2　申请顶级域名

1. 顶级域名的分类

域名分为顶层（Top-level）、第 2 层（Second-level）、子域（Sub-domain）等。

顶层分为以下几种。

- .com：指 commerce，用于商业性的机构或公司。
- .edu：指 education，用于 4 年制的大学或学院。
- .net：指 internet，用于从事 Internet 相关的网络服务的机构或公司。
- .org：指 organize，用于非营利的组织、团体。
- .gov：指 government，用于政府部门。
- .mil：指 military，用于军事部门。
- .xx：由两个字母组成的国家代码，如中国为.cn、日本为.jp、英国为.uk 等。
- .biz：指 business，最新的顶级域名，用于商业性的机构或公司。
- .info：指 information，最新的顶级域名，适用于提供信息服务的公司。
- .cc：指 commercial company，是继.com 和.net 之后的第 3 大顶级域名，适用于商业公司。

一般来说，大型的或有国际业务的公司或机构不使用国家代码。这种不带国家代码的域名也叫国际域名。这种情况下，域名的第 2 层就代表一个机构或公司的特征部分，如 focuschina.com 中的 focuschina。对于具有国家代码的域名，代表一个机构或公司的特征部分是第 3 层，如 ABC.com.jp 中的 ABC。

2. 企业为什么要申请国家顶级域名

（1）国家顶级域名是由通用国际顶级域名发展而来的，是出于国际顶级域名资源紧张、便于管理等原因而设立的。而域名资源紧张的原因就是大家都觉得国际顶级域名方便、实用，这也是最重要的理由。

（2）国家顶级域名隶属于一个国家。国际著名的企业申请的都是国际顶级域名，如微软公司的域名是 Microsoft.com 而不是 Microsoft.com.cn。注册一个国际通用顶级域名可以在全世界范围内得到保护，而国家顶级域名只能在国家内部得到保护。如果微软注册一个国家顶级域名，想要在世界范围内得到保护，就必须在世界 180 多个国家分别注册该国家的顶级域名才行，无论从人力还是物力都得不偿失。

3. Internet 域名注册的机构管理

Internet 域名注册由设在美国的 Internet 信息管理中心 InterNIC 和它设在世界各地的分支机构负责批准域名的申请。如要申请 .com 以外的顶级域名，必须向 InterNIC 提交一份申明符合申请资格标准的报告，如果无法提供可以证明有资格申请这些域名的资料，则只能申请.com 域名。

4. 如何注册顶级域名

（1）准备注册顶级域名时取的名字，一般以公司的名称缩写或产品的商标等命名。检查这个名字是否可以注册，看是否有人已经注册了这个名字，若是就要另外取一个名字。

（2）填写注册资料。为了注册域名，必须仔细填写每一项资料，尤其是申请单位和注册人资料。申请单位（个人）将是域名的合法拥有者，如果该项资料不全，当引起域名争议时会产生很多麻烦。申请人的资料将用来通知申请结果。

（3）资料处理（可以通过域名注册代理公司完成，如 www.cacn.net）、申请人付款、申请验证获得的顶级域名。

5. 如何申请国内域名

以上所介绍的都是国际域名（顶级域名）。在中国内地，还可向 CNNIC 申请国内域名（二级域名），域名形式为在域名的最后用“.cn”来表示中国，而前面几段的形式和意义都与国际域名相似。

具体表现为：

.com.cn

.edu.cn

.net.cn

.org.cn

InterNIC 接受个人或单位的域名申请，而 CNNIC 目前还没有允许个人申请域名。

6. 如何选择最佳的域名

按照习惯，一般使用名称或商标作为域名，也可以选择产品或行业类型作为型名。域名的字母组成要便于记忆，能够给人留下较深的印象。如果有多个很有价值的商标，最好进行注册保护。

7. 合法的域名的条件

一个合法的域名必须满足以下条件：

（1）域名最多可达到 26 个字符（包括.com 这 4 个字符）；

（2）允许表示的符号包括字母、阿拉伯数字、“-”、“.”（“.”符号有固定的设置格式，作为域名分级的标号）；

（3）不可以以“-”作为域名的开始与结束符号。

8. 申请域名后如何使用

域名申请后，还不能立即使用，必须建立一个自己的网站。注册域名只是为了得到一个在 Internet 上的网络地址，为了能把主页内容放在 Internet 上供人浏览，必须在某个与 Internet 相连的计算机上建立一个自己的网站以存放主页。这台计算机可以是自己的，也可以是租用别人的。如果要自己建立这样一个站点，必须向当地主管通信的部门提出申请，再租用一条专线，并且每月根据使用情况缴付一定的费用。还有一个方法，就是租用别人的服务器。当然也可以进行保护性注册，而不一定实际建一个网站。

7.1.3 申请免费域名

除个别网站的免费空间提供域名服务外（如 163 超级酷、瀛海威个性空间），许多免费空间提供的主页地址较长，不易记忆。此时免费域名服务能够提供便利，可以申请一个便于记忆的、免费的永久转向域名。该域名在网络上指向主页实际放置的地址。网络用户只需输入该永久转向域名，网络服务器将自动链接到主页空间。

索易（网址为 http://www.soim.com），提供形式为 http://yourname.soim.net 的永久免费转向域名，同时生效形式为 http://yourname.in-china.com 的永久转向域名，即一次申请同时生效两个转向域名指向同一个实际地址。

广州网易（网址为 http://www.yeah.net），提供形式为 http://yourname.yeah.net 或 http://yourname.126.com 的永久转向域名。

7.1.4 申请空间

主页制作好了，需要把它放到 WWW 上，希望让全世界的人都能看到。网上有许多免费主页可以申请，其中网易、自贡和 cool163 是目前影响较大的站点。

选择空间的关键要看访问速度、空间大小、稳定程度和服务内容（提供 CGI 权限、计数器、留言本、E-mail 等）。

申请步骤一般如下：

（1）取一个喜欢而又不与他人重复的账号，最好是容易记住的那种。例如，取名 fire，则在网易的网址为 www.nease.net/~fire。一般应该提前想好 5～10 个名称，因为常用的英文单词只有 5 000 个左右，而 cool163 目前已有 20 万人申请，有时登录几小时也找不到合适的名称。

（2）设定密码并填写一些关于主页的资料（姓名，身份证号，E-mail，省份，爱好，单位等）。

（3）登录成功，服务器会发一封确认信，收到后不要修改直接回复。隔一定的时间，就会收到账号开通的消息。当然，也有些站点可以立刻使用。

7.1.5 案例网站的域名及空间

案例网站“房产信息管理网站”可以申请国际域名，即“www.com”之类的域名。由于本网站是作为案例测试网站，作者申请的是一个二级域名“auto.Cqhjw.com”，空间则申请的是付费空间。为了让网站能够在网上发布，空间商会给申请者一个FTP账号，包含账号名及密码，供用户上传存放在本地硬盘中的网站文件，否则不能进行网站发布。案例网站的FTP地址为69.195.128.178。我们只是举了一个例子。

7.2 网站上传

1. FTP简介

FTP是英文File Transfer Protocol（文件传输协议）的缩写。顾名思义，FTP是专门用来传输文件的协议。其默认的端口是21，在TCP/IP协议族中此协议支持的是最大的传输速率。

FTP协议是一个今天仍在使用的协议，它是一个标准的Internet协议，能够在两台计算机之间或Internet网上交换文件。人们经常使用FTP协议建立网页传送到Web服务器上，也经常用FTP将服务器上的文件下载到本地计算机。

2. CuteFTP简介

CuteFTP是一个基本文件传输协议软件，能够使用文件传输协议进行文件的下载、上传和编辑远程FTP Server上的文件。它提供了一个良好的图形界面，使用远程文件就像使用本机一样。

CuteFTP是一个基于Windows的文件传输协议（FTP）的客户端程序，通过它，用户不需要知道协议本身的具体细节就可以充分利用FTP的强大功能。CuteFTP通过用户易于使用的Windows界面，避免了使用麻烦的命令行工具，简化了FTP的操作程序，即使是入门级的个人计算机用户，也可以轻松利用CuteFTP在全球范围内的远程FTP服务器间上传、下载及编辑文件。

3. 安装

（1）将安装光盘放入光盘驱动器；
（2）双击桌面上的“我的电脑”→双击光盘驱动器图标→双击“Setup.exe”图标；
（3）跟随屏幕指示操作；
（4）从下载文件安装；
（5）CuteFTP注册；

（6）免费的技术支持——GlobalSCAPE 致力于及时、周到的客户支持；
（7）没有广告横幅——一旦完成注册后，广告将会消失；
（8）免费更新——可以接收到同一版本号的更新；
（9）软件提供——可以全年接收最新 GlobalSCAPE 产品的专用升级；
（10）注册文件替换——如果因某些原因用户遗失或损坏了注册文件，GlobalSCAPE 将邮寄一份新的注册文件。

4. 启动 CuteFTP

双击 CuteFTP 图标，启动 CuteFTP，也可以单击“开始按钮”|“程序”|“GlobalSCAPE”|“CuteFTP”，然后选择 CuteFTP 图标。首先显示的是“站点管理器”窗口，其中包含了连接到喜爱的站点的信息。

5. 连接到已有的站点

（1）从“FTP 站点管理器屏幕”左窗口的列表中选择文件夹（单击文件夹名称）；
（2）从“站点管理器屏幕”列表中选择站点（单击站点名称）；
（3）单击“连接”按钮。

6. 添加站点

（1）选择存放新站点的文件夹（单击文件夹名称）；
（2）单击“添加站点”按钮，在“站点标签”字段中输入站点名称；
（3）在“主机地址”字段中输入 FTP 服务器地址（主机地址遵循 ftp.xxxx.com 或 123.456.78.100 的格式，不得包含 ftp://或 http://）；
（4）在“用户名称”字段中输入用户的 ID 号；
（5）在“密码”字段中输入密码；
（6）要连接到新站点，请在右窗口中加亮显示该站点，然后按“连接”按钮。

7. 编辑站点

（1）从“FTP 站点管理器屏幕”左窗口的列表中选择一个文件夹（单击文件夹名称）；
（2）从列表中选择站点；
（3）更改站点资料后，单击“退出”按钮。

8. 移除站点

（1）从“FTP 站点管理器屏幕”左窗口的列表中选择一个文件夹；
（2）从列表中选择站点；
（3）在“站点管理器”菜单栏中，单击右键并选择“删除”命令。

9. 传输文件

连接到 FTP 站点后，就可以上传和下载文件了。主窗口左侧包含计算机上的文件名称，右侧包含所连接的服务器上的文件。

（1）上传文件。

① 在左窗口中单击文件，按住鼠标按钮，拖动文件到右窗口中。

② 在左窗口中用鼠标右键单击文件，从快捷菜单中选择“上传”。

③ 在左窗口中用鼠标左键单击文件，然后从“传输”菜单中选择“上传”。

④ 在左窗口中用鼠标左键单击文件，然后同时按下“Ctl”键和“Page Up”键。

（2）下载文件。

① 在右窗口中单击文件，按住鼠标按钮，拖动文件到左窗口中。

② 在右窗口中用鼠标右键单击文件，从快捷菜单中选择“下载”。

③ 在右窗口中用鼠标左键单击文件，然后从“传输”菜单中选择“下载”。

④ 在右窗口中用鼠标左键单击文件，然后同时按下“Ctl”键和“Page Down”键。

（3）恢复传输（续传）。传输中断时，用户可以重新连接并在传输中断处继续传输，此时只需重试传输文件即可。当CuteFTP发现要替换现有文件时，它会询问是要“续传”、“覆盖”还是“跳过”。如果要替换现有文件，请选择“覆盖”，如果要完成被中断的传输任务，请选择“续传”，如果要取消操作，请选择“跳过”。

（4）防火墙和代理服务器配置。防火墙或代理服务器是广泛应用于许多局域网（LAN）或广域网（WAN）的保护机制，用于防止网络在未经授权下的访问。首先使用默认代理，如果尝试连接的每个站点都给出“无法连接”或“无法登录，仍在尝试”的消息，则可能需要对防火墙设置进行配置。

如果LAN或WAN支持FTP代理协议，需要用到下列信息：

① 防火墙主机的IP地址；

② FTP代理服务器的端口号；

③ 用户名称与密码。

在相应的字段中输入上述信息，选择“USER user@site”单选按钮和“启用防火墙访问”框，然后尝试连接到站点。

10. 连接实例

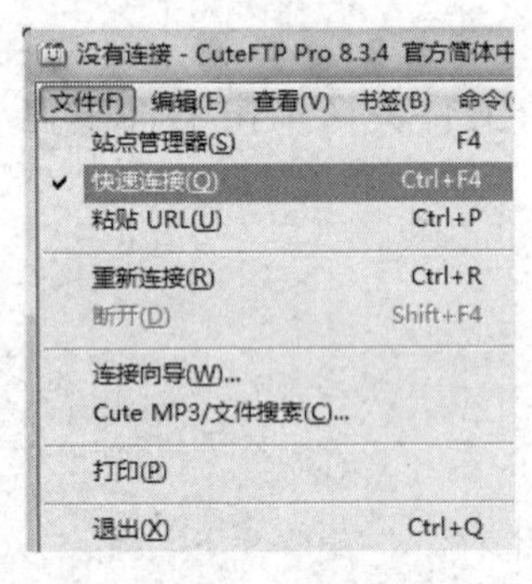

图7-1 选择“快速连接”

（1）启动CuteFTP。

（2）选择“文件”|“快速连接”，如图7-1所示。

（3）弹出如图7-2所示快速连接窗口，在窗口中输入“主机”的IP地址、“用户名”和“密码”，单击“ ”按钮。

（4）连接成功后，将在右边窗口中显示远程文件，在左边窗口中显示本地文件，如图7-3所示。从左边窗口中选择需要上传的文件，单击右键选择“上传”命令，如图7-4所示；如果需要下载文件，则可从右边窗口中选择文件，单击右键选择“下载”命令。

图7-2 快速连接窗口

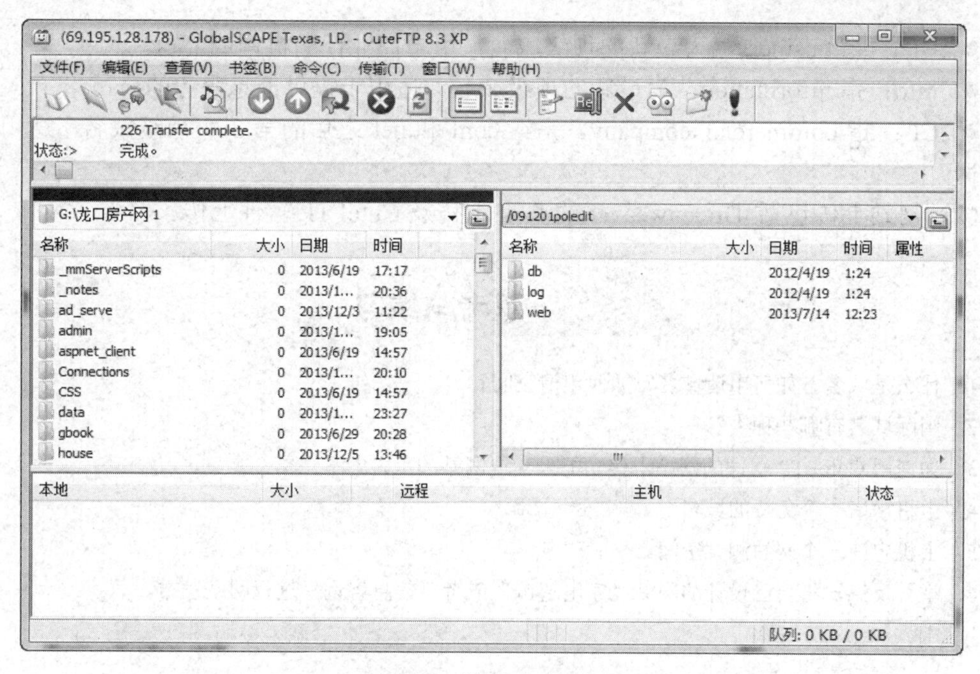

图 7-3　连接成功窗口

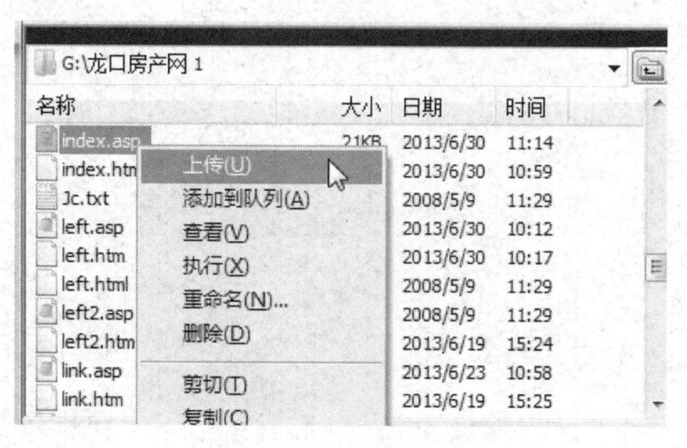

图 7-4　上传文件

本章小结

本章主要介绍了以下知识点：

（1）域名只是一个 Internet 中用于解决地址对应问题的一种方法。域名有二级域名和国际域名。国际域名包括以下几种。

- .com：指 commerce，用于商业性的机构或公司。
- .edu：指 education，用于 4 年制的大学或学院。
- .net：指 internet，用于从事 Internet 相关的网络服务的机构或公司。
- .org：指 organize，用于非营利的组织、团体。
- .gov：指 government，用于政府部门。
- .mil：指 military，用于军事部门。
- .xx：由两个字母组成的国家代码，如中国为.cn，日本为.jp，英国为.uk 等。

● .BIZ：指 business，为最新的顶级域名，用于商业性的机构或公司。

● .info：指 information，为最新的顶级域名，适用于提供信息服务的公司。

● .CC：指 commercial company，是继.com 和.net 之后的第 3 大顶级域名，适用于商业公司。

（2）网站上传包括 Dreamweaver 的 FTP 上传及 CuteFTP 软件上传。

思考与练习

1．什么是域名？如何申请域名？如何申请空间？

2．国际域名有哪些种类？

3．如何用 CuteFTP 软件的网站上传功能来实现网站的上传？

4．上机申请一个免费的域名。

5．上机申请一个网站测试空间。

6．举一反三，将自己设计的网站“家电超市”或者“信息咨询”进行网站发布。

第8章

网站管理、维护及安全

学习导读

网站发布到互联网后，还有很多工作要做，需要进行网站管理、维护、安全保护等。如果不进行网站的管理与维护，就不能保证网站在互联网上正常运转。学完本章后，中小型网站建设与管理的全过程基本结束，读者能够从网站的规划、网站静态页面、动态页面、后台数据管理、网站发布、网站维护安全保护等方面掌握网站建设的整体思路与技巧，开始积累从业经验，待走上工作岗位后，便能顺利完成网站工程项目的建设与管理工作，成为掌握一技之长的技能型人才。

学习目标

- 掌握网站宣传的方法。
- 掌握网站管理维护的方法。
- 掌握网站安全保护的方法。

第 7 章介绍了案例网站工程项目的子项目——网站发布的知识，案例网站工程项目还没有完成，因为网站发布到互联网后，还有很多工作要做，还需要进行网站管理、维护、安全保护等，这些工作做好了，网站工程项目才可以说基本完成。

8.1 网站备案

8.1.1 为什么要进行网站备案

ICP 证是网站经营的许可证，根据国家有关部门的规定，运营网站必须办理 ICP 证，否则就属于非法经营。根据规定，所有网站均需备案，包括个人网站。网站备案分为经营性互联网信息服务和非经营性互联网信息服务两大类。所有没有备案的网站均需关闭，网站运行者需要按照要求进行备案后才能开启，原则是网站先备案后启用。

8.1.2 网站备案的流程

备案时登录工业和信息化部的电子备案系统 http://www.miibeian.gov.cn/ 进行自助备案。备案完成后要将备案证书文件 bazs.cert 放到网站的 cert/目录下。该文件必须能通过地址“http://网站域名/cert/bazs.cert”访问，其中“网站域名”指的是网站的 Internet 域名。然后将备案号/经营许可证号显示在网站首页底部的中间位置，并且必须将备案号/经营许可证号连接至http://www.miibeian.gov.cn。

8.2 网站宣传

互联网是信息的海洋。网站不但要有新颖的设计、创意独特的界面，而且需要让网络上的人知道它的存在。缺乏足够的宣传，即使网站内容丰富，结构合理，可能一天也只有几个人次的访问。

如何提高网站的知名度，让辛辛苦苦建立起来的网站扬名天下呢？这就需要扩大宣传。

目前提高网站知名度的方法有以下几种。

8.2.1 利用搜索引擎宣传

搜索引擎是进行信息检索和查询的专门网站。目前，全世界的网站总数已经超过4 000 万个，并且还在不断地增加，因此搜索引擎对于那些在互联网上游弋和寻找信息的人来说非常重要。它同时也是网站通过互联网进行推广宣传的重要途径。

研究表明，搜索引擎是目前最重要和效果最明显的网站推广方式，也是最为成熟的一种网络营销方法。CNNIC 的调查报告显示，搜索引擎是用户得知新网站的最主要途径，80%以上的网站访问量来源于搜索引擎。

据统计，除电子邮件以外，信息搜索已成为互联网第二大应用，并且随着技术的进步搜索效率也在不断提高。用户在查询资料时不仅越来越依赖于搜索引擎，而且对搜索引擎的信任度也日渐提高，所以在搜索引擎中注册网站，是推广和宣传网站的首选方法。注册的搜索引擎数目越多，网站被访问的可能性就越大，所以有效的宣传手段之一，就是多注册搜索引擎。并且，对于大多数搜索引擎而言，可以免费注册，虽然有些搜索引擎开始对商业网站收取费用，但相对于其宣传效果而言，搜索引擎的性价比是极高的。

1. 搜索引擎的注册方法

向搜索引擎注册网站主要有两种方法：手工注册和用软件注册。

（1）手工注册。手工注册就是到搜索引擎站点进行手工登记。手工注册时，要充分理解递交表单的含义和规则，一字一句地输入自己的关键词、网页描述、附加信息内容和联系信息等。用户也可以选择多个目录登记，提高被查找到的概率。手工注册方法的缺点是耗时，而且如果没有专业人士辅导，没有技巧，搜索排名不容易靠前。

（2）软件注册。目前搜索引擎已经有好几千个了，如果一个一个地向它们申请将自己的网页加入进去，不但费时而且非常烦琐。这时可以使用专门的主页注册软件，它只需几分钟的时间就能自动在搜索引擎的相关目录和主题下注册。这方面比较有特色的工具当推《登录奇兵》，可以到http://bj.onlinedown.net/addurl.htm处下载。《登录奇兵》可以将网站在一个小时内同时自动登录到世界知名的5 400 个搜索中。

2. 关键词策略

众所周知，大多数人在网上寻找信息是从搜索引擎开始的。用户通过输入关键词来寻找想要的信息。目前，大多数人搜索时平均使用 2～5 个关键词。为了使人们在通过搜索引擎查找信息时能顺利地搜索到所需要的网站，提高访问量，在向搜索引擎注册时选择关键词就显得非常重要。如果使用了不适当或错误的关键词，访问者通过搜索引擎就无法及时地找到你的网站。

（1）选择关键词。选择关键词主要从以下几个方面考虑。

① 从来访者的角度考虑。如果你是访问者，要搜索网站的目标时会选择什么样的关键词呢？

② 将关键词扩展成一系列短语。选择好一系列短语之后，可以改变短语中的词序以创建不同的词语组合进行扩展，形成两字、三字、四字甚至更多字的组合。例如，如果关键词是宽带，可以组合成为数字宽带、数字无线宽带、无线数字宽带、宽带通信、数字宽带通信、数字无线宽带通信、宽带无线数字通信等；如果关键词是汽车，可以组合为汽车销售介绍、汽车介绍、汽车新闻、汽车动态、汽车新品、汽车新品介绍、汽车价格、西部汽车等。

③ 使用公司或网站名称。使用公司或网站的名称或简称进行词语组合。

④ 使用地理位置。如果公司或网站所处的地理位置标识性、指示性比较强，如有桥梁、机场、重要建筑物、风景名胜区、河流、山川等，都可以作为关键词使用。

除了上述几点外，还应注意不要使用意义太泛的词或短语，要用修饰词将普通词汇和短语的意义变得更为精确；另外，也不要用单一词汇作为关键词。总之，在注册搜索引擎时花时间研究关键词对于提高网站访问量是很有帮助的。

（2）网页文件关键词的设置。在 HTML 语言中有一个 META 标记，它是给搜索引擎机器人检索网站内容时用的。当网站搜索引擎自动记录后，用户为网站提供的关键词和网站描述很重要，因为网站将以这些关键词和网站描述被索引，使访问者利用搜索引擎进行查找时能够找到用户的网站。

下面是在网页文件的 META 标记中提供网页关键词和网站描述的案例。

```
<html>
<head>
<META name="keywords"  content="网站推广、企业网站推广、网站推广、网站推广方案、网站优化、网站国际推广、海外推广">
</head>
</html>
```

用关键词的复数形式，如用“books”代替“book”，当有人查询 book 或者 books 时，站点会呈现在访问者面前。

```
<html>
<head>
<META name="description" content="专业的搜索引擎网站推广解决方案，包括 Google 网站推广、雅虎网站推广、搜狐网站推广、新浪网站推广、百度网站推广、3721 网络实名等搜索引擎登录排名、网站推广方案、网站推广服务">
</head>
</html>
```

在上述网站描述中，一般情况下，content 的内容（包括安全可靠的内容在内）不要超过 250 个字。

3. 主流搜索引擎介绍

（1）Google 搜索引擎。Google 是目前最优秀的支持多语种的搜索引擎之一，能够搜索约 30 亿张网页，提供网站、图像和新闻组等多种资源的查询，其中包括简体中文、繁体中文和英语等 35 个国家和地区的语言资源。

（2）百度（baidu）中文搜索引擎。百度是全球最大的中文搜索引擎，有网页快照、网页浏览/预览全部网页、相关搜索词、错别字纠正提示、新闻搜索、Flash 搜索、信息快递搜索、百度搜霸和搜索援助中心等。

（3）北大天网中英文搜索引擎。北大天网中英文搜索引擎由北京大学开发，有简体中文、繁体中文和英文 3 个版本，提供全文、新闻组检索和 FTP 检索（北京大学、中科院等 FTP 站点）。它目前大约收集了 100 万个 Web 页面（国内）和 14 万篇新闻组文章，支持简体中文、繁体中文和英文关键词搜索，不支持数字关键词和 URL 名检索。

（4）新浪搜索引擎。新浪搜索引擎是互联网上规模最大的中文搜索引擎之一，设大类目录 18 个，子目录 1 万多个，收录网站 30 余万个。它提供网站、中文网页、英文网页、新闻、汉英辞典、软件、沪深股市行情和游戏等资源的查询。

（5）雅虎中国搜索引擎。雅虎是世界上最著名的目录搜索引擎。雅虎中国于 1999 年 9 月正式开通，是雅虎在全球的第 20 个网站。

（6）搜狐搜索引擎。搜狐于 1998 年推出中国首家大型分类查询搜索引擎，到现在已经发展成为在中国影响力最大的分类搜索引擎之一。它每日页面浏览量超过 800 万，可以查找网站、网页、新闻、网址、软件和黄页等信息。

（7）网易搜索引擎。网易新一代开放式目录管理系统有近万名义务目录管理员，为广大网友创建了一个拥有一万个类目、超过 25 万条活跃站点信息、日增加新站点 500～1 000 个的搜索平台，是一个日访问量 500 搜索万次的专业目录查询体系。

8.2.2 免费广告宣传

除了注册搜索引擎外，网站宣传的另一个方法就是注册广告宣传链接。交换广告链接一般都有 10:1 的高交换比例，一次显示多达 12 个链接，可以获取 10 个信用点，即 10 次被显示的机会。每当别人的站点链接在你的主页上显示一次，你的主页将在其他 10 个站点上链接显示，如果你的主页日浏览量达 100 人次，那么就可以在其他 1 000 个站点上链接显示，这样别人点击你的主页链接的机会就会大大增加。

广告链接的形式是文本而不是图片，因此数据量小、传递速度快。这种广告链接一般都具有计数器一样的统计功能，还可以作为计数器用，应该说是一举两得。

太极链（www.textclick.com）为 1∶10 的交换比例，有统计功能和排行榜；

极坐标（www.tomore.com）为 1∶10 的交换比例，有统计功能和排行榜。

8.2.3 加入各种广告交换

在其他网站上建立链接相当于做广告。网站在搜索引擎上的排名与网站的流行程度有很大关系。衡量网站流行程度的指标是有多少其他网站链接到该网站，链接越多，说明流行程度越高。所以在其他网站上建立链接或进行广告交换的好处是显而易见的，可以到诸如http://www.webunion.com和http://www.textclick.com这样的网站去登记，成为它们的会员，把它的广告加到你的主页上，而你的主页图标也会出现在其他会员的主页上。

8.2.4 与其他网站做友情链接

互惠互利的协作方式也能达到宣传网站的目的。许多网站都有宣传的积极性，大多数站点也愿意与别人的主页做友情链接，在它们的主页上有专门提供友情链接的地方，可以主动在自己的主页上先给对方的网站做一个友情链接，然后再发一封电子邮件给对方站点的管理员，请示将自己的网站也加到对方站点的相关链接里。不过要注意的是，在选择相互链接的站点时，要考虑网站的知名度及该网站的性质和主题与自己站点的性质和主题是否一致。

8.2.5 利用电子邮件组

加入一个电子邮件组，可以在站点上开辟一个小栏目专门介绍该邮件组所讨论的内容，然后向该电子邮件组的地址发一封电子邮件，告诉列表用户在自己的网站中有专门栏目介绍这样的内容，欢迎邮件组成员访问指导。邮件组的成员收到信后，一般都会乐意到该网站去访问，用户即可以这种方法达到推广站点的目的。

8.2.6 使用邮件广告网

如果打算利用站点营利，那么使用邮件广告网http://www.go4E-mails.com，发送 E-mail 广告可以迅速提高站点的知名度。该站点免费提供 10 万个 E-mail 地址，并提供免费群体邮件发送程序。如果付费，还可以获得代发 1 900 万个 E-mail 邮件广告的服务，而且价格并不高。

8.2.7 利用新闻组

可以选择与网站信息相关的新闻组，在上面开展与信息有关的问题讨论，借机推广网站。但要注意的是，不要随意发送广告邮件，这是不受欢迎的行为。

8.2.8 利用邮件签名

设置一个好的邮件签名档，其内容除了包括公司名称、地址、电话、传真、网址、电子邮件地址外，还要精心设计好站点的宣传口号和 Web 地址。这样可以在日常通信的过程中，无形地提高网站的知名度。

8.2.9 利用留言板、聊天室和 BBS 论坛

如果网站有类似公告栏或留言板的功能，则可以在这些设置里放上网站的地址，一旦其他网友浏览留言或公告栏，就有可能见到网站的留言顺便去访问。上网的主要目的就是交流，想交到更多的朋友，交友当然要去聊天室了。在聊天室里可以适时地向这些网友发出邀请，请他们访问网站，并请他们给网站的建设提出一些宝贵的建议。在聊天之际，也可以宣传站点的特色，以引起网友们的兴致和注意。

另外，在网络中的一些公共的 BBS 论坛上，也可以主动发文或者利用签名档宣传自己的网站。

8.2.10 通过传统新闻媒体进行宣传

如果认为网站很有必要扩大宣传，可以在电视、广播、报纸、杂志等传统广告媒体上进行一系列报道，或者写一些有关网站特色的文章寄到比较有影响的报纸、杂志社，寻求帮助。也可以给介绍计算机知识的媒体投稿，在文章的末尾注明自己的联系地址，如主页地址、电子邮件地址等，如果读者能从文章中有所收获，则一般都乐意访问站点，网站的访问量会大大提升。

8.3 网站的日常维护与更新

一个好的网站，要根据实际情况的发展与变化，随之调整网站的内容，给人以常新的感觉。这样，网站才会更加吸引访问者，给访问者以良好的印象。对企业网站而言，特别是在企业推出了新产品或者有了新的服务项目后，或有了大的动作及变更的时候，都应该把企业的现有状况及时地在网站上反映出来，以便让客户和合作伙伴了解企业的详细状况。另外，企业也可以得到反馈信息，以便做出合理的处理。

网站维护是指对网站运行状况进行监控，发现运行问题及时解决，并将网站运行的相关情况进行统计。网站维护不仅包括网页内容的更新，还包括数据库管理、主机维护、统计分析、网站的定期推广服务等。页面更新是指在不改变网站结构和页面形式的情况下，为网站的固定栏目增加或修改内容等。例如，一个电子商务网站，它在运行中需要增加商品种类，也需要对商品的描述或报价进行修改，这时就要对网站内容进行更新，对系统程序进行升级，或开发新功能，增设新栏目。

8.3.1 网站维护

对于采用虚拟主机的方式建立的中小型网站，网站空间由 ISP 厂商提供，网站的硬件维护和安全防护通常由 ISP 厂商负责。网站拥有者只需进行网页测试、网站故障排除及网页文件的维护与更新等。通常，网站维护的主要内容有以下几个方面。

1. 网页文件的维护和更新

网站的信息内容应该适时地更新。在网站栏目的设置上，最好将一些可以定期更新的栏目放在首页，使首页的更新频率更高一些。此外，当网站规模变得比较大时，会有较多的图片和网页文件等内容，如果它们有一个丢失或链接失败就会引起网页错误。所以，应有专人负责维护网站的新闻栏目，同时，应经常检查相关链接，以保证网站内容的即时性和正确性。

2. 网站服务与反馈

通常网站建好后，除了进行日常维护与管理外，还必须与访问者沟通。仅仅有精美的网站设计、先进的技术应用及丰富的内容，访问量不一定会上升。网站服务与反馈工作主要体现在以下方面。

（1）对留言簿进行维护。制作好留言簿应经常维护，收集意见。通常访问者对站点有什么意见，会在第一时间看看站点哪里有留言簿，然后留言，希望网站管理者提供所要的内容，或提供相应的服务。所以必须对访问者提出的问题进行分析总结，一方面要以尽可能快的速度进行答复，另一方面也要记录下来进行切实的改进。

（2）及时回复电子邮件。几乎所有的网站都有与管理者的联系页面，它们通常有管理者的电子邮件地址。对访问者的邮件及时答复，对提高网站的声誉和增加访问量有很大帮助。通常的做法是在邮件服务器上设置一个自动回复功能，这样能够使访问者对网站的服务有一种安全感和责任感，然后再对用户的问题进行细致的解答。

（3）维护投票设置的程序。在企业网站上经常会有一些调查的程序，用来了解访问者的喜好或意见。注意一方面要对调查的数据进行分析，另一方面也可以经常变换调查的内容。调查的内容要有针对性，不要搞一些空泛的问题。也可以针对某个热点投票，以吸引注意。

（4）对 BBS 进行维护。BBS 是一个自由论述的空间，可以对技术问题或相关事物发表意见。对于 BBS 维护而言，其实时监控尤为重要。对在论坛上发布色情、反动等违反国家法律、法规的言论要马上删除，否则会影响网站的形象，严重的会引发相关诉讼，带来严重后果。BBS 中也会出现一些乱七八糟的广告，要及时删除，否则会影响 BBS 的性质，导致浏览量下降。

总之，网站的服务与反馈是网站维护的重要内容，特别是对企业网站而言，更加重要。在电子商务中，如果客户向企业网站提交的各种反馈表单、发到企业邮箱中的电子邮件，以及在企业留言簿上的留言等，没有被及时处理和跟进，就会丧失机会，造成极坏的影响。

3. 网站备份

网站维护的一个重要工作内容是对网站文件的备份。定期对网站的重要文件、数据库文件等进行备份，可以防止系统崩溃、病毒破坏及黑客入侵等原因造成数据和资料的彻底毁坏。

8.3.2　网站更新

网站更新主要有上传文件更新、下载文件更新和使用模板更新几种方式。

1. 上传文件更新

在本地计算机中把要更新的文件制作完成后，通过 FTP 软件上传到网站中替换原来的文件。具体的操作方法和步骤与 7.2 节网站上传类似。

2. 下载文件更新

当网站更新的文件较少，但更新的文件要做较大修改时（如网站的数据库文件），可以使用 FTP 软件把该文件下载下来，在本地计算机中更改完成后，再上传到网站完成更新。

3. 使用模板更新

中小型网站建设中，通常使用 Dreamweaver 制作模板。在 Dreamweaver 中，对模板的应用是大多数初学者所头痛的，即使使用者用了很长时间，但如果没有仔细、深入地了解模板，在使用模板来维护网站时还是会深感头痛。

什么是模板呢？在了解模板之前，必须了解网站的风格。成功的网站在网页设计上必须体现其风格，使访问者能够在茫茫网海中对其留下较深的印象。要做到这一点，不是只靠一两个设计优秀的页面就可以体现的，而是需要网站中所有的页面都必须体现同一风格。创建网站时，如果要创建 200 个具体网页，为了体现网站的风格，可以通过文件复制来实现。但是当必须修改网站风格时，如果逐一更改全部网页，那将是烦琐和低效率的。在这种情况下，需要使用模板。Dreamweaver 在网站维护中提供了模板与重复部件完美地解决了这些问题。利用模板，可以控制网站的风格，这是所有页面存在的共性。对于个性化的内容，Dreamweaver 提供了重复部件来固定某些需要重复利用或者需要经常变动的内容，从而帮助网页设计师用最短的时间来完成繁重的网站维护工作。模板与重复部件的区别在于：模板本质是一个网页，也就是一个独立的文件，而重复部件则只是网页中的某一段 HTML 代码。模板文件最显著的特征是存在可编辑区域和锁定区域之分。锁定区域主要用来锁定体现网站风格的部分，因为在整个网站中这些区域是相对固定、独立的，它可以包括网页背景、导航菜单、网站标志等内容；而可编辑区域则是用来定义网页具体内容的部分。它们是区别网页之间最明显的标志，因为网页的内容必定是各不相同的，在整个网站中可编辑区域的内容是相对灵活的，可以随时修改具体内容。当修改利用模板创建的网页时，只能修改模板所定义的可编辑区域，而无法修改模板定义的锁定区域，从而使 Dreamweaver 实现网页设计师期盼已久的功能：在网站维护中，将网站风格和内容分开控制。对于模板和可编辑区域，Dreamweaver 用相应的源代码来定义，并区别其他 HTML 代码。源代码的具体格式与 HTML 有相同之处。

建立模板，必须在深刻了解站点框架以后才能动手，不要等创建了网页再来创建模板，这样会增加不必要的工作量。

创建模板之前应解决以下几个问题。

（1）从全局考虑，了解下列问题：站点框架是否已经定义好？整个站点会出现多少种不同的版式？每个模板需要定义多少可编辑区域？了解了上述问题后，就可以开始创建模板了。

（2）注意与程序的整合。在电子商务站点大力发展的今天，几乎没有一个商业站点不含数据库程序。这样在创建模板时就必须考虑额外的部分，因为谁也不想在更新模板时将程序全部“冲掉”！一般来讲，程序与页面都是分开制作的，必须把所有的代码存放在相应的代码文件中，才能保证代码的安全性。

在用模板文件更新时，只需要把更改后的模板文件和其他重复部件上传至网站即可完成网站更新。

8.4 网站的安全

随着互联网的发展，网站安全问题已经越来越受到广泛的关注。目前，网站安全主要表现在：计算机病毒花样繁多，层出不穷；系统、程序、软件的安全漏洞越来越多；黑客通过不正当手段侵入他人计算机，非法获得信息资料，给正常使用互联网的用户带来不可估计的损失。网站运行在互联网平台上，自然会受到网络安全的影响。从互联网诞生的第一天起，安全问题就成为阻碍互联网发展的棘手问题。从一定意义上说，攻击与防护始终是网络生存的一对矛盾。

8.4.1 网站被攻击的类型

尽管人们一直在努力防护，然而网站被攻击的现象仍然频频出现。网站被攻击的类型有病毒、木马程序、堵塞攻击、安全漏洞等几类。

1. 病毒

最常见的网站攻击来源是病毒。计算机病毒是一种能够自我复制、自我传播、具有破坏作用的程序，受到感染的计算机程序在运行时，会将病毒一起加载到内存中运行。多数病毒一旦发作，就会恶意破坏计算机系统，造成计算机瘫痪，数据丢失，甚至能破坏计算机硬件。人们所熟知的 CIH 病毒就能通过破坏 BIOS 而毁坏计算机主板。为了防止病毒的破坏，应对网站中的文件系统定期地进行病毒查杀。

2. 木马程序

木马程序又称作特洛伊木马，名字来源于古希腊神话中的特洛伊战争。希腊人为了攻克特洛伊城堡，制造了一个巨大的木马，并将士兵隐藏在木马内，然后将木马放置到特洛伊城外。特洛伊人将木马运入城后，木马内的希腊士兵跳了出来，里应外合攻占了城堡。

由此可知，木马程序实际上是一种添加了伪装的黑客程序。表面上看，它可能是一个游戏或者工具小程序，实际上在运行时程序进行了后台操作，执行着特定的命令，如破坏硬盘数据、盗取用户密码等，并通过邮件发送给黑客。“冰河”就是一个著名的木马程序。防范木马程序，除了要小心弄清程序目的外，还要注意不要随便打开来源不明的电子邮件，不要随便运行未知程序。一旦怀疑中了木马程序，可用最新版的杀毒软件进行查杀。

3. 堵塞攻击

病毒和木马程序的发作一般是有其自身特点的，防范它们相对来说也较简单，如升级防病毒软件、安装系统补丁等。相对于病毒和木马程序来说，堵塞攻击具有很强的突然性和不可预知性，手段也更加多样，是黑客们常用的主动攻击手段。

堵塞攻击一般是指突然间使用大量小数据包冲击路由器，或者用频繁的链接请求占用服务器响应的攻击手段。攻击的目的是造成网络拥堵与服务器瘫痪，从而使网站不能为用户提供正常的服务。严重时会造成整个网络的瘫痪。

一般的 Web 服务器为了提高访问效率，会限制同一时间连接到服务器的客户端数目，如果黑客使用程序频繁建立非法连接，将这些服务的相应端口全部占用，或者耗尽服务器的 CPU 资源，则使正常用户的请示无法被响应，服务被拒绝。

避免堵塞攻击的手段一般是在路由器上增加防火墙，对信息进行过滤。然而，有的时候黑客采用欺骗手段，仍然可对网站进行攻击。

4. 安全漏洞

威胁网站安全的因素并非全部来自外部。Web 服务器和网站自身的软件安全漏洞往往才是致命的。这些软件漏洞一般是由于软件设计者的疏忽，或者是程序调试过程中留下的隐患，漏洞一旦被黑客发现并利用，就会产生灾难性的后果，导致用户数据泄露，或者服务器崩溃。

由于系统的复杂性，许多网站都不同程度地存在着安全漏洞，与此同时，不少病毒也利用系统的安全漏洞对网站进行攻击。一旦发现存在漏洞，而且漏洞的分布较广，软件发行商便会在网站上发放相应的补丁程序进行补救。网站的管理者应及时更新软件或打上补丁，降低被攻击的概率。

8.4.2 网站页面安全

网站页面安全主要包括网页源代码的保护与页面文件不被非法访问和篡改（如 ASP 文件）。众所周知，Web 本质上是一种不安全的媒介，当用户访问 Web 应用或者打开 Web 页面时，所有客户端的代码（HTML、JavaScript 源文件及 CSS 样式）一般都要下载到客户端缓冲区。用户只需单击“查看源文件”就可以查看、分析和复制这些代码。另外，如果网站的 ASP 文件被非法访问或篡改，就会使网站毫无安全性可言。

1. 用 JavaScript 技术保护代码

JavaScript 是一种脚本描述语言，它可以被嵌入 HTML 文件之中。通过 JavaScript 可以做到响应浏览者的需求事件（如 form 的输入），而不需要网络来回传输资料。

采用 JavaScript 技术来保护网页源代码主要有三个步骤。

（1）建立框架。把要保护的页面设置成框架，即将页面采用框架结构的方式。若页面并未使用框架结构，且不需要使用框架结构，可采用“零框架”技术（即将页面分为左右两帧，左帧的宽度为 1，右帧为原页面）。采用此方法后，浏览者在用工具栏中的“查看”|“源代码”项时就无法直接得到页面代码，而仅能得到框架主文件的代码。

另外，可利用左帧文件加载一些网页的高级应用，如背景音乐、网页计数器、cookie 应用等。

本步骤的代码如下：

```
<html>
<head>
```

```
<title>欢迎光临房产信息网</TITLE>
</HEAD>
<FRAMESET COLS="1,*" frameborder=0 framespacing=0>
<FRAME SRC="left.htm" NAME="count" noresize scrolling=no>
<FRAME SRC="index.html" NAME="index" noresize>
</frameset>
</html>
```

将该文件存为主文件 index.htm，建立一个空文件 left.htm（左框架文件），原页面文件则另存为 index.html（与主文件名仅在扩展名上略有不同）。

（2）屏蔽鼠标右键。它的显示源文件功能即在所需保护的页面文件（上例中为 index.html 文件）中加入以下代码（当右键被单击时将出现图 8.1 所示提示框）。

图 8-1　屏蔽右键

```
<script Language="JavaScript">
function click（）{
if（event.button==2||event.button==3）{alert（"对不起，不能用右键！"）}}
document.onmousedown=click
</script>
```


（3）设置循环读取。为了防止一些了解网页编写语言的人通过框架主文件中的链接，手工找出被保护页面后获得源代码，还应在被保护页面中加入以下代码。

```
<script language="javascript">
if（top==self）top.location="index.html"
</script>
```

这段代码将提供跳回功能，当浏览器试图单独读取该文件时，将自动返回该文件，使浏览器循环读取该文件，无法看到该页源文件，但在框架文件中打开时能正常读取，从而起到保护该页面的作用。

在完成以上三个步骤后，该主页源代码将不能被浏览者在网上获得。

2. 用 ASP 技术保护代码

ASP 是微软开发的服务器脚本环境，它具有在服务器直接执行，不会被传到客户端浏览器的特点，因而可以避免所写的源程序被他人剽窃，提高了程序的安全性。在动态 HTML（DHTML）中，JavaScript 是 DHTML 的关键组成部分。用 ASP 来保护 JavaScript 代码，可以达到较高的安全性。

下面通过案例来说明这种源代码保护方法。

这个案例涉及三个文件：index.asp，js.asp 和 global.asa。global.asa 定义了一个 auth 会话变量，该变量用于验证请求 JavaScript 源文件的页面起源是否合法。这里选择会话变量的原因在于它使用起来比较方便。

```
global.asa
Sub Session_OnStart
Session ("auth") = False
```

```
End Sub
index.asp
<% Session ("auth") = True
Response.Expires = 0
Response.Expiresabsolute = Now ()- 1
Response.AddHeader "pragma","no-cache"
Response.AddHeader "cache-control","private"
Response.CacheControl = "no-cache"
%>
<html>
<head>
<title>测试页面</title>
<script language="Javascript" type="text/javascript" SRC="js.asp"></script>
</head>
<body>
<script language="Javascript">test ();</script>
<br>
<a href="index.asp">reload</a>
</body>
</html>
```


下面来分析 index.asp。首先，程序把 auth 会话变量设置成了“True”，它表示请求.js 文件的页面应该被信任。接下来的几个 Response 调用防止浏览器缓存 index.asp 页面。

在 HTML 文件中调用 JavaScript 源文件的语法如下：

```
<script language="Javascript" src="yourscript.js"></script>
```

但在本例中，我们调用的却是一个 ASP 页面而不是 JavaScript 源文件：

```
<script language="Javascript" type="text/javascript" SRC="js.asp"></script>
```

如果要遮掩应用正在请求 ASP 页面这一事实，可以把 js.asp 改名为 index.asp（或者 default.asp），然后把这个文件放到单独的目录之中，如“/js/”，此时上面这行代码就改为：

```
<script language="Javascript" type="text/javascript" SRC="/js/"></script>
```

这几乎能够迷惑任何企图获取 JavaScript 源文件的人了。不过，不要忘记在服务器配置中正确地设置默认页面文件的名字。

```
js.asp
<%
IF Session ("auth") = True THEN
Response.ContentType = "application/x-javascript"
Response.Expires = 0
Response.Expiresabsolute = Now ()- 1
Response.AddHeader "pragma","no-cache"
Response.AddHeader "cache-control","private"
Response.CacheControl = "no-cache"
```

```
Session ("auth") = False
%>
function test (){
document.write ('这是 javascript 函数的输出.');
}
<%ELSE%>
<!--这些代码受版权保护。所有权利保留-->
<%END IF%>
```

下面分析 js.asp 如何进行验证和发送 JavaScript 代码。程序首先检查会话变量 auth，看看请求的起源是否合法。如果是，则关闭浏览器缓存，重新设置会话变量，然后向浏览器发送 JavaScript 代码。如果对 js.asp 的请求不是来自可靠的起源，会话变量 auth 为 false，程序只发送一个带有版权声明的空白页面。如果用户企图下载 JavaScript 源文件或者在另一个网站上使用 JavaScript 源文件，得到的只是一个空白页面。这样，也就实现了对谁可以访问 DHTML 源文件的控制。

如果要在 Web 页面中保护页面实际内容的 HTML 代码，用户可以在 js.asp 文件中创建一个函数，如下所示：


```
function html (){
document.write ('<html><body>页面内容<\/body><\/html>');
}
```

然后，主页面只需要简单地调用 html( )即可构造出 Web 页面。这种页面只有在用户启用了浏览器的 JavaScript 支持之后才会显示。如果用户查看这种页面的源代码，看到的只是一个函数调用，而不会看到函数调用所返回的源代码。

3. ASP 文件安全设置

ASP 文件及设置的安全与否直接关系到网站的安全。下面重点讨论 ASP 在安全方面要注意的问题。

（1）维护 Global.asa 的安全。为了充分保护 ASP 应用程序，一定要在应用程序的 Global.asa 文件上为适当的用户或用户组设置文件权限。如果 Global.asa 包含向浏览器返回信息的命令而没有保护 Global.asa 文件，则信息将被返回给浏览器。

（2）不要把密码、物理路径直接写在 ASP 文件中。因为很难保证 ASP 程序是否会被人拿到，即使安装了最新的补丁。为了安全起见，应该把密码和用户名保存在数据库中，使用虚拟路径。

（3）在程序中记录用户的详细信息。这些信息包括用户的浏览器、用户停留的时间、用户 IP 等。其中记录 IP 是最有用的。

可用下面的语句了解客户端和服务器的信息：

```
<Table><%for each name in request.servervariables%>
<tr><td><%=name%>:</td>
<td><%=request.servervariables（name）%></td>
</tr>
<%next%></table>
```

如果记录了用户的 IP，就能够通过追捕来查明用户的具体地点。

（4）Cookie 安全性。ASP 使用 SessionID cookie 跟踪应用程序访问或会话期间特定的 Web 浏览器的信息。这就是说，带有相应的 cookie 的 HTTP 请求被认为是来自同一 Web 浏览器。Web 服务器可以使用 SessionID cookie 配置带有用户特定会话信息的 ASP 应用程序。为了防止计算机黑客猜中 SessionID cookie 并获得对合法用户的会话变量的访问，Web 服务器为每个 SessionID 指派一个随机生成号码。每当用户的 Web 浏览器返回一个 SessionID cookie 时，服务器取出 SessionID 和被赋予的数字，接着检查是否与存储在服务器上的生成号码一致。若两个号码一致，将允许用户访问会话变量。这一技术的有效性在于被赋予的数字的长度（64 位），此长度使计算机黑客猜中 SessionID，从而窃取用户活动会话的可能性几乎为零。

如果 ASP 应用程序包含私人信息、信用卡或银行账户号码，拥有窃取 cookie 的计算机黑客可以在应用程序中开始一个活动会话并获取这些信息。为了防止截获用户 SessionID cookie 的计算机黑客，可以使用此 cookie 假冒该用户，通过对 Web 服务器和用户浏览器间的通信链路加密来防止 SessionID cookie 被截获。

（5）使用身份验证机制保护被限制的 ASP 内容。可以要求每个试图访问被限制的 ASP 内容的用户必须要有有效的用户名和密码。每当用户试图访问被限制的内容时，Web 服务器将进行身份验证，即确认用户身份。

Web 服务器支持以下几种身份验证方式。

① 基本身份验证，提示用户输入用户名和密码。

② Windows NT 请求/响应式身份验证，从用户的 Web 浏览器通过加密方式获取用户身份信息。然而，Web 服务器仅当禁止匿名访问或 Windows NT 文件系统的权限限制匿名访问时才验证用户。

（6）使用 SSL 维护应用程序的安全。SSL（Secure Sockets Layer）协议是由 Netscape 首先发表的网络资料安全传输协定，其首要目的是在两个通信间提供秘密而可靠的连接。该协议由两层组成，底层是建立在可靠的传输协议（如 TCP）上的 SSL 的记录层，用来封装高层的协议。SSL 握手协议准许服务器与客户端在开始传输数据前，能够通过特定的加密算法相互鉴别。SSL 的先进之处在于它是一个独立的应用协议，其他更高层协议能够建立在 SSL 协议上。

SSL3.0 协议作为 Web 服务器安全特性，提供了一种安全的虚拟透明方式来建立与用户的加密通信连接。SSL 保证了 Web 内容的验证，并能可靠地确认访问被限制的 Web 站点的用户身份。

通过 SSL 可以要求试图访问被限制的 ASP 应用程序的用户与服务器建立加密连接，以防止用户与应用程序间交换的重要信息被截取。如许多基于 Web 的 ASP 论坛都提供注册用户互相发送信息的服务，这种信息是明文传送的，在网吧很容易被人监听到。如果加了一层 SSL 认证，就能防止发送信息被监听的可能。

（7）客户资格认证。控制对 ASP 应用程序访问的安全方法是要求用户使用客户资格登录。客户资格是包含用户身份信息的数字身份证，它的作用与传统的诸如护照或驾驶执照等身份证明的作用相同。用户通常从委托的第三方组织获得客户资格。第三方组织在发放资格证之前确认用户的身份信息（通常这类组织要求提供姓名、地址、电话号码及所在组织名称，此类信息的详细程度因给予的身份等级而异）。

每当用户试图登录到需要资格验证的应用程序时，用户的 Web 浏览器就会自动向服务器发送用户资格。如果 Web 服务器的 Secure Sockets Layer（SSL）资格映射特性配置正确，服务就可以在许可用户对 ASP 应用程序访问之前对其身份进行确认。可以从资格证明中访问用户名字段和公司名字段，Active Server Pages 在 Request 对象的 ClientCertificate 集合中保存资格信息。必须将 Web 服务器配置为接受或需要客户资格，然后才能通过 ASP 处理客户资格。否则，ClientCertificate 集合将为空。

（8）ASP 的加密。由于 ASP 脚本是采用明文方式编写的，所以开发出来的 ASP 应用程序一旦发布到运行环境中后，就很难确保这些“源代码”不会被流传。这样就产生了如何有效地保护开发出来的 ASP 脚本源代码的需求。

下面介绍几种 ASP 源代码保护方法。

① 官方加密程序。从微软网站上下载 screnc.exe 文件对 ASP 文件进行加密。

② “脚本最小化”，即 ASP 文件中只编写尽可能少的源代码，实现商业逻辑的脚本部分被封装到一个 COM/DCOM 组件，并在 ASP 脚本中创建该组件，进而调用相应的方法（methed）即可。应用开发者开发 ASP 脚本应用之前即可按此思路来开发，或者直接用 ASP 脚本快速开发出原型系统后，针对需要保护、加密的重要脚本用 COM 组件来重新开发、实现并替换。

③ “脚本加密”，即 ASP 脚本仍直接按源代码方式进行开发，但在发布到运行环境之前将脚本进行加密处理，把加密后的密文脚本发布出去，在 ASP.DLL 读取脚本环节加入密文还原的处理。

（9）防止 SQL 注入式漏洞。SQL 语言是操作数据库的标准语言，在 ASP 文件编写中应有相应代码防止此类漏洞。

8.4.3　网站数据库的安全

对于采用“虚拟主机”的方式建立的中小型网站，其后台数据库绝大多数采用 Access 数据库。如果有人通过各种方法获得或者猜到数据库的存储路径和文件名，则该数据库可以被下载到本地。

为了防止被非法下载和访问，可采取以下措施。

（1）改变数据库名称。为数据库文件起一个复杂的非常规的名字，并放在几层目录下。所谓“非常规”，就是说如果有一个数据库要保存的是有关电子商店的信息，不把它命名为“eshop.mdb”，而是起一个比较怪的名称，如 d34ksfslf.mdb，再放在如 /kdslf/i44/studi/ 的几层目录下，这样黑客要想通过猜的方式得到 Access 数据库文件就比较困难了。

（2）不把数据库名写在程序中。许多人都把 DSN 写在程序中，如 DBPath= Server.MapPath ("cmddb.mdb")conn.Open "driver={Microsoft Access Driver (*.mdb)};dbq=" & DBPath，假如被人拿到了源程序，Access 数据库的名字就一览无余。因此建议在 ODBC 里设置数据源，再在程序中这样写：conn.open "shujuyuan"。

（3）改变数据库文件的扩展名。如把 abc134.mdb 改为 abc134.asp，这样在 ASP 文件及数据库操作中仍然可以正常使用，但在非法访问者看来，该文件已不是数据库文件了。

（4）加密 Access 数据库文件。选择“工具”|“安全”|“加密”|“解密数据库”，选

取数据库（如 employer.mdb），然后按“确定”按钮，会出现“数据库加密后另存为”窗口，将数据库存为 employer1.mdb。接着，employer.mdb 会被编码，然后存为 employer1.mdb。要注意的是，以上的方法并不是对数据库设置密码，而只是对数据库文件内容加密，目的是为了防止他人使用别的工具来查看数据库文件的内容。接下来为数据库设置密码，首先打开经过编码的 employer1.mdb，在打开时，选择“独占”方式。然后选取功能表的“工具”|“安全”|“设置数据库密码”，输入密码即可。为 employer1.mdb 设置密码之后，如果再使用 Access 数据库文件，则 Access 会先要求输入密码，验证正确后才能启动数据库。可以在 ASP 程序中的 connection 对象的 open 方法中增加 PWD 参数来访问有密码保护的数据库文件，例如：

```
param="driver={Microsoft AccessDriver（*.mdb）};Pwd=yfdsfs"param=param&";
dbq="&server.mappath（"employer1.mdb"）conn.open param
```

这样，即使别人得到了 employer1.mdb 文件，没有密码也无法看到 employer1.mdb 的内容。

综合使用上述方法，数据库被非法下载的可能性就会降低。

8.4.4 防范 SQL 注入攻击

1. SQL 注入攻击的原理

许多动态网站在编写程序时，没有对用户输入数据的合法性进行判断，使应用程序存在安全隐患。用户通过向数据库提交一段精心构造的 SQL 查询代码（一般是在浏览器地址栏进行，通过正常的 WWW 端口访问），根据程序返回的结果，收集网站与数据库的信息，进而非法获得网站数据库中的敏感信息或向其中添加自定义数据，这就是 SQL Injection，即 SQL 注入攻击。SQL 注入攻击使用简单，危害大。被攻击成功的网站往往被攻击者掌握最高权限，可任意增删数据。

为了说明 SQL 注入攻击的原理，可在本地网站 http://localhost/进行测试。

http://localhost/show.asp?ID=123 是一个正常的网页地址，将这个网址提交到服务器后，服务器将进行类似 Select * from 表名 where 字段="&ID 的查询（ID 即客户端提交的参数，本例是 123），然后将查询结果返回给客户端，如果在这个地址后面加上单引号“'”，服务器会返回下面的错误提示：

```
Microsoft JET Database Engine 错误 '80040e14'
```

字符串的语法错误在查询表达式'ID=123'' 中。

```
/show.asp，行 8
```

从这个错误提示能看出下面几点：

（1）网站使用的是 Access 数据库，通过 JET 引擎连接数据库，而不是通过 ODBC。

（2）程序没有判断客户端提交的数据是否符合程序要求。

（3）该 SQL 语句所查询的表中有一个名为 ID 的字段。

除了上述介绍的在页面地址栏中加单引号“'”的方法判断可否注入外，还可以在页面地址后面分别加入“and 1=1”和“and 1=2”来测试网站能否注入，这就是经典的 1=1、1=2 测试法，通过其返回结果可以判断能否注入。如下所示：

① http://localhost/show.asp?id=123

② http://localhost/show.asp?id=123 and 1=1

③ http://localhost/show.asp?id=123 and 1=2

可以注入的表现：

① 正常显示（这是必然的，不然就是程序有错误了）。

② 正常显示，内容基本与①相同。

③ 提示 BOF 或 EOF（程序未做任何判断时），或提示找不到记录（判断了 rs.eof 时），或显示内容为空（程序加了 on error resume next）。

不可以注入就比较容易判断了，①同样正常显示，②和③一般都会有程序定义的错误提示，或提示类型转换时出错。

不同的数据库的函数、注入方法是有差异的，通常在注入之前，攻击者还要判断一下数据库的类型。一般 ASP 最常搭配的数据库是 Access 和 SQLServer。

SQLServer 有一些系统变量，如果服务器 IIS 提示没有关闭，并且 SQLServer 返回错误提示，则可以直接从出错信息中获取，方法如下：

```
http://localhost/show.asp?id=123 and user>0
```

该语句前面的部分是正常的，重点在 and user>0，我们知道，user 是 SQLServer 的一个内置变量，它的值是当前连接的用户名，类型为 nvarchar。用一个 nvarchar 的值与 int 的数 0 比较，系统会先试图将 nvarchar 的值转换成 int 型，当然，转换的过程中肯定会出错，SQLServer 的出错提示类似于“将 nvarchar 的值‘abc’转换成数据类型为 int 的列时发生语法错误”，其中，abc 正是变量 user 的值，这样，很容易就得到了数据库的用户名。

如果服务器 IIS 不允许返回错误提示，那么如何判断数据库类型呢？攻击者可以从 Access 和 SQLServer 的区别入手。Access 和 SQLServer 都有自己的系统表，如存放数据库中所有对象的表，Access 是在系统表“msysobjects”中，但在 Web 环境下读该表会提示“没有权限”，而 SQLServer 是在表“sysobjects”中，在 Web 环境下可正常读取。

在确认可以注入的情况下，使用下面的语句：

```
http://localhost/show.asp?id=123? and (select count(*) from sysobjects)>0
http://localhost/show.asp?id=123? and (select count(*) from msysobjects)>0
```

如果数据库是 SQLServer，那么第一个网址的页面与原页面 http://localhost/show.asp?id=123 是大致相同的；而第二个网址，由于找不到表 msysobjects，会提示出错，就算程序有容错处理，页面也与原页面完全不同。

如果数据库用的是 Access，那么情况就有所不同。第一个网址的页面与原页面完全不同；第二个网址则视数据库设置是否允许读该系统表而定，一般来说是不允许的，所以与原网址也是完全不同。大多数情况下，用第一个网址就可以得知系统所用的数据库类型，第二个网址只作为开启 IIS 错误提示时的验证。

2. 防范 SQL 注入攻击

对于存在 SQL 注入攻击漏洞的网站，攻击者可以通过专用工具或手工构造特殊代码不断猜测尝试，获得数据库名、表名、表中的字段名称，甚至是具有系统管理权限的用户账号和密码，上传病毒、木马或恶意文件，给网站带来巨大危害。下面讲述如何防范 SQL 注入攻击。

（1）设置ASP错误提示。

SQL注入入侵是根据IIS给出的ASP错误提示信息来入侵的，如果将IIS设置成无论出现什么样的ASP错误，都只给出一种错误提示信息，即http 500错误，那么攻击者就没有办法直接得到网站的数据库信息，也就很难确定下一步的攻击目标了。具体设置参见图8-2，主要是把500:100这个错误的默认提示页面“c:\windows\help\iishelp\common\500-100.asp”改成自定义的“c:\windows\help\iishelp\common\500.htm”，这样，无论ASP运行中出现什么错误，服务器都只提示HTTP 500错误。

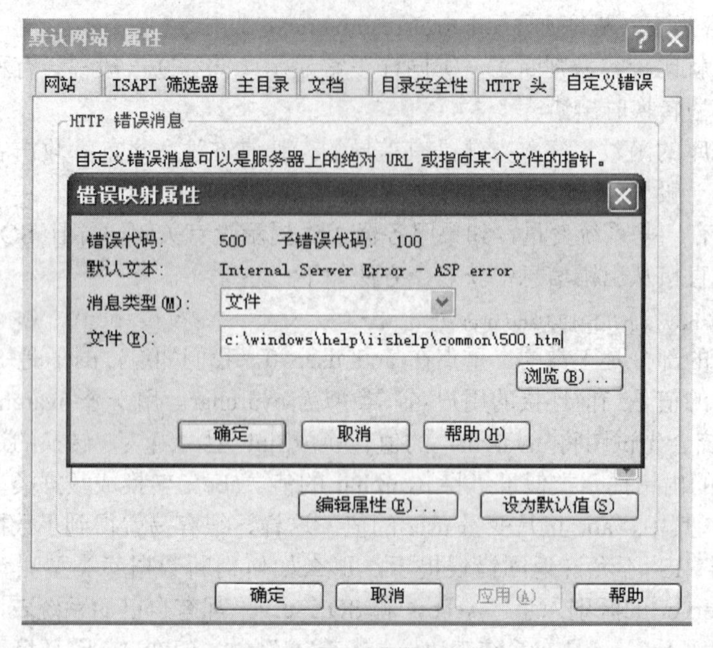

图8-2 IIS出错信息设置

但是这样设置的一个缺点是程序员编写的代码出错时，服务器不会给出详细的错误提示信息，从而给程序调试带来很大的不便。不过，服务器毕竟不是测试代码的地方，应坚持安全稳定第一，这样设置也是无可厚非的，事实上许多服务器的出错信息都是如此设置的。

（2）过滤敏感字符。

在程序中对客户端提交的数据进行检查，如果输入中存在特殊字符（如'、<、>、=等），或者输入的字符中含有SQL语言中的命令动词（如insert、select、update等），就认为是SQL注入式攻击，系统立即停止执行并给出警告信息或者转向出错页面。

下面是防止注入式攻击的ASP代码，使用时加入到相应的ASP文件中即可。该代码并没有实际记录攻击者的相关信息，只是警告而已，如果有必有，完全可以把攻击者的数据记录到特定的文件中，以备查看。

```
<%
''--------定义部分------------------
Dim Fy_Post,Fy_Get,Fy_In,Fy_Inf,Fy_Xh,Fy_db,Fy_dbstr
''自定义需要过滤的字串，用 "防" 分隔
Fy_In = "'防;防 and 防 exec 防 insert 防 select 防 delete 防 update 防 count 防*防%防 chr 防 mid 防 master 防 truncate 防 char 防 declare 防<防>防=防|防-防_"
Fy_Inf = split(Fy_In,"防")
```

```
If Request.Form<>"" Then
For Each Fy_Post In Request.Form

For Fy_Xh=0 To Ubound(Fy_Inf)
If Instr(LCase(Request.Form(Fy_Post)),Fy_Inf(Fy_Xh))<>0 Then
Response.Write "<Script Language=JavaScript>alert("请不要在参数中包含非法字符尝试注入攻击本站!
");</Script>"
Response.Write "非法操作！本站已经给您做了如下记录!<br>"
Response.Write "操作ＩＰ："&Request.ServerVariables("REMOTE_ADDR")&"<br>"
Response.Write "操作时间："&Now&"<br>"
Response.Write "操作页面："&Request.ServerVariables("URL")&"<br>"
Response.Write "提交方式：ＰＯＳＴ<br>"
Response.Write "提交参数："&Fy_Post&"<br>"
Response.Write "提交数据："&Request.Form(Fy_Post)
Response.End
End If
Next
Next
End If
If Request.QueryString<>"" Then
For Each Fy_Get In Request.QueryString
For Fy_Xh=0 To Ubound(Fy_Inf)
If Instr(LCase(Request.QueryString(Fy_Get)),Fy_Inf(Fy_Xh))<>0 Then
Response.Write "<Script Language=JavaScript>alert("请不要在参数中包含非法字符尝试注入攻击本站！");
</Script>"
Response.Write "非法操作！本站已经给您做了如下记录!<br>"
Response.Write "操作ＩＰ："&Request.ServerVariables("REMOTE_ADDR")&"<br>"
Response.Write "操作时间："&Now&"<br>"
Response.Write "操作页面："&Request.ServerVariables("URL")&"<br>"
Response.Write "提交方式：ＧＥＴ<br>"
Response.Write "提交参数："&Fy_Get&"<br>"
Response.Write "提交数据："&Request.QueryString(Fy_Get)
Response.End
End If
Next
Next
End If
%>
```

（3）对相关账户的信息加密。

常见的是利用 MD5 进行加密处理，用 MD5 加密的数据不能被反向解密，即使看见了加密后的密文也无法得到原始数据。使用时，将用 VBScript 实现 MD5 算法的文件 md5.asp 包含在文件中，然后用 md5(user_password)的形式调用，即可得到加密后的密文。例如：

```
Regist.asp

<!--#include file="md5.asp"-->
<%
…
userpassword=md5(user_password)
…
%>
```

由于篇幅所限，上述 md5.asp 文件可与作者联系获取。

网站制作完成后，可用 NBSI、HDSI、DFomain、“啊 D 注入工具”等网页注入工具对网站进行检测，如果不能被注入，则可以正式发布运行。

本章小结

本章介绍了网站管理、维护与安全的一般知识，重点讨论了网站建设完成后的管理与维护等后续工作。网站宣传是网站建设后期的必要工作，它是提高网站知名度和访问量的重要方法，本章介绍了常用的宣传方法。网站维护是确保网站正常运行的必要措施，同时，网站的维护与更新也是网站建设的重要方面。最后，本章介绍了动态网站维护过程中常见的安全问题，介绍了 SQL 注入攻击的原理与防范方法。

思考与练习

1．如何进行网站备案？
2．如何对网站进行宣传？
3．网站维护包括哪些内容？如何对网站进行维护？
4．如何保证网站的安全？
5．如何防止网站源代码的泄露？
6．如何防范 SQL 注入攻击？